2022 年版

一、二级注册消防工程师资格考试辅导教材

消防安全案例分析

XIAOFANG ANQUAN ANLI FENXI

（2023 年修订）

国家消防救援局　编

中国计划出版社

北　京

图书在版编目（CIP）数据

消防安全案例分析 / 国家消防救援局编. -- 2版
. -- 北京 : 中国计划出版社, 2022.6 (2023.10重印)
2022年版一、二级注册消防工程师资格考试辅导教材
ISBN 978-7-5182-1463-1

Ⅰ. ①消… Ⅱ. ①国… Ⅲ. ①消防－安全管理－案例
－资格考试－自学参考资料 Ⅳ. ①TU998.1

中国国家版本馆CIP数据核字(2023)第174472号

责任编辑：张　颖　刘　涛　陈　杰　　封面设计：思梵星尚
责任校对：杨奇志　谭佳艺　　　　　　责任印制：赵文斌　李　晨

中国计划出版社出版发行
网址：www.jhpress.com
地址：北京市西城区木樨地北里甲11号国宏大厦C座3层
邮政编码：100038　电话：（010）63906433（发行部）
河北眺山实业有限责任公司印刷

787mm×1092mm　1/16　22印张　501千字
2022年6月第2版　2023年10月第2次印刷

定价：43.00元

一、二级注册消防工程师资格考试辅导教材《消防安全案例分析》编写委员会

主　　编　琼　色　徐　平

副 主 编　罗永强　周　天　王　伟　徐忠舜　宋树欣　魏捍东
曹　奇

执行主编　刘激扬　东靖飞　肖　磊

参加编写人员（按姓氏笔画）

王　璐　东靖飞　刘激扬　李宁宁　吴和俊　何学超
何润梅　张兴权　周广连　胡　波　段　炼　韩晓鹏
智会强　鲁云龙　阚　强　魏冉冉

编 审 人 员（按姓氏笔画）

王　栋　王燕平　刘志宏　杨瑞新　张　杰　罗丽颖
倪照鹏　黄晓家　蔡　芸　缪鹏飞　薛亚群

修订说明

2022年版一、二级注册消防工程师资格考试辅导教材出版以来，为方便应试人员及获证人员继续教育发挥了重要作用，受到广大读者的普遍好评。

鉴于全文强制性工程建设规范《消防设施通用规范》GB 55036—2022、《建筑防火通用规范》GB 55037—2022已分别于2023年3月1日和6月1日实施，为方便广大应试人员正确理解和掌握上述规范的相关要求，注册消防工程师资格考试辅导教材编写委员会组织主要编写人员修订了2022年版教材的部分内容，在教材中以波浪线形式标出，以便于应试人员复习备考使用。国家现行的相应标准、规范与两本通用规范不一致的部分为本次修订的重点范围。对于两本通用规范提出原则要求，但相关标准、规范尚未修订完善的情况，本次修订不涉及。

注册消防工程师资格考试辅导教材编写委员会

2023年10月

出版说明

“注册消防工程师资格考试辅导教材”自2014年出版以来，受到广大注册消防工程师资格考试参考人员和其他读者的欢迎。2021年4月29日，第十三届全国人民代表大会常务委员会第二十八次会议审议通过了新修订的《中华人民共和国消防法》，同时《社会消防技术服务管理规定》（应急管理部令第7号）也于2021年11月9日起开始实施，标志着对社会消防技术服务机构及其从业人员的监管方式发生了重大变化。为此，注册消防工程师资格考试辅导教材编写委员会根据《注册消防工程师资格考试大纲》（2021年版），结合新的法律法规、政策性文件和消防技术标准规范，在2021年版教材的基础上，对注册消防工程师资格考试辅导教材进行了全面修订，对一、二级注册消防工程师知识结构、操作技能、解决问题能力等要求进行了完善和调整，并明确了一级注册消防工程师和二级注册消防工程师学习和掌握的内容。

需要说明的是，本套教材在使用过程中，国家法律法规和消防技术标准规范可能有新的变化，教材内容如有与国家法律法规和消防技术标准规范不一致之处，应以有效的国家法律法规和消防技术标准规范为准。

注册消防工程师资格考试辅导教材编写委员会

2022年4月

编写说明

为满足一、二级注册消防工程师资格考试的需要，方便应试人员复习备考，根据《注册消防工程师资格考试实施办法》，应急管理部消防救援局组织部分消防救援总队、科研院所、消防产品认证检测机构和企业的专家编写了“一、二级注册消防工程师资格考试辅导教材”，全套共分三个科目，包括《消防安全技术实务》(上、下册)、《消防安全技术综合能力》(上、下册）和《消防安全案例分析》。

《消防安全案例分析》以《注册消防工程师资格考试大纲》(2021年版）为依据，旨在考查消防安全技术从业人员运用消防法律法规、消防基础理论、消防技术标准及相关要求，发现并解决社会消防技术服务工作中有关技术与管理问题的能力。本教材共分五篇共58个案例，第一篇为建筑防火案例分析，共13个案例；第二篇为消防设施应用案例分析，共21个案例；第三篇为消防安全评估案例分析，共6个案例；第四篇为消防安全管理案例分析，共8个案例；第五篇为火灾案例分析，共10个案例。

按照《注册消防工程师资格考试大纲》(2021年版）所确定的各等级考试要求，本教材使用说明如下：一级注册消防工程师应试人员应掌握本教材的全部内容；二级注册消防工程师应试人员应掌握案例1～案例7、案例9～案例19、案例22、案例25～案例30、案例32～案例34、案例38、案例39、案例43、案例48～案例58等内容。

本教材第一篇由刘激扬、吴和俊、胡波、魏冉冉编写，第二篇由刘激扬、韩晓鹏、鲁云龙、张兴权、何学超、智会强、李宁宁编写，第三篇由东靖飞、段炼、阚强、王璐编写，第四篇由鲁云龙、周广连、段炼编写，第五篇由刘激扬、何润梅、段炼编写。

需要特别说明的是，本教材中的一些火灾案例发生在《中华人民共和国消防法》2019年修改之前，有关消防行政审批、消防机构和消防人员提法按原消防法未做改动。在本教材案例情景描述中有些是正确的，有些是存在错误或不符合消防法律法规和技术标准要求的。希望在学习过程中能运用消防知识加以辨识，正确分析解决。

为了满足应试人员复习备考需求，编者为每个案例精心编写了练习题，并在中国计划出版社自有平台“计划社微课程”微信公众号上免费提供练习题答案、解析和相关讲解视频。

本教材在全国范围内征集典型案例，得到了全国消防界同仁的大力支持和帮助，提供了不少难得的第一手资料。本书的编写工作得到了上海市消防救援总队、辽宁省消防救援总队、江苏省消防救援总队、广东省消防救援总队、陕西省消防救援总队、应急管理部消防产品合格评定中心、应急管理部天津消防研究所、应急管理部沈阳消防研究所、应急管理部四川消防研究所等单位的大力支持，在此表示衷心感谢！

由于编者水平有限，时间仓促，难免存在不足之处，希望读者批评指正。

注册消防工程师资格考试辅导教材编写委员会

2022年4月

目　录

第一篇　建筑防火案例分析

第二篇　消防设施应用案例分析

第一篇
建筑防火案例分析

学习要求

通过本篇学习，了解国家消防法律法规和有关消防工作的方针政策；熟悉国家工程建设消防技术标准规范，提升对具体建设工程建筑防火安全需求的分析水平；掌握涉及建筑分类和耐火等级、总平面布局、防火防烟分区和层数、平面布置、安全疏散和避难、建筑构造、灭火救援设施等建筑防火知识，提高在实际工作中解决建筑防火问题的能力。

微信扫码，查看
练习题答案和解析

案例1　丙类厂房防火案例分析

一、情景描述

某木器厂房，地上2层，钢筋混凝土结构，耐火等级为二级，每层划分为1个防火分区，建筑面积均为8 000m^2，共设置4部不靠外墙且疏散楼梯净宽度均为1.1m的防烟楼梯间。该厂房的总平面布局及相关信息如图1–1–1所示。该厂房内首层东侧设有建筑面积为500m^2的独立办公、休息区，与其他部位采用耐火极限2.50h的防火隔墙、1.00h的楼板和乙级防火门进行分隔，且设有1个独立的安全出口；地上二层南侧设有一间靠外墙布置、建筑面积为60m^2的中间仓库，与其他部位采用耐火极限4.00h的防火墙和耐火极限1.50h的不燃性楼板分隔，储存主要成分均为甲苯和二甲苯的油漆和稀释剂；地上二层南侧设有一间靠外墙布置、建筑面积为300m^2的喷漆间，与其他部位采用耐火极限2.00h的防火隔墙分隔；中间仓库、喷漆间与其他部位之间均分别设置门斗，门斗的隔墙为耐火极限2.00h的防火隔墙，门斗两侧的门均为甲级防火门（门斗的两个门均错位设置）；地上二层设有4个车间，车间之间通过净宽度均为1.4m的疏散走道分隔，疏散走道两侧均采用耐火极限1.00h的防火隔墙；除首层外门净宽度均为1.2m外，其他门的净宽度均为0.9m；厂房内任一点至最近安全出口的直线距离均不大于60m。该厂房按国家有关工程建设消防技术标准配置了室内外消火栓系统、自动喷水灭火系统、排烟设施和建筑灭火器等消防设施及器材。

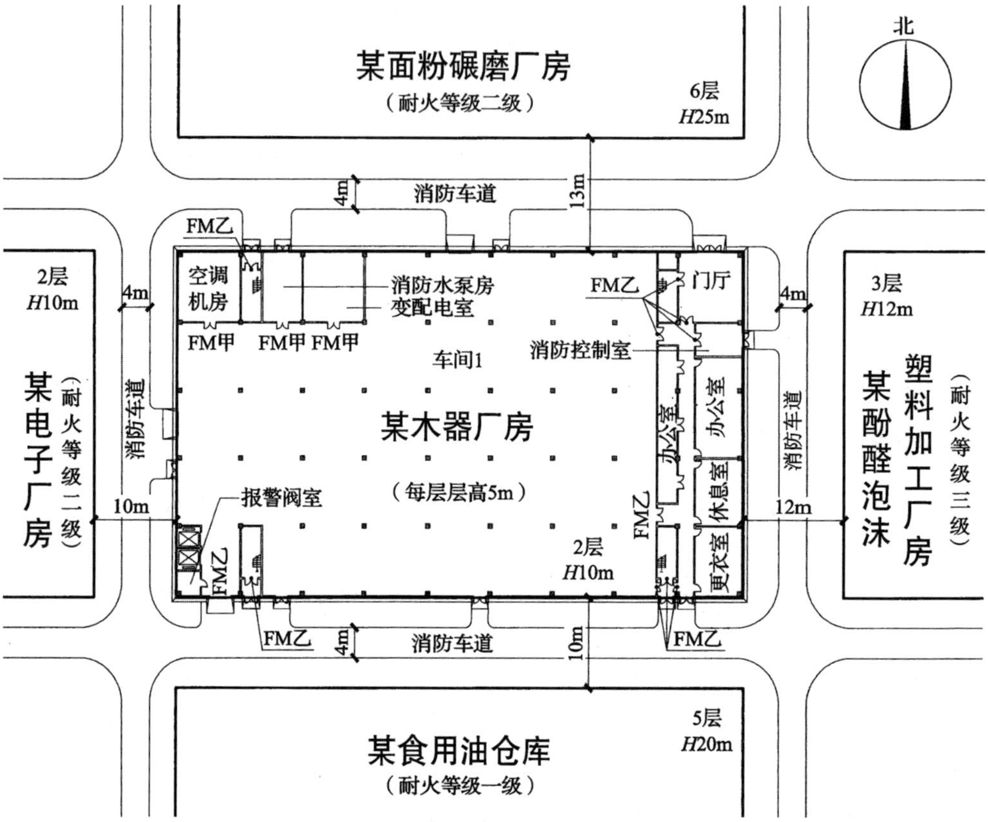

图 1-1-1　建筑总平面图

二、分析要点

本案例包含或涉及下列内容：

（1）厂房和仓库分类。

（2）厂房耐火等级和层数。

（3）防火间距。

（4）消防车道。

（5）丙类厂房内办公室、休息室及中间仓库布置。

（6）防火分隔。

（7）防火分区。

（8）安全疏散。

（9）防爆泄压。

三、关键知识点及依据

（一）厂房和仓库分类

厂房生产的火灾危险性应根据生产中使用或产生的物质的性质及其数量等因素划分，可分为甲、乙、丙、丁、戊类。

生产的火灾危险性分类要分析整个生产过程中的每个环节是否有引起火灾的可能性。生产的火灾危险性分类要按其中最危险的物质确定，通常可根据以下因素分析确定：

（1）生产中使用的全部原材料的性质。

（2）生产中操作条件的变化是否会改变物质的性质。

（3）生产中产生的全部中间产物的性质。

（4）生产的最终产品及其副产品的性质。

（5）生产过程中的自然通风、气温、湿度等环境条件。

（6）生产的实际使用量或产出量。

一些产品生产可能有若干种不同工艺或生产方法，其中使用的原材料和生产条件也可能不尽相同，因而不同生产方法所具有的火灾危险性也可能有所差异，分类时要注意区别对待。

同一座厂房或厂房的任一防火分区内有不同火灾危险性生产时，该厂房或防火分区内的生产火灾危险性类别应按火灾危险性较大的部分确定；当生产过程中使用或产生易燃、可燃物的量较少，不足以构成爆炸或火灾危险时，可按实际情况确定；当符合下述条件之一时，可按火灾危险性较小的部分确定：火灾危险性较大的生产部分占本层或本防火分区建筑面积的比例小于5%或丁、戊类厂房内的油漆工段小于10%，且发生火灾事故时不足以蔓延至其他部位或火灾危险性较大的生产部分采取了有效的防火措施；丁、戊类厂房内的油漆工段，当采用封闭喷漆工艺时，封闭喷漆空间内保持负压、油漆工段设置可燃气体探测报警系统或自动抑爆系统，且油漆工段占所在防火分区建筑面积的比例不大于20%。

根据《建筑设计防火规范》（GB 50016—2014，2018年版）的规定，本案例情景描述中的各厂房和仓库的分类见表1–1–1。

表1–1–1　厂房和仓库分类

厂房（仓库）名称	建筑概况	生产或储存物品的火灾危险性特征	生产或储存物品的火灾危险性类别	按建筑层数和高度分类
木器厂房	2层，10m	生产中使用可燃固体	丙类	多层厂房
电子厂房	2层，10m	生产中使用可燃固体	丙类	多层厂房
面粉碾磨厂房	6层，25m	生产中产生能与空气形成爆炸性混合物的浮游状态的粉尘	乙类	高层厂房
酚醛泡沫塑料加工厂房	3层，12m	常温下使用和加工难燃烧物质的热压成型生产	丁类	多层厂房
食用油仓库	5层，20m	储存闪点大于60℃的液体	丙类1项	多层仓库

（二）厂房耐火等级和层数

根据《建筑设计防火规范》（GB 50016—2014，2018年版）的规定，单、多层丙类厂房的耐火等级不应低于三级。使用或产生丙类液体的厂房的耐火等级不应低于二级；但当其为建筑面积不大于500m^{2}的单层丙类厂房时，可采用三级耐火等级的建筑。一、二级耐火等级丙类厂房的最多允许层数不限，三级耐火等级丙类厂房的最多允许层数不应超过 2 层。

（三）防火间距

防火间距是指防止着火建筑在一定时间内引燃相邻建筑，便于消防扑救的间隔距离。根据《建筑设计防火规范》（GB 50016—2014，2018 年版）的规定，该木器厂房与面粉碾磨厂房、食用油仓库、电子厂房及酚醛泡沫塑料加工厂房之间的防火间距分别不应小于 13m、10m、10m 及 12m。

（四）消防车道

该木器厂房的占地面积大于 3 000m^2，根据《建筑防火通用规范》（GB 55037—2022）、《建筑设计防火规范》（GB 50016—2014，2018 年版）的规定，应至少沿建筑的两条长边设置消防车道。消防车道的净宽度和净空高度应满足消防车安全、快速通行的要求。消防车道的转弯半径应满足消防车转弯的要求。消防车道与建筑消防扑救面之间不应有妨碍消防车操作的障碍物，不应有影响消防车安全作业的架空高压电线。消防车道的坡度应满足消防车辆满载时正常通行的要求，且不应大于 10%，兼作消防救援场地的消防车道，坡度尚应满足消防车停靠和消防救援作业的要求。消防车道的路面及其下面的建筑结构、管道和管沟等，应满足承受消防车满载时压力的要求。消防车道可利用城乡、厂区道路等，但该道路应满足消防车通行、转弯和停靠的要求。

（五）丙类厂房内办公室、休息室及中间仓库布置

根据《建筑设计防火规范》（GB 50016—2014，2018 年版）的规定，该木器厂房内设置办公室、休息室时，其办公室、休息室应采用耐火极限不低于 2.50h 的防火隔墙和不低于 1.00h 的楼板与其他部位分隔，并应至少设置 1 个独立的安全出口；如隔墙上需开设相互连通的门时，应采用乙级防火门。

该木器厂房内设置的中间仓库储存油漆、稀释剂，主要成分为甲苯（闪点为 4℃）和二甲苯（闪点为 17.4 ~ 25℃），其储存物品火灾危险性分类应为甲类。中间仓库［系指为满足日常生产需要，在厂房内存放从仓库或上道工序的厂房（或车间）所取得一定数量的原材料、半成品、辅助材料的场所］储量不宜超过一昼夜的需要量并应靠外墙布置，还应采用防火墙（系指防止火灾蔓延至相邻建筑或相邻水平防火分区且耐火极限不低于 3.00h 的不燃性墙体，甲、乙类厂房和甲、乙、丙类仓库内的防火墙的耐火极限不应低于 4.00h）和耐火极限不低于 1.50h 的不燃性楼板与其他部位分隔。中间仓库的耐火等级和建筑面积应符合《建筑设计防火规范》（GB 50016—2014，2018 年版）的规定。

（六）防火分隔

根据《建筑设计防火规范》（GB 50016—2014，2018 年版）和《消防给水及消火栓系统技术规范》（GB 50974—2014）的规定，附设在该木器厂房内的消防水泵房、消防控制室、灭火设备室和通风空气调节机房、变配电室等，应采用耐火极限不低于 2.00h 的防火隔墙和 1.50h 的不燃性楼板与其他部位分隔。除消防水泵房、通风空气调节机房和变配电室开向建筑内的门应采用甲级防火门外，消防控制室和其他设备房开向建筑内的门均应采用乙级防火门。

建筑内的甲、乙类生产部位和建筑内使用丙类液体的部位，厂房内有明火和高温的部位，甲、乙、丙类厂房（仓库）内布置有不同火灾危险性类别的房间，均应采用耐火极限不低于 2.00h 的防火隔墙与其他部位分隔，隔墙上的门、窗应采用乙级防火门、窗，确有困难时，可采用防火卷帘，但应符合《建筑设计防火规范》（GB 50016—2014，2018 年版）第 6.5.3 条的规定。

（七）防火分区最大允许建筑面积

防火分区是指在建筑内部采用防火墙、楼板及其他防火分隔设施分隔而成，能在一定时间内防止火灾向同一建筑的其余部分蔓延的局部空间。根据《建筑设计防火规范》（GB 50016—2014，2018 年版）的规定，该木器厂房地上每个防火分区的最大允许建筑面积均不应大于 4 000m^2；厂房内设置自动灭火系统时，每个防火分区的最大允许建筑面积可按上述规定增加 1.0 倍；厂房内局部设置自动灭火系统时，其防火分区增加面积可按该局部面积的 1.0 倍计算。

（八）安全疏散

根据《建筑设计防火规范》（GB 50016—2014，2018 年版）的规定，该木器厂房内每个防火分区或一个防火分区内的每个楼层，其安全出口（系指供人员安全疏散用的楼梯间和室外楼梯的出入口或直通室内外安全区域的出口）的数量应经计算确定，且不应少于 2 个；但当丙类厂房每层建筑面积不大于 250m^2，且每层同一时间的作业人数不超过 20 人时，可设置 1 个安全出口。该木器厂房的安全出口应分散布置；每个防火分区或一个防火分区的每个楼层，其相邻 2 个安全出口最近边缘之间的水平距离不应小于 5m。该厂房内疏散楼梯的最小净宽度不宜小于 1.1m，疏散走道的最小净宽度不宜小于 1.4m，门的最小净宽度不宜小于 0.9m；首层外门的总净宽度应按该层及以上人数最多一层的疏散人数计算，且该门的最小净宽度不应小于 1.2m。该厂房应采用封闭楼梯间或室外楼梯；但因其封闭楼梯间不能自然通风，故应设置机械加压送风系统或采用防烟楼梯间［系指在楼梯间入口处设置防烟的前室、阳台或开敞式凹廊（统称前室）等设施］，且通向前室和楼梯间的门均为乙级防火门，防止火灾产生的烟雾和热气进入的楼梯间。该厂房内任一点到最近安全出口的直线距离不应大于 60m。该厂房应采用向疏散方向开启的平开门，不应采用推拉门、卷帘门、吊门、转门和折叠门；该厂房内人数不超过 60 人且每樘门的平均疏散人数不超过 30 人的房间，其疏散门的开启方向不限。

（九）防爆泄压

该丙类厂房中的喷漆间和中间仓库有爆炸危险其火灾危险性为甲类，根据《建筑设计防火规范》（GB 50016—2014，2018 年版）的规定，该厂房的防爆泄压应符合以下要求：

（1）有爆炸危险的厂房或厂房内有爆炸危险的部位应设置泄压设施。泄压设施宜采用轻质屋面板、轻质墙体和易于泄压的门、窗等，门、窗上镶嵌的玻璃应采用安全玻璃等在爆炸时不产生尖锐碎片的材料。泄压设施的设置应避开人员密集场所和主要交通道路，并宜靠近有爆炸危险的部位。作为泄压设施的轻质屋面板和墙体的质量不宜大于 60kg/m^2。屋顶上的泄压设施应采取防冰雪积聚措施。

（2）厂房的泄压面积宜按式（1–1–1）计算，但当厂房的长径比（长径比为建筑平面几何外形尺寸中的最长尺寸与其横截面周长的积和4倍的建筑横截面面积之比）大于3时，宜将建筑划分为长径比不大于3的多个计算段，各计算段中的公共截面不得作为泄压面积：

$$A=10CV^{\frac{2}{3}} \tag{1-1-1}$$

式中 A——泄压面积（m^2）；

V——厂房的容积（m^3）；

C——泄压比（m^2/m^3），可按《建筑设计防火规范》（GB 50016—2014，2018年版）表3.6.4选取。

1）在计算厂房的长径比和容积时，理论上，建筑平面几何外形尺寸中的最长尺寸、建筑横截面周长、建筑横截面面积均应选取不含墙体部分在内的净空尺寸；但在实际工作中，由于墙体部分的尺寸可忽略不计，所以可选取含墙体部分在内的建筑尺寸。

2）设置泄压面积时，泄压面积应能在爆炸作用达到结构最大耐受压强前及时泄压；无法设置泄压面积或泄压面积不符合要求时，相应部位的建筑承重结构应有减压防护措施或相应的抗爆性能。

（3）散发较空气轻的可燃气体、可燃蒸气的甲类厂房，宜采用轻质屋面板作为泄压面。顶棚应尽量平整、无死角，厂房上部空间应通风良好。

（4）散发较空气重的可燃气体、可燃蒸气的甲类厂房和有粉尘、纤维爆炸危险的乙类厂房，应符合下列规定：

1）应采用不发火花的地面。采用绝缘材料作整体面层时，应采取防静电措施。

2）散发可燃粉尘、纤维的厂房，其内表面应平整、光滑，并易于清扫。

3）厂房内不宜设置地沟，必须设置时，其盖板应严密，地沟内应采取防止可燃气体、可燃蒸气和粉尘、纤维积聚的有效措施，且应在与相邻厂房连通处采用防火材料密封。

（5）有爆炸危险的甲、乙类生产部位，宜布置在单层厂房靠外墙的泄压设施或多层厂房顶层靠外墙的泄压设施附近。有爆炸危险的设备宜避开厂房的梁、柱等主要承重构件布置。

（6）有爆炸危险区域内的楼梯间、室外楼梯或与相邻区域连通处，应设置门斗等防护措施。门斗的隔墙应为耐火极限不低于2.00h的防火隔墙，门应采用甲级防火门并与楼梯间的门错位设置（有爆炸危险区域与相邻区域连通处的门斗的两个门也要错位设置）。

练习题

（一）单项选择题

1. 下列场所，生产火灾危险性分类为丙类的是（　　）。

A. 油浸变压器室　　B. 氧气站

C. 锅炉房　　D. 石棉加工车间

2. 一级耐火等级单层丙类厂房每个防火分区的最大允许建筑面积为（　　）m^2。

A. 不限　　B. 8 000　　C. 6 000　　D. 4 000

3. 厂房内的丙类液体中间储罐应设置在单独房间内，其容量不应大于（　　）m^3。设置该中间储罐的房间，应采用耐火极限不低于3.00h的防火隔墙和1.50h的楼板与其他部位分隔，房间的门应采用甲级防火门。

A. 1　　B. 0.5　　C. 3　　D. 5

4. 单、多层甲类、乙类厂房，高层乙类厂房与裙房，单、多层民用建筑的防火间距不应小于（　　）m。

A. 30　　B. 25　　C. 20　　D. 15

（二）多项选择题

1. 情景描述中的厂房内拟利用一个单独房间改为储存润滑油的中间仓库，改造中间仓库下列做法中，正确的有（　　）。

A. 中间仓库的隔墙采用防火墙分隔

B. 中间仓库的隔墙采用耐火极限为 3.00h 的防火隔墙分隔

C. 中间仓库采用耐火极限为 1.50h 的楼板与其他部位分隔

D. 中间仓库房间门采用甲级防火门

E. 中间仓库内储存润滑油量不超过一昼夜生产用量

2. 下列场所，生产的火灾危险性类别属于丙类的有（　　）。

A. 甲醇合成厂房　　B. 乙炔站

C. 煤油灌装间　　D. 沥青加工厂房

E. 印刷厂房

3. 下列厂房的每个防火分区的最大允许建筑面积可以不限的有（　　）。

A. 一、二级耐火等级单层丙类厂房　　B. 一、二级耐火等级单层丁类厂房

C. 一、二级耐火等级多层丁类厂房　　D. 一、二级耐火等级单层戊类厂房

E. 一、二级耐火等级多层戊类厂房

（三）案例分析题

1. 一幢单层生产厂房，2004 年建成，框架结构，建筑高度为 6.0m，东西长约为 149.4m，南北宽约为 132.6m，用于无土蔬菜栽培，生产的火灾危险性类别为丁类。该厂房耐火等级为二级，共划分一个防火分区，并设置了室内、室外消火栓给水系统。2021 年该厂房改为生产菌菇类产品，用于菌菇幼苗培育成成品蘑菇和菌类孢子培育成菌菇幼苗。因恒温恒湿生产工艺要求，厂房外墙上未设置窗户，仅在东、南、西侧各设置 1 个出入口。厂房内培育区与辅助用房之间使用聚苯乙烯泡沫夹芯彩钢板分隔，内部最不利点距最近安全出口行走距离约为 100m。培育区菌菇培育堆垛高度约为 4m，堆垛中的培养塑料瓶、栽培种原料、垫仓板等均为可燃物质。

根据以上材料，回答下列问题：

（1）指出改造后该厂房的火灾危险性类别？并说明理由。

（2）改造后该厂房防火分区没有变化是否正确？为什么？

（3）指出该厂房平面布置和防火分隔方面存在的问题。

（4）指出该厂房安全疏散方面存在的问题。

（5）指出该厂房在消防设施配置及灭火救援设施方面存在的问题。

2. 根据情景描述，回答下列问题：

（1）指出消防救援设施方面存在的问题，并说明理由。

（2）地上二层喷漆间长为 20m、宽为 15m，计算喷漆间需要的泄压面积。

（3）地上二层中间仓库内存放了 30h 使用量的物品是否符合消防安全规定？为什么？

（4）木器厂厂长将休息室临时改为倒班宿舍是否可行？并说明理由。

（5）该厂房（部位）内还应配置哪些消防设施？

微信扫码，查看
练习题答案和解析

案例 2　丙类仓库防火案例分析

一、情景描述

某物流公司仓库为多层，框架结构，地上 3 层，地下 1 层，占地面积为 9 600m^2，总建筑面积为 30 000m^2，该仓库的建筑总平面布局及相关信息如图 1–2–1 所示。地上建筑每层均划分 4 个防火分区，每个防火分区的建筑面积均为 2 400m^2；地下一层划分为两个防火分区，每个防火分区的建筑面积均为 600m^2；首层西北侧设有独立的办公、休息区，建筑面积为 300m^2，采用耐火极限 2.50h 的防火隔墙、1.00h 的不燃性楼板和乙级防火门与其他部位分隔，并设有 2 个独立的安全出口。仓库按国家有关工程建设消防技术标准配置了室内外消火栓系统、自动喷水灭火系统、排烟设施和建筑灭火器等消防设施及器材。

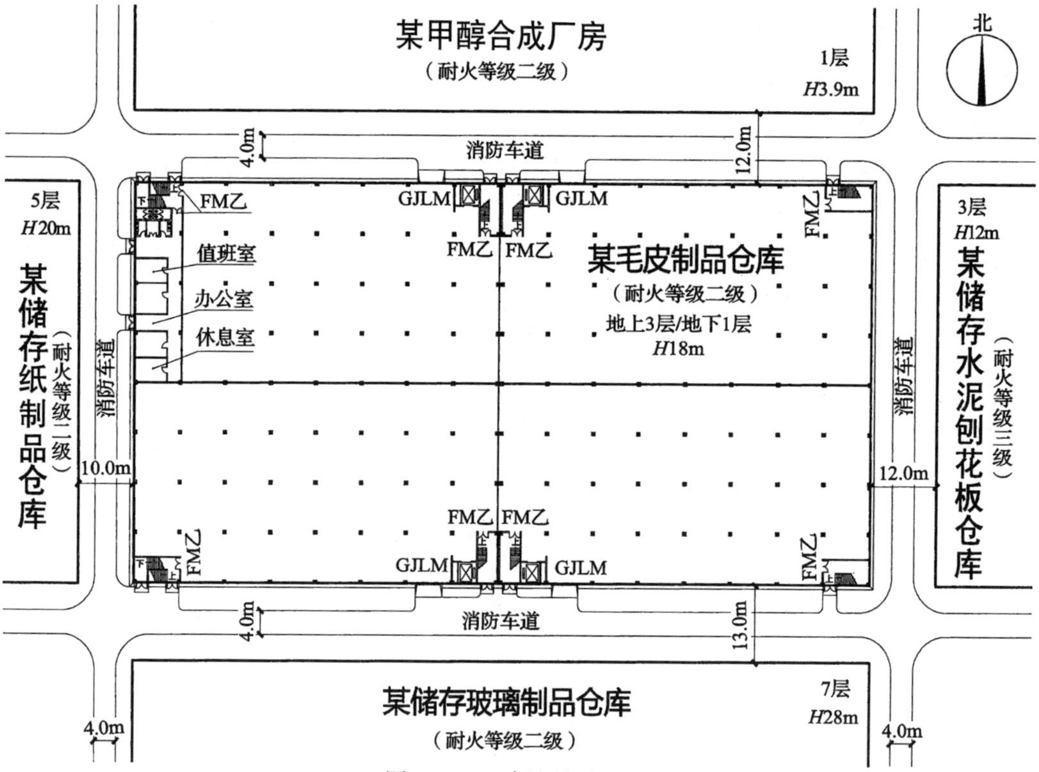

图 1–2–1　建筑总平面图

二、分析要点

本案例包含或涉及下列内容：

（1）仓库和厂房分类。

（2）耐火等级和层数。

（3）防火间距。

（4）消防救援设施。

（5）丙类仓库内办公室、休息室布置。

（6）防火分区。

（7）安全疏散。

三、关键知识点及依据

（一）仓库和厂房分类

仓库储存物品的火灾危险性分类方法主要依据物品本身的火灾危险性。储存物品的火灾危险性应根据储存物品的性质和储存物品中的可燃物数量等因素划分，可分为甲、乙、丙、丁、戊类。

同一座仓库或仓库的任一防火分区内储存不同火灾危险性物品时，其火灾危险性应按火灾危险性最大的物品确定。

储存丁、戊类物品仓库，当可燃包装重量大于物品本身重量的 1/4 或可燃包装体积大于物品本身体积的 1/2 时，其火灾危险性应按丙类确定。

根据《建筑设计防火规范》（GB 50016—2014，2018 年版）的规定，本案例情景描述中的各仓库和厂房的分类见表 1-2-1。

表 1-2-1 仓库和厂房分类

仓库（厂房）名称	层数与高度	储存物品或生产的火灾危险性特征	储存物品或生产的火灾危险性类别	按建筑层数和高度分类
物流仓库	地上 3 层、地下 1 层，18m	储存可燃固体	丙类 2 项	多层仓库
甲醇合成厂房	1 层，3.9m	生产中产生闪点小于 28℃的液体	甲类	单层厂房
玻璃制品仓库	7 层，28m	储存不燃烧物品	戊类	高层仓库
纸制品仓库	5 层，20m	储存闪点大于 60℃的液体	丙类 1 项	多层仓库
水泥刨花板仓库	3 层，12m	储存难燃烧物品	丁类	多层仓库

（二）耐火等级和层数

根据《建筑设计防火规范》（GB 50016—2014，2018 年版）的规定，仓库的耐火等级和层数见表 1-2-2 和表 1-2-3。

表 1-2-2　仓库的耐火等级

仓库名称	最低耐火等级
高架仓库、高层仓库、储存可燃液体的多层丙类仓库	二级
单层丙类仓库和储存可燃固体的多层丙类仓库	三级

表 1-2-3　仓库的层数

<table>
<tr><th>仓库火灾危险性</th><th>仓库耐火等级</th><th>最多允许层数</th><th>储存物品举例</th></tr>
<tr><td rowspan="2">丙类 2 项可燃固体</td><td>一、二级</td><td>不限</td><td rowspan="2">苯酚，化学、人造纤维及其织物，纸张，棉、毛、丝、麻及其织物，谷物，面粉，粒径不小于 2mm 的工业成型硫黄，天然橡胶及其制品，聚乙烯、聚丙烯等高分子制品，尿素，竹、木及其制品，中药材，电视机、收录机等电子产品，计算机房已录数据的磁盘储存间，冷库中的鱼、肉间等</td></tr>
<tr><td>三级</td><td>3 层</td></tr>
</table>

该物流仓库采用框架结构，耐火等级不低于二级，地上 3 层，符合规范的规定。

（三）防火间距

根据《建筑设计防火规范》（GB 50016—2014，2018 年版）的规定，该物流仓库与甲醇合成厂房、玻璃制品仓库、润滑油仓库和水泥刨花板仓库之间的防火间距分别不应小于表 1-2-4 的规定：

表 1-2-4　防火间距

单位：m

名称	甲醇合成厂房	玻璃制品仓库	纸制品仓库	水泥刨花板仓库
	甲类	戊类	丙类 1 项	丁类
丙类物流仓库	12	13	10	12

（四）消防救援设施

1. 消防车道

该物流仓库的占地面积大于 1 500m²，根据《建筑防火通用规范》（GB 55037—2022）、《建筑设计防火规范》（GB 50016—2014，2018 年版）的规定，应至少沿建筑的两条长边设置消防车道。消防车道的净宽度和净空高度应满足消防车安全、快速通行的要求。消防车道的坡度应满足消防车辆满载时正常通行的要求，且不应大于 10%，兼作消防救援场地的消防车道，坡度尚应满足消防车停靠和消防救援作业的要求。消防车道的路面及其下面的建筑结构、管道和管沟等，应满足承受消防车满载时压力的要求。

2. 消防救援窗

根据《建筑防火通用规范》（GB 55037—2022）的规定，除有特殊要求的建筑和甲类厂房可不设置消防救援口外，该仓库应在建筑的外墙上设置便于消防救援人员出入的消防救援口，其净高度和净宽度均不应小于 1.0m，当利用门时，净宽度不应小于 0.8m，下沿距室内地面不宜大于 1.2m，间距不宜大于 20m 且每个防火分区不应少于 2 个。消防救援口应易于从室内和室外打开或破拆，采用玻璃窗时，应选用安全玻璃。消防救援口应设置可在室内和室外识别的永久性明显标志。

（五）丙类仓库内办公室、休息室布置

根据《建筑设计防火规范》（GB 50016—2014，2018 年版）的规定，办公室、休息室设置在该物流仓库（丙类仓库）内时，应采用耐火极限不低于 2.50h 的防火隔墙和 1.00h 的不燃性楼板与其他部位分隔，并应设置独立的安全出口。隔墙上需开设相互连通的门时，应采用乙级防火门。

（六）防火分区

根据《建筑设计防火规范》（GB 50016—2014，2018 年版）的规定，该物流仓库的最大允许占地面积不应大于 4 800m^2，地上部分每个防火分区的最大允许建筑面积不应大于 1 200m^2，地下室每个防火分区的最大允许建筑面积不应大于 300m^2；仓库内设置自动灭火系统时，每座仓库的最大允许占地面积和每个防火分区的最大允许建筑面积可按上述规定增加 1 倍。

（七）安全疏散

根据《建筑设计防火规范》（GB 50016—2014，2018 年版）的规定，该仓库的安全疏散应符合下列规定：

（1）仓库的安全出口应分散布置。每个防火分区或一个防火分区的每个楼层，其相邻 2 个安全出口最近边缘之间的水平距离不应小于 5m。

（2）每座仓库的安全出口不应少于 2 个，当一座仓库的占地面积不大于 300m^2 时，可设置 1 个安全出口。

（3）仓库内每个防火分区通向疏散走道、楼梯或室外的出口不宜少于 2 个，当防火分区的建筑面积不大于 100m^2 时，可设置 1 个出口。通向疏散走道或楼梯的门应为乙级防火门。

（4）地下或半地下仓库（包括地下或半地下室）的安全出口不应少于 2 个；当建筑面积不大于 100m^2 时，可设置 1 个安全出口。

（5）地下或半地下仓库（包括地下或半地下室），当有多个防火分区相邻布置并采用防火墙分隔时，每个防火分区可利用防火墙上通向相邻防火分区的甲级防火门作为第二安全出口，但每个防火分区至少有 1 个直通室外的安全出口。

（6）仓库的疏散门应采用向疏散方向开启的平开门，但丙、丁、戊类仓库首层靠墙的外侧可采用推拉门或卷帘门。

练习题

（一）单项选择题

1. 丙类仓库内严禁设置（　　）。

A. 员工宿舍　　B. 办公室

C. 休息室　　D. 会议室

2. 每座仓库的安全出口不应少于2个，当一座仓库的占地面积小于或等于（　　）m^2时，可设置1个安全出口。

A. 300　　B. 200　　C. 100　　D. 400

3. 仓库内每个防火分区通向疏散走道、楼梯或室外的出口不宜少于2个，当防火分区的建筑面积小于或等于（　　）m^2时，可设置1个。

A. 300　　B. 200　　C. 100　　D. 400

4. 该物流仓库与一、二级裙房和单、多层民用建筑的防火间距不应小于（　　）m。

A. 30　　B. 10　　C. 20　　D. 15

（二）多项选择题

1. 对该物流仓库进行消防安全检查，发现仓库地上一层中一个防火分区内储存氨气，下列检查结果不正确的有（　　）。

A. 该物流仓库防火分区面积未重新划分

B. 该物流仓库火灾危险性定为乙类

C. 储存氨气场所增设了泡沫灭火器

D. 储存氨气场所电气设备为普通型电气设备

E. 储存氨气场所设置了可燃气体浓度报警装置

2. 该地下丙类仓库可储存以下（　　）物品。

A. 动物油　　B. 成品罐装饮料

C. 木材　　D. 冷库中的鱼、肉

E. 一氧化碳

（三）案例分析题

某单层分拣车间改造成为仓库，租给某快递物流公司做丙类仓库使用。该建筑为钢结构，建筑高度为12m，建筑面积为26 000m^2。建筑内有4个仓储区划分为4个防火分区，每个防火分区建筑面积均为6 000m^2。一个出货分拣区防火分区面积为2 000m^2。仓库采用耐火极限为3.00h的防火卷帘进行防火分隔，防火卷帘的耐火完整性和隔热性均符合要求。此次改造仅对防火分区进行了重新分隔，未对原设置的室内外消火栓系统、自动喷水灭火系统等消防设施及器材进行改动。

根据以上材料，回答下列问题：

（1）该仓库防火分区划分是否恰当？为什么？

（2）该仓库在防火分隔方面存在哪些问题？为什么？

（3）该仓库是否需要设置可供消防救援人员进入的窗口？如果需要设置，应如何设置？

（4）该仓库自动喷水灭火系统设置是否恰当？为什么？

（5）该仓库内堆放物品应满足什么要求？该仓库的电器设备与货物之间的间距应满足什么要求？

案例 3　歌舞厅防火案例分析

微信扫码，查看
练习题答案和解析

一、情景描述

某商业中心地上 4 层，地下 1 层，耐火等级为一级，建筑屋面为坡屋面，建筑室外设计地面至其檐口的高度为 20m，建筑室外设计地面至其屋脊的高度为 24m，局部突出屋顶的冷却塔、水箱间、电梯机房以及楼梯出口小间等辅助用房的建筑面积为 600m²，每层建筑面积均为 10 000m²，并设置了防烟楼梯间、封闭楼梯间、室外疏散楼梯、电梯和自动扶梯。该商业中心按国家有关工程建设消防技术标准配置了自动喷水灭火系统、火灾自动报警系统和建筑灭火器等消防设施及器材，相关信息如图 1–3–1 所示。某歌舞厅位于该商业中心的地下一层至地上四层，每层歌舞厅的厅、室总建筑面积均为 3 000m²，位于地下一层和地上四层的每个厅、室的建筑面积均不大于 200m²。

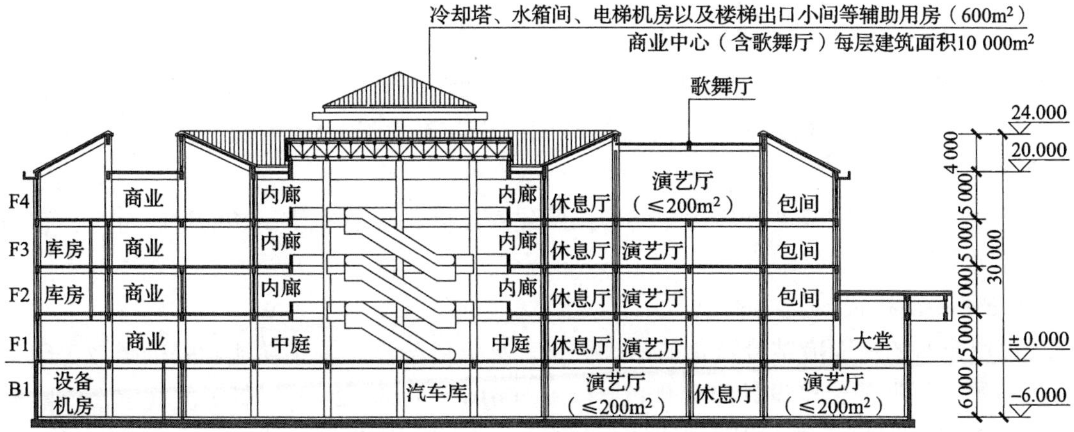

图 1–3–1　建筑剖面图

二、分析要点

本案例包含或涉及下列内容：

（1）建筑层数。

（2）建筑高度和建筑分类。

（3）平面布置。

（4）安全疏散。

（5）室内装修。

三、关键知识点及依据

（一）建筑层数

根据《建筑设计防火规范》（GB 50016—2014，2018 年版）的规定，建筑层数应按建筑的自然层数计算；室内顶板面高出室外设计地面的高度不大于 1.5m 的地下或半地下室，设置在建筑底部且室内高度不大于 2.2m 的自行车库、储藏室、敞开空间，建筑屋顶上突出的局部设备用房、出屋面的楼梯间等可不计入建筑层数。

（二）建筑高度和建筑分类

根据《建筑设计防火规范》（GB 50016—2014，2018 年版）的规定，建筑屋面为坡屋面时，建筑高度应为建筑室外设计地面至其檐口与屋脊的平均高度（坡屋面的坡度应不小于 3%，否则应按平屋面处理）；建筑屋面为平屋面（包括有女儿墙的平屋面）时，建筑高度应为建筑室外设计地面至其屋面面层的高度；同一座建筑有多种形式的屋面时，建筑高度应按上述方法分别计算后，取其中最大值；对于台阶式地坪，当位于不同高程地坪上的同一建筑之间有防火墙分隔，各自有符合规范规定的安全出口，且可沿建筑的两个长边设置贯通式或尽头式消防车道时，可分别计算各自的建筑高度，否则应按其中建筑高度最大者确定该建筑的建筑高度；局部突出屋顶的瞭望塔、冷却塔、水箱间、微波天线间或设施、电梯机房、排风和排烟机房以及楼梯出口小间等辅助用房占屋面面积不大于 1/4 者，可不计入建筑高度；对于住宅建筑，设置在底部且室内高度不大于 2.2m 的自行车库、储藏室、敞开空间，室内外高差或建筑的地下或半地下室的顶板面高出室外设计地面的高度不大于 1.5m 的部分，可不计入建筑高度。

该商业中心的建筑高度应为 22m，按照建筑高度、层数和使用功能进行分类，该商业中心为多层公共建筑。

（三）平面布置

民用建筑的平面应结合建筑的耐火等级、火灾危险性、使用功能和安全疏散等因素合理布置。根据《建筑设计防火规范》（GB 50016—2014，2018 年版）的规定，该歌舞厅不应布置在地下二层及以下楼层；宜布置在一、二级耐火等级建筑物内的首层、二层或三层的靠外墙部位（不应设置在三、四级耐火等级的建筑内）；不宜布置在袋形走道的两侧或尽端；确需布置在地下一层时，地下一层的地面与室外出入口地坪的高差不应大于 10m；确需布置在地下或四层及以上楼层时，一个厅、室的建筑面积不应大于 $200m^2$；厅、室之间及与建筑的其他部位之间，应采用耐火极限不低于 2.00h 的防火隔墙和不低于 1.00h 的不燃性楼板分隔，设置在厅、室墙上的门和该场所与建筑内其他部位相通的门均应采用乙级防火门。这里的“厅、室”，是指歌舞厅中相互分隔的独立房间，如卡拉 OK 的每间包房。这些房间均应是独立的防火分隔单元，均应采用耐火极限不低于 2.00h 的防火隔墙和 1.00h 的不燃性楼板与其他单元或场所进行防火分隔，其疏散门均应采用乙级防火门。以上单元之间或与其他场所之间的分隔建筑构件上不应开设除疏散门外的门、窗、洞口。

（四）安全疏散

根据《建筑设计防火规范》（GB 50016—2014，2018 年版）的规定，设置歌舞娱乐放映游艺场所的多层公共建筑的疏散楼梯，除与敞开式外廊直接相连的楼梯间外，均应采用封闭楼梯间；室内地面与室外出入口地坪高差不大于 10m 且层数为 2 层及以下的地下或半地下室应采用封闭楼梯间；故该商业中心疏散楼梯应采用封闭楼梯间，但其地上部分也可采用室外疏散楼梯用于人员安全疏散；封闭楼梯间不能自然通风或自然通风不能满足要求时，应设置机械加压送风系统或采用防烟楼梯间。该歌舞厅的安全疏散除应满足上述要求外，还应符合以下规定：

（1）建筑内的安全出口和疏散门应分散布置，且建筑内每个防火分区或一个防火分区的每个楼层相邻两个安全出口以及每个房间相邻两个疏散门最近边缘之间的水平距离不应小于 5m。

（2）建筑的楼梯间宜通至屋面，通向屋面的门或窗应向外开启。该建筑采用坡屋面，无法通向屋面疏散。

（3）自动扶梯和电梯（包括普通电梯和消防电梯）不应计作安全疏散设施。

（4）公共建筑内每个防火分区或一个防火分区的每个楼层，其安全出口的数量应经计算确定，且不应少于 2 个。

（5）公共建筑内房间的疏散门数量应经计算确定且不应少于 2 个，歌舞娱乐放映游艺场所内建筑面积不大于 $50m^2$ 且经常停留人数不超过 15 人的厅、室可设置 1 个疏散门。

（6）民用建筑的疏散门，应采用向疏散方向开启的平开门，不应采用推拉门、卷帘门、吊门、转门和折叠门；人数不超过 60 人且每樘门的平均疏散人数不超过 30 人的房间，其疏散门的开启方向不限。

（7）歌舞娱乐放映游艺场所位于两个安全出口之间的直通疏散走道的房间疏散门至最近安全出口的直线距离不应大于 25m；位于袋形走道两侧或尽端的直通疏散走道的房间疏散门至最近安全出口的直线距离及房间内任一点至房间直通疏散走道的疏散门的直线距离，均不应大于 9m；建筑内全部设置自动喷水灭火系统时，其安全疏散距离可按上述规定增加 25%。

（8）楼梯间应在首层直通室外，确有困难时，可在首层采用扩大的封闭楼梯间或防烟楼梯间前室。

（9）除另有规定外，多层公共建筑内安全出口和疏散门的净宽度不应小于 0.9m，疏散走道和疏散楼梯的净宽度不应小于 1.1m。人员密集的公共场所［主要指营业厅，礼堂、电影院、剧院和体育场馆的观众厅，公共娱乐场所中出入大厅、舞厅，候机（车、船）厅及医院的门诊大厅等面积较大、同一时间聚集人数较多的场所］的疏散门不应设置门槛，其净宽度不应小于 1.4m，且紧靠门口内、外各 1.4m 范围内不应设置踏步。人员密集的公共场所的室外疏散通道的净宽度不应小于 3m，并应直接通向宽敞地带。

（10）除剧场、电影院、礼堂、体育馆外的其他公共建筑，其地上每层的房间疏散门、安全出口、疏散走道和疏散楼梯的各自总净宽度，应根据疏散人数按每 100 人的最小疏散净宽度不小于表 1-3-1 的规定计算确定。当每层疏散人数不等时，疏散楼梯的总净宽度可分层计算，地上建筑内下层楼梯的总净宽度应按该层及以上疏散人数最多一层的疏散人数计算。

表 1-3-1　一般公共建筑地上每层的房间疏散门、安全出口、疏散走道和疏散楼梯的每 100 人最小疏散净宽度　单位：m/100 人

建筑层数		建筑的耐火等级		
		一、二级	三级	四级
地上楼层	1～2 层	0.65	0.75	1.00
	3 层	0.75	1.00	—
	≥4 层	1.00	1.25	—

（11）地下或半地下人员密集的厅、室和地下或半地下歌舞娱乐放映游艺场所，其疏散走道、安全出口、疏散楼梯和房间疏散门的各自总宽度应根据疏散人数按每 100 人不小于 1m 计算确定。当每层疏散人数不等时，疏散楼梯的总净宽度可分层计算，地下建筑内上层楼梯的总净宽度应按该层及以下疏散人数最多一层的人数计算。

（12）首层外门的总净宽度应按该建筑疏散人数最多一层的人数计算确定，不供其他楼层人员疏散的外门，可按本层的疏散人数计算确定。

（13）歌舞娱乐放映游艺场所中录像厅的疏散人数，应根据厅、室的建筑面积按不小于 1 人 /m^2 计算；其他歌舞娱乐放映游艺场所的疏散人数，应根据厅、室的建筑面积按不小于 0.5 人 /m^2 计算（对于歌舞娱乐放映游艺场所，在计算疏散人数时，可以不计算该场所内疏散走道、疏散楼梯、卫生间等辅助用房的建筑面积，而只根据该场所内具有娱乐功能的各厅、室的建筑面积确定；内部服务和管理人员的数量可根据核定人数确定）。

（14）人员密集的公共建筑不宜在窗口、阳台等部位设置封闭的金属栅栏，确需设置时，应能从内部易于开启；窗口、阳台等部位宜根据其高度设置适用的辅助疏散逃生设施。

（15）疏散楼梯间应符合以下规定：

1）楼梯间应能天然采光和自然通风，并宜靠外墙设置。靠外墙设置时，楼梯间、前室及合用前室外墙上的窗口与两侧门、窗、洞口最近边缘的水平距离不应小于 1m。

2）楼梯间内不应设置烧水间、可燃材料储藏室、垃圾道。

3）楼梯间内不应有影响疏散的凸出物或其他障碍物。

4）封闭楼梯间、防烟楼梯间及其前室，不应设置卷帘。

5）楼梯间内不应设置甲、乙、丙类液体管道。

6）封闭楼梯间、防烟楼梯间及其前室内禁止穿过或设置可燃气体管道。

7）建筑的地下或半地下部分与地上部分不应共用楼梯间，确需共用楼梯间时，应

在首层采用耐火极限不低于2.00h的防火隔墙和乙级防火门将地下或半地下部分与地上部分的连通部位完全分隔，并应设置明显的标志。

（五）室内装修

装修材料按其使用部位和功能可划分为顶棚装修材料、墙面装修材料（到顶的固定隔断装修应与墙面的规定相同，柱面的装修应与墙面的规定相同）、地面装修材料、隔断装修材料（系指建筑内部固定的、不到顶的垂直分隔物）、固定家具（系指与建筑结构固定在一起或不易改变位置的家具，如建筑内部的壁橱、壁柜、陈列台、大型货架等）、装饰织物（系指满足建筑内部功能需求，由棉、麻、丝、毛等天然纤维及其他合成纤维制作的纺织品，如窗帘、帷幕等）、其他装修装饰材料，包括楼梯扶手、挂镜线、踢脚板、窗帘盒、暖气罩等。装修材料按其燃烧性能应划分为A（不燃性）、B_1（难燃性）、B_2（可燃性）、B_3（易燃性）四级。

根据《建筑防火通用规范》（GB 55037—2022）、《建筑内部装修设计防火规范》（GB 50222—2017）的规定，该歌舞厅的室内装修应符合下列规定：

（1）顶棚装修材料的燃烧性能应为A级；其他部位装修材料的燃烧性能均不应低于B_1级；设置在地下或半地下的歌舞厅，墙面装修材料的燃烧性能应为A级。

（2）疏散楼梯间和前室的顶棚、墙面和地面均应采用A级装修材料。

（3）建筑内部装修不应擅自减少、改动、拆除、遮挡消防设施、疏散指示标志、安全出口、疏散出口、疏散走道和防火分区、防烟分区等。

（4）建筑内部消火栓箱门不应被装饰物遮掩，消火栓箱门四周的装修材料颜色应与消火栓箱门的颜色有明显区别或在消火栓箱门表面设置发光标志，消火栓箱上应用红色字体注明“消火栓”字样。

（5）疏散走道和安全出口的顶棚、墙面不应采用影响人员安全疏散的镜面反光材料。

（6）单位面积质量小于$300g/m^2$的纸质、布质壁纸，当直接粘贴在A级基材上时，可作为B_1级装修材料使用。

（7）施涂于A级基材上的无机装修涂料，可作为A级装修材料使用；施涂于A级基材上，湿涂覆比小于$1.5kg/m^2$，且涂层干膜厚度不大于1mm的有机装修涂料，可作为B_1级装修材料使用。

（8）当使用多层装修材料时，各层装修材料的燃烧性能等级均应符合《建筑内部装修设计防火规范》（GB 50222—2017）的规定。复合型装修材料的燃烧性能等级应进行整体检测确定。

（9）建筑物内上下层相连通的中庭、走马廊、开敞楼梯、自动扶梯（均属于共享空间部位），其连通部位的顶棚、墙面应采用A级装修材料，其他部位应采用不低于B_1级的装修材料。

（10）防火门表面加装贴面材料或其他装修时，不得减小门框和门的规格尺寸，不得降低防火门的耐火性能，所用贴面材料的燃烧性能等级不应低于B_1级。

（11）安装在金属龙骨上燃烧性能达到B_1级的纸面石膏板、矿棉吸声板，可作为A

级装修材料使用（矿棉吸声板的燃烧性能与黏结剂有关，只有达到 B_1 级时才可执行以上规定）。

（12）休息厅、包间内的沙发、软包等不应采用易燃可燃材料装修装饰。

（六）消防安全管理

（1）包间内禁止违规燃放冷烟花、使用蜡烛照明。

（2）节日期间临时加装的串串灯、轮廓灯等电气线路不应直接敷设在可燃物上。

（3）营业结束时应安排专人进行防火巡查，切断非必要电源，清除火种。

（4）空气清新剂、杀虫剂、含酒精的消毒用品以及高度酒类等应妥善储存，与用电设备、加热器具等应保持安全距离。

（5）夜间错时营业时，与其他功能区域共用的疏散楼梯应能保证疏散要求；与其他功能区域防火分隔应符合要求。

（6）门厅醒目位置应设置楼层平面疏散示意图，每个包间门口应设置平面疏散示意图；应急照明灯具数量和照度应符合要求。

（7）包间内应设置开机消防提示画面，并能紧急切换播放火灾逃生提示画面、广播。

（8）员工应具备组织疏散的能力，掌握应急处置程序措施。

练习题

（一）单项选择题

1. 安装在金属龙骨上燃烧性能达到 B_1 级的矿棉吸声板，可作为（　　）级装修材料使用。

A. A　　B. B_1　　C. B_2　　D. B_3

2. 设置在四层的歌舞娱乐游艺放映场所内建筑面积不大于（　　）m^2 且经常停留人数不超过 15 人的房间，可设置 1 个疏散门。

A. 50　　B. 60　　C. 65　　D. 75

3. 本案例情景描述中的歌舞厅位于地下一层至地上四层的疏散走道、安全出口、疏散楼梯的各自所需总宽度及首层外门的所需总宽度均不应小于（　　）m。

A. 15　　B. 9.75　　C. 11.25　　D. 10.75

4. 人员密集的公共场所的室外疏散小巷的净宽度不应小于（　　）m，并应直接通向宽敞地带。

A. 3　　B. 2　　C. 1　　D. 0.75

（二）多项选择题

1. 公共娱乐场所不得设置在（　　）内，不得毗邻重要仓库或者危险品库；不得在居民住宅楼内改建公共娱乐场所。

A. 文物古建筑　　B. 博物馆、图书馆

C. 展览馆　　D. 公寓楼

E. 办公楼

2. 歌舞厅的布置应符合（　　）的规定。

A. 不应布置在地下二层及以下楼层，当确需布置在地下一层时，地下一层的地面与室外出入口地坪的高差不应大于 10m

B. 确需布置在地下或四层及以上楼层时，一个厅、室的建筑面积不应大于 200m²

C. 宜布置在一、二级耐火等级建筑内的首层、二层或三层的靠外墙部位

D. 厅、室之间及与建筑的其他部位之间应采用耐火极限不低于 2.00h 的防火隔墙和 1.00h 的不燃性楼板分隔，设置在厅、室墙上的门和该场所与建筑内其他部位相通的门均应采用乙级防火门

E. 宜布置在袋形走道的两侧或尽端

（三）案例分析题

某综合楼，地下 1 层，地上 5 层，局部 6 层。该楼为钢筋混凝土现浇框架结构，除地上一层层高 4.2m 外，其余各层层高均为 3.9m，建筑面积均为 960m²，顶层建筑面积为 100m²。各层用途及人数：地下一层为设备用房和自行车库，人数为 30 人；一层为门厅、厨房、餐厅，人数为 100 人；二层为餐厅，人数为 240 人；三层为歌舞厅（人数需计算）；四层为健身房，人数为 100 人；五层为儿童舞蹈培训中心，人数为 120 人。地上各层安全出口均为 2 个，地下一层 3 个，其中一个为自行车出口。

楼梯 1 和楼梯 2 在各层位置相同，采用敞开楼梯间。在地下一层楼梯间入口处设有净宽 1.50m 的甲级防火门（编号为 FMI，开启方向为顺着人员进入地下一层的方向）。

该综合楼三层平面图如图 1–3–2 所示，图中 M1、M2 为木质隔音门，净宽分别为 1.30m 和 0.90m；M4 为普通木门，净宽为 0.90m。

建筑全楼设置中央空调系统和湿式自动喷水灭火系统等消防设施，各消防系统按照国家消防技术标准要求设置且完整好用。

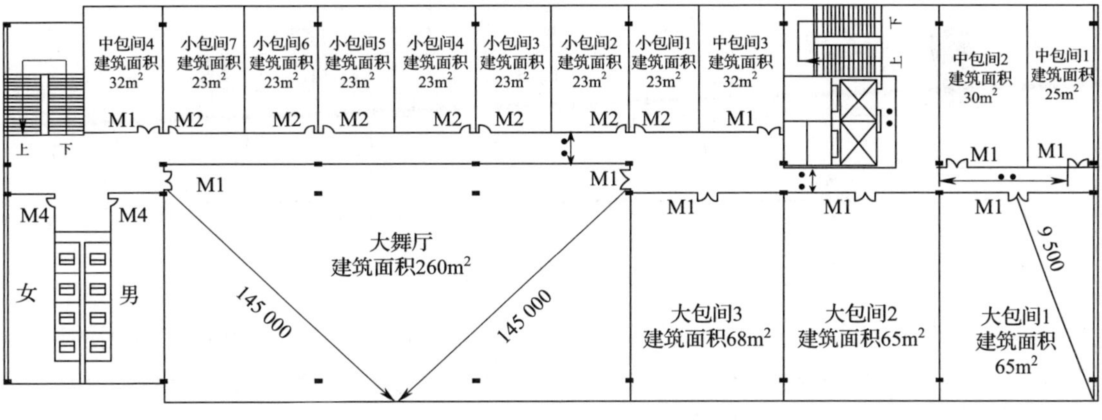

图 1–3–2　综合楼三层平面图

根据以上材料，回答下列问题：

（1）指出该综合楼三层歌舞厅在平面布置和防火分隔方面存在的问题。

（2）结合图 1–3–2，指出该综合楼在安全疏散方面存在的问题。

案例4　大型商业综合体防火案例分析

一、情景描述

某大型商业综合体建筑，2020年投入使用，地下3层，地上5层，建筑高度为23.85m，建筑面积为186 000m²。该建筑地下一层的主要使用功能为商业营业厅、超市（含后勤仓库、冷库）和设备用房，地下二层、三层为设备用房、汽车库和物业管理用房，地下三层为汽车库，相关信息见图1-4-1。地下一层的建筑面积为25 000m²，采用不开设门、窗、洞口的防火墙分隔成10 000m²和15 000m²两个区域，并采用下沉式广场将其局部连通，按建筑面积不大于2 000m²划分为13个防火分区。地下一层、二层设置的设备用房区域的建筑面积都不超过2 000m²，各自划分为1个防火分区；物业管理用房区域的建筑面积为1 000m²，汽车库部分的建筑面积为47 000m²，按建筑面积不大于2 000m²划分为24个防火分区。超市营业区域同后勤仓库和冷库之间采用2.00h的防火墙和甲级防火门进行了防火分隔。

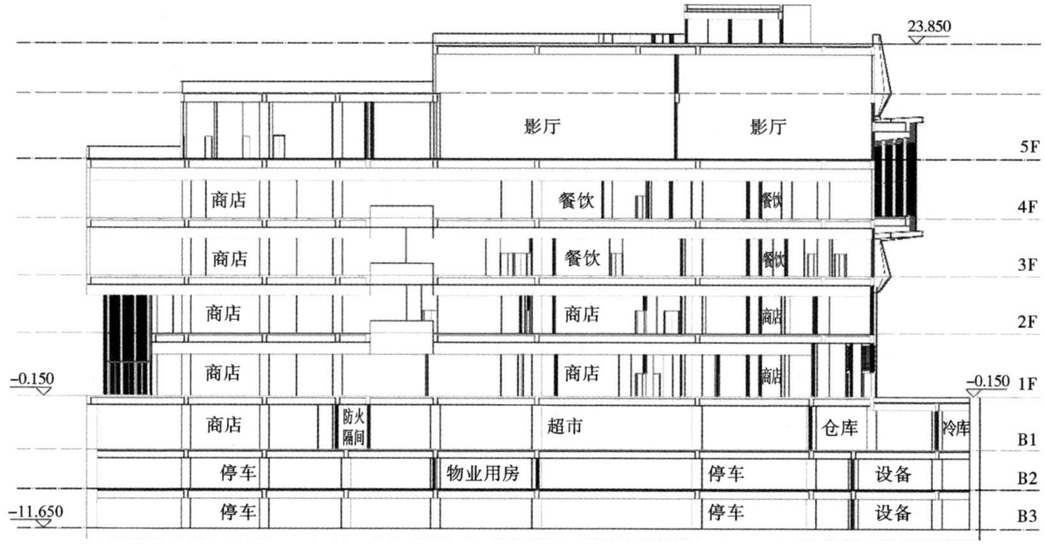

图1-4-1　建筑剖面图

该商业综合体首层至地上五层每层的主要使用功能是销售百货和服装鞋帽的商店营业厅。每层的建筑面积均为22 000m²，每层均按照不大于5 000m²划分为5个防火分区。其中三层以上楼层局部设置餐饮场所，五层设置了电影院。建筑外墙保温采用了阻燃型聚苯乙烯板，同基层墙体之间无空腔，保温层采用10mm厚的水泥砂浆作为防护层。该建筑按国家有关工程建设消防技术标准设置了灭火救援设施并配置了室内外消火栓系统、自动喷水灭火系统、排烟设施、火灾自动报警系统和建筑灭火器等消防设施及器材。

二、分析要点

本案例包含或涉及下列内容：

（1）耐火等级和建筑层数。

（2）防火间距。

（3）平面布置。

（4）防火分区。

（5）防火分隔。

（6）安全疏散。

（7）建筑保温。

（8）消防安全管理。

（9）公众聚集场所投入使用、营业前消防安全检查。

三、关键知识点及依据

（一）耐火等级和建筑层数

公共建筑的耐火等级应根据其建筑高度、使用功能、重要性和火灾扑救难度等确定。公共建筑中地下或半地下建筑（室）的耐火等级不应低于一级。单、多层重要公共建筑的耐火等级不应低于二级。一、二级耐火等级公共建筑的上人平屋顶，其屋面板的耐火极限分别不应低于 1.50h 和 1.00h。一、二级耐火等级公共建筑的屋面板应采用不燃材料。三级耐火等级多层公共建筑的层数不应超过 5 层，四级耐火等级多层公共建筑的层数不应超过 2 层。

（二）防火间距

根据《建筑设计防火规范》（GB 50016—2014，2018 年版）的规定，本案例情景描述中大型商业综合体与周边建（构）筑物之间的防火间距不应小于表 1-4-1 的规定。

表 1-4-1　大型商业综合体与周边建（构）筑物之间的防火间距　单位：m

建（构）筑物名称、建筑类别和耐火等级	住宅楼（多层居住建筑，耐火等级二级）	办公楼（多层公共建筑，耐火等级三级）	茶楼（多层公共建筑，耐火等级四级）	10kV 预装式变电站	室外停车场
大型商业综合体（多层公共建筑，耐火等级一级）	6	7	9	3	6

当防火间距不能满足《建筑设计防火规范》（GB 50016—2014，2018 年版）的规定时，可以采取以下措施：

（1）相邻两座单、多层民用建筑，当相邻外墙为不燃性墙体且无外露的可燃性屋檐，每面外墙上无防火保护的门、窗、洞口不正对开设且该门、窗、洞口的面积之和不大于外墙面积的 5% 时，其防火间距可按表 1-4-1 的规定减少 25%。

（2）两座民用建筑相邻较高一面外墙为防火墙（该防火墙应无门、窗、洞口），或高出相邻较低一座一、二级耐火等级建筑的屋面 15m 及以下范围内的外墙为防火墙（该防火墙应无门、窗、洞口）时，其防火间距可不限。

（3）相邻两座建筑高度相同的一、二级耐火等级民用建筑中相邻任一侧外墙为防火墙（该防火墙应无门、窗、洞口），且其屋顶的耐火极限不低于 1.00h 时，其防火间距可不限。

（4）相邻两座单、多层民用建筑中较低一座建筑的耐火等级不低于二级，相邻较低一面外墙为防火墙（该防火墙应无门、窗、洞口）且屋顶无天窗，屋顶的耐火极限不低于 1.00h 时，其防火间距不应小于 3.5m。

（5）相邻两座单、多层民用建筑中较低一座建筑的耐火等级不低于二级且屋顶无天窗，相邻较高一面外墙高出较低一座建筑的屋面 15m 及以下范围内的开口部位设置甲级防火门、窗，或设置符合《自动喷水灭火系统设计规范》（GB 50084—2017）规定的防火分隔水幕或《建筑设计防火规范》（GB 50016—2014，2018 年版）第 6.5.3 条规定的防火卷帘时，其防火间距不应小于 3.5m。

（三）平面布置

（1）不应在人员密集的场所（旅馆除外）的经营、储存等区域设置人员居住场所。

（2）为避免造成重大人员伤亡和财产损失，人员密集的场所内严禁附设经营、存放和使用甲、乙类火灾危险性物品的商店、作坊和储藏间等。

（3）人员密集的场所内不应设置生产场所和库房（为满足建筑使用功能的附属库房除外）。

（4）人员密集的场所的上一层、下一层或贴邻，不应设置燃油或燃气锅炉、油浸变压器、充有可燃油的高压电容器和多油开关。

（5）液化石油气火灾危险性大，为防止燃气积聚在室内产生火灾或爆炸隐患，设置在地下、半地下室的人员密集的场所严禁使用液化石油气。

（6）为减少气体运输过程中产生的危险因素，位于高层建筑内的人员密集的场所使用可燃气体燃料时，应采用管道供气。

（7）使用可燃气体的房间或部位宜靠外墙设置。

（8）人员密集的场所附属的冷库应设置在地上，确需设在地下时，只允许设置在地下一层。冷库的隔热材料应为不燃材料，采用难燃材料时应用不燃材料做防护层，穿过隔热材料的电气线路应采取金属管保护。

（9）为保证人员疏散安全和便于火灾扑救，营业厅不应设置在地下三层及以下楼层。地下或半地下营业厅不应经营、储存和展示甲、乙类火灾危险性物品。

（四）防火分区

（1）该建筑地上各层防火分区的最大允许建筑面积均为 2 500m^2，地下一层设备用房区域防火分区的最大允许建筑面积为 1 000m^2，地下一层物业管理用房区域防火分区的最大允许建筑面积为 500m^2。建筑内设置自动灭火系统时，防火分区的最大允许建筑面积可按上述规定增加 1 倍；局部设置时，增加面积可按该局部面积的 1 倍计算。

（2）一、二级耐火等级建筑内的营业厅、展览厅，当设置自动灭火系统和火灾自动报警系统并采用不燃或难燃装修材料时，每个防火分区的最大允许建筑面积可适当增加，并应符合下列规定：

1）设置在单层建筑内或仅设置在多层建筑的首层内时，不应大于 10 000m²。当营业厅、展览厅同时设置在多层民用建筑的首层及其他楼层时，考虑到涉及多个楼层的疏散和火灾蔓延危险，其地上楼层内防火分区的最大允许建筑面积应为 2 500m²；当建筑内设置自动灭火系统时，其地上楼层内防火分区的最大允许建筑面积应为 5 000m²；当建筑内局部设置自动灭火系统时，其地上楼层内防火分区的增加面积可按该局部面积的 1 倍计算。

2）设置在地下或半地下时，不应大于 2 000m²。

（3）总建筑面积大于 20 000m² 的地下或半地下商店，应采用无门、窗、洞口的防火墙、耐火极限不低于 2.00h 的楼板分隔为多个建筑面积不大于 20 000m² 的区域。相邻区域确需局部连通时，应采用下沉式广场等室外开敞空间、防火隔间、避难走道、防烟楼梯间（相关部位的防烟楼梯间及其前室的门均应采用常开甲级防火门）等方式进行连通。

（五）防火分隔

（1）同一建筑内设置多种使用功能场所时，不同使用功能场所之间应进行防火分隔，以保证火灾不会相互蔓延。

（2）商店的附属库房应采用耐火极限不低于 3.00h 的隔墙与营业、办公部分分隔，通向营业厅的门应为甲级防火门。

（3）剧院、电影院和礼堂设置在大型商业综合体建筑内时，要采用防火隔墙将这些场所与其他场所分隔，疏散楼梯尽量独立设置，每个防火分区至少应设置 1 个独立的安全出口和疏散楼梯，并应采用耐火极限不低于 2.00h 的防火隔墙和甲级防火门与其他区域分隔。设置在一、二级耐火等级的建筑内且观众厅布置在四层及以上楼层时，为方便人员安全疏散和灭火救援，一个厅、室的疏散门不应少于 2 个，且每个观众厅的建筑面积不宜大于 400m²。

（4）用于防火分隔的下沉式广场等室外开敞空间应符合下列规定：

1）分隔后的不同区域通向下沉式广场等室外开敞空间的开口最近边缘之间的水平距离不应小于 13m。室外开敞空间除用于人员疏散外不得用于其他商业或可能导致火灾蔓延的用途，其中用于疏散的净面积不应小于 169m²。

2）下沉式广场等室外开敞空间内应设置不少于 1 部直通地面的疏散楼梯。当连接下沉广场的防火分区需利用下沉广场进行疏散时，疏散楼梯的总净宽度不应小于任一防火分区通向室外开敞空间的设计疏散总净宽度。

3）确需设置防风雨篷时，防风雨篷不应完全封闭，四周开口部位应均匀布置，开口的面积不应小于该空间地面面积的 25%，开口高度不应小于 1m；开口设置百叶时，百叶的有效排烟面积可按百叶通风口面积的 60% 计算。

（5）防火隔间的设置应符合下列规定：

1）防火隔间的建筑面积不应小于 $6m^2$。

2）防火隔间的门应采用甲级防火门。

3）不同防火分区通向防火隔间的门不应计入安全出口，门的最小间距不应小于 4m。

4）防火隔间内部装修材料的燃烧性能应为 A 级。

5）不应用于除人员通行外的其他用途。

（6）防火分隔部位设置防火卷帘时，应符合下列规定：

1）除中庭外，当防火分隔部位的宽度不大于 30m 时，防火卷帘的宽度不应大于 10m；当防火分隔部位的宽度大于 30m 时，防火卷帘的宽度不应大于该部位宽度的 1/3，且不应大于 20m。

2）防火卷帘应具有火灾时靠自重自动关闭的功能。

3）除另有规定外，防火卷帘的耐火极限不应低于《建筑设计防火规范》（GB 50016—2014，2018 年版）对所设置部位墙体的耐火极限要求。

当防火卷帘的耐火极限符合《门和卷帘的耐火试验方法》（GB/T 7633—2008）有关耐火完整性和耐火隔热性的判定条件时，可不设置自动喷水灭火系统保护。

除另有规定外，当防火卷帘的耐火极限仅符合《门和卷帘的耐火试验方法》（GB/T 7633—2008）有关耐火完整性的判定条件时，应设置自动喷水灭火系统保护。自动喷水灭火系统的设计应符合《自动喷水灭火系统设计规范》（GB 50084—2017）的规定，但火灾延续时间不应小于该防火卷帘的耐火极限。

4）防火卷帘应具有防烟性能，与楼板、梁、墙、柱之间的空隙应采用防火封堵材料封堵。

5）需在火灾时自动降落的防火卷帘，应具有信号反馈的功能。

6）其他要求，应符合《防火卷帘》（GB 14102—2005）的规定。

（六）安全疏散

该大型商业综合体应根据建筑高度、规模、使用功能和耐火等级等因素合理设置安全疏散设施，确保安全出口、疏散门的位置、数量和宽度及疏散距离等满足人员安全疏散的要求；其安全疏散应符合下列规定：

（1）该建筑内的安全出口和疏散门应分散布置，且建筑内每个防火分区或一个防火分区的每个楼层相邻两个安全出口以及每个房间相邻两个疏散门最近边缘之间的水平距离不应小于 5m。

（2）每个防火分区或一个防火分区的每个楼层，其安全出口的数量应经计算确定，且不应少于 2 个。

（3）除剧场、电影院、礼堂、体育馆外的其他公共建筑，其房间疏散门、安全出口、疏散走道和疏散楼梯的各自总净宽度应符合下列规定：

1）每层的房间疏散门、安全出口、疏散走道和疏散楼梯的各自总净宽度，应根据疏散人数按每 100 人的最小疏散净宽度不小于表 1–4–2 的规定计算确定。当每层疏散人数不等时，疏散楼梯的总净宽度可分层计算，地上建筑内下层楼梯的总净宽度应按该层及以上疏散人数最多一层的人数计算；地下建筑内上层楼梯的总净宽度应按该层及以下疏散人数最多一层的人数计算。

表 1-4-2　每层的房间疏散门、安全出口、疏散走道和疏散楼梯的每 100 人最小疏散净宽度　单位：m/100 人

<table>
<tr><th colspan="2" rowspan="2">建筑层数</th><th colspan="3">建筑的耐火等级</th></tr>
<tr><th>一、二级</th><th>三级</th><th>四级</th></tr>
<tr><td rowspan="3">地上楼层</td><td>1～2 层</td><td>0.65</td><td>0.75</td><td>1.00</td></tr>
<tr><td>3 层</td><td>0.75</td><td>1.00</td><td>—</td></tr>
<tr><td>≥4 层</td><td>1.00</td><td>1.25</td><td>—</td></tr>
<tr><td rowspan="2">地下楼层</td><td>室内地面与室外出入口地坪的高差 $\Delta H \leqslant 10m$</td><td>0.75</td><td>—</td><td>—</td></tr>
<tr><td>室内地面与室外出入口地坪的高差 $\Delta H > 10m$</td><td>1.00</td><td>—</td><td>—</td></tr>
</table>

2）地下或半地下人员密集的厅、室，其房间疏散门、安全出口、疏散走道和疏散楼梯的各自总净宽度，应根据疏散人数按每 100 人不小于 1m 计算确定。

3）首层外门的总净宽度应按该建筑疏散人数最多的一层的人数计算确定，不供其他楼层人员疏散的外门，可按本层疏散人数计算确定。

4）商店的疏散人数应按每层营业厅的建筑面积乘以表 1-4-3 规定的人员密度计算。对于建材商店、家具和灯饰展示建筑，其人员密度可按表 1-4-3 规定值的 30% 确定。

表 1-4-3　商店营业厅内的人员密度　单位：人 /m^2

楼层位置	地下第二层	地下第一层	地上第一、二层	地上第三层	地上第四层及以上各层
人员密度	0.56	0.60	0.43～0.60	0.39～0.54	0.30～0.42

注：根据表 1-4-3 确定人员密度值时，应考虑商店的建筑规模，当建筑规模较小（如营业厅的建筑面积小于 3 000m^2）时宜取上限值，当建筑规模较大时，可取下限值。当一座商店建筑内设置有多种商业用途时，考虑到不同用途区域可能会随经营状况或经营者的变化而变化，尽管部分区域可能用于家具、建材经销等类似用途，但人员密度仍需要按照该建筑的主要商业用途来确定，不能再按照上述方法折减。

（4）人员密集的公共建筑不宜在窗口、阳台等部位设置封闭的金属栅栏，确需设置时，应能从内部易于开启；窗口、阳台等部位宜根据高度设置适用的辅助疏散逃生设施。

（5）一、二级耐火等级公共建筑内的安全出口全部直通室外确有困难的防火分区，可利用通向相邻防火分区的甲级防火门作为安全出口，但应符合下列要求：

1）利用通向相邻防火分区的甲级防火门作为安全出口（可在一定程度解决个别防火分区直通室外安全出口数量不足、疏散宽度不够，或其中局部区域的安全疏散距离过长的问题）时，应采用防火墙（不能采用防火卷帘、防火分隔水幕等措施替代）与相邻防火分区进行分隔。

2）建筑面积大于 1 000m^2 的防火分区，直通室外的安全出口数量不应少于 2 个；建筑面积不大于 1 000m^2 的防火分区，直通室外的安全出口数量不应少于 1 个。

3）该防火分区通向相邻防火分区的疏散净宽度不应大于所需疏散总净宽度的 30%，建筑各层直通室外的安全出口总净宽度不应小于所需疏散总净宽度。

（6）疏散走道在防火分区处应设置常开甲级防火门。设置在建筑内经常有人通行处的防火门宜采用常开防火门。常开防火门应能在火灾时自行关闭，并应具有信号反馈的功能。除允许设置常开防火门的位置外，其他位置的防火门均应采用常闭防火门，常闭防火门应在其明显位置设置“保持防火门关闭”等提示标识。

（7）为避免在火灾情况下人员因为疏散门而出现阻滞或无法疏散的情况，除允许开启方向不限的疏散门外，其他疏散门应采用向疏散方向开启的平开门，不应采用推拉门、卷帘门、吊门、转门和折叠门。平时需要控制人员出入或设有门禁系统的疏散门，应有保证火灾发生时人员疏散畅通的可靠措施。

（8）一、二级耐火等级建筑内疏散门或安全出口不少于 2 个的观众厅、展览厅、多功能厅、餐厅、营业厅等，其室内任一点至最近疏散门或安全出口的直线距离不应大于 30m；当疏散门不能直通室外地面或疏散楼梯间时，应采用长度不大于 10m 的疏散走道通至最近的安全出口。当该场所设置自动喷水灭火系统时，室内任一点至最近安全出口的安全疏散距离可分别增加 25%。

（9）除另有规定外，公共建筑内疏散门和安全出口的净宽度不应小于 0.9m，疏散走道和疏散楼梯的净宽度不应小于 1.1m。人员密集的公共场所的疏散门不应设置门槛，其净宽度不应小于 1.4m，且紧靠门口内、外各 1.4m 范围内不应设置踏步。人员密集的公共场所的室外疏散通道的净宽度不应小于 3m，并应直接通向宽敞地带。

（10）自动扶梯和电梯不应计作安全疏散设施。

（11）公共建筑内的客、货电梯宜设置电梯候梯厅，不宜直接设置在营业厅、展览厅、多功能厅等场所内。

（12）各楼层的明显位置应设置安全疏散指示图，指示图上应标明疏散路线、安全出口、人员所在位置和必要的文字说明。

（13）不应占用、堵塞、封闭疏散走道、安全出口，疏散走道上方不应设置影响人员疏散的管道、门垛等突出物，不得在疏散走道、门厅、楼梯间、前室、安全出口处等公共区域停放电动自行车或为其充电。

（14）电影院应保持 2 个以上安全出口和疏散楼梯（其中至少应按要求设置 1 个独立的安全出口和疏散楼梯）；夜间错时营业时，与其他场所共用的疏散楼梯应能保证疏散要求；不得擅自增设影厅和座位，影响疏散逃生。

（七）建筑保温

（1）建筑的内、外保温系统宜采用燃烧性能为A级的保温材料，不宜采用B_2级保温材料，严禁采用B_3级保温材料。

（2）设置人员密集场所的建筑，其外墙外保温材料的燃烧性能应为A级。

（3）与基层墙体、装饰层之间无空腔的建筑外墙外保温系统，除住宅建筑和设置人员密集场所的建筑外，其他建筑保温材料应符合下列规定：

1）建筑高度大于50m时，保温材料的燃烧性能应为A级。

2）建筑高度大于24m，但不大于50m时，保温材料的燃烧性能不应低于B_1级。

3）建筑高度不大于24m时，保温材料的燃烧性能不应低于B_2级。

（4）除设置人员密集场所的建筑外，与基层墙体、装饰层之间有空腔的建筑外墙外保温系统，其保温材料应符合下列规定：①建筑高度大于24m时，保温材料的燃烧性能应为A级；②建筑高度不大于24m时，保温材料的燃烧性能不应低于B_1级。

（5）当建筑的外墙外保温系统按规范规定采用燃烧性能为B_1、B_2级的保温材料时，应在保温系统中每层设置水平防火隔离带。防火隔离带应采用燃烧性能为A级的材料，防火隔离带的高度不应小于300mm。

（6）建筑的外墙外保温系统应采用不燃材料在其表面设置防护层，防护层应将保温材料完全包覆。当按规定采用B_1、B_2级保温材料时，首层防护层厚度不应小于15mm，其他层防护层厚度不应小于5mm。

（八）消防安全管理

（1）设置于商场内的库房应采用耐火极限不低于3.00h的隔墙与营业、办公部分完全分隔，通向营业厅的开口应设置甲级防火门。

（2）营业厅的安全疏散路线不应穿越仓库、办公室等功能性用房。

（3）营业厅内食品加工区的明火部位应靠外墙布置，并应采用耐火极限不低于2.00h的隔墙、乙级防火门与其他部位分隔。敞开式的食品加工区应采用电加热器具，严禁使用可燃气体、液体燃料。

（4）防火卷帘门两侧各0.5m范围内不得放置物品，并应用黄色标识线划定范围。

（5）设置在商场、市场内的中庭不应设置固定摊位，放置可燃物等。

（九）公众聚集场所投入使用、营业前消防安全检查

公众聚集场所投入使用、营业前消防安全检查实行告知承诺管理。公众聚集场所在投入使用、营业前，建设单位或者使用单位应当向场所所在地的县级以上地方人民政府消防救援机构申请消防安全检查，做出场所符合消防技术标准和管理规定的承诺，提交规定的材料，并对其承诺和材料的真实性负责。

消防救援机构对申请人提交的材料进行审查；申请材料齐全、符合法定形式的，应当予以许可。消防救援机构应当根据消防技术标准和管理规定，及时对做出承诺的公众聚集场所进行核查。

申请人选择不采用告知承诺方式办理的，消防救援机构应当自受理申请之日起10

个工作日内，根据消防技术标准和管理规定，对该场所进行检查。经检查符合消防安全要求的，应当予以许可。

公众聚集场所未经消防救援机构许可的，不得投入使用、营业。消防安全检查的具体办法由国务院应急管理部门制定。

练习题

（一）单项选择题

1. 当情景描述中的大型商业综合体营业厅的疏散门不能直通安全出口时，应采用长度不大于（　　）m 的疏散走道通至最近的安全出口。

A. 30　　B. 20　　C. 12.5　　D. 10

2. 情景描述中的大型商业综合体营业厅内任一点至最近疏散门或安全出口的直线距离（　　）。

A. 不宜大于 30m　　B. 不宜大于 37.5m

C. 不应大于 30m　　D. 不应大于 37.5m

（二）多项选择题

1. 关于防火隔间的下列说法，正确的有（　　）。

A. 防火隔间的使用面积不应小于 6m^2

B. 防火隔间的门应采用甲级防火门

C. 不同防火分区通向防火隔间的门不应计入安全出口，门的最小间距不应小于 4m

D. 防火隔间内部装修材料的燃烧性能应为 A 级

E. 不应用于除人员通行外的其他用途

2. 与基层墙体、装饰层之间无空腔的建筑外墙外保温系统，除住宅建筑和设置人员密集场所的建筑外，下列建筑其保温材料应符合的规定有（　　）。

A. 建筑高度大于 50m 时，保温材料的燃烧性能应为 A 级

B. 建筑高度大于 24m，但不大于 50m 时，保温材料的燃烧性能不应低于 B_1 级

C. 建筑高度大于 27m，但不大于 100m 时，保温材料的燃烧性能不应低于 B_1 级

D. 建筑高度不大于 24m 时，保温材料的燃烧性能不应低于 B_2 级

E. 建筑高度不大于 24m 时，保温材料的燃烧性能不应低于 A 级

（三）案例分析题

某大型商业综合体（以下简称“综合体”），2011 年 8 月建成并投入使用，地上 7 层，地下 3 层，建筑高度为 38m，总建筑面积为 110 404m^2。该综合体设有商场、餐厅、儿童游乐场、海洋馆、卡拉 OK 厅、教育培训中心、汽车库等，并按现行规范设置了建筑消防设施。综合体内中庭净空高度为 22m，中庭顶部按规范规定设置了自动消防炮灭火系统、排烟系统等建筑消防设施，综合体经营管理单位建立了消防安全管理制度，制订了灭火和应急疏散预案，建立了微型消防站，并定期开展防火巡查。

2022 年 6 月，该综合体经营管理单位对建筑内商业布局进行了调整，增设了口腔门诊、咖啡厅、健身房、麻将室、超市、电影城等新的商家，海洋馆局部重新装修，增设

北极动物展览区，地下一层汽车库局部改建为冷库。新进驻商家进行了室内整修，装修工程竣工的商家依法申报消防行政许可。位于地下一层的电影城采用告知承诺方式申请消防安全检查，消防救援机构进行现场核查发现，该场所存在未设置独立的安全出口、与相邻的生鲜超市采用防火卷帘等问题。

9 月 4 日中午，消防控制室接到海洋馆火灾报警信号，值班人员郎某和陈某进行了处置。

根据以上材料，回答下列问题：

1. 根据《中华人民共和国消防法》，该综合体的下列场所中，需要办理公众聚集场所投入使用、营业前消防安全检查的有（　　）。

A. 口腔门诊　　B. 麻将室

C. 生鲜超市　　D. 卡拉 OK 厅

E. 中餐厅

2. 该综合体中咖啡厅准备采用告知承诺方式申请公众聚集场所投入使用、营业前消防安全检查，需要向当地消防救援机构提供的资料有（　　）。

A. 公众聚集场所投入使用、营业前消防安全告知承诺书

B. 工商营业执照或统一社会信用代码证书

C. 场所平面布置图、场所消防设施平面图

D. 建设工程消防验收合格意见书

E. 消防安全制度、灭火和应急疏散预案

3. 消防救援机构现场核查发现电影城使用、营业情况与承诺内容不符，根据《中华人民共和国消防法》，下列对电影城实施的行政行为中，符合规定的有（　　）。

A. 责令该场所停产停业

B. 处三万元以上、三十万元以下罚款

C. 符合临时查封条件的，应当依法予以临时查封

D. 出具《不同意投入使用、营业决定书》

E. 责令限期改正，逾期不整改或者整改后仍达不到要求的，依法撤销《公众聚集场所投入使用、营业前消防安全检查意见书》

4. 该综合体在经营管理过程中，下列做法不符合消防安全管理要求的有（　　）。

A. 餐厅开放式厨房采用电加热炊具

B. 疏散走道放置临时寄存物品铁柜

C. 将地下一层冷库出租给与综合体相邻海鲜批发市场的经营者

D. 防火卷帘、防火门下方及两侧各 0.5m 范围内没有放置物品，并用黄色标识线划定范围

E. 春节期间，在中庭悬挂 1 个直径 10m 的大型花灯（不燃烧体），花灯底部距中庭地面 6m

5. 该综合体在用火、动火安全管理方面的下列做法中，符合消防安全管理要求的有（　　）。

A. 口腔门诊在确保防火分隔、消防设施完好有效的情况下，在营业期间客流最少时段动火作业

B. 卡拉 OK 厅内设置了吸烟室

C. 海洋馆电焊作业前，向综合体管理部门办理了动火审批手续，并在综合体主要出入口和海洋馆作业现场醒目位置张贴公示

D. 综合体管理单位要求新进驻商家室内装修施工前，用不燃材料将动火区域与其他区域分隔开

E. 健身房在装修区域内设置专门房间，存放 3 日用量的油漆、2 日用量的乙炔及氧气等，并落实专人管理

6. 根据《大型商业综合体消防安全管理规则（试行）》（应急消〔2019〕314 号），关于该综合体的灭火和应急疏散预案的制定与演练，下列说法正确的有（　　）。

A. 应随机设定火灾场景演练，不预先公告演练内容、时间等

B. 应每年与当地消防救援机构联合开展演练

C. 应根据需要邀请专家团队对灭火和应急疏散预案进行评估、论证

D. 应至少每半年组织开展一次消防演练

E. 演练结束后应进行总结讲评，对预案进行修订和完善

7. 消防控制室值班人员处置海洋馆的火灾报警信号，下列做法正确的有（　　）。

A. 值班人员 A 通知海洋馆工作人员前往确认火灾

B. 确认火灾后，值班人员 A 检查消防联动设备处于自动控制状态

C. 确认火灾后，值班人员 A 电话报告值班经理后，拨打 119 报警

D. 确认火灾后，值班人员 B 直接电话请示总经理吴某后，启动灭火和应急疏散预案

E. 值班人员 B 报警时说明着火单位地点、起火部位、着火物种类、火势大小、报警人姓名和联系电话

案例 5　老年人照料设施防火案例分析

一、情景描述

某老年人服务中心，地上 9 层，建筑高度为 31.7m，钢筋混凝土结构，占地面积为 1 813.26m^2，建筑面积为 5 800m^2。该老年人服务中心七层平面布置相关信息如图 1-5-1 所示。该老年人服务中心首层为养老公共配套设施，二至七层为养老病房，八层为老年人公共活动用房、康复与医疗用房，九层为失智失能养老用房，总床位数 319 张。该建筑按国家有关工程建设消防技术标准配置了室内外消火栓系统、自动喷水灭火系统、火灾自动报警系统和建筑灭火器等消防设施及器材。

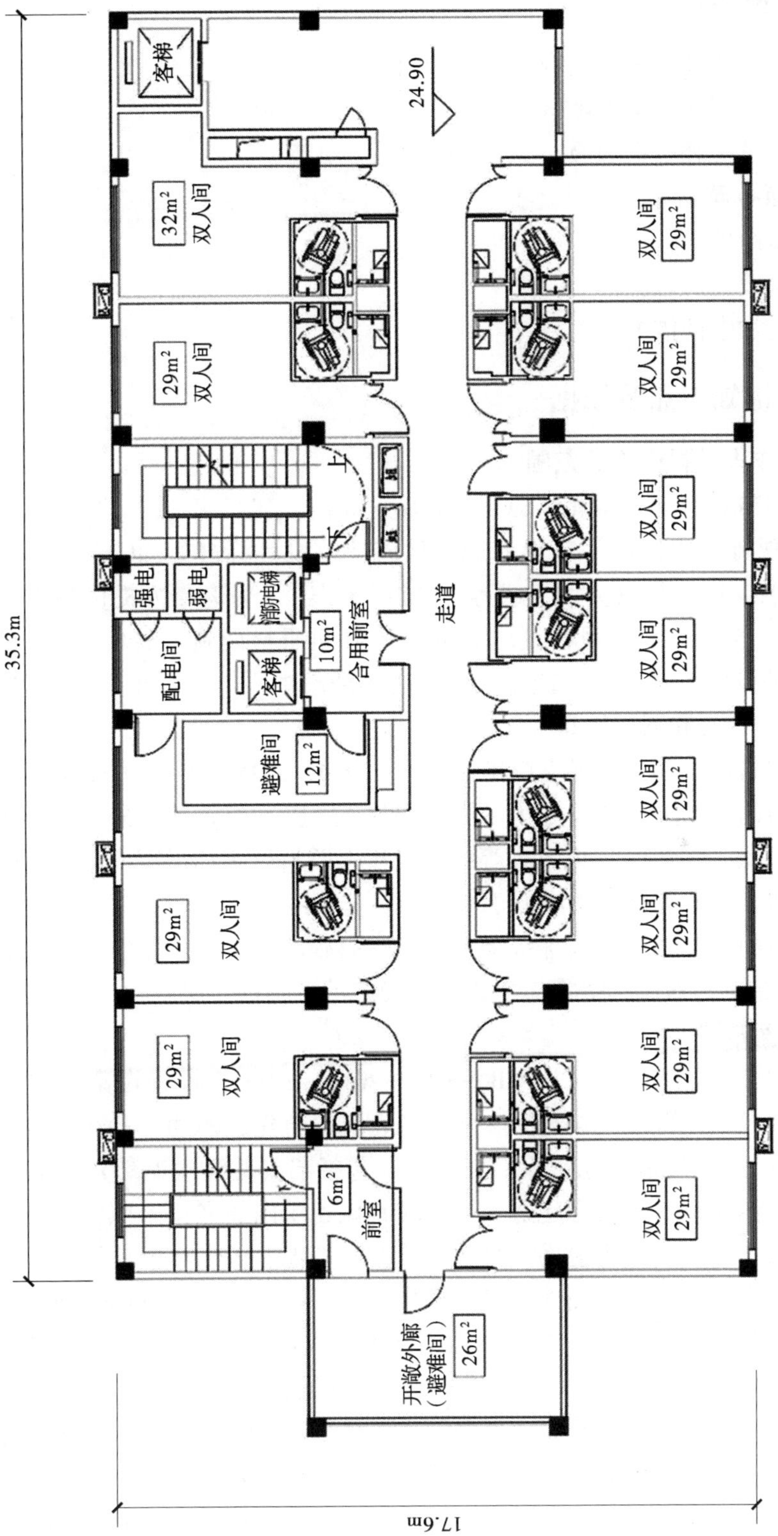

图 1-5-1 老年人服务中心七层平面图

二、分析要点

本案例包含或涉及下列内容：

（1）老年人照料设施的范围。

（2）建筑分类和耐火等级。

（3）平面布置。

（4）安全疏散。

（5）消防设施设置。

（6）其他加强性措施。

三、关键知识点及依据

（一）老年人照料设施的范围

根据《建筑设计防火规范》（GB 50016—2014，2018 年版）的规定，“老年人照料设施”是指现行行业标准《老年人照料设施建筑设计标准》（JGJ 450—2018）中床位总数（可容纳老年人总数）大于或等于 20 床（人），为老年人提供集中照料服务的公共建筑，包括老年人全日照料设施和老年人日间照料设施。其他专供老年人使用的、非集中照料的设施或场所，如老年大学、老年活动中心等不属于老年人照料设施。

（二）建筑分类和耐火等级

根据《建筑设计防火规范》（GB 50016—2014，2018 年版）的规定，建筑高度大于 24m 独立建造的老年人照料设施为一类高层建筑。除木结构建筑外，老年人照料设施的耐火等级不应低于三级。三级耐火等级的老年人照料设施的吊顶应采用不燃材料；当采用难燃材料时，其耐火极限不应低于 0.25h。

独立建造的一、二级耐火等级老年人照料设施的建筑高度不宜大于 32m，不应大于 54m；独立建造的三级耐火等级老年人照料设施不应超过 2 层。

（三）平面布置

根据《建筑设计防火规范》（GB 50016—2014，2018 年版）的规定，“老年人照料设施”包括 3 种形式，即独立建造的、与其他建筑组合建造的和设置在其他建筑内的老年人照料设施。“独立建造的老年人照料设施”包括与其他建筑贴邻建造的老年人照料设施；对于与其他建筑上下组合建造或设置在其他建筑内的老年人照料设施，其防火设计要求应根据该建筑的主要用途确定其建筑分类。其他专供老年人使用的、非集中照料的设施或场所，其防火设计要求按《建筑设计防火规范》（GB 50016—2014，2018 年版）中有关公共建筑的规定确定；对于非住宅类老年人居住建筑，按《建筑设计防火规范》（GB 50016—2014，2018 年版）中有关老年人照料设施的规定确定。

老年人照料设施宜独立设置。当老年人照料设施与其他建筑上、下组合时，老年人照料设施宜设置在建筑的下部；老年人照料设施部分的建筑层数、建筑高度或所在楼层位置的高度与独立建造的要求一致，并应采用耐火极限不低于 2.00h 的防火隔墙和 1.00h 的楼板与其他场所或部位分隔，墙上必须设置的门、窗应采用乙级防火门、窗。对于新建和扩建建筑，应该有条件将安全出口全部独立设置；对于部分改建建筑，受建筑内上、下使用功能和平面布置等条件的限制时，要尽量将老年人照料设施部分的疏散楼梯或安全出口独立设置。

当老年人照料设施中的老年人公共活动用房、康复与医疗用房设置在地下、半地下时，应设置在地下一层，每间用房的建筑面积不应大于 200m^2，且使用人数不应大于 30 人。

老年人照料设施中的老年人公共活动用房、康复与医疗用房设置在地上四层及以上时，每间用房的建筑面积不应大于 200m^2，且使用人数不应大于 30 人。

（四）安全疏散

根据《建筑防火通用规范》（GB 55037—2022）、《建筑设计防火规范》（GB 50016—2014，2018 年版）的规定，建筑面积不大于 200m^2 且人数不超过 50 人的单层老年人照料设施或多层老年人照料设施的首层可设置 1 个安全出口。老年人照料设施的疏散楼梯或疏散楼梯间宜与敞开式外廊直接连通，不能与敞开式外廊直接连通的室内疏散楼梯应采用封闭楼梯间。

建筑高度大于 24m 的老年人照料设施，其室内疏散楼梯应采用防烟楼梯间。建筑高度大于 32m 的老年人照料设施，宜在 32m 以上部分增设能连通老年人居室和公共活动场所的连廊，各层连廊应直接与疏散楼梯、安全出口或室外避难场地连通。老年人照料设施中的老年人活动场所，当位于走道尽端时，疏散门不应少于 2 个；当位于两个安全出口之间或袋形走道两侧且建筑面积不大于 50m^2 时，可仅设置 1 个疏散门。

（五）消防设施设置

体积大于 5 000m^3 的老年人照料设施应设置消火栓系统。所有老年人照料设施内应设置自动灭火系统、火灾自动报警系统，同时应设置与室内供水系统直接连接的消防软管卷盘，消防软管卷盘的设置间距不应大于 30.0m。当老年人照料设施单体的总建筑面积小于 500m^2 时，也可以采用独立式烟感火灾探测报警器。独立式烟感探测器适用于受条件限制难以按标准设置火灾自动报警系统的场所，如规模较小的建筑或既有建筑改造等。

（六）其他加强性措施

3 层及 3 层以上总建筑面积大于 3 000m^2（包括设置在其他建筑内三层及以上楼层）的老年人照料设施，应在二层及以上各层老年人照料设施部分的每座疏散楼梯间的相邻部位设置 1 间避难间；当老年人照料设施设置与疏散楼梯或安全出口直接连通的开敞式外廊、与疏散走道直接连通且符合人员避难要求的室外平台等时，可不设置避难间。避难间内可供避难的净面积不应小于 12m^2，避难间可利用疏散楼梯间的前室或消防电梯的前室。供失能老年人使用且层数大于 2 层的老年人照料设施，应按核定使用人数配备简易防毒面具。

老年人照料设施的非消防用电负荷应设置电气火灾监控系统。老年人照料设施内消防应急照明和灯光疏散指示标志的备用电源的连续供电时间不应少于 1.0h，老年人照料设施的疏散照明的地面最低水平照度不应低于 10.0 lx。

5 层及以上且总建筑面积大于 3 000m^2（包括设置在其他建筑内五层及以上楼层）的老年人照料设施建筑应设置消防电梯。老年人照料设施内的非消防电梯应采取防烟措施，当火灾情况下需用于辅助人员疏散时，该电梯及其设置应符合本规范有关消防电梯及其设置要求。

老年人照料设施的厨房、烧水间应单独设置或采用耐火极限不低于2.00h的防火隔墙与其他部位分隔，墙上必须设置的门、窗应采用乙级防火门、窗。

练习题

（一）单项选择题

1. 该养老服务中心疏散楼梯的形式应为（　　）。

A. 封闭楼梯间　　B. 敞开楼梯间

C. 防烟楼梯间　　D. 室外金属直梯

2. 设置在该老年人服务中心八层的老年人公共活动用房、康复与医疗用房，每间用房的建筑面积不应大于（　　）m^2。

A. 50　　B. 75　　C. 120　　D. 200

3. 该老年人服务中心避难间的净面积不应小于（　　）m^2。

A. 4.5　　B. 6.0　　C. 10.0　　D. 12.0

4. 该老年人服务中心楼梯间的疏散照明的地面最低水平照度不应低于（　　）lx。

A. 1.0　　B. 3.0　　C. 5.0　　D. 10.0

（二）多项选择题

1. 本案例中，若采取下列安全疏散设计，正确的有（　　）。

A. 本建筑采用剪刀楼梯间作为两个安全出口

B. 本建筑设置了2个防烟楼梯间

C. 该建筑首层局部200m^2的部分与相邻区域完全分隔，设置1个安全出口

D. 七层改造后将2间房间打通设置了VIP房间，保留其中1个疏散门

E. 疏散楼梯间的地面最低水平照度为10.0 lx

2. 下列关于第八层设计说法正确的是（　　）。

A. 不得设置建筑面积大于200m^2的用房

B. 袋形走道两侧房间至楼梯间的距离不得大于20m

C. 走道尽端改造康复用房使用，当房间面积小于50m^2且疏散门的净宽度不小于0.9m时可设置1个疏散门

D. 走道疏散宽度设计为1.3m

E. 该走道应设置排烟设施，可开启外窗进行自然排烟无法满足排烟面积要求时，应设置机械排烟

（三）案例分析题

根据情景描述，回答下列问题：

（1）该养老服务中心在建设时，需要与一家建筑高度为95m的酒店合建，合建时有哪些消防要求？

（2）指出合建建筑类别是什么？耐火等级不应低于几级？

案例 6 餐饮建筑防火案例分析

一、情景描述

某大型餐饮建筑地上 6 层，地下 3 层，每层层高均为 4m，建筑高度为 24m，框架结构，耐火等级为一级，地下三层室内地面与室外出入口地坪的高差为 12m，每层建筑面积均为 4 000m²。该建筑地下二、三层的主要使用功能均为采用普通车道的汽车库、设备用房和附属库房，每层的汽车库区域、设备用房区域和附属库房区域均单独划分防火分区，地下每层防火分区建筑面积分别为 2 000m²、1 000m²、1 000m²；地下一层的主要使用功能为厨房、餐厅包房和两个建筑面积为 900m² 的餐厅，共划分为 5 个建筑面积均不超过 1 000m² 的防火分区；首层至地上六层的主要使用功能为厨房、餐厅包房（包房均靠外墙布置，且均设有可开启外窗）和餐厅，每层为一个独立的防火分区。该建筑在地下一层、地上三层、地上六层各设 1 个厨房，均通过 1 个燃气管井供气，燃气引入管设置了手动快速切断阀和紧急自动切断阀；设置独立的机械送排风系统，在事故通风时，换气次数不小于 10 次 /h。该建筑的餐厅包房均具有卡拉 OK 功能。该建筑设置了 1 台由地下三层至地上六层的货梯，还设置了 2 台由地下一层至地上六层的普通客梯（观光电梯），地下三层至首层设置了 5 台消防电梯。该建筑的地下一层至地上六层设有一个中庭，中庭底部的投影面积为 200m²，各层的中庭周边均采取了防火分隔措施，中庭内不布置可燃物。该建筑的相关信息如图 1–6–1 所示。该建筑采用岩棉作为外墙外保温材料。该建

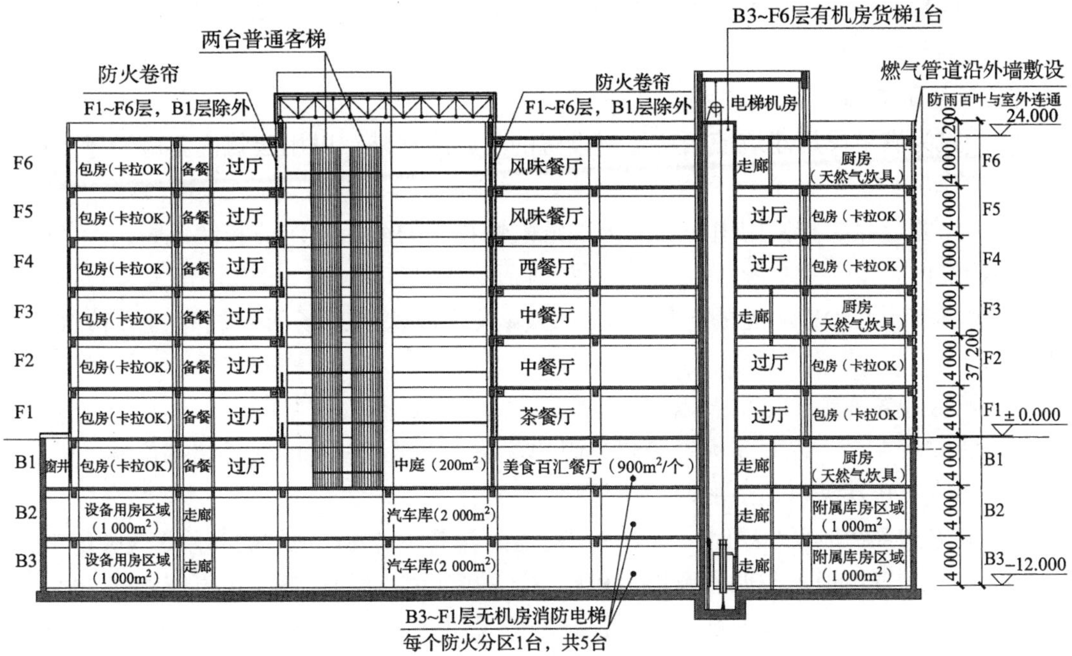

图 1–6–1 建筑剖面图

筑按国家有关工程建设消防技术标准配置了火灾自动报警系统、室内外消火栓系统、自动喷水灭火系统和建筑灭火器等消防设施及器材。

二、分析要点

本案例包含或涉及下列内容：

（1）建筑分类。

（2）防火分区。

（3）平面布置。

（4）安全疏散。

（5）灭火救援设施。

（6）室内装修。

（7）燃气防火。

三、关键知识点及依据

（一）建筑分类

情景描述中的大型餐饮建筑的建筑高度不超过 24m，根据《建筑设计防火规范》（GB 50016—2014，2018 年版）的规定，该建筑为多层公共建筑。

（二）防火分区

该建筑设有自动喷水灭火系统，根据《建筑设计防火规范》（GB 50016—2014，2018 年版）的规定，其防火分区面积地上部分不应大于 5 000m^2，地下部分不应大于 1 000m^2，地下车库不应大于 4 000m^2。

建筑内地下一层至地上六层设有中庭，其防火分区的建筑面积应按上、下层相连通的建筑面积叠加计算。

（三）平面布置

（1）除为满足民用建筑使用功能所设置的附属库房外，民用建筑内不应设置生产车间和其他库房。

（2）经营、存放和使用甲、乙类火灾危险性物品的商店、作坊和储藏间，严禁附设在民用建筑内。

（3）具有卡拉 OK 功能的包间（属于歌舞娱乐放映游艺场所）的布置应符合下列规定：

1）不应布置在地下二层及以下楼层。

2）宜布置在一、二级耐火等级建筑内的首层、二层或三层的靠外墙部位。

3）不宜布置在袋形走道的两侧或尽端。

4）确需布置在地下一层时，地下一层的地面与室外出入口地坪的高差不应大于 10m。

5）确需布置在地下或四层及以上楼层时，一个厅、室的建筑面积不应大于 200m^2。

6）厅、室之间及与建筑的其他部位之间应采用耐火极限不低于 2.00h 的防火隔墙和不低于 1.00h 的不燃性楼板分隔，设置在厅、室墙上的门和该场所与建筑内其他部位相通的门均应采用乙级防火门。

（4）该建筑内的厨房均应采用耐火极限不低于2.00h的防火隔墙与其他部位分隔，墙上的门、窗应采用乙级防火门、窗，确有困难时，可采用防火卷帘，但应符合《建筑设计防火规范》（GB 50016—2014，2018年版）第6.5.3条的规定。

（5）餐厅建筑面积大于1 000m^{2}的餐馆或食堂，其烹饪操作间的排油烟罩及烹饪部位应设置自动灭火装置，并应在燃气或燃油管道上设置与自动灭火装置联动的自动切断装置。不应在公众聚集场所（旅馆除外）的经营、储存等区域设置人员居住场所。

（6）公众聚集场所附属的冷库应设置在地上，确需设在地下时，只允许设置在地下一层。冷库的隔热材料应为不燃材料，采用难燃材料时应用不燃材料做防护层，穿过隔热材料的电气线路应采取金属管保护。

（四）安全疏散

（1）因具有卡拉OK功能的包间属于歌舞娱乐放映游艺场所，故该建筑地上部分的疏散楼梯应采用封闭楼梯间或室外疏散楼梯，也可采用防烟楼梯间。因室内地面与室外出入口地坪高差大于10m或3层及以上的公共建筑地下、半地下建筑（室）（住宅建筑套内的自用楼梯除外）的疏散楼梯应采用防烟楼梯间，故该建筑地下室的疏散楼梯应采用防烟楼梯间。

（2）直通建筑内附设汽车库的电梯应在汽车库部分设置电梯候梯厅，并应采用耐火极限不低于2.00h的防火隔墙和甲级防火门与汽车库分隔。

（3）公共建筑内房间的疏散门数量应经计算确定且不应少于2个，每个房间相邻两个疏散门最近边缘之间的水平距离不应小于5m。该建筑符合下列条件之一的房间可设置1个疏散门：

1）位于两个安全出口之间或袋形走道两侧且建筑面积不大于120m^{2}的房间。

2）位于走道尽端的房间，建筑面积小于50m^{2}且疏散门的净宽度不小于0.9m，或由房间内任一点至疏散门的直线距离不大于15m、建筑面积不大于200m^{2}且疏散门的净宽度不小于1.4m。

3）歌舞娱乐放映游艺场所内建筑面积不大于50m^{2}且经常停留人数不超过15人的厅、室。

4）建筑面积不大于200m^{2}的地下或半地下设备间、建筑面积不大于50m^{2}且经常停留人数不超过15人的其他地下或半地下房间。

（4）疏散距离。位于两个安全出口之间的直通疏散走道的包房疏散门至最近安全出口的直线距离不应大于25m，位于袋形走道两侧或尽端的直通疏散走道的包房疏散门至最近安全出口的直线距离不应大于9m；位于两个安全出口之间的直通疏散走道的餐厅、设备用房和附属库房疏散门至最近安全出口的直线距离不应大于40m；位于袋形走道两侧或尽端的直通疏散走道的餐厅、设备用房和附属库房疏散门至最近安全出口的直线距离不应大于22m；建筑物内全部设置自动喷水灭火系统时，安全疏散距离可按上述规定增加25%。

（5）该建筑内疏散门或安全出口不少于2个的餐厅，其室内任一点至最近疏散门或安全出口的直线距离不应大于 30m；当疏散门不能直通室外地面或疏散楼梯间时，应采用长度不大于 10m 的疏散走道通至最近的安全出口。当该场所设置自动喷水灭火系统时，室内任一点至最近安全出口的疏散距离可分别增加 25%。

（五）灭火救援设施

（1）单、多层公共建筑应设置环形消防车道，确有困难时，可沿建筑的两个长边设置消防车道。

（2）建筑的外墙上应设置便于消防救援人员出入的消防救援口。沿外墙的每个防火分区在对应消防救援操作面范围内设置的消防救援口不应少于 2 个；无外窗的建筑应每层设置，有外窗的建筑应自第三层起每层设置消防救援口；消防救援口的净高度和净宽度均不应小于 1.0m，当利用门时，净宽度不应小于 0.8m；消防救援口应易于从室内和室外打开或破拆，采用玻璃窗时，应选用安全玻璃；应设置可在室内和室外识别的永久性明显标志；消防救援口下沿距楼地面不宜大于 1.2m。

（3）埋深大于 10m 且总建筑面积大于 3 000m^2 的地下或半地下建筑（室）应设置消防电梯；消防电梯应分别设置在不同防火分区内，且每个防火分区不应少于 1 台。

（六）室内装修

根据《建筑内部装修设计防火规范》（GB 50222—2017）的规定，该建筑的室内装修应符合下列规定：

（1）地上各层包间室内顶棚应采用 A 级装修材料，其他部位应采用不低于 B_1 级的装修材料；地上各层餐厅室内顶棚应采用不低于 B_1 级的装修材料，墙面、地面、隔断和窗帘应采用不低于 B_2 级的装修材料，固定家具和其他装修装饰材料可采用 B_3 级的装修材料；地上各层经常使用明火器具的餐厅或（和）无窗餐厅，其室内顶棚、墙面、地面、隔断和窗帘应采用 A 级的装修材料，固定家具和其他装修装饰材料应采用不低于 B_1 级的装修材料。

地上各层的水平疏散走道和安全出口的门厅，其顶棚应采用 A 级装修材料，其他部位应采用不低于 B_1 级的装修材料；地下各层的疏散走道和安全出口的门厅，其顶棚、墙面和地面均应采用 A 级装修材料。

地下一层餐厅室内顶棚、墙面、地面应采用 A 级装修材料，隔断、固定家具、装饰织物应采用不低于 B_1 级的装修材料，其他应采用不低于 B_2 级的装修材料；地下一层经常使用明火器具的餐厅或（和）无窗餐厅，其内部装修材料的燃烧性能等级除 A 级外，应在上述规定的基础上提高一级。

照明灯具及电气设备、线路的高温部位，当靠近非 A 级装修材料或构件时，应采取隔热（如采用岩棉、玻璃棉等 A 级材料隔热）、散热等防火保护措施，与窗帘、帷幕、幕布、软包等装修材料的距离不应小于 500mm，灯饰应采用不低于 B_1 级的材料。当室内顶棚、墙面、地面和隔断装修材料内部安装电加热供暖系统时，室内采用的装修材料和绝热材料的燃烧性能等级应为 A 级。当室内顶棚、墙面、地面和隔断装修材料内部安装水暖（或蒸汽）供暖系统时，其顶棚采用的装修材料和绝热材料的燃烧性能应为 A 级，其他部位的装修材料和绝热材料的燃烧性能不应低于 B_1 级。建筑内部不宜设置采

用 B_3 级装饰材料制成的壁挂、布艺等，当需要设置时，不应靠近电气线路、火源或热源，或采取隔离措施。

（2）疏散出口的门、疏散走道及其尽端、疏散楼梯间及其前室的顶棚、墙面和地面不应使用影响人员安全疏散和消防救援的镜面反光材料。

（3）疏散楼梯间和前室的顶棚、墙面和地面均应采用 A 级装修材料。

（4）建筑物内上下层相连通的中庭、走马廊、开敞楼梯、自动扶梯（均属于共享空间部位），其连通部位的顶棚、墙面应采用 A 级装修材料，其他部位应采用不低于 B_1 级的装修材料。

（5）消防水泵房、机械加压送风、排烟机房、固定灭火系统钢瓶间、配电室、油浸变压器室、发电机房、储油间、通风和空调机房、锅炉房等，其顶棚、墙面和地面装修均应采用 A 级装修材料。

（6）消防控制室等重要房间，其顶棚和墙面应采用 A 级装修材料，地面及其他装修应采用不低于 B_1 级的装修材料。

（7）建筑物内的厨房，其顶棚、墙面、地面均应采用 A 级装修材料。

（8）民用建筑内的库房或储藏间，其内部所有装修除应符合相应场所的规定外，还应采用不低于 B_1 级的装修材料。

（七）燃气防火

根据《建筑防火通用规范》（GB 55037—2022）、《建筑设计防火规范》（GB 50016—2014，2018 年版）和《城镇燃气设计规范》（GB 50028—2006，2020 年版）的规定，该建筑的燃气防火应符合下列规定：

（1）燃气水平干管和立管不得穿过易燃易爆品仓库、配电间、变电室、电缆沟、烟道、进风道和电梯井等。

（2）地下室、半地下室、设备层和地上密闭房间敷设燃气管道时，应符合下列规定：

1）地下、半地下场所内不应使用或储存闪点低于 60℃的液体、液化石油气及其他相对密度不小于 0.75 的可燃气体，不应敷设输送上述可燃液体或可燃气体的管道。

2）净高不宜小于 2.2m。

3）应有良好的通风设施，房间换气次数不得小于 3 次 /h；并应有独立的事故机械通风设施，其换气次数不应小于 6 次 /h。

4）应有固定的防爆照明设备。

5）应采用非燃烧体实体墙与电话间、变配电室、修理间、储藏室、卧室、休息室隔开。

6）应按规定设置燃气监控设施。

7）当燃气管道与其他管道平行敷设时，应敷设在其他管道的外侧。

8）地下室内燃气管道末端应设放散管，并应引出地上。放散管的出口位置应保证吹扫放散时的安全和卫生要求。

（3）商业用气设备设置在地下室、半地下室（液化石油气除外）或地上密闭房间内时，应符合下列规定：

1）燃气引入管应设手动快速切断阀和紧急自动切断阀，紧急自动切断阀停电时必须处于关闭状态（常开型）。

2）用气设备应有熄火保护装置。

3）用气房间应设置燃气浓度检测报警器，并由管理室集中监视和控制。

4）宜设烟气一氧化碳浓度检测报警器。

5）应设置独立的机械送排风系统，通风量应满足下列要求：①正常工作时，换气次数不应小于 6 次 /h；事故通风时，换气次数不应小于 12 次 /h；不工作时换气次数不应小于 3 次 /h。②当燃烧所需的空气由室内吸取时，应满足燃烧所需的空气量。③应满足排除房间热力设备散失的多余热量所需的空气量。

（4）商业用气设备的布置应符合下列规定：

1）用气设备之间及用气设备与对面墙之间的净距应满足操作和检修的要求。

2）用气设备与可燃或难燃的墙壁、地板和家具之间应采取有效的防火隔热措施。

（5）瓶装液化石油气的使用应符合下列规定：

1）在高层建筑内不应使用瓶装液化石油气。

2）液化石油气钢瓶应避免受到日光直射或火源、热源的直接辐射作用，与灶具的间距不应小于 0.5m。

3）瓶装液化石油气应与其他化学危险物品分开存放。

4）充装量不小于 50kg 的液化石油气容器应设置在所服务建筑外的单层专用房间内，并应采取防火措施。

5）液化石油气容器不应超量罐装，不应使用超量罐装的气瓶。

6）不应敲打、倒置或碰撞液化石油气容器，不应倾倒残液或私自灌气。

（6）存放瓶装液化石油气和使用可燃气体、可燃液体的房间，应防止可燃气体在室内积聚。除住宅建筑的燃气用气部位外，建筑内可能散发可燃气体、可燃蒸汽的场所应设置可燃气体探测报警装置。

练习题

（一）单项选择题

1. 某公共建筑地下一层的餐饮场所，其未设置自动喷水灭火系统部分的建筑面积为 200m²，其余部分设置了自动灭火系统，该餐饮场所防火分区面积不应超过（　　）m²。

A. 600　　B. 500　　C. 700　　D. 800

2. 某餐饮建筑中庭与其他部位采用防火卷帘分隔，防火卷帘的耐火极限符合《门和卷帘的耐火试验方法》（GB/T 7633—2008）有关耐火完整性和耐火隔热性的判定条件，其耐火极限不应低于（　　）h。

A. 1.00　　B. 2.00　　C. 3.00　　D. 4.00

（二）多项选择题

1. 下列场所装修，各装修部位均应采用 A 级装修材料的有（　　）。

A. 配电室　　B. 通风和空调机房

C. 厨房　　D. 经常使用明火器具的科研实验室

E. 消防控制室

2. 下列装修材料的燃烧性能等级为 B_1 级的有（　　）。

A. 铝箔复合材料　B. 矿棉板

C. 经阻燃处理的织物　D. 石膏板

E. 硅酸钙板

（三）案例分析题

根据情景描述，回答下列问题：

1. 对该建筑厨房进行安全检查，下列检查结果中正确的有（　　）。

A. 地下一层厨房与其他部位之间的隔墙采用100mm厚的加气混凝土砌块墙

B. 开放式厨房与餐厅之间的开口部位设置了带自动喷水灭火系统保护的防火卷帘

C. 地下一层餐厅火锅使用电磁炉炊具

D. 地上六层厨房内的可燃气体探测器安装在靠近地面位置

E. 通向地上六层厨房的天然气管道穿过楼梯间敷设

2. 使用燃气设备时，事故通风可设计为（　　）次/h。

A. 3　B. 6

C. 9　D. 12

E. 15

3. 该建筑在经营管理中，下列做法不符合消防安全要求的有（　　）。

A. 供气管道在进入该建筑物前，设置了手动切断装置

B. 厨房烟道每半年清洗一次

C. 将冷库设置在地下三层

D. 大于1 000m^2的餐厅，其烹饪操作间的排油烟罩及烹饪部位设置自动灭火装置

E. 在建筑内设置员工集体宿舍

4. 对该建筑（无外窗）进行消防安全检查，下列检查结果中不符合规范要求的有（　　）。

A. 位于地上六层的餐厅包间建筑面积为230m^2

B. 地上二层及以上楼层均设置了可供消防救援人员进入的窗口

C. 消防电梯前室的出入口采用防火卷帘

D. 餐厅包间的门为乙级防火门

E. 灭火救援窗下沿距室内地面为1.2m

5. 该建筑下列安全疏散设计中，符合规范的有（　　）。

A. 位于五层的包房（具有卡拉OK厅功能）室内最远点到门的直线距离为12m

B. 该建筑二层计算疏散宽度时，每100人最小疏散净宽度的取值为0.65m/100人

C. 该建筑地上部分采用了封闭楼梯间

D. 该建筑地下一层计算疏散宽度时，每100人最小疏散净宽度的取值为0.75m/100人

E. 位于4层袋形走道两侧的直通疏散走道的包房疏散门至最近安全出口的直线距离为11m

案例7　高层宾馆防火案例分析

一、情景描述

一栋三星级宾馆，地上13层，地下2层，建筑高度为52m，框架剪力墙结构，耐火等级为一级，设有集中空气调节系统，每层建筑面积均为4 000m^2，总建筑面积为60 000m^2。

该宾馆地下二层的主要使用功能为消防水泵房、配电室和通风、空调机房等设备用房和采用普通车道的汽车库；地下一层的主要使用功能为采用普通车道的汽车库和办公室；首层的主要使用功能为消防控制室、接待大厅、咖啡厅和餐馆的宴会厅，总容纳人数上限为280人；地上二层的主要使用功能为健身房和餐馆的包房，总容纳人数上限为250人；地上三层的主要使用功能为办公室和会议室，总容纳人数上限为200人；地上四~十三层的主要使用功能均为客房，各层的容纳人数均不超过300人。

该宾馆每层划分为两个防火分区，每个防火分区设有两部上下直通的防烟楼梯间。客房标准层的相关信息如图1–7–1所示。该宾馆按国家有关工程建设消防技术标准配置了火灾自动报警系统、室内外消火栓系统、自动喷水灭火系统和建筑灭火器等消防设施及器材。

二、分析要点

本案例包含或涉及下列内容：

（1）建筑分类。

（2）安全疏散。

（3）消防车道。

（4）消防救援场地。

（5）消防安全管理。

三、关键知识点及依据

（一）建筑分类

情景描述中的宾馆为建筑高度大于50m的公共建筑。根据《建筑设计防火规范》（GB 50016—2014，2018年版）的规定，该宾馆按高度和使用功能分类应为一类高层公共建筑。

（二）安全疏散

根据《建筑设计防火规范》（GB 50016—2014，2018年版）的规定，该宾馆的安全疏散应符合下列规定：

（1）公共建筑内每个防火分区或一个防火分区的每个楼层，其安全出口的数量应经计算确定，且不应少于2个。

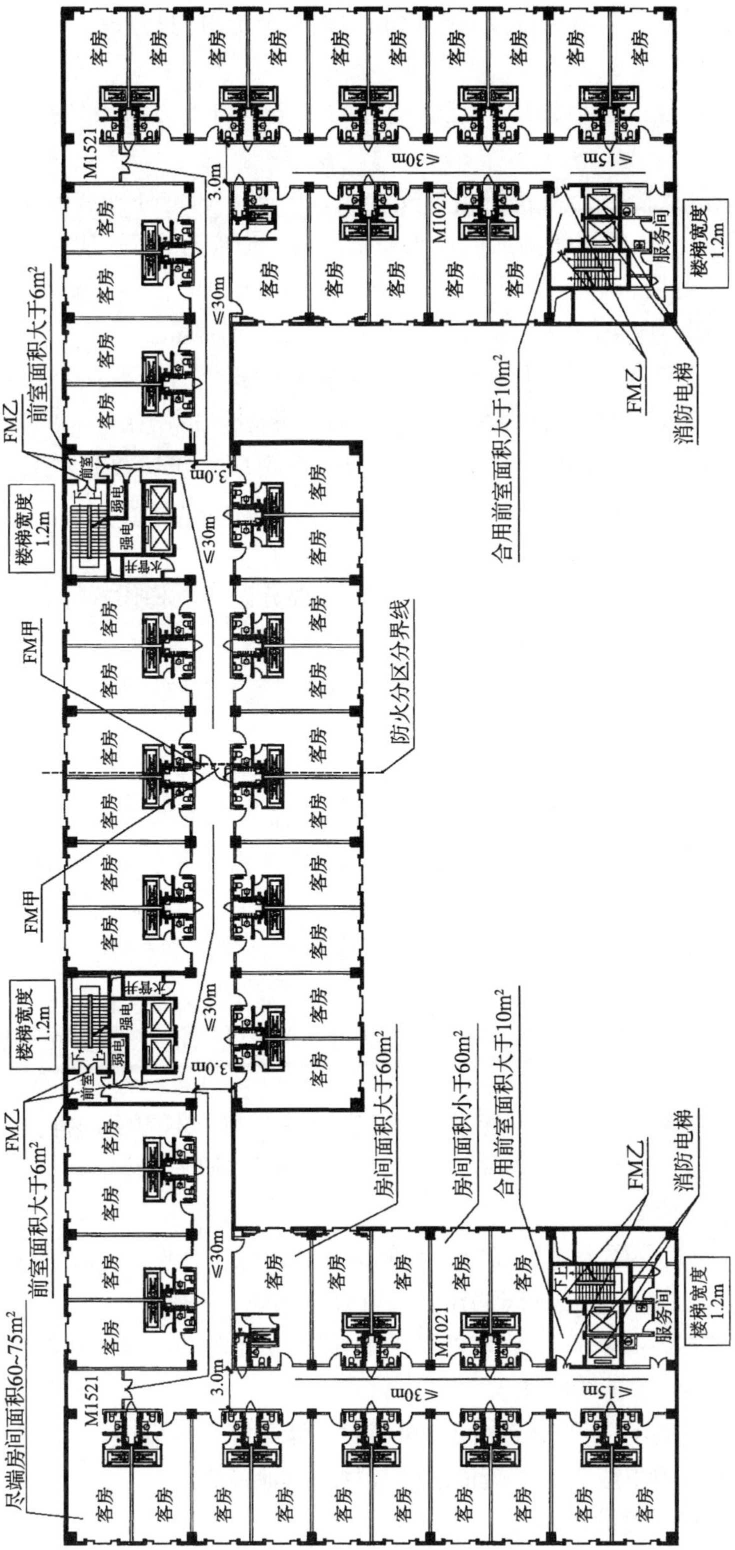

图 1-7-1　客房标准层建筑平面图

（2）建筑内的安全出口和疏散门应分散布置，且建筑内每个防火分区或一个防火分区的每个楼层相邻两个安全出口以及每个房间相邻两个疏散门最近边缘之间的水平距离不应小于 5m。

（3）高层民用建筑（包括裙房）直通室外的安全出口上方应设置挑出宽度不小于 1.0m 的防护挑檐。

（4）一、二级耐火等级公共建筑内的安全出口全部直通室外确有困难的防火分区，可利用通向相邻防火分区的甲级防火门作为安全出口，但应符合下列规定：

1）利用通向相邻防火分区的甲级防火门作为安全出口时，相邻防火分区起到临时室内安全区域的作用，应采用防火墙与相邻防火分区进行分隔。

2）建筑面积大于 1 000m^2 的防火分区，直通室外的安全出口不应少于 2 个；建筑面积不大于 1 000m^2 的防火分区，直通室外的安全出口不应少于 1 个。

3）该防火分区通向相邻防火分区的疏散净宽度不应大于所需疏散总宽度的 30%，建筑各层直通室外的安全出口总净宽度不应小于所需疏散总净宽度。

（5）自动扶梯和电梯不应计作安全疏散设施。

（6）直通建筑内附设汽车库的电梯应在汽车库部分设置电梯候梯厅，并应采用耐火极限不低于 2.00h 的防火隔墙和乙级防火门与汽车库分隔。

（7）公共建筑内房间的疏散门数量应经计算确定且不应少于 2 个。该宾馆符合下列条件之一的房间可设置 1 个疏散门：

1）位于两个安全出口之间或袋形走道两侧且建筑面积不大于 120m^2 的房间。

2）位于走道尽端的房间，建筑面积小于 50m^2 且疏散门的净宽度不小于 0.9m，或由房间内任一点至疏散门的直线距离不大于 15m、建筑面积不大于 200m^2 且疏散门的净宽度不小于 1.4m。

3）建筑面积不大于 200m^2 的地下或半地下设备间、建筑面积不大于 50m^2 且经常停留人数不超过 15 人的其他地下或半地下房间。

4）歌舞娱乐放映游艺场所内建筑面积不大于 50m^2 且经常停留人数不超过 15 人的厅、室。

（8）该宾馆的疏散门应采用向疏散方向开启的平开门，不应采用推拉门、卷帘门、吊门、转门和折叠门；人数不超过 60 人且每樘门的平均疏散人数不超过 30 人的房间，其疏散门的开启方向不限。

（9）该宾馆的建筑分类为一类高层公共建筑，其疏散楼梯应采用防烟楼梯间（也可采用室外疏散楼梯）；其防烟楼梯间的设置应符合下列规定：

1）靠外墙设置时，楼梯间、前室外墙上的窗口与两侧门、窗、洞口最近边缘的水平距离不应小于 1.0m（含折线距离）。

2）楼梯间、前室内不应设置烧水间、可燃材料储藏室、垃圾道。

3）楼梯间、前室内不应有影响疏散的凸出物或其他障碍物。

4）楼梯间、前室不应设置卷帘。

5）楼梯间、前室内不应设置甲、乙、丙类液体管道。

6）楼梯间、前室内禁止穿过或设置可燃气体管道。

7）应设置防烟设施。

8）前室的使用面积不应小于 6m²。与消防电梯间前室合用时，合用前室的使用面积不应小于 10m²，且合用前室的短边不应小于 2.4m。

9）疏散走道通向前室以及前室通向楼梯间的门应采用乙级防火门。

10）除住宅建筑的楼梯间前室外，防烟楼梯间和前室内的墙上不应开设除疏散门和送风口外的其他门、窗、洞口。

11）楼梯间的首层可将走道和门厅等包括在楼梯间前室内，形成扩大的前室，但应采用乙级防火门等与其他走道和房间分隔。

12）开向疏散楼梯间的门，当其完全开启时，不应减小楼梯平台的有效宽度。

（10）疏散用楼梯和疏散通道上的阶梯不宜采用螺旋楼梯和扇形踏步；确需采用时，踏步上、下两级所形成的平面角度不应大于 10°，且每级离扶手 250mm 处的踏步深度不应小于 220mm。

（11）高层公共建筑的疏散楼梯，当分散设置确有困难且从任一疏散门至最近疏散楼梯间入口的距离不大于 10m 时，可采用剪刀楼梯间，但应符合下列规定：

1）楼梯间应为防烟楼梯间。

2）梯段之间应设置耐火极限不低于 1.00h 的防火隔墙。

3）楼梯间的前室应分别设置。

（12）地下或半地下室与地上层不应共用楼梯间，确需共用楼梯间时，应在首层采用耐火极限不低于 2.00h 的防火隔墙和乙级防火门将地下或半地下部分与地上部分的连通部位完全分隔，并应设置明显的标志。

（13）疏散走道在防火分区处应设置常开甲级防火门。

（14）建筑的楼梯间宜通至屋面，通向屋面的门或窗应向外开启。

（15）该宾馆的安全疏散距离应符合下列规定：

直通疏散走道的房间疏散门至最近安全出口的直线距离不应大于表 1-7-1 的规定。

表 1-7-1　直通疏散走道的房间疏散门至最近安全出口的直线距离　单位：m

名　称	位于两个安全出口之间的疏散门	位于袋形走道两侧或尽端的疏散门
	一、二级	一、二级
高层宾馆建筑	30	15

注：1. 建筑物内全部设置自动喷水灭火系统时，其安全疏散距离可按本表的规定增加 25%。
2. 楼梯间应在首层直通室外，确有困难时，可在首层采用扩大的防烟楼梯间前室。
3. 房间内任一点至房间直通疏散走道的疏散门的距离，不应大于袋形走道两侧或尽端的疏散门至最近安全出口的距离。
4. 该宾馆内疏散门或安全出口不少于 2 个的会议室、健身房、咖啡厅和餐馆的宴会厅，其室内任一点至最近疏散门或安全出口的直线距离不应大于 30m；当疏散门不能直通室外地面或疏散楼梯间时，应采用长度不大于 10m 的疏散走道通至最近的安全出口。当该场所设置自动喷水灭火系统时，室内任一点至最近安全出口的安全疏散距离可分别增加 25%。

（16）除楼梯间的首层疏散门和首层疏散外门的净宽度不应小于1.2m外，该宾馆内其他安全出口和疏散门的净宽度不应小于0.9m；人员密集的公共场所的疏散门不应设置门槛，其净宽度不应小于1.4m，且紧靠门口内外各1.4m范围内不应设置踏步。

（17）该宾馆内每层的疏散走道、安全出口、疏散楼梯和房间疏散门的各自总净宽度，应根据疏散人数按每100人的最小疏散净宽度不小于1m的规定计算确定。当每层疏散人数不等时，疏散楼梯的总净宽度可分层计算，地上建筑内下层楼梯的总净宽度应按该层及以上疏散人数最多一层的人数计算；地下建筑内上层楼梯的总净宽度应按该层及以下疏散人数最多一层的人数计算。

（18）该宾馆内疏散楼梯和疏散走道的最小净宽度应符合表1-7-2的规定。

表1-7-2　疏散楼梯和疏散走道的最小净宽度　　单位：m

建筑类别	疏散楼梯	走道	
		单面布房	双面布房
高层宾馆建筑	1.2	1.3	1.4

（三）消防车道

（1）高层民用建筑应设置环形消防车道，确有困难时，可沿建筑的两个长边设置消防车道；对于高层住宅建筑和山坡地或河道边临空建造的高层民用建筑，可沿建筑的一个长边设置消防车道，但该长边所在建筑立面应为消防车登高操作面。

（2）供消防车取水的天然水源和消防水池应设置消防车道。消防车道的边缘距离取水点不宜大于2m。

（3）消防车道或兼作消防车道的道路应符合下列要求：

1）道路的净宽度和净空高度应满足消防车安全、快速通行的要求。

2）转弯半径应满足消防车转弯的要求。

3）消防车道与建筑消防扑救面之间不应有妨碍消防车操作的障碍物，不应有影响消防车安全作业的架空高压电线。

4）消防车道靠建筑外墙一侧的边缘距离建筑外墙不宜小于5m。

5）消防车道的坡度不应大于10%，兼作消防救援场地的消防车道，坡度尚应满足消防车停靠和消防救援作业的要求。

（4）环形消防车道至少应有两处与其他车道连通。尽头式消防车道应设置回车道或回车场，回车场的面积不应小于12m×12m；对于高层建筑，不宜小于15m×15m；供重型消防车使用时，不宜小于18m×18m。

（5）消防车道的路面及其下面的建筑结构、管道、管沟等，应满足承受消防车满载时压力的要求。

（6）消防车道可利用城乡、厂区道路等，但该道路应满足消防车通行、转弯和停靠的要求。

（7）消防车道不宜与铁路正线平交，确需平交时，应设置备用车道，且两车道的间距不应小于一列火车的长度。

（四）消防救援场地

（1）高层建筑应至少沿一个长边或周边长度的 1/4 且不小于一个长边长度的底边连续布置消防车登高操作场地，该范围内的裙房进深不应大于 4m。

（2）建筑高度不大于 50m 的建筑，连续布置消防车登高操作场地确有困难时，可间隔布置，但间隔距离不宜大于 30m，且消防车登高操作场地的总长度仍应符合上述规定。

（3）消防车登高操作场地应符合下列规定：

1）场地与厂房、仓库、民用建筑之间不应设置妨碍消防车操作的树木、架空管线等障碍物和车库出入口。

2）场地的长度和宽度分别不应小于 15m 和 10m。对于建筑高度大于 50m 的建筑，场地的长度和宽度分别不应小于 20m 和 10m。

3）场地及其下面的建筑结构、管道、管沟等应满足承受消防车满载时压力的要求。

4）场地应与消防车道连通，场地靠建筑外墙一侧的边缘距离建筑外墙不宜小于 5m，且不应大于 10m，场地的坡度不宜大于 3%。

（4）建筑物与消防车登高操作场地相对应的范围内，应设置直通室外的楼梯或直通楼梯间的入口。

（五）消防安全管理

（1）宾馆前台和大厅配置对讲机、喊话器、扩音器、应急手电筒、消防过滤式自救呼吸器等器材。

（2）高层宾馆的客房内应配备应急手电筒、消防过滤式自救呼吸器等逃生器材及使用说明，其他宾馆的客房内宜配备应急手电筒、消防过滤式自救呼吸器等逃生器材及使用说明，并应放置在醒目位置或设置明显的标志。应急手电筒和消防过滤式自救呼吸器的有效使用时间不应小于 30mm。

（3）客房内应设置醒目、耐久的“请勿卧床吸烟”提示牌和楼层安全疏散及客房所在位置示意图。

（4）客房层应按照有关建筑消防逃生器材及配备标准设置辅助逃生器材，并应有明显的标志。

练习题

（一）单项选择题

1. 一、二级耐火等级公共建筑内的安全出口全部直通室外确有困难的防火分区，可利用通向相邻防火分区的甲级防火门作为安全出口，但该防火分区通向相邻防火分区的疏散净宽度不应大于所需疏散总净宽度的（　　）。

A. 30%　　B. 35%　　C. 40%　　D. 50%

2. 本案例情景描述中的宾馆首层疏散外门的总净宽度不应小于（　　）m。

A. 2.8　　B. 3.0　　C. 1.4　　D. 1.5

3. 本案例情景描述中的宾馆内双面布房的疏散走道的净宽度不应小于（　　）m。

A. 1.1　　B. 1.2　　C. 1.3　　D. 1.4

4. 本案例情景描述中的宾馆地上 10 层防烟楼梯间及其前室的门的总净宽度均不应小于（　　）m。

A. 2.8　　B. 3.0　　C. 3.5　　D. 4.0

5. 本案例情景描述中的宾馆地上各层疏散楼梯的总净宽度均不应小于（　　）m。

A. 2.8　　B. 3.0　　C. 3.5　　D. 4.0

（二）案例分析题

根据情景描述，回答下列问题：

1. 检查该宾馆消防车道和消防车登高操作场地，下列结果正确的有（　　）。

A. 环形消防车道有一处与市政道路连通

B. 消防车道净宽为 7m 和净高为 4.5m

C. 消防登高操作场地的坡度为 3% ~ 8%

D. 该建筑的大门雨篷造成消防登高操作场地不能连续布置，分成两块

E. 消防车道转弯半径为 12m

2. 检查该宾馆疏散楼梯，下列检查结果中符合规范规定的有（　　）。

A. 楼梯间墙耐火极限为 3.00h

B. 楼梯间前室面积为 $8m^2$

C. 楼梯间与消防电梯合用前室面积为 3m × 4m

D. 一部消防电梯前室门改为防火卷帘

E. 楼梯间的门应采用乙级防火门

3. 以下关于该宾馆的消防安全管理表述正确的有（　　）。

A. 客房内应配备应急手电筒、消防过滤式自救呼吸器等逃生器材及使用说明

B. 应急手电筒和消防过滤式自救呼吸器的有效使用时间不应小于 30mm

C. 客房内应设置醒目、耐久的“请勿卧床吸烟”提示牌和楼层安全疏散及客房所在位置示意图

D. 客房层应按照有关建筑消防逃生器材及配备标准设置辅助逃生器材

E. 应组织每日夜间防火巡查，且应至少每 3h 巡查一次

4. 消防救援机构现场核查发现宾馆使用、营业情况与承诺内容不符，根据《中华人民共和国消防法》，下列对宾馆实施的行政行为中，符合规定的有（　　）。

A. 责令该场所停产停业

B. 处三万元以上、三十万元以下罚款

C. 符合临时查封条件的，应当予以临时查封

D. 出具《不同意投入使用、营业决定书》

E. 责令限期改正，逾期不整改或整改后仍然达不到要求的，依法撤销《公众聚集场所投入使用、营业前消防安全检查意见书》

5. 下列行为符合《高层民用建筑消防安全管理规定》的有（　　）。

A. 在该建筑内使用瓶装液化石油气

B. 该建筑的电缆井、管道井等竖向管井和电缆桥架每隔一层在楼板处进行防火封堵

C. 该宾馆的使用人每年组织开展一次整栋建筑的消防安全评估

D. 该宾馆的使用人每年组织一次全要素综合演练

E. 该宾馆的员工每年进行一次消防安全教育培训

6. 根据《高层民用建筑消防安全管理规定》，该宾馆的消防安全重点部位有（　　）。

A. 客房　　B. 餐厅

C. 消防水泵房　　D. 库房

E. 锅炉房

案例 8　超高层综合楼防火案例分析

一、情景描述

某市一栋超高层综合楼地上一百零八层、地下五层，建筑高度为 428m。裙楼部分为商业，五层，建筑高度为 32m，与主楼之间采用防火墙分隔，按建筑面积不大于 5 000m^2 划分防火分区，裙楼在地上四、五层设置了餐饮场所。主楼地上部分一至五层为商业营业厅、会议室，六至八十层为办公区，八十一至一百零八层为酒店，其中，八十二层、八十六层、九十层为酒店辅助用房，八十二层、八十六层设置了餐饮场所，九十层设置了健身场所和游泳池。耐火等级一级，地上一至五层按建筑面积不大于 4 000m^2 划分防火分区，地上六层以上按建筑面积不大于 3 000m^2 划分防火分区，在六层、十八层、三十层、四十四层、五十八层、七十四层、八十八层、一百零四层设置了 8 个避难层，见图 1–8–1。建筑竖向电缆、给水管道井穿越楼板防火分隔处的封堵采用防火封堵板材进行封堵。该建筑每层的每个防火分区均设置 1 台消防电梯。该建筑按国家有关工程建设消防技术标准配置了室内外消火栓系统、自动喷水灭火系统、火灾自动报警系统和建筑灭火器等消防设施及器材。

二、分析要点

本案例包含或涉及下列内容：

（1）建筑分类。

（2）耐火等级。

（3）防火间距。

（4）防火分隔。

（5）避难层（间）。

（6）消防车道。

（7）消防救援场地。

（8）消防电梯。

（9）管道井封堵。

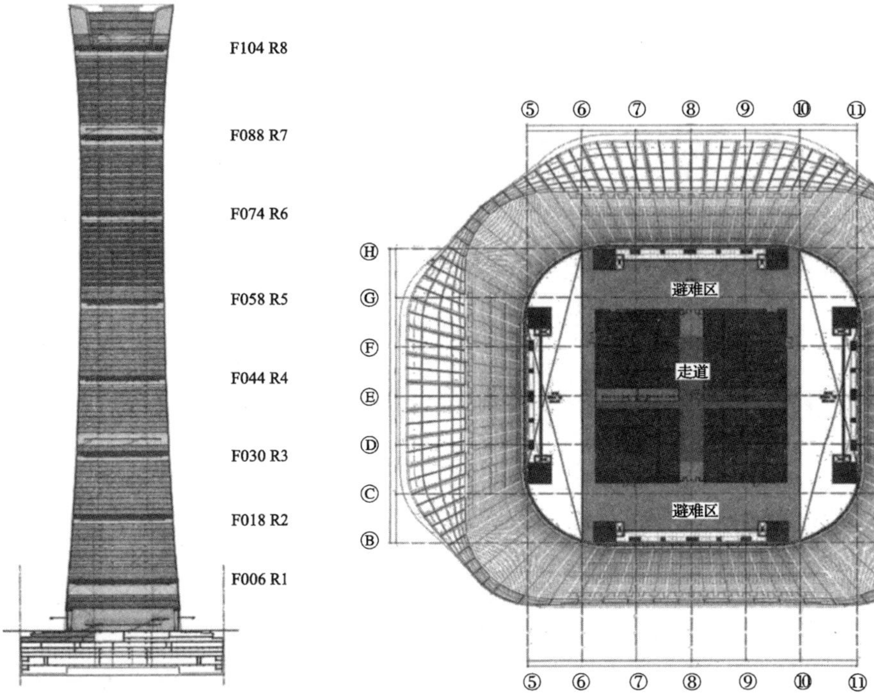

图 1-8-1　避难层布置示意图

三、关键知识点及依据

（一）建筑分类

该综合楼属于建筑高度大于 50m 的公共建筑，根据《建筑设计防火规范》（GB 50016—2014，2018 年版）的规定，该建筑应为一类高层公共建筑。

对于建筑高度大于 250m 的建筑，除应符合《建筑设计防火规范》（GB 50016—2014，2018 年版）的要求外，还应结合实际情况，按照《建筑高度大于 250 米民用建筑防火设计加强性技术要求》（公消〔2018〕57 号）的规定，采取更加严格的防火措施，其防火设计应提交有关行政主管部门组织专题研究、论证。

（二）耐火等级

（1）地下或半地下建筑（室）和一类高层建筑及其裙房的耐火等级不应低于一级。一级耐火等级建筑相应构件的燃烧性能和耐火极限不应低于表 1-8-1 的规定。

表 1-8-1　一级耐火等级建筑相应构件的燃烧性能和耐火极限　　单位：h

构件名称		一级耐火等级
墙	防火墙	不燃性 3.00
	承重墙	不燃性 3.00
	非承重外墙	不燃性 1.00

续表 1-8-1

构件名称		一级耐火等级
墙	楼梯间和前室的墙、电梯井的墙、住宅建筑单元之间的墙和分户墙	不燃性 2.00
	疏散走道两侧的隔墙	不燃性 1.00
	房间隔墙	不燃性 0.75
柱		不燃性 3.00
梁		不燃性 2.00
楼板		不燃性 2.00
屋顶承重构件		不燃性 1.50
疏散楼梯		不燃性 1.50
吊顶（包括吊顶格栅）		不燃性 0.25

（2）本案例情景中的建筑构件的耐火极限除应符合现行国家标准《建筑设计防火规范》（GB 50016—2014，2018 年版）的规定外，尚应符合下列规定：

1）承重柱（包括斜撑）、转换梁、结构加强层桁架的耐火极限不应低于 4.00h。

2）梁以及与梁结构功能类似构件的耐火极限不应低于 3.00h。

3）楼板和屋顶承重构件的耐火极限不应低于 2.50h。

4）核心筒外围墙体的耐火极限不应低于 3.00h。

5）电缆井、管道井等竖井井壁的耐火极限不应低于 2.00h。

6）房间隔墙的耐火极限不应低于 1.50h、疏散走道两侧隔墙的耐火极限不应低于 2.00h。

7）建筑中的承重钢结构，当采用防火涂料保护时，应采用厚涂型钢结构防火涂料。

（三）防火间距

建筑高度大于 100m 的民用建筑与相邻其他民用建筑的防火间距不应小于表 1-8-2 的规定，且任何情况下均不应减小。

表 1-8-2　建筑高度大于 100m 的民用建筑与相邻其他民用建筑之间的防火间距

单位：m

建筑类别		高层民用建筑	裙房和其他民用建筑			
		一、二级	一、二级	三级	木结构建筑	四级
建筑高度大于 100m 的民用建筑	一级	13	9	11	14	14

（四）防火分隔

本案例情景描述中的建筑的防火分隔应符合下列规定：

（1）建筑的核心筒周围应设置环形疏散走道，隔墙上的门、窗应采用乙级防火门、窗。设置在耐火极限要求不低于 2.00h 的防火隔墙上的门，应采用甲级防火门。

（2）建筑内的电梯应设置候梯厅。

（3）用于扩大前室的门厅（公共大堂），应采用耐火极限不低于 3.00h 的防火隔墙与周围连通空间分隔，与该门厅（公共大堂）相连通的门、窗应采用甲级防火门、窗。

（4）厨房应采用耐火极限不低于 3.00h 的防火隔墙和甲级防火门与相邻区域分隔。

（5）防烟楼梯间前室及楼梯间的门应采用甲级防火门，酒店客房的门应采用乙级防火门，电缆井和管道井等竖井井壁上的检查门应采用甲级防火门。

（6）防火墙、防火隔墙不得采用防火玻璃墙、防火卷帘替代。

（五）避难层（间）

避难层（间）是发生火灾时，人员逃避火灾威胁的室内安全区域。建筑高度大于 100m 的公共建筑，应设置避难层（间）。本案例情景描述中的建筑避难层（间）应符合下列规定：

（1）第一个避难层（间）的楼地面至消防车登高操作场地地面的高度不应大于 50m，两个避难层（间）之间的高度不宜大于 50m。

（2）通向避难层的疏散楼梯应使人员在避难层处必须经过避难区上下。除通向避难层的疏散楼梯外，疏散楼梯（间）在各层的平面位置不应改变或应能使人员的疏散路线保持连续。

（3）避难区的净面积应满足该避难层与上一避难层之间所有楼层的全部使用人数避难的要求。

（4）除可布置设备用房外，避难层不应用于其他用途。设置在避难层内的可燃液体管道、可燃或助燃气体管道应集中布置，设备管道区应采用耐火极限不低于 3.00h 的防火隔墙与避难区及其他公共区分隔。管道井和设备间应采用耐火极限不低于 2.00h 的防火隔墙与避难区及其他公共区分隔。设备管道区、管道井和设备间与避难区或疏散走道连通时，应设置防火隔间，防火隔间的门应为甲级防火门。

（5）避难层应设置消防电梯出口、消火栓、消防软管卷盘、灭火器、消防专线电话和应急广播。

（6）在避难层进入楼梯间的入口处和疏散楼梯通向避难层的出口处，均应在明显位置设置标示避难层和楼层位置的灯光指示标识。

（7）避难区应采取防止火灾烟气进入或积聚的措施，并应设置可开启外窗，外窗应采用乙级防火窗。采用自然通风方式防烟的避难层中的避难区，应具有不同朝向的可开启外窗或开口，其可开启有效面积应大于或等于避难区地面面积的 2%，且每个朝向的面积均应大于或等于 $2.0m^2$。避难间应至少有一侧外墙具有可开启外窗，其可开启有效面积应大于或等于该避难间地面面积的 2%，并应大于或等于 $2.0m^2$。设置机械加压送风系统的避难层（间），也应在外墙设置可开启外窗，其有效面积不应小于该避难层（间）地面面积的 1%。

（8）避难区应至少有一边水平投影位于同一侧的消防车登高操作场地范围内。

（9）应设置消防应急疏散照明，其备用电源的连续供电时间不应小于 1.5h，其地面最低水平照度不应低于 10.0 lx。

（10）避难层内保温系统中保温材料或制品的燃烧性能应为 A 级。内部所有装修均应采用 A 级装修材料。

（11）应设置自动灭火系统，并宜采用自动喷水灭火系统。

（12）应设置火灾自动报警系统。

（13）避难间应靠近疏散楼梯间，不应在可燃物库房、锅炉房、发电机房、变配电站等火灾危险性大的场所的正下方、正上方或贴邻；避难间应采用耐火极限不低于 2.00h 的防火隔墙和甲级防火门与其他部位分隔。

（六）消防车道

该建筑应根据建筑规模及其总体布局情况、当地消防车辆配置和预期发展情况，合理确定消防车道的设置形式以及消防车道的净宽、净高、坡度、转弯半径和承载能力，保证消防车道和灭火救援场地满足消防车通行和消防登高车辆作业需要。

该建筑周围消防车道的净宽度和净空高度均不应小于 4.5m。

消防车道的转弯半径应满足消防车转弯的要求，普通消防车的转弯半径通常为 9m，登高消防车的转弯半径通常为 12m，特种消防车的转弯半径通常为 16～20m。消防车道与建筑之间不应设置妨碍消防车操作的树木、架空管线等障碍物。消防车道靠建筑外墙一侧的边缘距离建筑外墙不宜小于 5m。消防车道的坡度不应大于 10%。

环形消防车道至少应有两处与其他车道连通。尽头式消防车道应设置回车道或回车场，回车场的面积不应小于 15m × 15m；供重型消防车使用时，不宜小于 18m × 18m。消防车道的路面及其下面的管道和暗沟等应能承受重型消防车的压力。消防车道可利用城乡道路等，但该道路应满足消防车通行、转弯和停靠的要求。

（七）消防救援场地

（1）该建筑应至少沿建筑周长的 1/3 且不应小于一个长边的长度，并应至少布置在两个方向上，每个方向上均应连续布置消防车登高操作场地，该范围内的裙房进深不应大于 4m。

（2）消防车登高操作场地应符合下列规定：

1）场地与民用建筑之间不应设置妨碍消防车操作的树木、架空管线等障碍物和车库出入口。

2）对于建筑高度大于 250m 的建筑，场地的长度和宽度分别不应小于 25m 和 15m。

3）场地及其下面的建筑结构、管道和暗沟等，应能承受重型消防车的压力。

4）场地应与消防车道连通，场地靠建筑外墙一侧的边缘距离建筑外墙不宜小于 5m，且不应大于 10m，场地的坡度不宜大于 3%。

5）在建筑的第一个和第二个避难层的避难区外墙一侧应对应设置消防车登高操作场地。

（3）建筑物与消防车登高操作场地相对应的范围内，应设置直通室外的楼梯或直通楼梯间的入口。

（4）建筑的外墙上应设置便于消防救援人员出入的消防救援口。沿外墙的每个防火分区在对应消防救援操作面范围内设置的消防救援口不应少于 2 个；无外窗的建筑应每层设置，有外窗的建筑应自第三层起每层设置消防救援口；消防救援口的净高度和净宽度均不应小于 1.0m，当利用门时，净宽度不应小于 0.8m；消防救援口应易于从室内和室外打开或破拆，采用玻璃窗时，应选用安全玻璃；应设置可在室内和室外识别的永久性明显标志；消防救援口下沿距楼地面不宜大于 1.2m。

（八）消防电梯

一类高层公共建筑应设置消防电梯。该建筑内消防电梯的设置应符合下列规定：

（1）消防电梯应分别设置在不同防火分区内，且每个防火分区不应少于 1 部。

（2）符合消防电梯要求的客梯或货梯可兼作消防电梯。

（3）消防电梯应设置前室，并应符合下列规定：

1）前室宜靠外墙设置，并应在首层直通室外或经过长度不大于 30m 的通道通向室外。

2）前室的使用面积不应小于 $6.0m^2$，且前室的短边不应小于 2.4m；与防烟楼梯间合用的前室不应小于 $10.0m^2$，且合用前室的短边不应小于 2.4m。

3）除前室的出入口、前室内设置的正压送风口外，前室内不应开设其他门、窗、洞口。

4）前室或合用前室的门应采用乙级防火门，不应设置卷帘。

（4）消防电梯井和机房应采用耐火极限不低于 2.00h 且无开口的防火隔墙与相邻井道、机房及其他房间分隔。

（5）消防电梯的井底应设置排水设施，排水井的容量不应小于 $2m^3$，排水泵的排水量不应小于 10L/s。消防电梯间前室的门口宜设置挡水设施。

（6）消防电梯还应符合下列规定：

1）应能在所服务区域每层停靠。

2）电梯的载重量不应小于 800kg。

3）电梯从首层至顶层的运行时间不宜大于 60s。

4）电梯的动力和控制线缆与控制面板的连接处、控制面板的外壳防水性能等级不应低于 IPX5。

5）在消防电梯的首层入口处，应设置明显的标识和供消防救援人员专用的操作按钮。

6）电梯轿厢内部装修材料的燃烧性能应为 A 级。

7）电梯轿厢内部应设置专用消防对讲电话和视频监控系统的终端设备。

（九）管道井封堵

（1）高层建筑的电缆井、管道井等竖向管井和电缆桥架应在每层楼板处采取防火分隔措施，且防火分隔组件的耐火性能不应低于楼板的耐火性能。建筑高度大于 100m 的建筑，其井壁上的检查门应为甲级防火门。

（2）管道井、管沟穿防火分隔处的封堵应采用矿物棉等背衬材料填塞并覆盖有机防火封堵材料；或采用防火封堵板材封堵，并在管道与防火封堵板材之间的缝隙填塞有机防火封堵材料。

（3）电缆贯穿孔口或者非封闭电缆槽盒的防火封堵应符合下列规定：

1）当贯穿孔口的环形间隙较小时，应采用膨胀性的有机防火封堵材料封堵。

2）当贯穿孔口的环形间隙较大时，应采用无机防火封堵材料封堵；或采用矿物棉等背衬材料填塞并覆盖膨胀性的有机防火封堵材料；或采用防火封堵板材、阻火模块封堵，并在电缆与防火封堵板材或阻火模块之间的缝隙填塞膨胀性的防火封堵材料。

3）电缆之间的缝隙应采用膨胀性的防火封堵材料封堵。

4）对于高压电缆，应采用具有弹性的防火封堵材料。

（4）电缆井的每层水平防火分隔处应采用无机或膨胀性的防火封堵材料封堵；或采用矿物棉等背衬材料填塞并覆盖膨胀性的防火封堵材料；或采用防火封堵板材封堵，在电缆与防火封堵板材之间的缝隙填塞膨胀性防火封堵材料。

练习题

（一）单项选择题

1. 本案例情景描述中的避难层位于地上第一百零四层，其按设计要求应满足300人避难的需求，则该避难层避难区域的净面积不宜小于（　　）m^2。

A. 50　　B. 60　　C. 70　　D. 75

2. 本案例情景描述中的消防电梯间与防烟楼梯间的合用前室的门应采用（　　）。

A. 乙级防火门或具有停滞功能的防火卷帘

B. 具有停滞功能的防火卷帘

C. 乙级防火门

D. 甲级防火门

3. 消防电梯井、机房与相邻电梯井、机房之间应设置耐火极限不低于（　　）h的防火隔墙，隔墙上的门应采用甲级防火门。

A. 2.00　　B. 1.00　　C. 1.50　　D. 2.50

（二）多项选择题

下列关于管道井封堵的做法不符合防火规范规定的有（　　）。

A. 管道井每隔一层进行防火封堵

B. 电缆之间的缝隙采用了非膨胀性的防火封堵材料封堵

C. 管井检查门采用了甲级防火门

D. 电缆井的水平防火分隔处采用无机防火封堵材料封堵

E. 对于高压电缆，采用非弹性的防火封堵材料

（三）案例分析题

根据情景描述，回答下列问题：

1. 对该建筑非封闭电缆槽盒进行防火封堵，下列做法中正确的有（　　）。

A. 无机的防火封堵材料封堵

B. 膨胀性的防火封堵材料封堵

C. 采用矿物棉等背衬材料填塞并覆盖膨胀性的防火封堵材料

D. 采用防火封堵板材封堵，在电缆与防火封堵板材之间的缝隙填塞发泡聚氨酯

E. 采用防火封堵板材封堵，在电缆与防火封堵板材之间的缝隙填塞膨胀性防火封堵

材料

2. 对该建筑进行消防安全检查或检测，下列结果正确的有（　　）。

A. 消防电梯载重量为 800kg，速度 5m/s

B. 避难层避难区净面积容纳 4 人 /m^2

C. 该建筑周边消防车道的净宽和净高分别为 4.0m 和 4.5m

D. 建筑外墙上、下层开口之间设置高度为 1.2m 的不燃性实体墙

E. 疏散走道两侧隔墙的耐火极限为 2.00h

3. 对该建筑避难层进行消防安全检查，下列结果正确的有（　　）。

A. 办公区与避难层之间的防火隔墙耐火极限为 3.00h

B. 设备间与避难区相连通，采用甲级防火门分隔

C. 避难层设置了消防电梯出口

D. 避难层设有消火栓系统，应急广播和独立的机械排烟系统

E. 避难层消防应急照明疏散系统的照度为 3.0 lx

4. 对该建筑安全疏散设施进行检查，下列检查结果错误的有（　　）。

A. 疏散楼梯采用剪刀楼梯

B. 利用首层门厅（公共大堂）作为扩大前室通向室外，疏散距离为 35m

C. 疏散指示系统采用了可变换方向的疏散指示标志

D. 在建筑的屋顶设置了直升机停机坪

E. 疏散走道的地面水平照度为 5.0 lx

5. 该建筑下列防火分隔做法中，正确的有（　　）。

A. 地上八十六层餐饮场所内的厨房采用耐火极限 3.00h 的防火隔墙和乙级防火门与相邻区域分隔

B. 地上一百零八层客房的门采用了乙级防火门

C. 为提升空间使用率，位于九十层健身房核心筒周围设置了袋形疏散走道

D. 位于首层扩大前室的门厅采用了耐火极限为 2.50h 的防火隔墙与周围连通空间分隔

E. 房间隔墙的耐火极限为 1.50h

案例 9　高层病房楼防火案例分析

一、情景描述

某医院病房楼地上 9 层，地下 1 层，建筑高度为 43.5m，总建筑面积为 40 545.6m^2，框架剪力墙结构，采用玻璃幕墙作为外围护墙体，耐火等级为一级，共设有 500 张病床，首层至地上九层设有一个中庭。地下一层的主要使用功能为餐厅、附属库房、消防水泵房、柴油发电机房、变配电室、燃油锅炉房、通风空调机房、自动灭火系统设备室

等设备用房和采用普通车道的汽车库，首层的主要使用功能为接待大厅、消防控制室、办公室和医务室；地上二层的主要使用功能为贵重精密医疗装备用房、重症监护室、胶片室和洁净手术部，地上三至九层的主要使用功能为病房、医务室，每层划分为 3 个护理单元。地上一层的建筑面积为 4 200m^2，二至九层每层建筑面积为 4 000m^2。该建筑的相关信息如图 1-9-1 所示。该建筑按国家有关工程建设消防技术标准配置了室内外消火栓系统、自动喷水灭火系统、火灾自动报警系统和建筑灭火器等消防设施及器材。

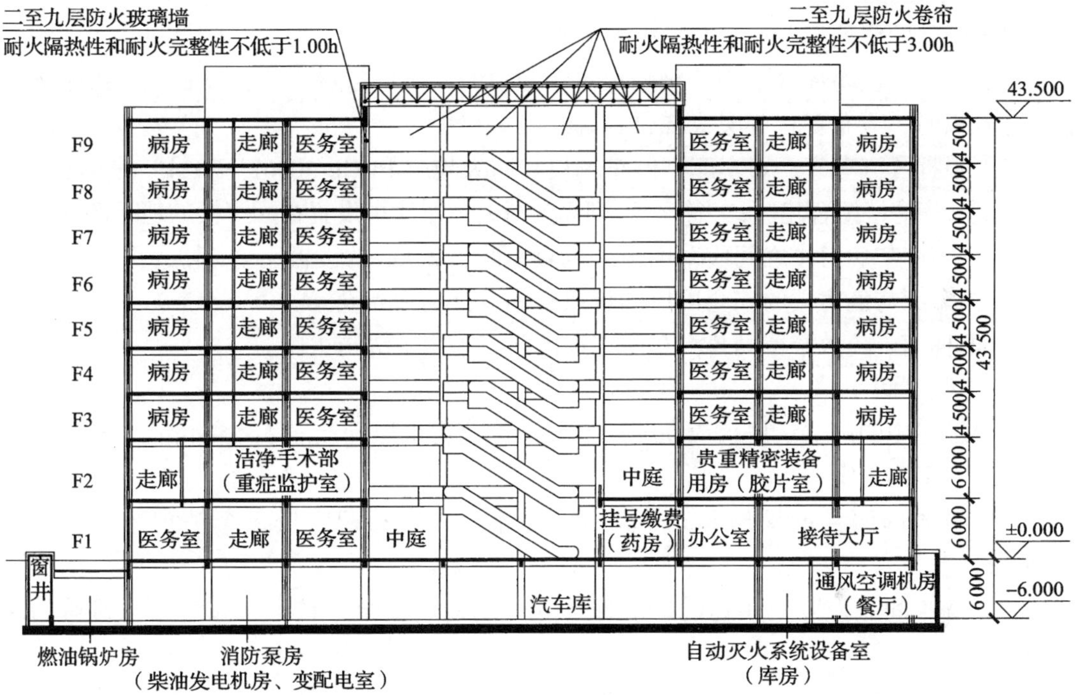

图 1-9-1 建筑剖面图

二、分析要点

本案例包含或涉及下列内容：

（1）建筑分类。

（2）中庭。

（3）平面布置。

（4）避难间。

（5）构造防火。

（6）消防安全管理。

三、关键知识点及依据

（一）建筑分类

根据《建筑设计防火规范》（GB 50016—2014，2018 年版）的规定，建筑高度大于

24m 的医疗建筑的建筑分类应为一类高层公共建筑，故情景描述中的医院病房楼按高度和使用功能分类应为一类高层公共建筑。

（二）中庭

根据《建筑防火通用规范》（GB 55037—2022），建筑内竖向按自然楼层划分防火分区时，除允许设置敞开楼梯间的建筑外，防火分区的建筑面积应按上、下楼层中在火灾时未封闭的开口所连通区域的建筑面积之和计算。

（三）平面布置

（1）医院的住院部分不应设置在地下或半地下。

（2）医院的住院部分采用三级耐火等级建筑时，不应超过 2 层；设置在三级耐火等级的建筑内时，应布置在首层或二层。

（3）根据《汽车库、修车库、停车场设计防火规范》（GB 50067—2014）的规定，汽车库不应与病房楼组合建造；当符合下列规定时，汽车库可设置在病房楼的地下部分：

1）汽车库与病房楼之间应采用耐火极限不低于 2.00h 的楼板完全分隔。

2）汽车库与病房楼的安全出口和疏散楼梯应分别独立设置。

3）电梯间、疏散楼梯间与汽车库连通的门应采用甲级防火门。

（四）避难间

情景描述中的高层病房楼应在二层及以上的病房楼层和洁净手术部设置避难间。避难间应符合下列规定：

（1）避难间服务的护理单元不应超过 2 个，其净面积应按每个护理单元不小于 25.0m^2 确定。

（2）避难间兼作其他用途时，应保证人员的避难安全，且不得减少可供避难的净面积。

（3）应靠近楼梯间，并应采用耐火极限不低于 2.00h 的防火隔墙和甲级防火门与其他部位分隔。

（4）应设置消防专线电话和消防应急广播。

（5）避难间的入口处应设置明显的指示标志。

（6）应设置直接对外的可开启窗口或独立的机械防烟设施，外窗应采用乙级防火窗。

（7）应设置消防应急疏散照明，其备用电源的连续供电时间不应小于 1.0h，其地面最低水平照度不应低于 10.0 lx。

（8）楼地面距室外设计地面高度大于 24m 的洁净手术部及重症监护区，每个防火分区应至少设置 1 间避难间。

（五）构造防火

1. 防火墙

（1）防火墙应直接设置在建筑的基础或框架、梁等承重结构上，框架、梁等承重结构的耐火极限不应低于防火墙的耐火极限。防火墙应从楼地面基层隔断至梁、楼板或屋面板的底面基层。防火墙的构造应能在防火墙任意一侧的屋架、梁、楼板等受到火灾的影响而破坏时，不会导致防火墙倒塌。

（2）紧靠防火墙两侧的门、窗、洞口之间最近边缘的水平距离不应小于2.0m；采取设置乙级防火窗等防止火灾水平蔓延的措施（以上2.0m范围内均应采取防火措施）时，该距离不限。

（3）建筑内的防火墙不宜设置在转角处。确需设置时，内转角两侧墙上的门、窗、洞口之间最近边缘的水平距离不应小于4.0m；采取设置乙级防火窗等防止火灾水平蔓延的措施时，该距离不限。

（4）防火墙上不应开设门、窗、洞口，确需开设时，应设置不可开启或火灾时能自行关闭的甲级防火门、窗。

（5）可燃气体和甲、乙、丙类液体的管道严禁穿过防火墙。防火墙内不应设置排气道。上述管道外的其他管道不宜穿过防火墙，确需穿过时，应采用防火封堵材料将墙与管道之间的空隙紧密填实，穿过防火墙处的管道保温材料应采用不燃材料；当管道为难燃及可燃材料时，应在防火墙两侧的管道上采取防火措施。

（6）医疗建筑内的手术室或手术部、产房、重症监护室、贵重精密医疗装备用房、储藏间、实验室、胶片室等，附设在建筑内的托儿所、幼儿园的儿童用房和儿童游乐厅等儿童活动场所及老年人照料设施，应采用耐火极限不低于2.00h的防火隔墙和1.00h的楼板与其他场所或部位分隔，墙上必须设置的门、窗应采用乙级防火门、窗。

（7）医院病房楼内相邻护理单元之间应采用耐火极限不低于2.00h的防火隔墙和甲级防火门分隔。设置在走道上的防火门应采用常开防火门。

（8）防烟、排烟、供暖、通风和空气调节系统中的管道及建筑内的其他管道，在穿越防火隔墙、楼板和防火墙处的孔隙应采用防火封堵材料封堵。

风管穿过防火隔墙、楼板和防火墙时，穿越处风管上的防火阀、排烟防火阀两侧各2.0m范围内的风管应采用耐火风管或风管外壁应采取防火保护措施，且耐火极限不应低于该防火分隔体的耐火极限。

（9）建筑内受高温或火焰作用易变形的管道，在贯穿楼板部位和穿越防火隔墙的两侧宜采取阻火措施。

2. 防火门、防火窗

（1）设置在建筑内经常有人通行处的防火门宜采用常开防火门；但医院病房楼内相邻护理单元之间设置在疏散走道处防火隔墙上的甲级防火门应采用常开防火门。疏散走道在防火分区处应设置常开甲级防火门。常开防火门应能在火灾时自行关闭，并应具有信号反馈的功能。

（2）除允许设置常开防火门的位置外，其他位置的防火门均应采用常闭防火门。常闭防火门应在其明显位置设置“保持防火门关闭”等提示标识。

（3）除管井检修门和住宅的户门外，防火门应具有自行关闭功能。双扇防火门应具有按顺序自行关闭的功能。

（4）除“人员密集场所内平时需要控制人员随意出入的疏散门和设置门禁系统的住

宅、宿舍、公寓建筑的外门”外，防火门应能在其内、外两侧手动开启。

（5）设置在建筑变形缝附近时，防火门应设置在楼层较多的一侧，并应保证防火门开启时门扇不跨越变形缝。

（6）防火门关闭后应具有防烟性能。

（7）设置在防火墙、防火隔墙上的防火窗，应采用不可开启的窗扇或具有火灾时能自行关闭的功能。

3. 建筑构件

建筑外墙上、下层开口之间应设置高度不小于 1.2m 的实体墙或挑出宽度不小于 1.0m、长度不小于开口宽度的防火挑檐；当室内设置自动喷水灭火系统时，上、下层开口之间的实体墙高度不应小于 0.8m。当上、下层开口之间设置实体墙确有困难时，可设置防火玻璃墙，高层建筑的防火玻璃墙的耐火完整性不应低于 1.00h，多层建筑的防火玻璃墙的耐火完整性不应低于 0.50h。外窗的耐火完整性不应低于防火玻璃墙的耐火完整性要求。实体墙、防火挑檐的耐火极限和燃烧性能均不应低于相应耐火等级建筑外墙的要求。

4. 建筑幕墙

建筑幕墙应在每层楼板外沿处采取防止火灾通过幕墙空腔等构造竖向蔓延的措施。

5. 设备用房

（1）附设在建筑内的消防控制室和消防水泵房应采用乙级防火门、乙级防火窗、耐火极限不低于 2.00h 的防火隔墙和不低于 1.50h 的楼板与其他部位分隔；

（2）附设在建筑内的其他消防设备或器材用房应采用乙级防火门、乙级防火窗、耐火极限不低于 2.00h 的防火隔墙和不低于 1.00h 的楼板与其他部位分隔。

（3）附设在建筑内的柴油发电机房和燃油锅炉房应符合下列规定：

1）当位于人员密集的场所的上一层、下一层或贴邻时，应采取防止设备用房的爆炸作用危及上一层、下一层或相邻场所的措施。

2）设备用房的疏散门应直通室外或安全出口。

3）设备用房应采用耐火极限不低于 2.00h 的防火隔墙和耐火极限不低于 1.50h 的不燃性楼板与其他部位分隔，防火隔墙上的门、窗应为甲级防火门、窗。

4）燃油锅炉房应位于建筑首层的靠外墙部位或地下一层的靠外侧部位，不应贴邻消防救援专用出入口、疏散楼梯（间）或人员的主要疏散通道。

5）建筑内单间储油间的燃油储存量不应大于 $1m^3$。油箱的通气管设置应满足防火要求，油箱的下部应设置防止油品流散的设施。储油间应采用耐火极限不低于 3.00h 的防火隔墙与发电机间、锅炉间分隔。

6）柴油机的排烟管、柴油机房的通风管、与储油间无关的电气线路等，不应穿过储油间。

7）燃油管道在设备间内及进入建筑物前，应分别设置具有自动和手动关闭功能的切断阀。

（4）消防控制室地面装修材料的燃烧性能不应低于 B_1 级，顶棚和墙面内部装修材料的燃烧性能均应为 A 级。下列设备用房的顶棚、墙面和地面内部装修材料的燃烧性能均应为A级：

1）消防水泵房、机械加压送风机房、排烟机房、固定灭火系统钢瓶间等消防设备间。

2）配电室、油浸变压器室、发电机房、储油间。

3）通风和空气调节机房。

4）锅炉房。

6. **建筑保温**

（1）内保温系统：对于人员密集场所，用火、燃油、燃气等具有火灾危险性的场所以及各类建筑内的疏散楼梯间、避难走道、避难间、避难层等场所或部位，应采用燃烧性能为A级的保温材料。

（2）外保温系统：设置人员密集场所的建筑，其外墙外保温材料的燃烧性能应为A级。

（六）消防安全管理

（1）门诊楼、病房楼的公共区域以及病房内的明显位置应设置安全疏散指示图，指示图上应标明疏散路线、疏散方向、安全出口位置及人员所在位置和必要的文字说明。

（2）在宾馆、商场、医院、公共娱乐场所等场所各楼层的明显位置应设置疏散引导箱，配备过滤式消防自救呼吸器、瓶装水、毛巾、救援哨、发光指挥棒、疏散用手电筒等安全疏散辅助器材。

（3）严禁违规储存、使用易燃易爆危险品，严禁吸烟和违规使用明火。

（4）严禁私拉乱接电气线路、超负荷用电，严禁使用非医疗、护理、保教保育用途大功率电器。

（5）病房楼内的公共部位不应放置床位和留置过夜，不得放置可燃物和设置影响人员安全疏散的障碍物。

（6）病房内氧气瓶应及时更换，不应积存。采用管道供氧时，应经常检查氧气管道的接口、面罩等，发现漏气应及时修复或更换。

（7）病房楼内的氧气干管上应设置手动紧急切断气源的装置。供氧、用氧设备及其检修工具不应沾染油污。

（8）重症监护室应自成一个相对独立的防火分区，通向该区的门应采用甲级防火门。

（9）病房、重症监护室宜设置开敞式的阳台或凹廊。

（10）护士站内存放的酒精、乙酸等易燃易爆危险物品应由专人负责，专柜存放，并应存放在阴凉通风处，远离热源，避免阳光直射。

练习题

（一）单项选择题

风管穿过防火隔墙、楼板和防火墙时，穿越处风管上的防火阀、排烟防火阀两侧各（　　）m范围内的风管应采用耐火风管或风管外壁应采取防火保护措施，且耐火极限不应低于该防火分隔体的耐火极限。

A. 2.0　　B. 1.5　　C. 1.0　　D. 0.5

（二）多项选择题

1. 建筑物内设置中庭时，其防火分区的建筑面积应按上、下层相连通的建筑面积叠加计算；当叠加计算后的建筑面积大于一个防火分区的最大允许建筑面积时，中庭与周围相连通的空间应采取（　　）的防火分隔措施。

A. 采用防火隔墙时，其耐火极限不应低于 1.00h

B. 采用 A 类防火玻璃墙时，其耐火隔热性和耐火完整性不应低于 1.00h

C. 采用耐火完整性不低于 1.00h 的 C 类防火玻璃墙时，应设置自动喷水灭火系统进行保护

D. 与中庭相连通的门、窗应采用火灾时能自行关闭的甲级防火门、窗

E. 采用防火卷帘时，防火卷帘的耐火极限不应低于所设置部位墙体的耐火极限要求

2. 设在疏散走道上的防火卷帘应在卷帘的两侧设置启闭装置，并应有（　　）的功能。

A. 联动控制

B. 手动控制

C. 机械控制

D. 温控释放装置运作后卷帘应依靠自重下降关闭

E. 电动

（三）案例分析题

根据情景描述，回答下列问题：

1. 对该病房楼避难间进行消防安全检查，下列结果错误的有（　　）。

A. 二层洁净手术部未设置避难间

B. 每个护理单位避难间净面积为 $25m^2$

C. 地上一层至地上二层未设置避难间

D. 避难间采用耐火极限为 2.50h 的防火隔墙和甲级防火门与其他部位分隔

E. 避难间设置直接对外的可开启的乙级防火窗，未设置独立的机械排烟设施

2. 对该病房楼的消防安全管理进行检查，下列结果正确的有（　　）。

A. 病房楼内公共部位放置床位并留置过夜，不得放置可燃物和设置影响人员安全疏散的障碍物

B. 病房楼内的氧气干管上应设置手动紧急切断气源的装置

C. 二层重症监护室设置了开敞式的阳台

D. 二层重症监护室自成一个相对独立的防火分区，通向该区的门采用甲级防火门

E. 四层病房层的公共部位放置 6 张临时床位

3. 对该病房楼的建筑防火安全进行检查，下列检查结果不符合规范规定的有（　　）。

A. 该病房楼疏散楼梯的最小净宽为 1.2m

B. 二层各手术室的建筑面积为 55 ~ 80m^2 不等，均只有一樘甲级防火门作为疏散门

C. 该病房楼外墙保温系统采用与基层墙体无空腔的外保温系统，其外墙外保温材料的燃烧性能为 B_1 级

D. 该病房楼三层疏散楼梯的总净宽度为 3.75m

E. 病房层疏散走道的最小净宽度为 1.5m

4. 以下关于构造防火的设计符合规范的有（ ）。

A. 防火墙从楼地面基层隔断至吊顶底面基层

B. 防火墙内设置了排气道

C. 丙类液体的管道穿过防火墙时，采用了防火封堵材料将墙与管道之间的空隙紧密填实

D. 汽车库与病房楼之间采用耐火极限 2.00h 的楼板完全分隔

E. 紧靠防火墙两侧的窗口之间最近边缘的水平距离为 2.0m

5. 以下关于防火门的设计不符合规范的有（ ）。

A. 避难间防火墙上的门采用常闭式乙级防火门

B. 重症监护室采用乙级防火门与其他区域分隔

C. 地下一层通风空调机房开向建筑内的门采用了乙级防火门

D. 防火墙上设置了火灾时能自行关闭的甲级防火门

E. 设置在建筑变形缝附近时，防火门设置在楼层较少的一侧

案例 10 高层住宅建筑防火案例分析

一、情景描述

某住宅建筑地上 16 层，地下 2 层，建筑高度为 49m，每层建筑面积均为 1 500m^2，框架剪力墙结构；地下二层的使用功能为采用普通车道的汽车库，地下一层的使用功能为设备用房及管理用房，首层及地上二层的使用功能为商业服务网点，地上三层至地上十六层的使用功能为居住部分。该住宅建筑的居住部分与商业服务网点之间采用耐火极限不低于 2.00h 且无门、窗、洞口的防火隔墙和耐火极限不低于 1.50h 的不燃性楼板完全分隔；居住部分和商业服务网点的安全出口和疏散楼梯分别独立设置，居住部分自地下二层至地上十六层设置一部剪刀楼梯间和两台消防电梯，商业服务网点中每个分隔单元均设有直通室外地面的安全出口；商业服务网点中每个分隔单元之间均采用耐火极限不低于 2.00h 且无门、窗、洞口的防火隔墙相互分隔。该住宅建筑的地下二层及居住部分的每层均分别划分为 1 个防火分区，地下一层划分为 2 个防火分区，首层至地上二层竖向共划分为 2 个防火分区。该建筑的相关信息如图 1–10–1 所示。该建筑按国家有关工程建设消防技术标准配置了室内外消火栓系统、自动喷水灭火系统和灭火器等消防设施及器材。

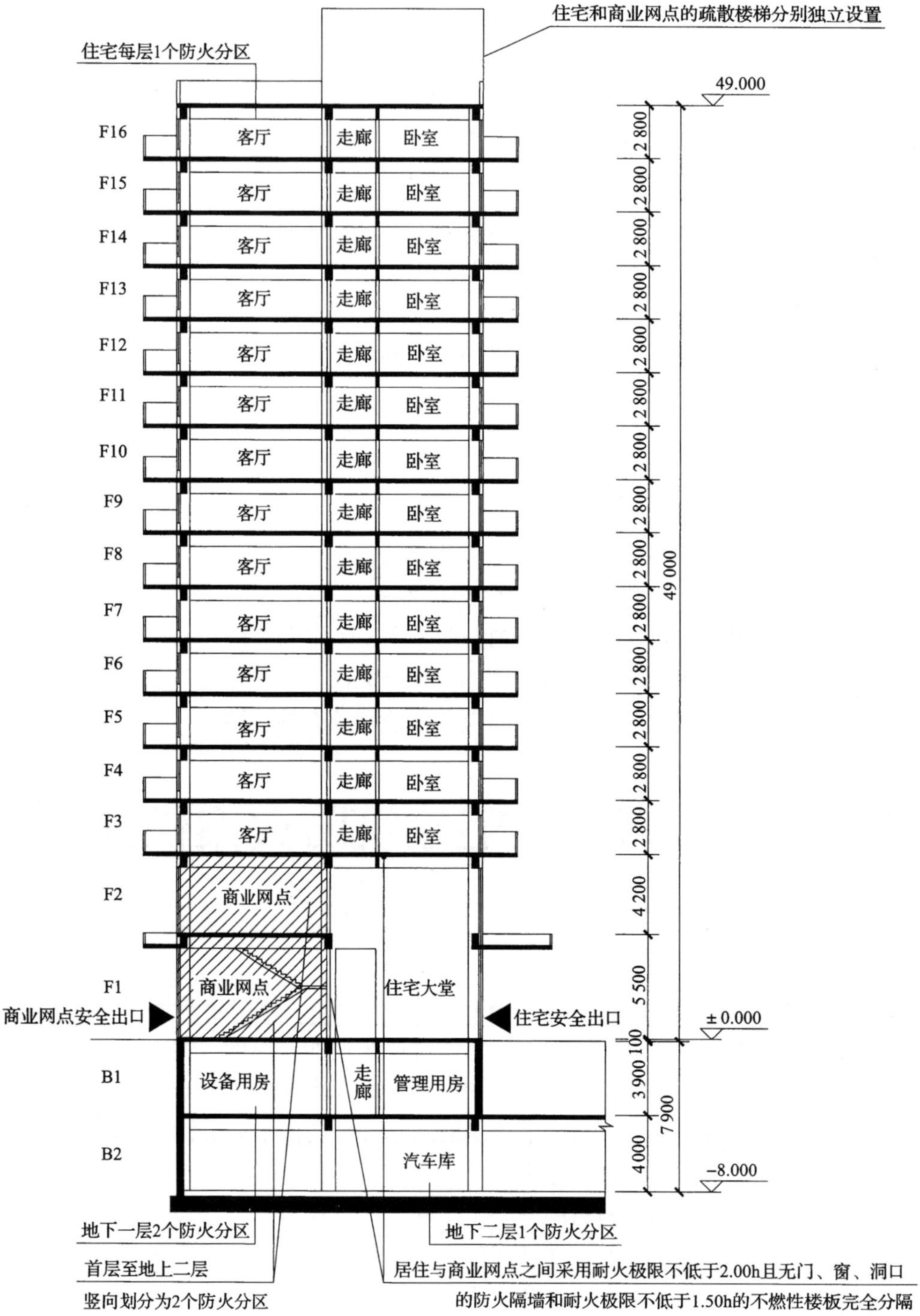

图 1-10-1　建筑剖面图

二、分析要点

本案例包含或涉及下列内容：

（1）建筑分类和耐火等级。

（2）防火分区。

（3）安全疏散。

三、关键知识点及依据

（一）建筑分类和耐火等级

住宅建筑是指供家庭居住使用的建筑（含与其他功能空间处于同一建筑中的住宅部分），简称住宅。

商业服务网点是指设置在住宅建筑的首层或首层及二层，每个分隔单元建筑面积不大于 300m^2 的商店、邮政所、储蓄所、理发店等小型营业性用房。

（1）根据《建筑设计防火规范》（GB 50016—2014，2018 年版）的规定，建筑高度大于 27m，但不大于 54m 的住宅建筑（包括设置商业服务网点的住宅建筑）属于二类高层住宅建筑；故情景描述中的住宅建筑分类应为二类高层住宅建筑，其地上部分的耐火等级不应低于二级，地下室的耐火等级不应低于一级。

（2）根据该住宅建筑相应建筑构件的燃烧性能和耐火极限不应低于《建筑设计防火规范》（GB 50016—2014，2018 年版）、《汽车库、修车库、停车场设计防火规范》（GB 50067—2014）和《住宅建筑规范》（GB 50368—2005）的规定，设在建筑物内的汽车库与其他部分之间应采用防火墙和耐火极限不低于 2.00h 的不燃烧性楼板分隔。直通建筑内附设汽车库的电梯，应在汽车库部分设置电梯候梯厅，并应采用耐火极限不低于 2.00h 的防火隔墙和乙级防火门与汽车库分隔。

设置商业服务网点的住宅建筑，其居住部分与商业服务网点之间应采用耐火极限不低于 2.00h 且无门、窗、洞口的防火隔墙和 2.00h 的不燃性楼板完全分隔。商业服务网点中每个分隔单元之间应采用耐火极限不低于 2.00h 且无门、窗、洞口的防火隔墙相互分隔。

住宅分户墙、住宅单元之间的墙体、防火隔墙与建筑外墙、楼板、屋顶相交处，应采取防止火灾蔓延至另一侧的防火封堵措施。

住宅建筑上下相邻套房开口部位间应设置高度不低于 0.8m 的窗槛墙或设置耐火极限不低于 1.00h 的不燃性实体挑檐，其出挑宽度不应小于 0.5m，长度不应小于开口宽度。

楼梯间窗口与套房窗口最近边缘之间的水平间距不应小于 1.0m。

（二）防火分区

根据《建筑设计防火规范》（GB 50016—2014，2018 年版）和《汽车库、修车库、停车场设计防火规范》（GB 50067—2014）的规定，该住宅建筑内每个防火分区的最大允许建筑面积不应超过表 1-10-1 的规定。

表 1-10-1 防火分区最大允许建筑面积 单位：m^2

建筑部位	防火分区建筑面积
地上部分	1 500
地下一层的设备用房	1 000
地下一层的管理用房	500
地下汽车库	2 000

（三）安全疏散

根据《建筑设计防火规范》（GB 50016—2014，2018 年版）的规定，该住宅建筑的安全疏散应符合以下规定：

（1）住宅部分和商业服务网点部分的安全出口及疏散楼梯应分别独立设置。

（2）住宅与商业设施合建的建筑按照住宅建筑的防火要求建造的，应符合下列规定：

1）商业设施中每个独立单元之间应采用耐火极限不低于 2.00h 且无开口的防火隔墙分隔。

2）每个独立单元的层数不应大于 2 层，且 2 层的总建筑面积不应大于 $300m^2$。

3）每个独立单元中建筑面积大于 $200m^2$ 的任一楼层均应设置至少 2 个疏散出口。

（3）住宅建筑内的安全出口应分散设置，且建筑内每个住宅单元每层相邻两个安全出口最近边缘之间的水平距离不应小于 5m。

（4）住宅建筑安全出口的设置应符合下列规定：

1）建筑高度不大于 27m 的建筑，当每个单元任一层的建筑面积大于 $650m^2$，或任一户门至最近安全出口的距离大于 15m 时，每个单元每层的安全出口不应少于 2 个。

2）建筑高度大于 27m、不大于 54m 的建筑，当每个单元任一层的建筑面积大于 $650m^2$，或任一户门至最近安全出口的距离大于 10m 时，每个单元每层的安全出口不应少于 2 个。

3）建筑高度大于 54m 的建筑，每个单元每层的安全出口不应少于 2 个。

（5）建筑高度大于 27m，但不大于 54m 的住宅建筑，每个单元设置一座疏散楼梯时，疏散楼梯应通至屋面，且单元之间的疏散楼梯应能通过屋面连通，户门应采用乙级防火门。当不能通至屋面或不能通过屋面连通时，应设置 2 个安全出口。

（6）住宅建筑的室内疏散楼梯应符合下列规定：

1）建筑高度不大于 21m 的住宅建筑，当户门的耐火完整性低于 1.00h 时，与电梯井相邻布置的疏散楼梯应为封闭楼梯间。

2）建筑高度大于 21m、不大于 33m 的住宅建筑，当户门的耐火完整性低于 1.00h 时，疏散楼梯应为封闭楼梯间。

3）建筑高度大于 33m 的住宅建筑，疏散楼梯应为防烟楼梯间，开向防烟楼梯间前室或合用前室的户门应为耐火性能不低于乙级的防火门。

4）建筑高度大于 27m、不大于 54m 且每层仅设置 1 部疏散楼梯的住宅单元，户门的耐火完整性不应低于 1.00h，疏散楼梯应通至屋面。

5）多个单元的住宅建筑中通至屋面的疏散楼梯应能通过屋面连通。

（7）住宅单元的疏散楼梯，当分散设置确有困难且任一户门至最近疏散楼梯间入口的距离不大于 10m 时，可采用剪刀楼梯间，但应符合下列规定：

1）应采用防烟楼梯间。

2）梯段之间应设置耐火极限不低于 1.00h 的防火隔墙。

3）楼梯间的前室不宜共用；共用时，前室的使用面积不应小于 $6.0m^2$。

4）楼梯间的前室或共用前室不宜与消防电梯的前室合用；楼梯间的共用前室与消防电梯的前室合用时，合用前室的使用面积不应小于 $12.0m^2$，且短边不应小于 2.4m。

住宅建筑前室的使用面积不应小于 4.5m²。与消防电梯间前室合用时，合用前室的使用面积不应小于 6.0m²。

（8）住宅建筑的安全疏散距离应符合表 1–10–2 的规定。

表 1–10–2　住宅建筑直通疏散走道的户门至最近安全出口的直线距离　单位：m

住宅建筑类别	位于两个安全出口之间的户门	位于袋形走道两侧或尽端的户门
	一、二级	一、二级
单、多层	40	22
高层	40	20

注：1. 开向敞开式外廊的户门至最近安全出口的直线距离可按本表的规定增加 5m。

2. 直通疏散走道的户门至最近敞开楼梯间的直线距离，当户门位于两个楼梯间之间时，应按本表的规定减少 5m；当户门位于袋形走道两侧或尽端时，应按本表的规定减少 2m。

3. 住宅建筑内全部设置自动喷水灭火系统时，其安全疏散距离可按本表的规定增加 25%（不包括注 1 和注 2）。

4. 跃廊式住宅的户门至最近安全出口的距离应从户门算起，小楼梯的一段距离可按其水平投影长度的 1.5 倍计算。

（9）楼梯间应在首层直通室外，或在首层采用扩大的封闭楼梯间或防烟楼梯间前室。层数不超过 4 层时，可将直通室外的门设置在离楼梯间不大于 15m 处。

（10）住宅建筑户内任一点至直通疏散走道的户门的直线距离不应大于表 1–10–2 规定的袋形走道两侧或尽端的疏散门至最近安全出口的最大直线距离（跃层式住宅，户内楼梯的距离可按其梯段水平投影长度的 1.5 倍计算）。

（11）住宅建筑的户门、安全出口、疏散走道和疏散楼梯的各自总净宽度应经计算确定，且户门和安全出口的净宽度不应小于 0.9m，疏散走道、疏散楼梯和首层疏散外门的净宽度不应小于 1.1m。建筑高度不大于 18m 的住宅中一边设置栏杆的疏散楼梯，其净宽度不应小于 1.0m。

（四）消防救援设施

根据《建筑防火通用规范》（GB 55037—2022）的规定，住宅建筑的消防救援设施应符合以下规定：

（1）消防救援设施应与住宅建筑的高度（埋深）、进深、规模等相适应，并应满足消防救援的要求。

（2）在住宅建筑与消防车登高操作场地相对应的范围内，应设置直通室外的楼梯或直通楼梯间的入口。

（3）住宅建筑的外墙上应设置便于消防救援人员出入的消防救援口，并应符合下列规定：

1）沿外墙的每个防火分区在对应消防救援操作面范围内设置的消防救援口不应少于 2 个。

2）无外窗的建筑应每层设置消防救援口，有外窗的建筑应自第三层起每层设置消防救援口。

3）消防救援口的净高度和净宽度均不应小于 1.0m，当利用门时，净宽度不应小于 0.8m。

4）消防救援口应易于从室内和室外打开或破拆，采用玻璃窗时，应选用安全玻璃。

5）消防救援口应设置可在室内和室外识别的永久性明显标志。

练习题

（一）单项选择题

1. 设置商业服务网点的住宅建筑内，属于商业服务网点的小型商业服务用房的建筑面积不应大于（　　）m^2。

A. 200　　B. 300　　C. 400　　D. 500

2. 建筑高度为 54m 的住宅建筑应设置（　　）。

A. 防烟楼梯间　　B. 封闭楼梯间

C. 敞开楼梯间　　D. 扩大的封闭楼梯间

3. 住宅建筑内疏散楼梯间的共用前室与消防电梯的前室合用时，合用前室的使用面积不应小于（　　）m^2，且其短边不应小于 2.4m。

A. 15　　B. 12　　C. 10　　D. 6

4. 根据《高层民用建筑消防安全管理规定》（应急管理部令第 5 号），高层住宅建筑的灭火器材应当设置在（　　）。

A. 公共区域　　B. 公共区域的显著位置

C. 公共区域的任意位置　　D. 剪刀楼梯间

5. 住宅建筑内公共排油烟管道应采取防火措施，并应（　　）检查。

A. 定期　　B. 每周　　C. 每月　　D. 每年

6. 经营乙类物品的商业服务网点（　　）附设在住宅建筑中。

A. 宜　　B. 可以　　C. 不应　　D. 严禁

（二）多项选择题

1. 下列关于住宅建筑疏散楼梯间，描述正确的有（　　）。

A. 建筑高度为 18m 的住宅建筑，可采用敞开楼梯间

B. 建筑高度为 28m 且户门采用乙级防火门的住宅建筑，可采用敞开楼梯间

C. 建筑高度为 36m 的住宅建筑，防烟楼梯间与消防电梯间合用前室的面积为 $4.5m^2$

D. 建筑高度为 29m 的住宅建筑，其封闭楼梯间的门可采用双向弹簧门

E. 建筑高度大于 33m 的住宅建筑可采用封闭楼梯间

2. 建筑高度大于 54m 但不大于 100m 的住宅建筑，每户应有一间房间要符合（　　）的规定。

A. 外墙墙体耐火极限不应低于 1.00h

B. 内、外墙体的耐火极限不应低于 1.00h

C. 该房间的门宜采用乙级防火门

D. 外窗的耐火完整性不宜低于 1.00h

E. 内墙墙体耐火极限不应低于 0.50h

（三）案例分析题

某住宅建筑，地上 19 层，建筑高度 59m，总建筑面积为 15 000m^2；其首层设有商业服务网点，地上二层及以上层为居住部分。

问题：

（1）该建筑内疏散楼梯的最小净宽度应为多少？

（2）该建筑内的燃气管道能否局部穿越楼梯间，并说明原因；如可以，应采取何种措施？

（3）该建筑应采用何种形式的疏散楼梯？

案例 11　汽车库防火案例分析

一、情景描述

某汽车库地下 3 层，地下三层层高为 4.5m，地下二层和地下一层每层层高 4.0m，每层建筑面积均为 4 000m^2，每层均设有 4 部防烟楼梯间，整个汽车库共设有 420 个停车车位。该汽车库地下三层的主要使用功能为室内有车道且有人员停留的机械式汽车库和风机房，划分为 2 个防火分区，每个防火分区的建筑面积均为 2 000m^2，每个防火分区均设有 2 部防烟楼梯间；地下二层的主要使用功能为采用普通车道的汽车库、消防水泵房、变配电室和风机房，地下一层的主要使用功能为采用普通车道的汽车库、风机房和消防控制室，地下一、二层每层均划分为 1 个防火分区。该汽车库的相关信息如图 1–11–1 所示。该汽车库按国家有关工程建设消防技术标准配置了室内外消火栓系统、自动喷水灭火系统、火灾自动报警系统、机械排烟系统和补风系统及建筑灭火器等消防设施及器材。

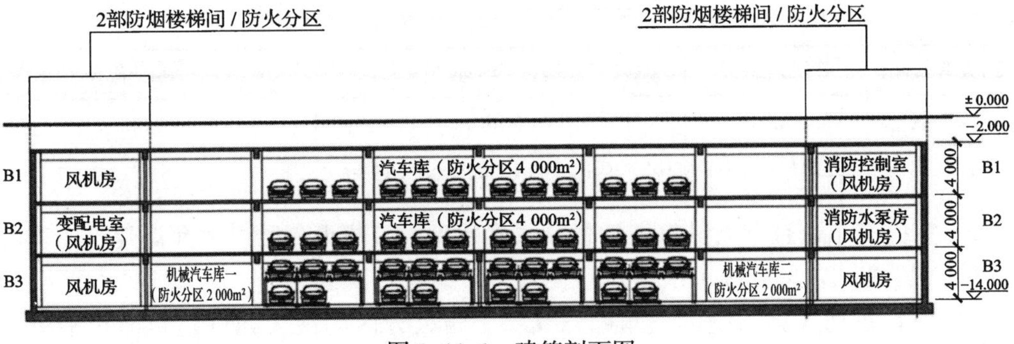

图 1–11–1　建筑剖面图

二、分析要点

本案例包含或涉及下列内容：

（1）建筑分类和耐火等级。

（2）防火分区。

（3）构造防火。

（4）安全疏散。

三、关键知识点及依据

（一）建筑分类和耐火等级

汽车库是指用于停放由内燃机驱动且无轨道的客车、货车、工程车等汽车的建筑物。

地下汽车库是指地下室内地坪面与室外地坪面的高度之差大于该层车库净高 1/2 的汽车库。

机械式汽车库是指采用机械设备进行垂直或水平移动等形式停放汽车的汽车库。

（1）根据《汽车库、修车库、停车场设计防火规范》（GB 50067—2014）的规定，汽车库的分类应根据停车（车位）数量和总建筑面积确定，并应符合表 1-11-1 的规定。

表 1-11-1　汽车库的分类

名称		Ⅰ	Ⅱ	Ⅲ	Ⅳ
汽车库	停车数量 / 辆	>300	151 ~ 300	51 ~ 150	≤50
	总建筑面积 S/m^2	>10 000	5 000<S≤10 000	2 000<S≤5 000	≤2 000

（2）情景描述中的汽车库应为Ⅰ类地下汽车库，耐火等级应为一级。

（二）防火分区

（1）除另有规定外，防火分区之间应采用符合《汽车库、修车库、停车场设计防火规范》（GB 50067—2014）规定的防火墙、防火卷帘等分隔。根据《汽车库、修车库、停车场设计防火规范》（GB 50067—2014）的规定，汽车库防火分区的最大允许建筑面积应符合表 1-11-2 的规定。

表 1-11-2　汽车库防火分区的最大允许建筑面积　　单位：m^2

耐火等级	单层汽车库	多层汽车库、半地下汽车库	地下汽车库、高层汽车库
一、二级	3 000	2 500	2 000

注：室内有车道且有人员停留的机械式汽车库俗称复式汽车库。

（2）室内有车道且有人员停留的机械式汽车库，其防火分区最大允许建筑面积应按表 1-11-2 的规定减少 35%。

（3）设置自动灭火系统的汽车库，其每个防火分区的最大允许建筑面积不应大于表 1-11-2 规定的 2.0 倍。

（4）情景描述中地下一、二层普通汽车库的防火分区最大允许建筑面积应为 4 000m^2，地下三层室内有车道且有人员停留的机械式汽车库的防火分区最大允许建筑面积应为 2 600m^2。

（三）构造防火

根据《汽车库、修车库、停车场设计防火规范》（GB 50067—2014）的规定，汽车库的构造防火应符合以下要求：

（1）汽车库的防火墙应直接设置在建筑的基础或框架、梁等承重结构上，相应框架、梁等承重结构的耐火极限不应低于防火墙的耐火极限。防火墙（其燃烧性能等级应为不燃性，耐火极限不应低于 3.00h）、防火隔墙（其燃烧性能等级应为不燃性，耐火极限不应低于 2.00h）应从楼地面基层隔断至梁、楼板或屋面结构层的底面。

（2）防火墙或防火隔墙上不宜开设门、窗、洞口，当必须开设时，应设置甲级防火门、窗或耐火极限不低于 3.00h 的防火卷帘。

（3）设置在车道上的防火卷帘的耐火极限应符合《门和卷帘的耐火试验方法》（GB/T 7633—2008）有关耐火完整性的判定标准，设置在停车区域上的防火卷帘的耐火极限应符合《门和卷帘的耐火试验方法》（GB/T 7633—2008）有关耐火完整性和耐火隔热性的判定标准。

（4）附设在汽车库内的消防控制室、自动灭火系统的设备室、消防水泵房和排烟、通风空气调节机房等，应采用防火隔墙和耐火极限不低于 1.50h 的不燃性楼板相互隔开或与相邻部位分隔。

（5）可燃气体和甲、乙类液体管道严禁穿过防火墙，防火墙内不应设置排气道。防火墙或防火隔墙上不应设置通风孔道，也不宜穿过其他管道（线）；当管道（线）穿过防火墙或防火隔墙时，应采用防火封堵材料（应为不燃材料）将孔洞周围的空隙紧密填塞。为了保证管道不会因受热变形而破坏整个防火分隔的有效性和完整性，根据《建筑设计防火规范》（GB 50016—2014，2018 年版）的规定，风管穿过防火隔墙、楼板和防火墙时，穿越处风管上的防火阀、排烟防火阀两侧各 2.0m 范围内的风管应采用耐火风管或风管外壁应采取防火保护措施，且耐火极限不应低于该防火分隔体的耐火极限。

（6）防火墙不宜设在汽车库的内转角处；当设在转角处时，内转角处两侧墙上的门、窗、洞口之间的水平距离不应小于 4.0m。除设置在建筑内转角处的防火墙外，防火墙两侧的门、窗、洞口之间最近边缘的水平距离不应小于 2.0m。当防火墙两侧设置固定乙级防火窗时，可不受距离的限制（当采取其他防止火灾水平蔓延的措施时，还应考虑以上距离的限制）。

（7）电梯井、管道井、电缆井和楼梯间应分别独立设置。管道井、电缆井的井壁应采用不燃材料，且耐火极限不应低于 1.00h；电梯井的井壁应采用不燃材料，且耐火极限不应低于 2.00h。电缆井、管道井应在每层楼板处采用不燃材料或防火封堵材料进行分隔，且分隔后的耐火极限不应低于楼板的耐火极限，井壁上的检查门应采用丙级防火门；对于埋深大于 10m 的地下汽车库，井壁上的检查门应为甲级防火门。

（8）除敞开式汽车库、斜楼板式汽车库外，其他汽车库内的汽车坡道两侧应采用防火墙与停车区隔开，坡道的出入口应采用水幕、防火卷帘或甲级防火门等与停车区隔开；但当汽车库和汽车坡道上均设置自动灭火系统时，坡道的出入口可不设置水幕、防火卷帘或甲级防火门。

（四）安全疏散

根据《汽车库、修车库、停车场设计防火规范》（GB 50067—2014）的规定，汽车库的安全疏散应符合以下规定：

（1）汽车库的人员安全出口和汽车疏散出口应分开设置。

（2）除室内无车道且无人员停留的机械式汽车库外，汽车库内每个防火分区的人员安全出口不应少于 2 个，Ⅳ类汽车库可设置 1 个。

（3）室内地面与室外出入口地坪的高差大于 10m 或层数不小于 3 层的地下汽车库应采用防烟楼梯间，其他汽车库应采用封闭楼梯间；楼梯间和前室的门应采用乙级防火门，并应向疏散方向开启；疏散楼梯的净宽度不应小于 1.1m。

（4）汽车库室内任一点至最近人员安全出口的疏散距离不应大于 45m；当设置自动灭火系统时，其距离不应大于 60m。

（5）汽车库的汽车疏散出口总数不应少于 2 个，且应分散布置；但对于设置双车道汽车疏散出口、停车数量小于或等于 100 辆且建筑面积小于 4 000m² 的地下或半地下汽车库，其汽车疏散出口可设置 1 个。

（6）汽车疏散坡道的净宽度，单车道不应小于 3.0m，双车道不应小于 5.5m。

（7）除室内无车道且无人员停留的机械式汽车库外，相邻两个汽车疏散出口之间的水平距离不应小于 10m；毗邻设置的两个汽车坡道应采用防火隔墙分隔。

（五）消防救援设施

根据《建筑防火通用规范》（GB 55037—2022）的规定，汽车库的消防救援设施应符合以下规定：除室内无车道且无人员停留的机械式汽车库可不设置消防电梯外，建筑高度大于 32m 的封闭或半封闭汽车库和埋深大于 10m 且总建筑面积大于 3 000m² 的地下或半地下建筑（室），均应设置消防电梯，且每个防火分区可供使用的消防电梯不应少于 1 部。

练习题

（一）单项选择题

1. 除室内无车道且无人员停留的机械式汽车库外，汽车库内每个防火分区的人员安全出口不应少于 2 个，但符合下列（　　）条件的可设置 1 个。

A. Ⅱ类、Ⅲ类和Ⅳ类汽车库　　B. Ⅲ类和Ⅳ类汽车库

C. Ⅲ类汽车库　　D. Ⅳ类汽车库

2. 建筑高度大于 32m 的高层汽车库的室内疏散楼梯应采用（　　）。

A. 防烟楼梯间　　B. 封闭楼梯间

C. 敞开楼梯间　　D. 防烟楼梯间或封闭楼梯间

3. 设置在汽车库车道上的防火卷帘的耐火极限，应符合《门和卷帘的耐火试验方法》（GB/T 7633—2008）有关（　　）的判定标准。

A. 耐火完整性　　B. 耐火隔热性

C. 耐火完整性和隔热性　　D. 耐火稳定性

（二）多项选择题

1.（　　）宜设置耐火等级不低于二级的灭火器材间。

A. Ⅰ类汽车库　　B. Ⅱ类汽车库
C. Ⅲ类汽车库　　D. Ⅰ类停车场
E. Ⅱ类停车场

2. 当符合下列（　　）条件之一时，汽车库的汽车疏散出口可设置 1 个。

A. Ⅳ类汽车库
B. 设置双车道汽车疏散出口的Ⅲ类地上汽车库
C. 设置双车道汽车疏散出口、停车数量小于或等于 100 辆且建筑面积小于 4 000m^2 的地下或半地下汽车库
D. 设置双车道汽车疏散出口的Ⅱ类地上汽车库
E. 设置双车道汽车疏散出口、停车数量小于或等于 150 辆的地下汽车库

（三）案例分析题

某汽车库地下 3 层，每层层高均为 4m，每层建筑面积为 3 600m^2、停车 95 辆，每层均设置 2 部封闭楼梯间和 2 个单车道汽车疏散出口。

问题：

（1）该汽车库的楼梯间设置是否正确？
（2）该汽车库是否需要设置消防电梯？
（3）该汽车库是否可以设置 1 个汽车疏散出口？

案例 12　汽车加油站防火案例分析

一、情景描述

某公司拟在市区新建一座汽车加油站，其建筑总平面布局及周边民用建筑等相关信息如图 1-12-1 所示。站内拟建一栋站房，一个采用不燃性建筑构件且净高为 6m 的罩棚，5 个埋地油罐（2 个 30m^3 柴油储罐，3 个 30m^3 汽油储罐），4 台加油机；拟采用卸油和加油油气回收系统。该加油站选址用地西邻城市主干路，北邻某幼儿园建筑，南邻某住宅楼，东北邻某办公楼，东邻某商场。该加油站拟在其北、南、东三侧设置不燃烧体实体围墙，西侧开敞并供车辆进出。该汽车加油站按国家有关工程建设消防技术标准配置了消防设施及器材。

二、分析要点

本案例包含或涉及下列内容：

（1）加油站等级。
（2）站址选择。
（3）站内平面布置。
（4）汽车加油站内爆炸危险区域。

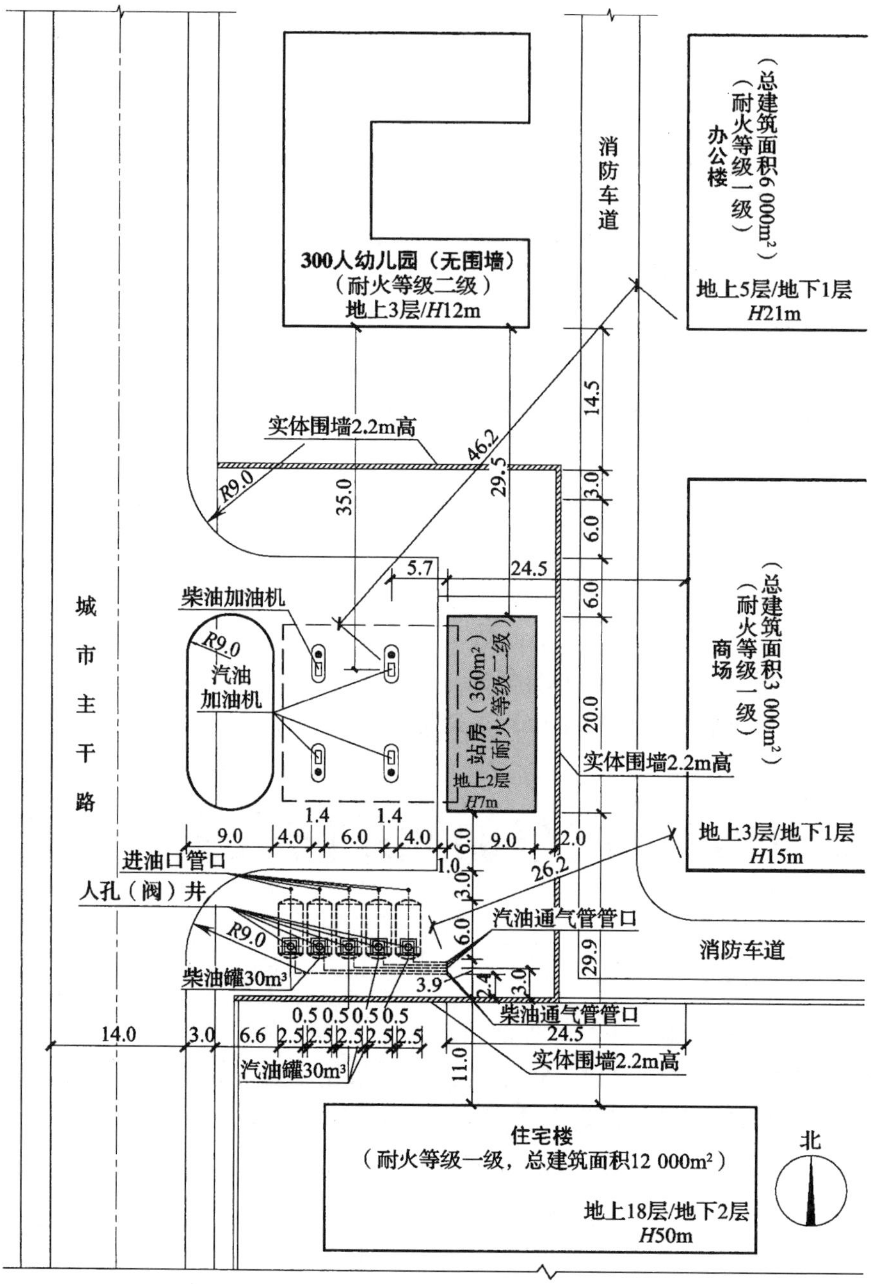

图 1-12-1　汽车加油站建筑总平面图（单位：m）

（5）加油工艺及设施。

（6）站房和罩棚。

三、关键知识点及依据

（一）加油站等级

根据《汽车加油加气加氢站技术标准》（GB 50156—2021）的规定，柴油罐容积可折半计入油罐总容积，因此该汽车加油站［是指具有储油设施，使用加油机为机动车加注汽油（含甲醇汽油、乙醇汽油）、柴油等车用燃油的场所］的油罐总计算容积应为 120m³。因为该汽车加油站内埋地油罐（是指罐顶低于周围 4m 范围内的地面，并采用直接覆土或罐池充沙方式埋设在地下的卧式油品储罐）的总容积大于 90m³ 且不大于 150m³，单罐容积均不大于 50m³，所以该汽车加油站的等级划分应为二级汽车加油站。汽车加油站的等级划分应符合表 1–12–1 的规定。

表 1–12–1　汽车加油站的等级划分　单位：m³

级别	油罐容积 V	
	总容积	单罐容积
一级	$150<V\leq 210$	≤50
二级	$90<V\leq 150$	≤50
三级	$V\leq 90$	汽油罐≤30，柴油罐≤50

注：V 为油罐总容积，柴油罐容积可折半计入油罐总容积。

（二）站址选择

在城市中心区（包括市中心和副中心。市中心是指城市中重要市级公共设施比较集中、人群流动频繁的公共活动区域。副中心是指城市中为分散市中心活动强度的、辅助性的、次于市中心的市级公共服务中心）不应建一级汽车加油加气加氢站、压缩天然气（CNG）加气母站。

城市建成区（是指城市行政区内实际已成片开发建设、市政公用设施和公共设施基本具备的地区）内的汽车加油加气加氢站宜靠近城市道路，但不宜选在城市干道的交叉路口附近。在城市建成区内不应建设压缩天然气加气母站，一级汽车加油站、加气站、加油加气合建站。

根据《汽车加油加气加氢站技术标准》（GB 50156—2021）的规定，情景描述中的该汽车加油站宜靠近城市道路，不宜选在城市干道的交叉路口附近。汽车加油站的汽油（柴油）设备与站外建（构）筑物的安全间距不应小于表 1–12–2 的规定。

表 1–12–2　该汽车加油站的汽油设备与站外建（构）筑物的安全间距　单位：m

站外建（构）筑物	站内汽油（柴油）工艺设备			
	埋地油罐			加油机、油罐通气管口
	一级站	二级站	三级站	
某幼儿园建筑（重要公共建筑物）	35（25）	35（25）	35（25）	35（25）
某住宅楼（民用建筑物中的一类保护物）	17.5（6）	14（6）	11（6）	11（6）
某办公楼（民用建筑物中的二类保护物）	14（6）	11（6）	8.5（6）	8.5（6）

续表 1-12-2

站外建（构）筑物	站内汽油（柴油）工艺设备			
	埋地油罐			加油机、油罐通气管口
	一级站	二级站	三级站	
某商场（民用建筑物中的三类保护物）	11（6）	8.5（6）	7（6）	7（6）
城市主干路	7（3）	5.5（3）	5.5（3）	5（3）

注：1. 一、二级耐火等级民用建筑物面向加油站一侧的墙为无门窗洞口的实体墙时，油罐、加油机和通气管管口与该民用建筑物的距离，不应低于本表规定的安全间距的 70%，并不得小于 6m。

2. 表中括号内数字为柴油设备与站外建（构）筑物的安全间距。

（三）站内平面布置

根据《汽车加油加气加氢站技术标准》（GB 50156—2021）的规定，汽车加油站内平面布置应符合以下规定：

（1）车辆入口和出口应分开设置。

（2）站内单车道或单车停车位宽度不应小于 4m，双车道或双车停车位宽度不应小于 6m；站内的道路转弯半径应按行驶车型确定，且不宜小于 9m；站内停车位应为平坡，道路坡度不应大于 8%，且宜坡向站外；加油作业区内的停车位和道路路面不应采用沥青路面。

（3）站内的爆炸危险区域，不应超出站区围墙和可用地界线。

（4）站内加油作业区（是指加油站内布置工艺设备的区域。该区域的边界线为设备爆炸危险区域边界线加 3m，对柴油设备为设备外缘加 3m）内，不得有“明火地点”或“散发火花地点”。

（5）汽车加油站的工艺设备与站外建（构）筑物之间宜设置不燃烧体实体围墙，围墙高度相对于站内和站外地坪均不宜低于 2.2m。当汽车加油站工艺设备与站外建（构）筑物之间的距离大于表 1-12-2 中安全间距的 1.5 倍，且大于 25m 时，可设置非实体围墙。面向车辆入口和出口道路的一侧可设非实体围墙或不设围墙。

（6）汽车加油站内不应建地下和半地下室。

（四）汽车加油站内爆炸危险区域

根据《汽车加油加气加氢站技术标准》（GB 50156—2021）的规定，汽车加油站内爆炸危险区域的等级和范围划分为：

（1）埋地卧式汽油储罐内部油品表面以上的空间应划分为 0 区。

（2）埋地卧式汽油储罐的人孔（阀）井内部空间，以其通气管管口为中心，半径为 1.5m（0.75m）的球形空间和以密闭卸油口为中心，半径为 0.5m 的球形空间，应划分为 1 区。

（3）距埋地卧式汽油储罐的人孔（阀）井外边缘 1.5m 以内，自地面算起 1m 高的圆柱形空间，以通气管管口为中心，半径为 3.0m（2.0m）的球形空间和以密闭卸油口为中心，半径为 1.5m 的球形并延至地面的空间，应划分为 2 区。

（4）汽油加油机下箱体内部空间应划分为 1 区。

（5）以汽油加油机中心线为中心线、以半径为 4.5m（3.0m）的地面区域为底面和以加油机下箱体顶部以上 0.15m、半径为 3.0m（1.5m）的平面为顶面的圆台形空间，应划分为 2 区。

（五）加油工艺及设施

根据《汽车加油加气加氢站技术标准》（GB 50156—2021）的规定，汽车加油站的加油工艺及设施应符合以下规定：

（1）汽车加油站的汽油罐和柴油罐（撬装式加油装置所配置的防火防爆油罐除外）应埋地设置，严禁设在室内或地下室内。

（2）储油罐应采用卧式油罐。

（3）加油机不得设置在室内。

（4）汽车和柴油油罐车卸油必须采用密闭卸油方式。汽油油罐车应具有卸油油气回收系统。加油站应采用加油油气回收系统。

（5）进油管应伸至罐内距罐底 50 ~ 100mm 处。进油立管的底端应为 45° 斜管口或 T 形管口。进油管管壁上不得有与油罐气相空间相通的开口。

（6）汽油罐与柴油罐的通气管应分开设置。通气管管口高出地面的高度不应小于 4m。沿建（构）筑物的墙（柱）向上敷设的通气管，其管口应高出建筑物的顶面 2m 及以上。通气管管口应设置阻火器。当加油站采用油气回收系统时，汽油罐的通气管管口除应装设阻火器外，还应装设呼吸阀。

（六）站房和罩棚

根据《汽车加油加气加氢站技术标准》（GB 50156—2021）的规定，汽车加油站的站房和罩棚应符合以下规定：

（1）作业区内的站房及其他附属建筑物的耐火等级不应低于二级。罩棚顶棚可采用无防火保护的钢结构。

（2）汽车加油场地宜设罩棚，罩棚应采用不燃材料建造；进站口无限高措施时，罩棚的净空高度不应小于 4.5m；进站口有限高措施时，罩棚的净空高度不应小于限高高度。罩棚遮盖加油机的平面投影距离不宜小于 2m。

（3）站房是指用于汽车加油站管理、经营和提供其他便利性服务的建筑物。站房可由办公室、值班室、营业室、控制室、变配电间、卫生间和便利店等组成，站房内可设非明火餐厨设备。站房的一部分位于作业区内时，该站房的建筑面积不宜超过 300m^2，且该站房内不得有明火设备。

（4）站房可与设置在辅助服务区内的餐厅、汽车服务、锅炉房、厨房、员工宿舍、司机休息室等设施合建，但站房与以上设施之间应设置无门窗洞口，且耐火极限不低于 3.00h 的实体墙。

（5）站房可设在站外民用建筑物内或与站外民用建筑合建，并应符合下列规定：

1）站房与民用建筑之间不得有连接通道。

2）站房应单独开设通向加油站的出入口。

3）民用建筑物不得有直接通向加油站的出入口。

练习题

（一）单项选择题

1. 油罐容积符合下列（　　）条件时，汽油加油站的等级划分应为一级。

A. 150m^3< 油罐总容积≤210m^3、单罐容积≤50m^3

B. 90m^3< 油罐总容积≤150m^3、单罐容积≤50m^3

C. 油罐总容积≤90m^3、单罐容积≤30m^3

D. 210m^3< 油罐总容积≤310m^3、单罐容积≤50m^3

2. 对于埋地卧式汽油罐内部油品表面以上的空间，其爆炸危险区域的等级划分应为（　　）区。

A. 0　　B. 1　　C. 2　　D. 3

（二）多项选择题

汽车加油站的（　　）等处，均应设事故照明。

A. 营业室　　B. 消防水泵房

C. 罩棚　　D. 卸油区

E. 门卫室

（三）案例分析题

1. 位于某市老城区的一个汽车加油站拟进行工程改造，将站内原有的柴油罐及其加油机更换为汽油罐和汽油加油机。该汽车加油站无油气回收系统。

问题：

（1）应从哪些方面检查改造方案的可行性？

（2）通过新增哪些工艺技术措施，能够达到相应减小有关“该汽车加油站的埋地汽油罐、加油机及通气管管口与站外建（构）筑物的安全间距”的目的？

2. 拟在距位于城市中心区的某地级市政府办公楼 50m 处，建设一个设有两个 50m^3 埋地汽油罐和一个 40m^3 埋地柴油罐的汽车加油站。该汽车加油站无油气回收系统；其埋地汽油罐距一个小学（使用人数 500 人）20m，距一个室外停车场（共有 50 个车位）12m，距一个 10m 杆高、有绝缘层的架空电力线 7.5m。该汽车加油站内的车道设计采用不发火花的沥青路面，且道路宽度均为 3m。

问题：

（1）该汽车加油站是否可以建在城市中心区？并说明原因。

（2）设计中存在什么问题？

3. 拟建一座一级汽车加油站，根据《汽车加油加气加氢站技术标准》（GB 50156—2021）的规定，其埋地汽油罐与一类民用建筑保护物的安全间距应为 25m，但在总平面布局时，只能满足 21m。

问题：

采取哪些工艺技术措施可以解决安全距离不足的问题？

案例 13　甲类生产厂房防火案例分析

一、情景描述

某甲醇合成厂房，地上 1 层，建筑高度为 6m，总建筑面积为 4 000m^2，划分为 1 个防火分区，建筑平面几何外形为长方形，长边为 100m，短边为 40m，按一个空间设计，承重结构采用钢框架结构，耐火等级为一级，屋顶形式为平屋顶并全部采用单位质量不超过 60kg/m^2 的不燃烧体轻质屋面板作为泄压设施。该化合物的闪点为 12.22℃。该厂房的相关信息如图 1-13-1 所示。该厂房按国家有关工程建设消防技术标准配置了消防设施及器材。

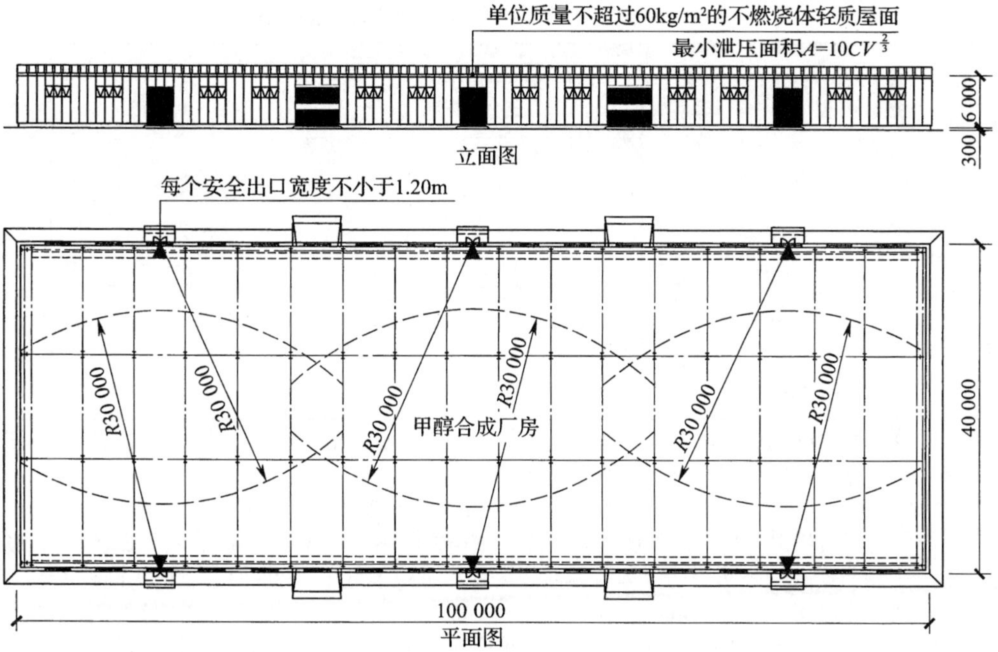

图 1-13-1　建筑立面图、平面图

二、分析要点

本案例包含或涉及下列内容：

（1）厂房类别、耐火等级和层数。

（2）防火间距与消防车道。

（3）平面布置。

（4）防火分区。

（5）安全疏散。

（6）防爆泄压。

三、关键知识点及依据

（一）厂房类别、耐火等级和层数

情景描述中的厂房生产时产生化合物，化合物的火灾危险性特征为闪点小于 28℃的液体。根据《建筑设计防火规范》（GB 50016—2014，2018 年版）的规定，该厂房生产的火灾危险性类别应为甲类。甲类厂房的耐火等级不应低于二级，最多允许层数除生产必须采用多层者外，宜采用单层。

甲类生产场所不应设置在地下或半地下。

（二）防火间距与消防车道

（1）防火间距。根据《建筑设计防火规范》（GB 50016—2014，2018 年版）的规定，甲类厂房与其他厂房、仓库之间的防火间距不应小于表 1-13-1 的规定。

表 1-13-1　甲类厂房与其他厂房、仓库之间的防火间距　　单位：m

<table>
<tr><th colspan="3" rowspan="3">名称</th><th>甲类厂房</th><th colspan="3">乙类厂房（仓库）</th><th colspan="4">丙、丁、戊类厂房（仓库）</th></tr>
<tr><th>单、多层</th><th colspan="2">单、多层</th><th>高层</th><th colspan="3">单、多层</th><th>高层</th></tr>
<tr><th>一、二级</th><th>一、二级</th><th>三级</th><th>一、二级</th><th>一、二级</th><th>三级</th><th>四级</th><th>一、二级</th></tr>
<tr><td>甲类厂房</td><td>单、多层</td><td>一、二级</td><td>12</td><td>12</td><td>14</td><td>13</td><td>12</td><td>14</td><td>16</td><td>13</td></tr>
</table>

注：1. 建筑物之间的防火间距应按相邻建筑外墙的最近水平距离计算，当外墙有凸出的可燃或难燃构件时，应从其凸出部分外缘算起。
2. 甲类厂房与明火或散发火花地点的防火间距不应小于 30m。
3. 两座厂房相邻较高一面外墙为防火墙，或相邻两座建筑高度相同的一、二级耐火等级厂房中相邻任一侧外墙为防火墙且其屋顶的耐火极限不低于 1.00h 时，其防火间距不限，但甲类厂房之间不应小于 4m。
4. 两座一、二级耐火等级的厂房，当相邻较低一面外墙为防火墙且较低一座厂房的屋顶无天窗，屋顶的耐火极限不低于 1.00h，或相邻较高一面外墙的门、窗等开口部位设置甲级防火门窗或防火分隔水幕或按《建筑设计防火规范》（GB 50016—2014，2018 年版）第 6.5.3 条的规定设置防火卷帘时，甲类厂房之间的防火间距不应小于 6m。
5. 总容量不大于 15m^3 的丙类液体储罐，当直埋于厂房外墙外，且面向储罐一面 4.0m 范围内的外墙为防火墙时，其防火间距可不限。
6. 同一座“U”形或“山”形厂房中相邻两翼之间的防火间距，不宜小于本表的规定，但当厂房的占地面积小于每个防火分区最大允许建筑面积时，其防火间距可为 6m。
7. 厂区围墙与厂区内建筑的间距不宜小于 5m，围墙两侧建筑的间距应满足相应建筑的防火间距要求。
8. 厂房外附设化学易燃物品的设备，其外壁与相邻厂房室外附设设备的外壁或相邻厂房外墙的防火间距，不应小于本表中厂房之间防火间距的规定。用不燃材料制作的室外设备，可按一、二级耐火等级建筑确定。
9. 甲类厂房不应采用高层建筑。

根据《建筑设计防火规范》(GB 50016—2014，2018 年版）的规定，甲类厂房与其他民用建筑之间的防火间距不应小于表 1-13-2 的规定。

表 1-13-2　甲类厂房与其他民用建筑之间的防火间距　单位：m

<table>
<tr><th colspan="3" rowspan="3">名称</th><th colspan="5">民用建筑</th></tr>
<tr><th colspan="3">裙房，单、多层</th><th colspan="2">高层</th></tr>
<tr><th>一、二级</th><th>三级</th><th>四级</th><th>一类</th><th>二类</th></tr>
<tr><td rowspan="2">甲类厂房</td><td rowspan="2">单、多层</td><td>一、二级</td><td colspan="3" rowspan="2">25</td><td colspan="2" rowspan="2">50</td></tr>
<tr><td>三级</td></tr>
</table>

注：1. 建筑物之间的防火间距应按相邻建筑外墙的最近水平距离计算，当外墙有凸出的可燃或难燃构件时，应从其凸出部分外缘算起。
2. 甲类厂房与人员密集场所的防火间距不应小于 50m，与明火或散发火花地点的防火间距不应小于 30m。
3. 甲类厂房与架空电力线的最近水平距离不应小于电杆（塔）高度的 1.5 倍。
4. 耐火等级低于四级的既有建筑，其耐火等级可按四级确定。

（2）消防车道。占地面积大于 3 000m^2 的甲、乙、丙类厂房和占地面积大于 1 500m^2 的乙、丙类仓库，应设置环形消防车道，确有困难时，应沿建筑物的两个长边设置消防车道。

（三）平面布置

根据《建筑设计防火规范》(GB 50016—2014，2018 年版）的规定，员工宿舍严禁设置在厂房内。办公室、休息室等不应设置在甲类厂房内，确需贴邻本厂房时，其耐火等级不应低于二级，并应采用耐火极限不低于 3.00h 的防爆墙与厂房分隔，且应设置独立的安全出口。

（四）防火分区

情景描述中的该厂房为单层厂房，且耐火等级为一级，根据《建筑设计防火规范》(GB 50016—2014，2018 年版）的规定，该厂房防火分区的最大允许建筑面积应为 4 000m^2；厂房内设置自动灭火系统时，每个防火分区的最大允许建筑面积可增加 1.0 倍。

（五）安全疏散

根据《建筑设计防火规范》(GB 50016—2014，2018 年版）的规定，该厂房的安全出口应分散布置，其相邻 2 个安全出口最近边缘之间的水平距离不应小于 5m。厂房内任一点至最近安全出口的直线距离均不应大于 30m。厂房首层外门的总净宽度应按该层人数不小于 0.6m/100 人计算，且所有外门的最小净宽度均不应小于 1.20m。

（六）防爆泄压

该厂房属于有爆炸危险的甲类厂房，根据《建筑设计防火规范》(GB 50016—2014，2018 年版）的规定，厂房宜独立设置，并宜采用敞开或半敞开式，承重结构宜采用钢筋混凝土或钢框架、排架结构；有爆炸危险的厂房或厂房内有爆炸危险的部位应设置泄压设施；其余内容可参考案例 1 关键知识点及依据中防爆泄压的相关内容。

练习题

（一）单项选择题

1. 甲类厂房内的防火墙，其耐火极限不应低于（　　）h。

A. 4.00　　B. 3.00　　C. 2.50　　D. 2.00

2. 下列（　　）属于甲类生产火灾危险性类别。

A. 氧气站

B. 油浸变压器室

C. 锅炉房

D. 植物油加工厂的浸出厂房（溶剂的主要成分为正己烷和环己烷）

（二）多项选择题

1. 甲类厂房的建筑结构宜采用（　　）。

A. 砖混结构　　B. 钢筋混凝土框架结构

C. 钢框架结构　　D. 钢排架结构

E. 木结构

2. 二级耐火等级的甲类厂房与二级耐火等级的其他厂房、民用建筑等之间的防火间距符合《建筑设计防火规范》（GB 50016—2014，2018 年版）规定的有（　　）。

A. 与重要的公共建筑之间的防火间距不应小于 50m

B. 与锅炉房之间的防火间距不应小于 30m

C. 与民用建筑之间的防火间距不应小于 25m

D. 与架空电力线的最小水平距离不应小于杆高的 1.5 倍

E. 与甲类厂房之间的防火间距不小于 10m

（三）案例分析题

1. 某有爆炸危险性的甲类厂房，耐火等级为二级，地上 5 层，建筑高度为 25m，每层建筑面积为 1 000m^2，厂房内设有办公室和总控制室。

问题：

（1）该厂房在平面布置方面有哪些不符合要求？

（2）该厂房的建筑高度和层数是否符合要求？为什么？

2. 某建筑耐火等级为二级的单层化工厂房，建筑高度为 13m，建筑面积为 4 000m^2（未分隔），因生产车间操作不慎造成桶装甲醇着火，并扩散到相距 20m 处的电焊作业处引起火势继续扩大。

问题：

（1）该厂房的火灾危险性属于哪类？

（2）该厂房的防火分区面积是否符合要求？如果不符合，可以采取哪些措施改进？

（3）电焊作业点与该厂房的间距是否达到安全要求？为什么？

第二篇 消防设施应用案例分析

学习要求

通过本篇学习，了解国家消防法律法规和有关消防工作的方针政策；熟悉国家工程建设消防技术标准规范，掌握建筑消防设施应用的基本知识，建筑消防设施的配置、施工与验收，消防设施的检查、检测和维护保养的技术和方法。

建筑消防设施在工程中应用是根据国家、行业或地方消防技术标准要求，在建（构）筑物中合理设置室内外消火栓系统、火灾自动报警系统、自动灭火系统、防烟排烟系统、消防应急照明和疏散指示系统、消防电梯及建筑灭火器等防火和灭火设施。为确保上述消防设施完整好用，本篇还列举了建筑消防设施检查、检测和维护保养及施工与验收的案例。

案例14　多层歌舞娱乐放映游艺场所建筑消防设施配置案例分析

一、情景描述

某夜总会，地上3层，每层建筑面积为18m×60m=1 080（m^2），砖混结构。首层为大堂（建筑面积为190m^2）、迪斯科舞厅（建筑面积为810m^2）和消防控制室（建筑面积为80m^2），二、三层为卡拉OK厅包间（每个包间的建筑面积均不大于200m^2），每层层高4m。在距该夜总会两侧山墙20m处各设有室外地上式消火栓1个；该建筑内每层设3个DN65室内消火栓，均配置长度25.0m的消防水带和喷嘴当量直径19mm的消防水枪，室内消火栓的布置间距均为30.0m，并与室内环状消防给水管道相连；该建筑内设有湿式自动喷水灭火系统，选用快速响应喷头，喷头间距均不大于3.6m，距墙均不大于1.8m。室内外消防给水均由市政环状给水管网供给，水压、水量均符合规范要求。该建筑二、三层走道（宽度2m，长度60m）和一层迪斯科舞厅，因设有机械排烟系统，排烟系统竖向设置并在屋顶设排烟机房（内设一台排烟风机），排烟风机公称风量为50 000m³/h。每个卡拉OK厅均设2.0m×2.0m的便于开启的外窗。在卡拉OK厅、迪斯科舞厅、疏散走道、封闭楼梯间、大堂等部位均设有消防应急照明和疏散指示系统。在每层消火栓处配置手提式MF/ABC5灭火器2具。

二、分析要点

本案例包含或涉及下列内容：

（1）室外消火栓系统的设置。

（2）室内消火栓系统的设置。

（3）自动喷水灭火系统的设置。

（4）排烟系统的设置。

（5）火灾自动报警系统的设置。

（6）建筑灭火器的设置。

（7）消防应急照明和疏散指示系统的设置。

三、关键知识点及依据

（一）室外消火栓系统

根据《建筑设计防火规范》（GB 50016—2014，2018年版）第8.1.2条的规定，该歌舞娱乐放映游艺场所周围应设置室外消火栓系统。该歌舞娱乐放映游艺场所建筑体积为18m×60m×12m=12 960（m^3）。根据《消防给水及消火栓系统技术规范》（GB 50974—2014）第3.3.2条规定，当5 000m^3<建筑体积≤20 000m^3时，其室外消火栓设计流量不应小于25L/s。根据《消防给水及消火栓系统技术规范》（GB 50974—2014）第7.3.2条的规定，每个室外消火栓的出流量宜为10～15L/s，因此，在距该夜总会两侧山墙20m处各设有室外地上式消火栓1个，符合要求。

（二）室内消火栓系统

根据《建筑设计防火规范》（GB 50016—2014，2018年版）第8.2.1条的规定，体积大于10 000m^3的多层建筑应设置室内消火栓系统。

根据《消防给水及消火栓系统技术规范》（GB 50974—2014）的规定，建筑高度超过15m或建筑体积大于10 000m^3的多层民用建筑，其室内消火栓设计流量不应小于15L/s，同时使用消防水枪数不应少于3支，每根竖管最小流量不应低于10L/s。室内消火栓应采用DN65室内消火栓，应配置公称直径为65mm有内衬里且长度不宜小于25.0m的消防水带。室内消火栓的布置应满足同一平面有2支消防水枪的2股充实水柱同时达到任何部位的要求，室内消火栓的布置间距（宜按直线距离计算）不应大于30.0m，消火栓栓口动压不应小于0.25MPa，消防水枪充实水柱应按10m计算。室内消火栓应设置在楼梯间及其休息平台和前室、走道等明显便于取用的位置；室内消火栓栓口距地面高度宜为1.1m，其出水方向应便于消防水带的敷设，并宜与设置消火栓的墙面成90°角或向下。

（三）自动喷水灭火系统

根据《建筑设计防火规范》（GB 50016—2014，2018年版）第8.3.4条第7款的规定，设置在首层、二层和三层且任一层建筑面积大于300m^2的地上歌舞娱乐放映游艺场所（除游泳场所外）应设置自动灭火系统，并宜采用自动喷水灭火系统。

根据《自动喷水灭火系统设计规范》（GB 50084—2017）的规定，该场所环境温度不低于4℃，且不高于70℃，其自动喷水灭火系统应采用湿式系统。灭火系统设置场所火灾危险等级为中危险级Ⅰ级，其喷水强度不应小于6L/（min·m^2），作用面积不应小于160m^2。根据《自动喷水灭火系统设计规范》（GB 50084—2017）第6.1.7条的规定，公共娱乐场所的喷头宜选用快速响应洒水喷头，当选用快速响应洒水喷头时，系统应为湿式系统。

（四）排烟系统

根据《建筑设计防火规范》（GB 50016—2014，2018年版）第8.5.3条的规定，设置在一、二、三层且房间建筑面积大于100m^2的歌舞娱乐放映游艺场所，设置在四层及以上楼层、地下或半地下的歌舞娱乐放映游艺场所和民用建筑内长度大于20m的疏散走道，应设置排烟设施。因此，该夜总会应设置排烟设施。

根据《建筑防烟排烟系统技术标准》（GB 51251—2017）的有关规定，首层迪斯科舞厅层高为4m，建筑面积不大于1 000m^2，可划分1个防烟分区，防烟分区内排烟口的设置应按《建筑防烟排烟系统技术标准》（GB 51251—2017）的规定经计算确定。防烟分区内的排烟口距最远点的水平距离均不应超过30m，排烟量不应小于60m^3/（h·m^2），经计算其烟量为：60×810=48 600（m^3/h）。二、三层疏散走道各自划分1个防烟分区，设置机械排烟系统，其排烟量仍按60m^3/（h·m^2）计算，且不应小于13 000m^3/h。二、三层建筑面积大于100m^2的卡拉OK厅包间利用可开启的外窗自然排烟时，外窗排烟的有效面积不小于该房间建筑面积的2%。根据《建筑防烟排烟系统技术标准》（GB 51251—2017）第4.6.1条“排烟系统的设计风量不应小于该系统计算风量的1.2倍”的规定，再加上管道和阀门的漏风量，实际需要的风机风量已经大于屋顶风机公称风量，因此夜总会屋顶排烟机房内排烟风机的排烟量不能够满足排烟要求。

总建筑面积大于1 000m^2的歌舞娱乐放映游艺场所应按《建筑防烟排烟系统技术标准》（GB 51251—2017）第4.4.14条～第4.4.16条的要求在外墙或屋顶设置固定窗。

（五）火灾自动报警系统

根据《建筑设计防火规范》（GB 50016—2014，2018年版）第8.4.1条的规定，歌舞娱乐放映游艺场所应设置火灾自动报警系统。

根据《火灾自动报警系统设计规范》（GB 50116—2013）第3.2.1条的规定，不仅需要报警，同时也需要联动自动消防设备，且只设置1台具有集中控制功能的火灾报警控制器和消防联动控制器的保护对象，应采用集中火灾自动报警控制系统，并应设置1个消防控制室。集中火灾自动报警控制系统应由火灾探测器、手动火灾报警按钮、火灾声光警报器、消防应急广播、消防专用电话、消防控制室图形显示装置、火灾报警控制器、消防联动控制器等组成。

（六）建筑灭火器

根据《建筑设计防火规范》（GB 50016—2014，2018 年版）第 8.1.10 条的规定，公共建筑内应设置建筑灭火器。

根据《建筑灭火器配置设计规范》（GB 50140—2005）的规定，该夜总会灭火器配置场所的危险等级为严重危险级，火灾种类为 A 类火灾。

（1）计算单元中的最小需配灭火级别应按下式计算：

$$Q=\frac{KS}{U} \tag{2-14-1}$$

式中 Q——计算单元的最小需配灭火级别（A 或 B）；

K——修正系数；

S——计算单元的保护面积（m^2）；

U——A 类或 B 类火灾场所单位灭火级别最大保护面积（m^2/A 或 m^2/B）。

计算单元的最小需配灭火级别：$Q=1.3KS/U=1.3\times0.5\times1\,080\div50=14.04\approx15$（A）。

（2）计算单元中每个灭火器设置点的最小需配灭火级别应按下式计算：

$$Q_e=\frac{Q}{N} \tag{2-14-2}$$

式中 Q_e——计算单元每个灭火器设置点的最小需配灭火级别（A 或 B）；

Q——计算单元的最小需配灭火级别（A 或 B）；

N——计算单元中的灭火器设置点数（个）。

计算单元中每个灭火器设置点的最小需配灭火级别：$Q_e=Q/N=15\div3=5$（A）。

该建筑在每层的三个消火栓处各设置 2 具 3A 级别的手提式 ABC 干粉火器，符合规范要求，但 A 类火灾场所严重危险级的手提式灭火器最大保护距离为 15m，目前的灭火器设置有漏保护的地方，应进一步调整。

（七）消防应急照明和疏散指示系统

根据《建筑设计防火规范》（GB 50016—2014，2018 年版）第 10.3.1 条、第 10.3.3 条的规定，该夜总会建筑的封闭楼梯间、疏散走道、迪斯科舞厅应设置疏散照明；消防控制室、配电室、消防水泵房、防烟排烟机房以及发生火灾时仍需正常工作的消防设备房应设置备用照明。

疏散照明的地面最低水平照度：

（1）疏散楼梯间、消防专用通道，不应低于 10.0 lx。

（2）疏散走道、迪斯科舞厅等人员密集的场所，不应低于 3.0 lx。

（3）上述规定场所外的其他场所，不应低于 1.0 lx。

（4）消防控制室、消防水泵房、自备发电机房、配电室、防排烟机房以及发生火灾时仍需正常工作的消防设备房应设置备用照明，其作业面的最低照度不应低于正常照明的照度。

根据《建筑设计防火规范》（GB 50016—2014，2018 年版）第 10.3.5 条的规定，该建筑应设置灯光疏散指示标志。根据《消防应急照明和疏散指示系统技术标准》（GB 51309—2018）第 3.2.7 条的规定，标志灯应设在醒目位置，应保证人员在疏散路径的任何位置、在人员密集场所的任何位置都能看到标志灯。方向标志灯应设置在走道、楼梯两侧距地面、梯面高度 1m 以下的墙面、柱面上。方向标志灯的标志面与疏散方向垂直时，灯具的设置间距不应大于 20m；方向标志灯的标志面与疏散方向平行时，灯具的设置间距不应大于 10m。当安全出口或疏散门在疏散走道侧边时，应在疏散走道上方增设指向安全出口或疏散门的方向标志灯。安装在疏散走道、通道转角处的上方或两侧时，标志灯与转角处边墙的距离不应大于 1m。

根据《建筑设计防火规范》（GB 50016—2014，2018 年版）第 10.3.6 条的规定，歌舞娱乐放映游艺场所应在疏散走道和主要疏散路径的地面上增设保持视觉连续的灯光疏散指示标志或蓄光疏散指示标志。根据《消防应急照明和疏散指示系统技术标准》（GB 51309—2018）第 3.2.9 条的规定，保持视觉连续的方向标志灯应设置在疏散走道、疏散通道地面的中心位置，灯具的设置间距不应大于 3m。

四、注意事项

（1）室外消防给水当采用低压给水系统时，室外消火栓栓口处的水压从室外设计地面算起不应小于 0.1MPa。

（2）建筑物内设置室内消火栓系统、自动喷水灭火系统、水喷雾灭火系统、泡沫灭火系统、固定消防炮灭火系统、固定冷却水系统等需要同时作用的各种水灭火系统时，其室内消防用水量应为室内消火栓用水、自动灭火用水（包括自动喷水灭火、水喷雾灭火、自动消防水炮灭火等用水，应按其中用水量最大的一个系统确定）、水幕或冷却分隔用水之和（三者同时开启）。当建筑物室内设有自动喷水灭火系统、水喷雾灭火系统、泡沫灭火系统或固定消防炮灭火系统等一种或两种以上自动水灭火系统全保护时，多层建筑室内消火栓用水量可减少 50%，但不得小于 10L/s。因此，计算上述消防用水总量时，室内消火栓系统用水量可减少至 10L/s。

（3）根据《消防给水及消火栓系统技术规范》（GB 50974—2014）的规定，市政消火栓的保护半径不应超过 150m，间距不应大于 120m。

（4）根据《建筑防烟排烟系统技术标准》（GB 51251—2017）第 4.2.4 条的规定，划分迪斯科舞厅防烟分区面积时，应考虑到迪斯科舞厅内防烟分区的长边最大长度不应大于 36m。

（5）除地上建筑的走道或建筑面积小于 500m^2 的房间外，设置排烟系统的场所应设置补风系统。

（6）当采用自然排烟方式时，储烟仓的厚度不应小于空间净高的 20%；当采用机械排烟方式时，不应小于空间净高的 10%，且不应小于 500mm；同时储烟仓底部距地面的高度应大于安全疏散所需的最小清晰高度。自然排烟窗（口）处风速按《建筑防烟排烟系统技术标准》（GB 51251—2017）第 4.6.3 条的规定计算。

练习题

（一）单项选择题

1. 设置在建筑的首层、二层和三层且任一层建筑面积大于（　　）m^2 的地上歌舞娱乐放映游艺场所（除游泳场所外）应设置自动灭火系统，并宜采用自动喷水灭火系统。

A. 100　B. 200　C. 300　D. 400

2. 设置在一、二、三层且房间建筑面积大于（　　）m^2，设置在四层及以上楼层、地下或半地下的歌舞娱乐放映游艺场所应设置排烟设施。

A. 100　B. 200　C. 300　D. 400

（二）多项选择题

1. 下列属于歌舞娱乐放映游艺场所的有（　　）。

A. 录像厅　B. 卡拉 OK 厅

C. 浴室　D. 游戏机房

E. 迪斯科舞厅

2. 建筑体积大于 11 000m^3、建筑层数为 5 层、每层建筑面积均大于 300m^2 的歌舞厅应设（　　）建筑消防设施。

A. 室内外消火栓系统　B. 泡沫喷淋灭火系统

C. 自动喷水灭火系统　D. 火灾自动报警系统

E. 建筑灭火器

（三）案例分析题

根据情景描述，回答下列问题：

1. 对室外消火栓系统进行检查与测试，下列检查与测试结果正确的有（　　）。

A. 距夜总会分别为 20m、100m 和 160m 处有室外消火栓 3 个

B. 每个室外消火栓的出流量分别为 15L/s、16L/s、17L/s

C. 室外消火栓与市政消火栓合用

D. 室外消火栓平时运行工作压力分别为 0.8MPa、0.9MPa、1.5MPa

E. 室外消火栓为地下式消火栓，有直径为 100mm 和 65mm 的栓口各一个

2. 对室内消火栓系统进行检查与测试，下列检查与测试结果正确的有（　　）。

A. 配置 DN65mm 有内衬里的消防水带，水带长度 20.0m

B. 消火栓栓口动压力在 0.30～0.50MPa 之间

C. 消防水枪充实水柱在 10～13m 之间

D. 消火栓距地面高度在 1.1～1.15m 之间

E. 消火栓出水方向均与设置消火栓的墙面成 90° 角

3. 检查测试人员利用末端试水装置检测夜总会自动喷水灭火系统，下列测试方法不正确的有（　　）。

A. 末端试水装置的出水口直接与排水管道连接

B. 末端试水装置的出水口利用软管与排水管道连接

C. 末端试水装置的出水，应采取孔口出流的方式排入排水管道

D. 夜总会局部装修改造中安装了流量系数 K 为 115 的边墙型扩大覆盖面积洒水喷头，其他部位仍为流量系数 K 为 80 的标准流量洒水喷头，其试水接头出水口的

K 流量系数采用 115

E. 排水立管管径为 75mm，其伸顶通气管管径为 50mm

4. 对夜总会火灾自动报警系统及其联动控制进行检查测试，下列测试结果不正确的有（　　）。

A. 卸下一层 1 只火灾报警探测器，然后对二层的卡拉 OK 厅包间火灾报警探测器进行加烟试验，控制中心火灾报警控制器报出一层火灾探测器故障

B. 消防控制室接收到二层走道内两只独立的火灾探测器报警信号，消防联动控制器同时联动控制排烟风机和排烟口开启

C. 开启一层排烟口，消防联动控制器联动控制排烟风机的启动

D. 在二层进行火灾探测器加烟试验，消防联动控制器启动 2～3 层火灾声光报警器

E. 在三层进行火灾探测器加烟试验，消防应急广播向全楼进行广播

5. 检查测试消防应急照明和疏散指示系统，下列结果正确的有（　　）。

A. 进行联动测试，消防应急照明和疏散指示系统由火灾报警控制器启动应急照明控制器实现

B. 进行联动测试，消防应急照明和疏散指示系统由消防联动控制器启动应急照明控制器实现

C. 模拟火灾状态下，实测蓄电池电源供电时的持续工作时间为 0.5h

D. 模拟火灾状态下，消防应急照明灯具光源应急点亮的响应时间为 0.6s

E. 实测卡拉 OK 厅包间内疏散照明的地面最低水平照度为 3.0～5.0 lx

案例 15　丙类厂房建筑消防设施配置案例分析

一、情景描述

某建筑面积为 2 000m^2 的单层制衣厂房，钢筋混凝土框架结构，建筑长度为 50m，建筑宽度为 40m，建筑高度为 6m。在距该厂房两侧山墙 20m 处各设室外地上式消火栓 1 个。在厂房内两个长边外墙上各设两个室内消火栓，消火栓间距 25.0m，距山墙 12.50m，消火栓与室内环状消防给水管道相连；该建筑内还设有湿式自动喷水灭火系统，选用标准喷头，喷头间距不大于 3.40m，距墙不大于 1.70m。室内外消防给水均由消防泵房供给，泵房内设消火栓泵、喷淋泵各 1 组，每组供水泵均一用一备，并设 500m^3 消防水池 1 座。该厂房内划分 4 个防烟分区，每个 500m^2。厂房建筑四面外墙上共设净面积为 3m×2m 且具备自然排烟条件的外窗 50 樘。在厂房疏散门上方设有“安全出口”灯光疏散指示标志，在每个消火栓处设置手提式 MF/ABC4 灭火器两具。

二、分析要点

本案例包含或涉及下列内容：

（1）室外消火栓系统的设置。

（2）室内消火栓系统的设置。

（3）自动喷水灭火系统的设置。

（4）消防用水量和消防水源及供水设施的设置。

（5）排烟设施的设置。

（6）火灾自动报警系统的设置。

（7）消防应急照明和疏散指示系统的设置。

（8）建筑灭火器的设置。

三、关键知识点及依据

（一）室外消火栓系统

（1）根据《建筑设计防火规范》（GB 50016—2014，2018 年版）第 8.1.2 条的规定，该厂房周围应设置室外消火栓系统。

（2）该建筑体积为 50m × 40m × 6m=12 000（m^3）。根据《消防给水及消火栓系统技术规范》（GB 50974—2014）第 3.3.2 条的规定，丙类厂房在 5 000m^3< 建筑体积≤20 000m^3时，其室外消火栓设计流量不应小于 25L/s；根据《消防给水及消火栓系统技术规范》（GB 50974—2014）第 7.3.2 条的规定，每个室外消火栓的出流量宜为 10 ~ 15L/s。因此，在该厂房周围 150m 范围内设置了两个室外消火栓符合规范要求。

（二）室内消火栓系统

（1）根据《建筑设计防火规范》（GB 50016—2014，2018 年版）第 8.2.1 条的规定，占地面积大于 300m^2 的厂房应设置室内消火栓系统。

（2）根据《消防给水及消火栓系统技术规范》（GB 50974—2014）的规定，建筑高度小于或等于 24m 且建筑体积大于 5 000m^3 的丙类厂房，室内消火栓设计流量不应小于 20L/s，同时使用消防水枪数不应少于 4 支。室内消火栓应采用 DN65 室内消火栓，配置公称直径为 65mm 有内衬里且长度不宜小于 25.0m 的消防水带。室内消火栓的布置应满足同一平面有 2 支消防水枪的 2 股充实水柱同时达到任何部位的要求，室内消火栓的布置间距（宜按直线距离计算）不应大于 30.0m，消火栓栓口动压不应小于 0.35MPa，消防水枪充实水柱应按 13m 计算。室内消火栓应设置在楼梯间及其休息平台和前室、走道等明显易于取用，以及便于火灾扑救的位置；室内消火栓栓口距地面高度宜为 1.1m，其出水方向应便于消防水带的敷设，并宜与设置消火栓的墙面成 90° 角或向下。

（三）自动喷水灭火系统

（1）根据《建筑设计防火规范》（GB 50016—2014，2018 年版）第 8.3.1 条的规定，占地面积大于 1 500m^2 或总建筑面积大于 3 000m^2 的制衣厂房应设置自动灭火系统，并宜采用自动喷水灭火系统。

（2）根据《自动喷水灭火系统设计规范》（GB 50084—2017）的规定，该厂房环境温度不低于 4℃，且不高于 70℃，其自动喷水灭火系统应为湿式系统。灭火系统设置场所的火灾危险等级应为中危险级Ⅱ级，其喷水强度不应小于 8L/（min・m^2），作用面积不应小于 160m^2。

（四）消防用水量和消防水源及供水设施

（1）消防用水量。根据《消防给水及消火栓系统技术规范》（GB 50974—2014）第 3.6.1 条的规定，消防给水一起火灾灭火用水量应按需要同时作用的室内外消防给水用水量之和计算。

$$V=V_1+V_2 \tag{2-15-1}$$

$$V_1=3.6\sum_{i=1}^{n}q_{1i}t_{1i} \tag{2-15-2}$$

$$V_2=3.6\sum_{i=1}^{m}q_{2i}t_{2i} \tag{2-15-3}$$

式中　V——建筑消防给水一起火灾灭火用水总量（m^3）；

V_1——室外消防给水一起火灾灭火用水量（m^3）；

V_2——室内消防给水一起火灾灭火用水量（m^3）；

q_{1i}——室外第 i 种水灭火系统的设计流量（L/s）；

t_{1i}——室外第 i 种水灭火系统的火灾延续时间（h）；

n——建筑需要同时作用的室外水灭火系统数量；

q_{2i}——室内第 i 种水灭火系统的设计流量（L/s）；

t_{2i}——室内第 i 种水灭火系统的火灾延续时间（h）；

m——建筑需要同时作用的室内水灭火系统数量。

$$V=V_1+V_2=\left[3.6\times25\times3.0+\left(3.6\times20\times3.0+3.6\times\frac{8\times160}{60}\times1.0\right)\right]=562.8(m^3)$$

丙类厂房消火栓的火灾延续时间不小于 3.0h，自动喷水灭火系统的火灾延续时间不小于 1.0h。

（2）消防水源。该厂房采用消防水池作为消防水源，其有效容积 500m^3 小于 562.8m^3 计算水量，不符合规范要求。

（3）供水设施。该建筑室内外消火栓系统、自动喷水灭火系统等消防给水均由消防泵房内的消防水泵供水。该建筑室内外消火栓系统共用供水泵组（一用一备，各设 1 台），消火栓泵的设计流量应为室内外消火栓设计流量之和；消火栓泵设计工作压力应满足厂房内消火栓栓口动压不应小于 0.35MPa 的要求，选择消防水泵时其零流量时的压力宜大于设计工作压力的 120%，且不大于设计工作压力的 140%。自动喷水灭火系统设喷洒工作泵 1 台，备用泵 1 台。

（五）排烟设施

（1）根据《建筑设计防火规范》（GB 50016—2014，2018 年版）第 8.5.2 条的规定，人员或可燃物较多的丙类生产场所，丙类厂房内建筑面积大于 300m^2 且经常有人停留或可燃物较多的地上房间应设置排烟设施。

（2）该厂房四周外墙上共设 50 樘净面积为 3m × 2m 的外窗，具备自然排烟条件，根据《建筑防烟排烟系统技术标准》(GB 51251—2017)第4.6.3条的规定，应设置有效面积不小于该房间建筑面积2%的自然排烟窗(口)。该厂房内排烟窗总净面积$S=3\times2\times50=300$(m^2)，排烟窗面积与厂房占地面积之比$=300/2\ 000\times100\%=15\%$，符合规范要求。

(六)火灾自动报警系统

(1)根据《建筑设计防火规范》(GB 50016—2014，2018年版)第8.4.1条的规定，任一层建筑面积大于1 500m^2或总建筑面积大于3 000m^2的制衣厂房应设火灾自动报警系统。

(2)根据《火灾自动报警系统设计规范》(GB 50116—2013)第3.2.1条的规定，该厂房火灾自动报警系统应采用集中火灾报警控制系统，并应设置1个消防控制室。系统应由火灾探测器、手动火灾报警按钮、火灾声光警报器、消防应急广播、消防专用电话、消防控制室图形显示装置、火灾报警控制器、消防联动控制器等组成。

(七)消防应急照明和疏散指示系统

(1)据《消防应急照明和疏散指示系统技术标准》(GB 51309—2018)第3.2.5条的规定，人员密集的厂房内的生产场所及疏散走道应设置疏散照明，其地面水平最低照度不应低于3.0 lx。

(2)根据《建筑设计防火规范》(GB 50016—2014，2018年版)第10.3.5条的规定，丙类厂房应在疏散门的正上方设置灯光疏散指示标志，并应采用"安全出口"作为指示标志，该厂房所有安全出口或疏散门上方均设置了灯光疏散指示标志，符合规范要求。

(八)建筑灭火器

(1)根据《建筑设计防火规范》(GB 50016—2014，2018年版)第8.1.10条的规定，厂房(仓库)、储罐(区)、堆场应设置灭火器。

(2)根据《建筑灭火器配置设计规范》(GB 50140—2005)的规定，该厂房灭火器配置场所的危险等级为中危险级，火灾种类为A类火灾。计算单元的最小需配灭火级别：$Q=KS/U=0.5\times2\ 000/75=13.33(A)\approx14$(A)。计算单元中每个灭火器设置点的最小需配灭火级别：$Q_e=Q/N=14/4=3.5$(A)。每具手提式4kg ABC干粉灭火器的灭火级别为2A，该厂房内现有灭火器的总灭火级别为$2\times2\times4=16$(A)>14A，每个灭火器配置点的灭火级别$2\times2=4$(A)>3.5A，配置级别符合规范要求；但A类火灾场所中危险级的手提式灭火器最大保护距离为20m，该厂房内存在建筑灭火器漏保护的区域。因此，可在该厂房中心位置增设一具20kg ABC推车式干粉灭火器(其最大保护距离为40m)，就可以覆盖漏保护区域。

四、注意事项

室外消防给水采用低压给水系统时，室外消火栓栓口处的水压从室外设计地面算起不应小于0.1MPa。

练习题

(一)单项选择题

1. 占地面积大于(　　)m^2或总建筑面积大于3 000m^2的单层制衣厂房应设自动喷

水灭火系统。

A. 1 000　　B. 1 500　　C. 2 000　　D. 2 500

2. 任一层建筑面积大于（　　）m^2 或总建筑面积大于 3 000m^2 的制衣厂房应设火灾自动报警系统。

A. 1 000　　B. 1 500　　C. 2 000　　D. 2 500

3. 丙类厂房内建筑面积大于（　　）m^2 且经常有人停留或可燃物较多的地上房间应设置排烟设施。

A. 100　　B. 300　　C. 500　　D. 1 000

（二）多项选择题

1. 下列火灾危险性类别属于丙类生产的是（　　）。

A. 制衣车间　　B. 制鞋厂

C. 毛绒玩具生产车间　　D. 煤粉厂房

E. 电子工厂

2. 任一层建筑面积大于 1 500m^2 或总建筑面积大于 3 000m^2 的制衣厂房应（或宜）设（　　）。

A. 室内外消火栓系统　　B. 气体灭火系统

C. 自动喷水灭火系统　　D. 火灾自动报警系统

E. 建筑灭火器

（三）案例分析题

根据情景描述，回答下列问题：

（1）指出室内消火栓布置方面存在的问题，如何整改？

（2）该厂房室内消火栓系统、自动喷水灭火系统是否需要设置消防水泵接合器？

（3）该厂房利用建筑外窗自然排烟有哪些基本要求？

（4）该厂房应急照明和疏散指示系统可选哪些类型？

（5）指出灭火器配置方面存在的问题，如何解决？

案例 16　多层丙类仓库建筑消防设施配置案例分析

一、情景描述

某座多层丙类仓库，地上 3 层，建筑高度为 18m，建筑面积为 12 000m^2，占地面积为 4 000m^2，建筑体积为 72 000m^3，耐火等级为二级。储存棉、麻、服装衣物等物品，堆垛储存，堆垛高度不大于 6m，属于多层丙类 2 项堆垛储物仓库。该仓库设消防泵房和两个 500m^3 的消防水池，消防设施有室内外消火栓系统、湿式自动喷水灭火系统、机械排烟系统、火灾自动报警系统、消防应急照明和疏散指示系统、建筑灭火器等消防设施及器材。

二、分析要点

本案例包含或涉及下列内容：

（1）室外消火栓系统的设置。

（2）室内消火栓系统的设置。

（3）自动喷水灭火系统的设置。

（4）供水设施的设置。

（5）火灾自动报警系统的设置。

（6）排烟设施的设置。

（7）建筑灭火器的设置。

（8）消防应急照明和疏散指示系统的设置。

三、关键知识点及依据

（一）室外消火栓系统

（1）根据《建筑设计防火规范》（GB 50016—2014，2018 年版）第 8.1.2 条的规定，该仓库周围应设室外消火栓系统。

（2）该仓库体积为 72 000m^3，根据《消防给水及消火栓系统技术规范》（GB 50974—2014）第 3.3.2 条的规定，丙类仓库体积大于 50 000m^3 时，其消防用水量不应小于 45L/s。根据《消防给水及消火栓系统技术规范》（GB 50974—2014）第 7.3.2 条的规定，每个室外消火栓出流量宜为 10 ~ 15L/s，因此在该仓库四周 150m 内应至少设置 5 个室外消火栓。

（二）室内消火栓系统

（1）根据《建筑设计防火规范》（GB 50016—2014，2018 年版）第 8.2.1 条的规定，占地面积大于 300m^2 的仓库应设置室内消火栓系统。

（2）根据《消防给水及消火栓系统技术规范》（GB 50974—2014）的规定，建筑高度小于或等于 24m 且建筑体积大于 5 000m^3 的丙类仓库的室内消火栓设计流量不应小于 25L/s，同时使用消防水枪数不应少于 5 支，每根消防竖管最小流量不应小于 15L/s。室内消火栓应采用 DN65 的室内消火栓，配置公称直径为 65mm 有内衬里且长度不宜小于 25.0m 的消防水带。室内消火栓的布置应满足同一平面有 2 支消防水枪的 2 股充实水柱同时达到任何部位的要求，室内消火栓的布置间距（宜按直线距离计算）不应大于 30.0m，消火栓栓口动压不应小于 0.35MPa，消防水枪充实水柱应按 13m 计算。室内消火栓应设置在楼梯间及其休息平台和前室、走道等明显易于取用，以及便于火灾扑救的位置；室内消火栓栓口距地面高度宜为 1.1m，其出水方向应便于消防水带的敷设，并宜与设置消火栓的墙面成 90° 或向下。室内消防给水管网应布置成环状给水管网，室内消火栓竖管应保证检修管道时关闭停用的竖管不超过 1 根，当竖管超过 4 根时，可关闭不相邻的 2 根。

（三）自动喷水灭火系统

（1）根据《建筑设计防火规范》（GB 50016—2014，2018 年版）第 8.3.2 条的规定，每座占地面积大于 1 000m^2 的棉、毛、丝、麻、化纤、毛皮及其制品的仓库应设置自动灭火系统，并宜采用自动喷水灭火系统。

（2）根据《自动喷水灭火系统设计规范》（GB 50084—2017）的规定，该堆垛储物仓库湿式自动喷水灭火系统的火灾危险等级应为仓库危险等级Ⅱ级，采用的湿式自动喷水灭火系统的喷水强度不应小于 16L/（min・m^2），作用面积不应小于 200m^2，持续喷水时间不应小于 2h。

（四）供水设施

（1）室内消火栓、室外消火栓和自动喷水灭火系统分别各设 2 台消防水泵，一用一备。

（2）高位消防水箱。根据《消防给水及消火栓系统技术规范》（GB 50974—2014）第 5.2.1 条、第 5.2.2 条的规定，设置临时高压消防给水系统的工业建筑，高位消防水箱的有效容积应满足初期火灾消防用水量的要求，并且不应小于 18m^3（当室内消防给水设计流量小于或等于 25L/s 时，可不小于 12m^3）。高位消防水箱的设置位置应高于其所服务的水灭火设施，其最低有效水位应满足该仓库水灭火设施最不利点的静水压力不低于 0.10MPa。

（3）消防水池。根据《消防给水及消火栓系统技术规范》（GB 50974—2014）第 4.3.2 条的规定，消防水池有效容积的计算应符合下列规定：当市政给水管网能保证室外消防给水设计流量时，消防水池的有效容积应满足在火灾延续时间内室内消防用水量的要求；当市政给水管网不能保证室外消防给水设计流量时，消防水池的有效容积应满足火灾延续时间内室内消防用水量和室外消防用水量不足部分之和的要求。该仓库全部消防用水量均储存在消防水池内，消防水池的有效容积应大于室内外消火栓用水量和自动喷水灭火系统用水量之和，即大于 1 140m^3（表 2-16-1）。消防水池容积大于 500m^3 时，宜设两格能独立使用的消防水池；当大于 1 000m^3 时，应设置能独立使用的两座消防水池。

表 2-16-1　某丙类仓库建筑消防水池容积

系统名称	消防用水量 /（L/s）	火灾延续时间 /h	消防储水量 /m^3
室外消火栓系统	45	3	486
室内消火栓系统	25	3	270
自动喷水灭火系统	53.3	2	384
消防水池容积			>1 140

（五）火灾自动报警系统

（1）根据《建筑设计防火规范》（GB 50016—2014，2018 年版）第 8.4.1 条的规定，占地面积大于 1 000m^3 的棉、毛、丝、麻、化纤及其制品的库房应设置火灾自动报警系统。

（2）根据《火灾自动报警系统设计规范》（GB 50116—2013）第 3.2.1 条的规定，不仅需要报警，同时需要联动自动消防设备，且只设置 1 台具有集中控制功能的火灾报警控制器和消防联动控制器的保护对象应采用集中报警系统，并应设置 1 个消防控制室。集中火灾自动报警控制系统应由火灾探测器、手动火灾报警按钮、火灾声光警报器、消防应急广播、消防专用电话、消防控制室图形显示装置、火灾报警控制器、消防联动控制器等组成。

（六）排烟设施

（1）根据《建筑设计防火规范》（GB 50016—2014，2018 年版）第 8.5.2 条的规定，占地面积大于 1 000m^2 的丙类仓库应设置排烟设施。

（2）根据《建筑防烟排烟系统技术标准》（GB 51251—2017）的规定，该仓库利用下垂高度大于 0.6m 的结构梁划分防烟分区，每分区面积不应大于 1 000m^2。机械排烟系统可采用金属管道，当 1 台排烟风机担负 2 个以上防烟分区排烟时，建筑空间净高大于 6m 的场所应按排烟量最大的 1 个防烟分区的排烟量计算；建筑空间净高为 6m 及以下的场所应按任意两个相邻防烟分区的排烟量之和的最大值计算，风机的公称风量还应乘以计算风量的 1.2 倍。

任一层建筑面积大于 2 500m^2 的丙类厂房（仓库）当设置机械排烟设施时，还应按《建筑防烟排烟系统技术标准》（GB 51251—2017）第 4.4.14 条 ~ 第 4.4.16 条的要求在外墙或屋顶设置固定窗。若每层 4 000m^2，其中建筑的一层和二层只能靠外墙区域设置固定窗，单个固定窗的面积不应小于 1.0m^2，且间距不宜大于 20m，其下沿距室内地面的高度不宜小于层高的 1/2。第三层可设置高侧窗或顶窗，但三层是顶层，因此其固定窗的总面积不应小于楼地面面积的 2%。此处还应注意固定窗不应跨越防火分区设置，供消防救援人员进入的窗口面积不计入固定窗面积，但可组合布置。疏散用的封闭楼梯间靠外墙设置时，应能自然通风和天然采光，且应在最高部位设置面积不小于 1.0m^2 的可开启外窗或开口；当建筑高度大于 10m 时，还应在楼梯间的外墙上每 5 层内设置总面积不小于 2.0m^2 的可开启外窗或开口，且布置间隔不大于 3 层。

（七）建筑灭火器

（1）根据《建筑设计防火规范》（GB 50016—2014，2018 年版）第 8.1.10 条的规定，厂房（仓库）、储罐（区）、堆场均应设置灭火器。

（2）根据《建筑灭火器配置设计规范》（GB 50140—2005）的规定，该仓库灭火器配置场所的危险等级应为中危险级，火灾种类为 A 类火灾。根据《建筑灭火器配置设计规范》（GB 50140—2005）第 6.2.1 条的规定，A 类火灾场所中危险级单具灭火器最小配置灭火级别不应小于 2A，单位灭火级别最大保护面积 75m^2/A。根据《建筑灭火器配置设计规范》（GB 50140—2005）第 5.2.1 条的规定，A 类火灾场所中危险级的手提式灭火器最大保护距离为 20m，推车式灭火器最大保护距离为 40m。根据灭火器最大保护距离，计算出每层灭火器设置点的个数，再计算单元中的最小需配灭火级别和每个灭火器设置点的最小需配灭火级别，然后依据规范来确定每个设置点灭火器的类型、规格与数量。

（八）消防应急照明和疏散指示系统

（1）根据《消防应急照明和疏散指示系统技术标准》GB 51309—2018 第 3.2.5 条的规

定，丙类仓库的封闭楼梯间、防烟楼梯间及其前室、消防电梯间的前室或合用前室应设置疏散照明，其地面水平最低照度不应低于 5.0 lx。

（2）根据《建筑设计防火规范》（GB 50016—2014，2018 年版）第 10.3.3 条的规定，消防控制室、消防水泵房、自备发电机房、配电室、防烟与排烟机房以及发生火灾时仍需正常工作的消防设备房应设置备用照明，其作业面最低照度不应低于正常照明的照度。

（3）根据《消防应急照明和疏散指示系统技术标准》（GB 51309—2018）第 4.5.6 条 ~ 第4.5.8 条的规定，照明灯宜安装在顶棚上，当条件限制时，照明灯可安装在走道侧面墙上，安装高度不应在距地面 1 ~ 2m 之间，在距地面 1m 以下侧面墙上安装时，应保证光线照射在灯具的水平线以下。照明灯不应安装在地面上。

（4）丙类仓库建筑应设置灯光疏散指示标志，疏散指示标志及其设置间距、照度应保证疏散路线指示明确、方向指示正确清晰、视觉连续。

四、注意事项

（1）该仓库自动喷水灭火系统是按堆垛储物仓库设计的，如果是货架储物仓库，设计参数应随之变更。

（2）甲、乙、丙类仓库室内外消火栓系统的火灾延续时间按 3.0h 计算，丁、戊类仓库室内外消火栓系统的火灾延续时间按 2.0h 计算。

（3）灭火器设置点的位置应根据灭火器的最大保护距离确定，并应保证最不利点至少在 1 具灭火器的保护范围内。

（4）如该仓库地处严寒与寒冷地区，对系统中受冰冻影响的设备应采取防冻措施，或采用干式自动喷水灭火系统及干式消火栓系统。

练习题

（一）单项选择题

1. 仓库中喷头（标准覆盖面积洒水喷头、扩大覆盖面积洒水喷头）溅水盘与其下方被保护的可燃物品堆垛的距离不应小于（　　）mm。

A. 450　　B. 600　　C. 750　　D. 900

2. 室外消防给水的环状管道应采用阀门分成若干独立段，每段室内外消火栓的数量不宜超过（　　）个。

A. 3　　B. 4　　C. 5　　D. 6

（二）多项选择题

1. 下列建筑物的消防用电设备可按二级负荷供电的有（　　）。

A. 高度超过 50m 的丙类仓库

B. 1 600 座的影剧院

C. 室外消防用水量超过 25L/s 的多层办公楼

D. 每层面积为 4 000m^2 的多层百货楼

E. 建筑高度超过 100m 的综合楼

2. 下列（　　）建筑可不设置室内消火栓。

A. 耐火等级为三、四级且建筑体积小于或等于 3 000m^3 的丁类厂房和建筑体积小于或等于 5 000m^3 的戊类厂房（仓库）

B. 金库

C. 耐火等级为一、二级且可燃物较少的单、多层丁、戊类厂房（仓库）

D. 展览馆

E. 粮食仓库

3. 按照《建筑设计防火规范》（GB 50016—2014，2018 年版）的规定，下列建筑物中应设置自动灭火系统，并宜采用闭式自动喷水灭火系统的有（　　）。

A. 高层针织品仓库

B. 占地面积为 1 200m^2 的棉制品仓库

C. 藏书量 60 万册的图书馆

D. 500m^2 的演播室

E. 液化石油气灌瓶间

（三）案例分析题

南方某仓库区占地面积 10hm^2，库区内设有多座仓库及配套服务建筑，各建筑物功能和技术参数见表 2-16-2。

表 2-16-2　各建筑物功能和技术参数表

序号	名称	主要技术参数	主要功能	消防给水设计流量
1	综合行政楼	每层建筑面积 1 800m^2，地上 5 层，地下 1 层，地下一层层高 6m，其他各层层高 4.2m	行政办公及管理用房	室外消火栓系统设计流量为 45L/s，室内消火栓系统设计流量为 20L/s，自动喷水灭火系统设计流量为 55L/s
2	仓库 A	每层建筑面积 4 000m^2，地上 3 层，层高 6m	储存服装和针织品	
3	仓库 B	每层建筑面积 4 000m^2，地上 4 层，层高 5m	物流仓库	
4	仓库 C	每层建筑面积 4 800m^2，地上 2 层，层高 6m	储存百货	

库区周边的市政给水可满足库区两路消防给水及消防给水设计流量的要求。市政消火栓间距 120m。其中至少有一个消火栓距库区内任一建筑物最远端距离不超过 145m，市政给水管进入社区接口处供水压力为 0.30MPa，消防水泵从市政给水管网直接抽水。

库区管理单位委托消防技术服务机构对建筑消防设施进行了检测。

根据以上材料，回答下列问题：

1. 对消防水泵流量的下列检测结果中符合规范要求的有（　　）。

A. 综合行政楼自动喷水灭火系统消防水泵流量为 58L/s

B. 仓库 B 室内消火栓系统消防水泵流量为 22.5L/s

C. 综合行政楼室外消火栓系统消防水泵流量为 40L/s

D. 仓库 A 室内消火栓系统消防水泵流量为 22L/s
E. 仓库 C 自动喷水灭火系统消防水泵流量为 50L/s
2. 对室外消火栓的下列检测结果中符合规范要求的有（ ）。
A. 仓库 A 的每个室外消火栓流量均为 13L/s
B. 沿库区道路布置的室外消火栓间距为 180m
C. 仓库 C 的每个室外消火栓平时运行工作压力为 0.15MPa
D. 整个库区的室外消火栓为地上式消火栓
E. 综合行政楼的 3 个室外消火栓距该楼消防水泵接合器的距离分别为 15m、25m、35m
3. 对水消防设施的下列检测结果中不符合规范要求的有（ ）。
A. 综合行政楼室内消火栓系统设置 2 个消防水泵接合器
B. 仓库 A 自动喷水灭火系统设置 5 个消防水泵接合器
C. 仓库 B 湿式报警阀安装高度距离地面 1.0m
D. 仓库 C 的消防水泵接合器与室外最近消火栓的距离为 45m
E. 仓库区所有消防水泵接合器均为地上安装
4. 对消防水泵启动时间的下列检测结果中，不符合规范要求的有（ ）。
A. 综合行政楼湿式报警阀压力开关启动消防水泵的时间为 30s
B. 仓库 A 消防水泵出水管压力开关启动消防水泵的时间为 45s
C. 仓库 B 消防水泵出水管压力开关启动消防水泵的时间为 50s
D. 仓库 C 湿式报警阀压力开关启动消防水泵的时间为 60s
E. 屋顶消防水箱流量开关启动消防水泵的时间为 90s
5. 对消防给水管道的下列检测结果中，符合规范要求的有（ ）。
A. 综合行政楼室内消火栓竖管管径为 DN80
B. 仓库 A 室内消火栓管道系统压力为 0.5MPa
C. 仓库 B 自动喷水灭火系统管材为热浸镀锌钢管
D. 仓库 C 消火栓管道采用热浸镀锌钢管并焊接连接
E. 仓库区机动车道下消防管道埋深为 0.90m
6. 对消防水泵控制柜的下列检测结果中，符合规范要求的有（ ）。
A. 位于综合行政楼消防水泵房内的消防水泵控制柜，其防护等级为 IP30
B. 消防水泵控制柜设置了机械应急启泵装置
C. 消防水泵控制柜前面板加装防止误操作的锁具
D. 消防水泵控制柜内设有自动防潮除湿装置
E. 消防水泵控制柜与双电源切换装置组合安装
7. 对高位消防水箱和试验消火栓的下列检查结果中，符合规范要求的有（ ）。
A. 只在行政楼顶设置一处高位消防水箱
B. 高位消防水箱有效容积为 $20m^3$
C. 高位消防水箱出水管直径为 DN65

D. 综合行政楼屋顶试验消火栓静水压力为 0.075MPa

E. 高位消防水箱采用钢筋混凝土建造

8. 对消防水泵启动方式的下列检测结果中，符合规范要求的有（　　）。

A. 按下消火栓按钮，直接启动消防水泵

B. 消防水泵出水管压力开关直接启动消防水泵

C. 按下手动报警按钮，直接启动消防水泵

D. 湿式报警阀压力开关直接启动消防水泵

E. 水流指示器动作信号直接启动消防水泵

案例 17　高层综合楼建筑消防设施配置案例分析

一、情景描述

某高层商业综合楼地上 10 层、地下 3 层，建筑高度为 53.80m，总建筑面积为 67 137.48m^2。其中地下部分每层层高为 4m，建筑面积为 27 922.30m^2，使用功能为汽车库及设备用房，设计停车位 474 个；地上部分建筑面积 39 215.18m^2，一至五层为商场（建筑面积共计 20 000m^2），6～10 层为餐饮与营业性健身、休闲场所。该建筑内设有室内外消火栓系统、湿式自动喷水灭火系统、机械加压送风系统、机械排烟系统、火灾自动报警系统、消防应急照明和疏散指示系统、灭火器、消防电梯等消防设施及器材；消防控制室设在地下一层，消防水泵房设置于地下二层。消防用电为一级负荷，电源从两个不同的区域变电站引入；消防供水从环状市政供水管网引入两条 DN300 的进水管，并在地块内形成环状管网。

二、分析要点

本案例包含或涉及下列内容：

（1）室外消火栓系统的设置。

（2）室内消火栓系统的设置。

（3）自动喷水灭火系统的设置。

（4）供水设施的设置。

（5）火灾自动报警系统的设置。

（6）防烟排烟系统的设置。

（7）消防应急照明和疏散指示系统的设置。

（8）建筑灭火器的设置。

（9）消防电梯的设置。

三、关键知识点及依据

（一）室外消火栓系统

（1）根据《建筑设计防火规范》（GB 50016—2014，2018年版）第8.1.2条的规定，该建筑应设置室外消火栓系统。

（2）根据《消防给水及消火栓系统技术规范》（GB 50974—2014）第3.3.2条的规定，该建筑室外消火栓设计流量为40L/s，室外消火栓的数量应根据室外消火栓的设计流量和保护半径经计算确定，保护半径不应大于150m，每个消火栓的出流量宜按10～15L/s计算，该建筑应设3～4个室外消火栓。室外消火栓应沿高层建筑四周均匀布置，建筑消防扑救面一侧的室外消火栓数量不宜少于2个，室外消火栓距高层建筑外墙的距离不宜小于5m。

（二）室内消火栓系统

（1）根据《建筑设计防火规范》（GB 50016—2014，2018年版）第8.2.1条的规定，该高层建筑应设室内消火栓系统。

（2）根据《消防给水及消火栓系统技术规范》（GB 50974—2014）第3.5.2条的规定，室内消火栓设计流量不应小于40L/s，同时使用消防水枪数8支，每根竖管最小流量15L/s。室内消火栓采用临时高压给水系统，室内消火栓给水管道布置成环状，包括设备层在内的各层均应设置室内消火栓。消火栓应设在走道、楼梯间及其休息平台和前室明显易于取用的地点，消火栓的布置应满足同一平面有2支水枪的2股充实水柱同时到达任何部位的要求；消火栓栓口动压不应小于0.35MPa，且水枪充实水柱应按13m计算。消火栓的间距不大于30.0m，消火栓栓口距地面高度为1.1m，栓口出水方向宜向下或与设置消火栓的墙面相垂直；消火栓栓口的出水压力不应大于0.50MPa，当大于0.70MPa时必须设置减压装置；应采用同一型号、规格的DN65室内消火栓，配置公称直径为65mm的有内衬里且长度不宜超过25.0m的消防水带。消防电梯间前室应设室内消火栓，高层建筑的屋顶应设1个安装有压力显示装置的检查用的消火栓。

（三）自动喷水灭火系统

（1）根据《建筑设计防火规范》（GB 50016—2014，2018年版）第8.3.3条的规定，该高层建筑除汽车库以外的其他场所应设置自动灭火系统，并宜采用自动喷水灭火系统。根据《汽车库、修车库、停车场设计防火规范》（GB 50067—2014）第7.2.1条的规定，停车数超过10辆的地下汽车库应设置自动喷水灭火系统。

（2）根据《自动喷水灭火系统设计规范》（GB 50084—2017）的规定，该建筑地下车库及1～5层的商场的火灾危险等级为中危险级Ⅱ级，该建筑其他场所的火灾危险等级为中危险级Ⅰ级，故该建筑自动喷水灭火系统的设计流量应按照中危险级Ⅱ级确定，其喷水强度不应小于8L/（min·m^2），作用面积不应小于160m^2。消防用水量应依据《自动喷水灭火系统设计规范》（GB 50084—2017）的规定，并根据喷头布置情况经计算确定。喷头选用流量系数K=80，公称动作温度高于环境最高温度30℃，即68℃的洒水喷头，厨房操作间选用93℃的洒水喷头。每个湿式报警阀控制喷头数不宜超过800个。该建筑总建筑面积 67 137.48m^2，中危险级Ⅱ级部分建筑面积 47 922.30m^2，根据《自动喷水灭火系统设计规范》（GB 50084—2017）的规定，中危险级Ⅱ级 1 个喷头的最大保护面积为 11.5m^2，初步计算至少需要 4 167 个喷头；中危险级Ⅰ级部分建筑面积为总建筑面积（67 137.48m^2）减去中危险级Ⅱ级部分建筑面积（47 922.30m^2），即 67 137.48–47 922.30 =19 215.18（m^2）。中危险级Ⅰ级 1 个喷头最大保护面积为 12.5m^2，初步计算需 1 537 个喷头。因此，总计需要 5 704 个喷头，至少需设 8 个湿式报警阀。

（四）供水设施

根据《消防给水及消火栓系统技术规范》（GB 50974—2014）的规定，高层建筑的消防用水总量应按室内外消防用水量之和计算；建筑物内设置室内消火栓系统、自动喷水灭火系统、水喷雾灭火系统、泡沫灭火系统、固定消防炮灭火系统、固定冷却水系统等需要同时作用的各种水灭火系统时，其室内消防用水量应为室内消火栓用水、自动灭火用水（包括自动喷水灭火、水喷雾灭火、自动消防水炮灭火等用水，应按其中用水量最大的一个系统确定）、水幕或冷却分隔用水之和（三者同时开启）。消防泵房内分别设置室内消火栓泵和喷洒泵各 2 台，当市政给水环形干管允许直接吸水时，室内消火栓泵可直接从室外给水管网吸水。直接吸水时，水泵扬程计算应考虑室外给水管网的最低水压，并以室外给水管网的最高水压校核水泵的工作情况。

（五）火灾自动报警系统

（1）根据《建筑设计防火规范》（GB 50016—2014，2018 年版）第 8.4.1 条的规定，该高层建筑应设置火灾自动报警系统。

（2）根据《火灾自动报警系统设计规范》（GB 50116—2013）第 3.2.1 条的规定，不仅需要报警，同时需要联动自动消防设备，且只设置 1 台具有集中控制功能的火灾报警控制器和消防联动控制器的保护对象应采用集中报警系统，并应设置 1 个消防控制室。若设置 2 个及以上消防控制室的保护对象，或已设置 2 个及以上集中报警系统的保护对象，应采用控制中心报警系统。控制中心报警系统应由火灾探测器、手动火灾报警按钮、火灾声光警报器、消防应急广播、消防专用电话、消防控制室图形显示装置、火灾报警控制器、消防联动控制器等组成。除厨房、锅炉房、发电房等不宜安装感烟探测器的场所宜选用点型感温火灾探测器外，汽车库、商场、餐厅、空调机房、疏散走道、娱乐场所等场所均宜选用点型感烟火灾探测器，但上述场所内若有属于大空间等特殊场所的，应特殊考虑。

（六）防烟排烟系统

1. 防烟系统

（1）根据《建筑设计防火规范》（GB 50016—2014，2018 年版）第 8.5.1 条的规定，该建筑高度为 53.80m，其防烟楼梯间及其前室、消防电梯间前室和合用前室均应设防烟设施。

（2）根据《建筑防烟排烟系统技术标准》（GB 51251—2017）的规定，防烟设施采用机械加压送风防烟方式时，应满足防烟楼梯间与走道之间的余压值为 40 ~ 50Pa，前室、合用前室、消防电梯间前室与走道之间的余压值为 25 ~ 30Pa；当系统余压值超过最大允许压力差时，应采取泄压措施。楼梯间宜每隔 2 ~ 3 层设 1 个加压送风口，前室的加压送风口应每层设置常闭风口。火灾确认后 15s 内应联动开启风机和加压送风口，且前室的加压送风口应开启着火层及其相邻上下层。机械加压送风机可采用轴流风机或中、低压离心风机，风机位置应根据供电条件，风量分配均衡，进风口不受火、烟威胁等因素确定。

2. 排烟系统

（1）根据《建筑设计防火规范》（GB 50016—2014，2018 年版）第 8.5.3 条、第 8.5.4 条的规定，该高层建筑下列区域内应设置排烟设施：长度大于 20m 的疏散走道；建筑面积大于 $100m^2$ 且经常有人停留的地上房间；建筑面积大于 $300m^2$ 且可燃物较多的地上房间；中庭；设置在一、二、三层且房间建筑面积大于 $100m^2$ 和设置在四层及以上楼层、地下或半地下的歌舞娱乐放映游艺场所；总建筑面积大于 $200m^2$ 或一个房间建筑面积大于 $50m^2$，且经常有人停留或可燃物较多的地下或半地下室、地上建筑内的无窗房间。

（2）根据《建筑防烟排烟系统技术标准》（GB 51251—2017）第 4.6.3 条的规定，排烟设施采用机械排烟系统时，除中庭外，对于建筑空间净空高度为 6m 及以下的场所，一个防烟分区的排烟量应按不小于 $60m^3/(h \cdot m^2)$ 计算，且取值不小于 15 $000m^3/h$。公共建筑、工业建筑中空间净高大于 6m 的场所，其每个防烟分区排烟量应根据场所内的热释放速率以及《建筑防烟排烟系统技术标准》（GB 51251—2017）第 4.6.6 条 ~ 第 4.6.13 条的规定计算确定。

（3）根据《汽车库、修车库、停车场设计防火规范》（GB 50067—2014）第 8.2.1 条的规定，地下汽车库（除建筑面积小于 1 $000m^2$ 的地下一层汽车库外）应设置排烟系统。该地下汽车库设置了机械排烟设施，利用下垂的梁划分防烟分区，每个防烟分区的建筑面积不大于 2 $000m^2$。根据《汽车库、修车库、停车场设计防火规范》（GB 50067—2014）第 8.2.5 条、第 8.2.6 条、第 8.2.10 条的规定，该地下汽车库每个防烟分区排烟风机的排烟量不应小于 31 $500m^3/h$。每个防烟分区应设置排烟口，排烟口宜设在顶棚或靠近顶棚的墙面上；排烟口距该防烟分区内最远点的水平距离不应超过 30m。同时还应设置补风系统，且补风量不宜小于排烟量的 50%。

（七）消防应急照明和疏散指示系统

（1）根据《消防应急照明和疏散指示系统技术标准》（GB 51309—2018）第 3.2.5 条的规定，该建筑的防烟楼梯间及其前室、消防电梯间的前室或合用前室，其地面水平最低照度不应低于 10.0 lx；观众厅、展览厅、多功能厅和建筑面积大于 $200m^2$ 的营业厅、餐厅、演播室等人员密集的场所，其地面水平最低照度不应低于 3.0 lx；建筑面积大于 $100m^2$ 的地下或半地下公共活动场所，其地面水平最低照度不应低于 3.0 lx；④疏散走道，其地面水平最低照度不应低于 1.0 lx。

（2）根据《建筑设计防火规范》（GB 50016—2014，2018 年版）第 10.3.3 条的规定，配电室、消防控制室、消防水泵房、防烟排烟机房以及发生火灾时仍需正常工作的消防设备房应设置备用照明，其作业面的最低照度不应低于正常照明的照度。

（3）根据《建筑设计防火规范》（GB 50016—2014，2018 年版）第 10.3.5 条、第 10.3.6

条的规定，该高层建筑应设置灯光疏散指示标志。根据《消防应急照明和疏散指示系统技术标准》（GB 51309—2018）第3.2.7条的规定，标志灯应设在醒目位置，应保证人员在疏散路径的任何位置、在人员密集场所的任何位置都能看到标志灯。方向标志灯应设置在走道、楼梯两侧距地面、梯面高度1m以下的墙面、柱面上。方向标志灯的标志面与疏散方向垂直时，灯具的设置间距不应大于20m；方向标志灯的标志面与疏散方向平行时，灯具的设置间距不应大于10m。当安全出口或疏散门在疏散走道侧边时，应在疏散走道上方增设指向安全出口或疏散门的方向标志灯。安装在疏散走道、通道转角处的上方或两侧时，标志灯与转角处边墙的距离不应大于1m。该高层建筑内的总建筑面积大于5 000m^{2}的地上商店、歌舞娱乐放映游艺场所，应在疏散走道和主要疏散路径的地面上增设能保持视觉连续的灯光疏散指示标志或蓄光疏散指示标志。根据《消防应急照明和疏散指示系统技术标准》（GB 51309—2018）第3.2.9条的规定，保持视觉连续的方向标志灯应设置在疏散走道、疏散通道地面的中心位置，灯具的设置间距不应大于3m。

（八）建筑灭火器

（1）根据《建筑设计防火规范》（GB 50016—2014，2018年版）第8.1.10条的规定，该高层建筑应设置灭火器。

（2）根据《建筑灭火器配置设计规范》（GB 50140—2005）的规定，该建筑各层均应配置建筑灭火器。该建筑内建筑面积超过200m^{2}的健身、休闲场所（属于公共娱乐场所）的灭火器配置危险等级为严重危险级，其他场所的灭火器配置危险等级为中危险级；地上商业综合楼及地下设备用房的火灾种类为A类火灾，地下汽车库的火灾种类为B类和A类火灾，均应配置手提式ABC型干粉灭火器。根据计算公式$Q=KS/U$（商场及地下场所按公式$Q=1.3KS/U$），计算单元中的最小需配灭火级别，再根据计算公式$Q_e=Q/N$计算出每个灭火器设置点的最小需配灭火级别，然后依据规范来确定每个设置点灭火器的类型、规格与数量。灭火器设置点的位置和数量应根据灭火器最大保护距离确定。

（九）消防电梯

根据《建筑设计防火规范》（GB 50016—2014，2018年版）第7.3.1条、第7.3.2条、第7.3.7条、第7.3.8条的规定，该高层建筑应设置消防电梯。消防电梯应分别设置在不同的防火分区内，且每个防火分区不应少于1台。消防电梯应能每层停靠，且载重量不应小于800kg，电梯从首层到顶层的运行时间不宜超过60s；消防电梯轿厢内部应设置专用消防对讲电话，在首层的消防电梯入口处应设置供消防队员专用的操作按钮；消防电梯动力与控制电缆、电线、控制面板应采取防水措施；消防电梯轿厢内部装修应采用不燃材料；消防电梯井底应设排水设施，排水井容量不应小于2m^3，排水泵的排水量不应小于10L/s。

四、注意事项

（1）人员密集的公共建筑、建筑高度大于100m的建筑和建筑面积大于200m^{2}的商业服务网点内应设置消防软管卷盘或轻便消防水龙。

（2）建筑面积大于1 000m^{2}的餐馆或食堂，其烹饪操作间的排油罩及烹饪部位应设置自动灭火装置，并应在燃气或燃油管道上设置与自动灭火装置联动的自动切断装置。

练习题

（一）单项选择题

1. 某综合楼地上8层、每层层高4.5m，建筑高度36m，一至五层每层建筑面积均为1 500m^2，六至八层每层建筑面积均为1 200m^2，该建筑属于（　　）类高层建筑。

A. 一　B. 二　C. 三　D. 四

2. 排烟口应设在顶棚上或靠近顶棚的墙面上，且与附近安全出口沿走道方向相邻边缘之间的最小水平距离不应小于（　　）m。

A. 0.5　B. 1　C. 1.5　D. 2

3. 消火栓栓口动压力不应大于（　　）MPa。

A. 0.3　B. 0.5　C. 0.7　D. 0.9

4. 消火栓栓口动压力大于（　　）MPa时，必须采取减压措施。

A. 0.5　B. 0.7　C. 0.9　D. 1.0

（二）多项选择题

1.（　　）建筑应设消防软管卷盘，其用水量可不计入消防用水总量。

A. 高级旅馆
B. 建筑面积为300m^{2}的商业服务网点
C. 建筑高度为110m的高层办公楼
D. 多层电信楼
E. 多层防灾指挥调度楼

2. 消防电梯的设置应符合（　　）要求。

A. 消防电梯应分别设在不同的防火分区内
B. 消防电梯间应设前室，或与防烟楼梯间合用前室
C. 消防电梯的载重量不应小于800kg
D. 消防电梯的行驶速度，应按从首层到顶层的运行时间不超过70s计算确定
E. 消防电梯轿厢的内装修应采用不燃材料

3. 建筑高度不超过100m的一类高层建筑及其裙房，除（　　）部位外，应设置自动灭火系统，并宜采用自动喷水灭火系统。

A. 游泳池
B. 溜冰场
C. 建筑面积小于5m^{2}的卫生间
D. 普通住宅
E. 不宜用水扑救的部位

（三）案例分析题

某电信楼，共34层，建筑高度106m，火灾自动报警系统采用总线制方式布线，其传输线路采用铜芯绝缘导线沿桥架明敷。

问题：

（1）该建筑应采用何种形式的火灾自动报警系统？

（2）线路敷设方式是否恰当？为什么？

（3）设置了火灾报警装置后是否还应设置火灾应急广播装置？

案例 18　甲、乙、丙类液体储罐区消防设施配置案例分析

一、情景描述

某占地 80hm^2 工厂厂区内设置储罐区，储存有正丙醇、正丁醇、乙醇、二甘醇、环己酮、异丙醇、丙二醇、乙二醇和轻柴油，均为钢制单盘式内浮顶储罐。罐区储存物的主要理化性能见表 2-18-1。

表 2-18-1　罐区储存物的主要理化性能

罐体编号	储存物质	闪点 /℃	水溶性	单罐容积 /m^3
1	正丙醇	15	是	1 200
2	正丁醇	35	是	1 200
3	乙醇	12	是	1 000
4	二甘醇	124	是	500
5	环己酮	43	是	500
6	异丙醇	12	是	500
7	丙二醇	99	是	500
8	乙二醇	111.10	是	1 200
9	轻柴油	65	否	500

储罐区按《泡沫灭火系统技术标准》（GB 50151—2021）的规定设置了泡沫灭火系统。

二、分析要点

本案例包含或涉及下列内容：

（1）储存物品的火灾危险性分类。

（2）泡沫灭火系统的设置。

（3）消防给水系统的设置。

（4）建筑灭火器的设置。

三、关键知识点及依据

（一）储存物品的火灾危险性分类

根据《建筑设计防火规范》（GB 50016—2014，2018 年版）第 3.1.3 条的规定，正丙

醇、乙醇、异丙醇储罐储存物品闪点小于28℃，其火灾危险性分类为甲类；正丁醇、环己酮储罐储存物品闪点大于或等于28℃，但小于60℃，火灾危险性分类为乙类；二甘醇、丙二醇、乙二醇和轻柴油罐储存物品闪点大于或等于60℃，火灾危险性分类为丙类。上述储存物品除轻柴油外均为水溶性物质。

（二）泡沫灭火系统

（1）根据《建筑设计防火规范》（GB 50016—2014，2018年版）第8.3.10条的规定，该储罐区应设置固定式泡沫灭火系统。

（2）根据《泡沫灭火系统技术标准》（GB 50151—2021）第3.2.3条、第4.1.2条的规定，水溶性甲、乙、丙类液体内浮顶储罐必须选用抗溶水成膜、抗溶氟蛋白或低黏度抗溶氟蛋白泡沫液，且应采用低倍数固定式液上喷射系统。储罐区泡沫灭火系统扑救一次火灾的泡沫混合液设计用量，应按罐内用量、该罐辅助泡沫枪用量、管道剩余量三者之和最大的储罐确定。

（3）本案例储罐区储存有水溶性和非水溶性甲、乙、丙类液体，最大储罐容量小于或等于10 000m^3。根据《泡沫灭火系统技术标准》（GB 50151—2021）第3.2.4条的规定，保护场所同时存储水溶性液体和非水溶性液体，当储罐区储罐的单罐容量小于或等于10 000m^3时，可选用抗溶水成膜、抗溶氟蛋白或低黏度抗溶氟蛋白泡沫液。

（三）消防给水系统

（1）根据《建筑设计防火规范》（GB 50016—2014，2018年版）第8.1.2条的规定，该储罐区应设室外消火栓系统。

（2）根据《消防给水及消火栓系统技术规范》（GB 50974—2014）第3.1.1条的规定，储罐区室外消防用水量应按同一时间内火灾起数和一起火灾灭火所需室外消防用水量确定。

（3）同一时间内火灾起数。根据《消防给水及消火栓系统技术规范》（GB 50974—2014）第3.1.1条第1款的规定，占地面积小于或等于100hm^2的工厂、堆场、储罐区等，且附近有居住区人数小于或等于1.5万人时，同一时间内的火灾起数应按一起确定。

（4）一起火灾灭火所需消防用水的设计流量。根据《消防给水及消火栓系统技术规范》（GB 50974—2014）第3.1.2条的规定，应由室外消火栓系统、泡沫灭火系统、固定冷却水系统等需要同时作用的各种水灭火系统的设计流量组成。根据《消防给水及消火栓系统技术规范》（GB 50974—2014）第3.4.2条的规定，甲、乙、丙类可燃液体储罐的消防给水设计流量应按最大罐组确定，并应按泡沫灭火系统设计流量、固定冷却水系统设计流量与室外消火栓设计流量之和确定。

（四）建筑灭火器

（1）根据《建筑设计防火规范》（GB 50016—2014，2018年版）第8.1.10条的规定，该储罐区应设置灭火器。

（2）根据《建筑灭火器配置设计规范》（GB 50140—2005）的规定，该甲、乙、丙类液体储罐区应配置建筑灭火器。灭火器配置场所火灾种类为B类，闪点小于60℃的可燃液体危险等级为严重危险级；闪点大于或等于60℃的液体为中危险级。应配置泡沫或干粉灭火器，灭火器配置设计的计算单元应按储罐的占地面积计算。

四、注意事项

（1）水溶性可燃液体储罐、内浮顶储罐和外浮顶不能采用液下喷射泡沫灭火系统。

（2）钢制单盘式、双盘式内浮顶储罐的保护面积应按罐壁与泡沫堰板间的环形面积确定，直径不大于48m的易熔材料浮盘内浮顶储罐应按固定顶储罐对待。

练习题

（一）单项选择题

1. 该储罐区距着火罐壁的净距大于或等于（　　）*D* 的相邻罐可不考虑冷却（*D* 为着火罐与相邻罐两者中较大油罐的直径）。

A. 0.8　　B. 0.6　　C. 0.4　　D. 0.2

2. 该罐区内轻柴油的火灾危险性类别属于（　　）类。

A. 甲　　B. 乙　　C. 丙　　D. 戊

3. 每月应手动启动柴油机拖动的泡沫消防水泵满负载运行一次，启动运行时间不宜少于（　　）min。

A. 5　　B. 10　　C. 15　　D. 20

（二）多项选择题

1. 下列可燃液体储罐中需要使用抗溶性泡沫灭火剂的有（　　）。

A. 正丁醇储罐　　B. 乙二醇储罐

C. 二甘醇储罐　　D. 汽油储罐

E. 乙醇储罐

2. 关于本储罐区的固定式泡沫灭火系统，下面说法正确的有（　　）。

A. 应采用液上喷射系统

B. 应采用液下喷射系统

C. 储罐的保护面积应按泡沫堰板和罐壁之间的环形面积进行计算

D. 储罐的保护面积应按储罐的横截面面积进行计算

E. 应采用立式泡沫产生器

（三）案例分析题

1. 某储罐区设有4个钢制单盘式内浮顶汽油储罐，单罐容积为2 000m^3。

问题：

（1）该储存物品的火灾危险类别是什么？

（2）该储罐应采用哪种泡沫灭火系统？

（3）泡沫消防泵启动后，将泡沫液或泡沫混合液输送到最远储罐的时间不应大于多少分钟？

2. 某储罐区设有2个固定顶储罐，单罐容积10 000m^3，直径31m，储存物质为乙醇。

问题：

（1）设置泡沫灭火系统时是否可以选用液下喷射泡沫灭火系统？为什么？

（2）应选择哪种泡沫液？

（3）如果将泡沫炮和泡沫枪作为上述储罐的主要灭火设施是否符合要求？为什么？

案例 19　展览建筑消防设施配置案例分析

一、情景描述

东北某博物馆占地面积 7.63hm^2，地上 2 层，每层建筑面积为 2 893.25m^2；地下 1 层，地下建筑面积为 4 085m^2；该建筑每层层高均为 6m，总建筑面积为 9 871.5m^2，建筑高度为 12m。该博物馆为钢筋混凝土框架结构，耐火等级为一级。地下一层主要功能为文物出入区及博物馆辅助用房、会议室等，其中地下一层有一个防火分区与首层中庭景观水池连通，火灾时利用防火卷帘与其他分区分隔；地上一层主要功能为门厅、共享中庭、临时展厅、书店、茶座、贵宾接待厅等；地上二层为常设展厅。地下一层文物出入区和博物馆辅助用房无吊顶，其他部位均设吊顶。

该博物馆全楼设置采暖系统并设有室内外消火栓系统、自动喷水灭火系统、气体灭火系统、防烟排烟系统、火灾自动报警系统、消防应急照明和疏散指示系统、建筑灭火器等消防设施及器材。

2022 年 8 月 3 日博物馆委托消防技术服务机构对博物馆及其消防设施进行消防检查与测试。

二、分析要点

本案例包含或涉及下列内容：

（1）室外消火栓系统的设置。

（2）室内消火栓系统的设置。

（3）自动喷水灭火系统的设置。

（4）火灾自动报警系统的设置。

（5）气体灭火系统的设置。

（6）消防应急照明和疏散指示系统的设置。

（7）防烟排烟系统的设置。

（8）建筑灭火器的设置。

三、关键知识点及依据

（一）室外消火栓系统

（1）根据《建筑设计防火规范》（GB 50016—2014，2018 年版）第 8.1.2 条的规定，该博物馆应设置室外消火栓系统。

（2）根据《消防给水及消火栓系统技术规范》（GB 50974—2014）第 3.3.2 条的规定，该展览馆建筑体积为 2 893.25 × 12+4 085 × 6=59 229（m^3），其室外消火栓设计流量不应小于 40L/s。根据《消防给水及消火栓系统技术规范》（GB 50974—2014）第 7.3.2 条的规定，室外消火栓的数量应根据室外消火栓的设计流量和保护半径经计算确定，保护半径不应大于 150.0m，每个室外消火栓的出流量宜按 10 ~ 15L/s 计算，该建筑应设 3 ~ 4 个室外消火栓。室外消火栓应沿该建筑四周均匀布置。

（二）室内消火栓系统

（1）根据《建筑设计防火规范》（GB 50016—2014，2018 年版）第 8.2.1 条的规定，该博物馆应设室内消火栓系统。

（2）根据《消防给水及消火栓系统技术规范》（GB 50974—2014）第 3.5.2 条的规定，展览馆建筑体积大于 50 000m^3，其室内消火栓设计流量不应小于 20L/s，同时使用消防水枪数不应少于 4 支，每根竖管最小流量应为 15L/s。室内消火栓采用临时高压给水系统，室内消火栓给水管道布置成环状，各层均应设置室内消火栓。消火栓应设在走道、楼梯间及其休息平台和前室明显易于取用的地点，消火栓的布置应满足同一平面有 2 支水枪的 2 股充实水柱同时到达任何部位的要求；消火栓栓口动压不应小于 0.25MPa，且水枪充实水柱按 10m 计算。消火栓的间距不大于 30.0m，消火栓栓口距地面宜为 1.1m，栓口出水方向宜向下或与设置消火栓的墙面相垂直；消火栓栓口的动压力不应大于 0.5MPa，当大于 0.70MPa 时必须设置减压装置；应采用同一型号、规格的 DN65 室内消火栓，配置公称直径 65mm、有内衬里且长度不宜超过 25.0m 的消防水带。

（三）自动喷水灭火系统

（1）根据《建筑设计防火规范》（GB 50016—2014，2018 年版）第 8.3.3 条的规定，该博物馆应设自动喷水灭火系统。

（2）根据《自动喷水灭火系统设计规范》（GB 50084—2017）的规定，该博物馆火灾危险等级为中危险级 Ⅰ 级，其喷水强度不应小于 6L/（min · m^2），作用面积不应小于 160m^2。自动喷水灭火系统消防用水量应依据《自动喷水灭火系统设计规范》（GB 50084—2017）的规定，并根据喷头布置情况经计算确定。展览馆建筑环境温度不低于 4℃，且不高于 70℃应采用湿式系统。喷头选用流量系数 K=80，公称动作温度高于环境最高温度 30℃，即 68℃的洒水喷头，有吊顶的部位应采用吊顶型喷头，地下室无吊顶场所应采用直立型喷头；每个湿式报警阀控制喷头数不超过 800 个。

（四）火灾自动报警系统

（1）根据《建筑设计防火规范》（GB 50016—2014，2018 年版）第 8.4.1 条的规定，该博物馆应设置火灾自动报警系统。

（2）根据《火灾自动报警系统设计规范》（GB 50116—2013）第 3.2.1 条的规定，该博物馆不仅需要报警，同时也需要联动自动消防设备，且只设置一台具有集中控制功能的火灾报警控制器和消防联动控制器的保护对象，应采用集中火灾自动报警控制系统，并应设置一个消防控制室。集中火灾自动报警控制系统应由火灾探测器、手动火灾报警按钮、火灾声光警报器、消防应急广播、消防专用电话、消防控制室图形显示装置、火灾报警控制器、消防联动控制器等组成。除厨房、锅炉房、发电机房等不宜安装感烟探测器的场所宜选用点型感温火灾探测器外，展览厅、办公室、疏散走道等场所宜采用点型感烟火灾探测器，上述场所内若有属于大空间等特殊场所的，应特殊考虑。

（3）火灾探测器种类的选择：

1）展览厅、办公室、会议室、书店、茶座、贵接待厅等场所火灾初期有阴燃阶段，产生大量的烟和少量的热，很少或没有火焰辐射的场所应选择感烟探测器。

2）中庭等无遮挡大空间或有特殊要求的场所宜选择线型光束感烟火灾探测器。

3）厨房选择可燃气体探测报警装置。

（4）消防控制中心。消防控制中心应有消防联动控制功能，并能接收和显示消防应急广播系统、应急照明和疏散指示系统、防烟排烟系统、防火门及卷帘系统、消火栓系统、各类灭火系统、消防通信系统、电梯等消防系统和设备的动态信息。

（五）气体灭火系统

（1）根据《建筑设计防火规范》（GB 50016—2014，2018 年版）第 8.3.9 条的规定，大、中型博物馆内的珍品库房、一级纸绢质文物的陈列室和特殊重要设备室及通信机房等部位应设置自动灭火系统，且宜采用气体灭火系统。

（2）根据《气体灭火系统设计规范》（GB 50370—2005）的规定，该博物馆采用七氟丙烷全淹没灭火系统，为组合分配形式，设计压力为 4.20MPa，设计浓度为 8%，喷放时间不大于 8s，浸渍时间不小于 5min。系统采用自动控制、手动控制和机械应急操作 3 种启动方式。

（六）消防应急照明和疏散指示系统

（1）根据《建筑设计防火规范》（GB 50016—2014，2018 年版）第 10.3.1 条和第 10.3.5 条的规定，该博物馆展览建筑应设置疏散照明和灯光疏散指示标志。

（2）该博物馆的疏散楼梯间、消防专用通道的地面水平最低照度不应低于 10.0 lx；疏散走道和人员密集的场所的地面水平最低照度不应低于 3.0 lx；其他场所不应低于 1.0 lx；消防控制室、消防水泵房、自备发电机房、配电室、防排烟机房以及发生火灾时仍需正常工作的消防设备房应设置备用照明，其作业面的最低照度不应低于正常照明的照度。

（3）根据《消防应急照明和疏散指示系统技术标准》（GB 51309—2018）第 4.5.11 条的规定，方向标志灯应保证标志灯的箭头指示方向与疏散指示方案一致；安装在疏散走道、通道两侧的墙面或柱面上时，标志灯底边距地面的高度应小于 1m。安装在疏散走道、通道上方时，室内高度不大于 3.5m 的场所，标志灯底边距地面的高度宜为 2.2 ~ 2.5m；室内高度大于 3.5m 的场所，特大型、大型、中型标志灯底边距地面高度不宜小于 3m，且不宜大于 6m。安装在疏散走道、通道转角处的上方或两侧时，标志灯与转角处边墙的距离不应大于 1m。安全出口或疏散门在疏散走道侧边时，在疏散走道增设的方向标志灯应安装在疏散走道的顶部，且标志灯的标志面应与疏散方向垂直、箭头应指向安全出口或疏散门；安装在疏散走道、通道的地面上时，标志灯应安装在疏散走道、通道的中心位置，标志灯表面应与地面平行，高于地面距离不应大于 3mm，标志灯边缘与地面垂直距离高度不应大于 1mm。方向标志灯的标志面与疏散方向垂直时，特大型或大型方向标志灯的设置间距不应大于 30m，中型或小型方向标志灯的设置间距不应大于 20m；方向标志灯的标志面与疏散方向平行时，特大型或大型方向标志灯的设置间距不应大于 15m，中型或小型方向标志灯的设置间距不应大于 10m。

（七）防烟排烟系统

（1）根据《建筑设计防火规范》（GB 50016—2014，2018 年版）第 8.5.3 条、第 8.5.4 条的规定，该博物馆下列区域内应设置排烟设施：长度大于 20m 的疏散走道；建筑面积大于 100m^2 且经常有人停留的地上房间；建筑面积大于 300m^2 且可燃物较多的地上房间；中庭；总建筑面积大于 200m^2 或 1 个房间建筑面积大于 50m^2，且经常有人停留或可燃物较多的地下或半地下室、地上建筑内的无窗房间。

（2）根据《建筑防烟排烟系统技术标准》（GB 51251—2017）的规定，空间净高大于 3m、小于 6m 的区域每个防烟分区的最大允许面积不应超过 1 000m^2，且防烟分区不应跨越防火分区。展览厅、办公室、会议室、书店、茶座等场所，利用可开启外窗进行自然排烟，排烟窗的有效面积不应小于地面面积的 2%。中庭周围场所设有排烟系统时，中庭采用机械排烟系统的，中庭排烟量应按周围场所防烟分区中最大排烟量的 2 倍数值计算，且不应小于 107 000m^3/h。疏散走道、地下室等不能利用外窗进行自然排烟的必要场所，应设机械排烟设施，其排烟风机的风量，净空高度小于 6m 的区域，1 个防烟分区的排烟量不应小于 60m^3/（h · m^2）（单台风机最小排烟量不应小于 7 200m^3/h）。当 1 台风机担负 2 个或 2 个以上防烟分区排烟时，对于建筑空间净高大于 6m 的场所，应按排烟量最大的 1 个防烟分区的排烟量计算；对于建筑空间净高为 6m 及以下的场所，应按任意两个相邻防烟分区的排烟量之和的最大值计算。另外，该建筑中不能直接天然采光和自然通风的封闭楼梯间应设置机械加压送风系统，或采用防烟楼梯间设计。

（八）建筑灭火器

（1）根据《建筑设计防火规范》（GB 50016—2014，2018 年版）第 8.1.10 条的规定，该博物馆应设置建筑灭火器。

（2）根据《建筑灭火器配置设计规范》（GB 50140—2005）的规定，该博物馆各层均应设置建筑灭火器，火灾种类为 A 类火灾，配置 ABC 型干粉灭火器。根据公式 $Q=KS/U$（地下场所按公式 $Q=1.3KS/U$），计算单元中的最小需配灭火级别，再根据公式 $Q_e=Q/N$，计算出每个灭火器设置点的最小需配灭火级别，然后依据规范确定每个设置点灭火器的类型、规格与数量。灭火器设置点的位置和数量应根据灭火器最大保护距离确定。

四、注意事项

（1）消防用电设备应采用专用的供电回路，当生产、生活用电被切断时，应仍能保证消防用电。

（2）消防控制室、消防水泵房、防烟与排烟风机房的消防用电设备及消防电梯等的供电，应在其配电线路的最末一级配电箱处设置自动切换装置。

（3）不具备自然通风条件的防烟楼梯间、消防电梯间前室或合用前室，设置自然通风设施的防烟楼梯间，其不具备自然通风条件的前室应设置机械加压送风防烟设施。

练习题

（一）单项选择题

1. 任一层建筑面积大于（　　）m^2 或总建筑面积大于 3 000m^2 的展览建筑，应设置火灾自动报警系统。

A. 1 500　　B. 2 000　　C. 2 500　　D. 3 000

2. 观众厅、展览厅、多功能厅和建筑面积大于（　　）m^2 的营业厅、餐厅、演播室等人员密集的场所应设置疏散照明。

A. 100　　B. 200　　C. 300　　D. 400

3. 当气体灭火系统设置自动启动方式时，应在接到（　　）独立的火灾信号后方可启动。

A. 1 个　　B. 2 个　　C. 3 个　　D. 3 个以上

（二）多项选择题

1. 该博物馆应设疏散照明的部位有（　　）。

A. 展览厅

B. 封闭楼梯间、防烟楼梯间及其前室

C. 建筑面积小于 100m^2 的地下公共活动场所

D. 疏散走道

E. 建筑面积大于 200m^2 的餐厅

2. 该博物馆应设排烟设施的部位有（　　）。

A. 长度超过 20m 的疏散走道

B. 建筑面积大于 100m^2，且经常有人停留的地上房间

C. 中庭

D. 建筑面积大于 300m^2，且可燃物较多的地上房间

E. 前室

（三）案例分析题

根据情景描述，回答下列问题：

（1）该博物馆地处东北，其室外消火栓应如何选择？

（2）该博物馆室内消火栓给水系统采用市政管网供水，对市政供水管网有哪些基本要求？

（3）该博物馆自动喷水灭火系统洒水喷头应怎样选择？

（4）检查测试气体灭火系统：消防控制室值班记录本上填写的值班时间是 8:30～20:30，有 1 人签字，值班人员仅持有电工操作证；查看标签得知气体灭火系统钢瓶最近检验时间是 2017 年 1 月。触发珍品展室感烟火灾探测器和感温火灾探测器，火灾报警

控制器报警，气体灭火控制器接收不到联动信号。则气体灭火系统的维护管理存在什么问题？

（5）中庭内火灾探测器应如何选型？

（6）该博物馆的消防应急照明和疏散指示系统类型应为何种形式？

案例 20　消火栓系统检测与验收案例分析

一、情景描述

华南某市一栋高层建筑，地下 4 层、地上 58 层，建筑面积为 100 528m²、建筑高度为 248m。地下一层地面标高低于室外地坪 7.8m，使用功能为游泳池、设备机房、物业管理用房等；地下二至四层为汽车库（停车 300 辆）和设备机房；地上一至四层为商场，内设中庭；地上五至十一层为酒店，地上十三至五十八层为公寓。地上十二层（47.4m）、二十三层（97.4m）、三十六层（147.4m）、四十八层（196.5m）为避难层兼设备层。

该建筑室内消防给水为临时高压消防给水系统采用消防水泵串联供水形式，转输消防水泵和转输水箱设在二十三层，转输消防水泵为消火栓与自动喷水灭火系统合用，四十八层设置了减压水箱，屋顶水箱间内设 100m³ 高位消防水箱和稳压泵，消防水源由市政两路 DN300 自来水管道供给，供水管网压力 0.30MPa。该建筑消防水池贮存室内消防用水量，室外消防用水由市政自来水供给。建设单位组织消防技术服务机构按规定对该项目消防给水及消火栓系统进行检查与测试。

检查过程和结果如下：

查阅资料表明，建筑内设有室内消火栓系统、自动喷水灭火系统、七氟丙烷气体灭火系统。中庭周边的防火玻璃墙设有防护冷却系统，流量为 25L/s。地下车库设有泡沫－水喷淋系统，消防水池、消防水泵房设在地下一层。

检查测试了室外消防给水系统的流量与压力，并检测消防管道水质和消防水池、消防水箱有效容积。

按下二十三层消火栓按钮，直接启动了消火栓给水系统消防水泵，按下其他避难层手动报警按钮，报警信号反馈至消防控制中心。

按下二十三层转输消防水泵手动启动按钮。转输消防水泵及时启动，利用测试装置测试转输消防水系供水流量、压力和流速。

二、分析要点

本案例包含或涉及下列内容：

（1）消火栓系统检测与验收的依据。

（2）消火栓系统检测与验收的内容。

（3）消火栓系统验收合格的判定。

三、关键知识点及依据

（一）检测与验收的主要依据

（1）《消防给水及消火栓系统技术规范》（GB 50974—2014）。

（2）《建筑消防设施检测技术规程》（XF 503—2004）。

（3）《消防设施通用规范》（GB 55036—2022）。

（二）检测与验收的主要内容

（1）资料检查。

（2）消防水源（消防水池、高位消防水池、高位消防水箱）。

（3）消防泵房。

（4）消防水泵（稳压泵和气压水罐）。

（5）减压阀。

（6）干式消火栓系统报警阀组。

（7）管网和消火栓及消防水泵接合器。

（8）消防给水系统流量、压力。

（9）消防水泵控制柜。

（10）系统模拟灭火功能试验。

（三）验收判定条件

（1）质量缺陷应按《消防给水及消火栓系统技术规范》（GB 50974—2014）附录 F 的要求进行划分。

（2）验收合格判定应为 A=0，且 B≤2，且 B+C≤6 为合格。不符合上述要求时，应为不合格。

四、注意事项

消防检测或验收时应注意以下事项：

（1）各消防设施的组件和设备应符合设计选型，并应具有出厂产品合格证，消防产品应具有符合法定市场准入规则的证明文件。灭火剂应在有效期内。

（2）各消防设施的组件、设备的永久性铭牌和按规定设置的标志，其文字和数据应齐全、符号应清晰、色标应正确。

（3）系统组件、设备、管道、线槽、支吊架等应完好无损、无锈蚀，设备、管道应无泄漏现象，导线和电缆的连接、绝缘性能、接地电阻等应符合设计要求。

（4）检测用的仪器、仪表等应按国家现行有关规定计量检定合格。

练习题

（一）单项选择题

1. 该建筑室内消火栓系统的给水方式是（　　）。

A. 临时高压　　B. 低压

C. 高压　　D. 常高压

2. 检测时本建筑室内消火栓系统最低处消火栓静水压力不应大于（　　）MPa。

A. 0.15　　B. 0.5

C. 1.0　　D. 1.5

3. 消火栓按钮的功能是（　　）。

A. 直接启动消火栓泵，并接收其反馈信号

B. 向消防中心报警，并显示其地址信息

C. 向消防中心报警，并直接启动消防泵

D. 启动消防事故报警广播

4. 暗装在防火墙上的消火栓箱，其预留洞口后部剩余的墙体结构厚度不应小于（　　）mm。

A. 140　　B. 120

C. 100　　D. 50

（二）多项选择题

1. 下列组件上应有永久性的水流方向标志的是（　　）。

A. 止回阀　　B. 蝶阀

C. 减压阀　　D. 回流阀

E. 球阀

2. 消防泵吸水管安装的基本要求有（　　）。

A. 吸水管水平管段上不应有气囊和漏气现象

B. 吸水管及其阀门的公称管径不应大于消防泵入口直径

C. 吸水管上不应采用没有可靠锁定装置的控制阀

D. 吸水管变径连接时，应采用偏心异径管件并应采用管顶平接

E. 吸水管及其阀门的公称管径不应小于消防泵入口直径

3. 室内消火栓箱在装修时必须做到（　　）。

A. 箱门上应有红色“消火栓”字样

B. 箱门不应被装饰物遮掩

C. 箱门应能开启至120°

D. 箱体背面的墙体厚度不小于规定

E. 箱门的颜色应与四周装修材料的颜色有明显区别

（三）案例分析题

根据情景描述，回答下列问题：

1. 对工程相关图纸、资料进行检查，水灭火系统的下列做法符合现行国家标准要求的有（　　）。

A. 地上一层自动喷水灭火系统与防护冷却系统共用一个报警阀组

B. 消防水池及水泵房设在地下一层，未设置消防车室外取水口

C. 消防给水系统采用转输消防水泵和减压水箱分区供水形式

D. 室外消火栓给水与室外给水合用管道

E. 地下车库采用泡沫 - 水喷淋系统

2. 对室内消火栓设置进行检测，下列做法符合现行国家标准要求的有（　　）。

A. 消防电梯前室设有室内消火栓

B. 避难层均设置室内消火栓和消防软管卷盘

C. 室内消火栓箱内设有 1 个 DN65 消火栓和相应配套附件

D. 中庭回廊设置室内消火栓，并满足两股水柱同时到达

E. 首层室内消火栓箱门开启角度为 90°

3. 对消防给水管道阀门进行检测，下列做法符合现行国家标准要求的有（　　）。

A. 消防水泵吸水管上阀门采用普通蝶阀

B. 消防水泵出水管上阀门采用明杆闸阀，阀门工作压力均为 1.6MPa

C. 消防给水系统分区管道的最高点处设置自动排气阀

D. 消防水泵和转输消防水泵出水管上设有水锤消除器

E. 垂直安装比例式减压阀

4. 对转输水箱、减压水箱、高位消防水箱（间）进行检测，下列做法符合现行国家标准要求的有（　　）。

A. 二十三层设置转输水箱有效容积为 $50m^3$

B. 屋顶设高位消防水箱有效容积为 $100m^3$

C. 高位消防水箱自动喷水灭火系统出水管为 DN125

D. 四十八层减压水箱有效容积为 $20m^3$

E. 高位消防水箱为镀锌钢板材质，溢流管与排水管道直接排至室外管道

5. 对消防水源进行检测，下列检测结果符合现行国家标准要求的有（　　）。

A. 消防水池进水管流速为 1.2m/s

B. 消防水池补水管为 DN150

C. 游泳池作为备用消防水源，容量为 $675m^3$

D. 检测消防给水管道内水质，pH 值为 5.5

E. 检测消防水池液位显示功能，消防控制中心显示消防水池水位信号

6. 对临时高压消防给水系统进行控制功能试验，下列结果符合现行国家标准要求的有（　　）。

A. 按下二十三层消火栓报警按钮，直接启动消火栓系统消防水泵

B. 消火栓给水系统的试验管放水时，干管上压力开关自动启动消火栓系统消防水泵

C. 开启屋顶试验消火栓放水，1min 后消火栓系统消防水泵正常运转，关闭该消火栓后，消防水泵自动停泵

D. 按下转输消防水泵手动直接启泵按钮，转输消防水泵在 50s 内投入正常运行

E. 地下四层自动喷水灭火系统末端试水装置放水时，水流指示器动作信号反馈至消

防控制中心

7. 检测二十三层转输消防水泵，下列结果不符合现行国家标准的有（　　）。

A. 转输消防水泵由工作泵和备用泵组成，并设有专用消防水泵控制柜

B. 转输消防水泵供电为一级负荷供电

C. 转输消防水泵出水管道上安装的压力表最大量程为 2.0MPa

D. 转输消防水泵控制柜与转输消防水泵设在同一房间，控制柜防护等级为 IP30

E. 利用测试装置测试转输消防水泵在额定压力下的流量为 40L/s

案例 21　自动喷水灭火系统检测与验收案例分析

一、情景描述

某大型综合体建筑，地下 3 层，地上 26 层，一至四层为裙房，建筑高度为 23.5m，五层以上为塔楼，总建筑高度为 98.5m，总建筑面积约为 11 万 m^2（其中裙房部分的建筑面积约 3.2 万 m^2）。该建筑各层功能用途如下：地下一至三层为设备用房及地下车库，地上一至三层为商场，四层为超市（层高 5.6m），五至二十六层为酒店。

该建筑内设有自动喷水灭火系统，地下车库采用预作用自动喷水灭火系统，其他区域采用湿式自动喷水灭火系统。商场内吊顶为石膏板吊顶，超市内采用通透率 85% 的格栅类吊顶，吊顶距顶板 1.2m，地下车库均不设吊顶。该商业建筑在地下二层设有 750m^3 的消防水池 1 座，水池的有效容积和补水时间均符合要求，屋顶消防水箱间内设有消防稳压装置及 50m^3 消防水箱 1 座。现场检测与验收时的照片如图 2–21–1 ~ 图 2–21–6 所示。

图 2–21–1　湿式报警阀组安装

图 2–21–2　喷头安装在格栅吊顶下

图 2-21-3　地下车库预作用系统安装情况

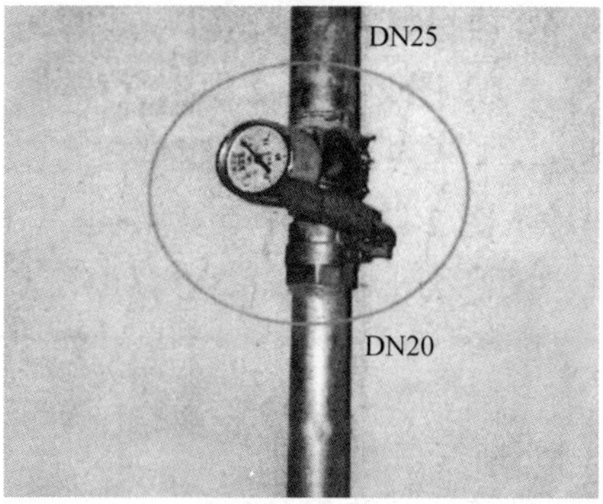

图 2-21-4　系统的末端试水装置

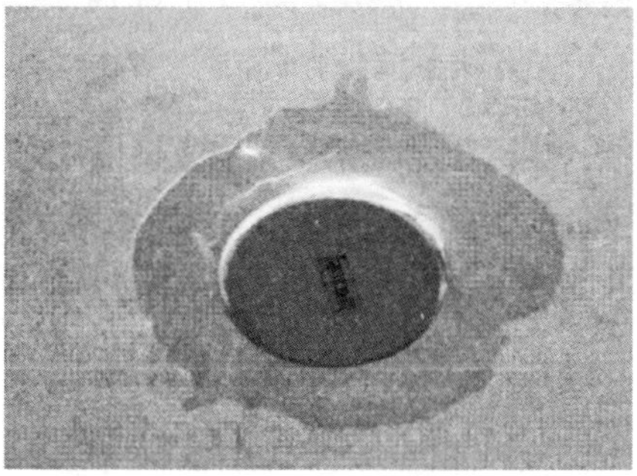

图 2-21-5　商场吊顶下隐蔽式喷头

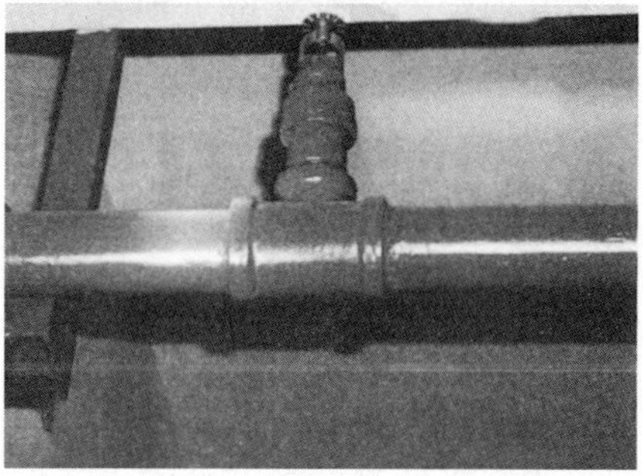

图 2-21-6　某设备用房内安装的喷头

二、分析要点

本案例包含或涉及下列内容：
（1）自动喷水灭火系统组件的检测。
（2）自动喷水灭火系统的功能检测。
（3）自动喷水灭火系统验收。

三、关键知识点及依据

根据《建筑消防设施检测技术规程》（XF 503—2004）、《自动喷水灭火系统设计规范》（GB 50084—2017）、《自动喷水灭火系统施工及验收规范》（GB 50261—2017）和《消防给水及消火栓系统技术规范》（GB 50974—2014）对下列自动喷水灭火系统设备进行检测及验收。

（一）报警阀组的检测

1. 湿式报警阀组

（1）查看外观、标志牌、压力表。
（2）查看控制阀，查看锁具或信号阀及其反馈信号。
（3）打开试验阀，查看压力开关、水力警铃动作情况及反馈信号。
（4）恢复报警阀组至正常状态。

2. **预作用装置**

（1）查看外观、标志牌、压力表。

（2）查看控制阀，查看锁具、信号阀及其反馈信号。

（3）缓慢开启试验阀小流量排气，空气压缩机启动后关闭试验阀，查看空气压缩机的运行情况，核对启停压力。

（4）关闭预作用报警阀组入口前的控制阀，消防控制设备输出电磁阀控制信号，查看电磁阀动作情况及反馈信号。

（5）恢复正常状态。

（二）水流指示器的检测

（1）查看标志及信号阀。

（2）开启末端试水装置，查看消防控制设备报警信号；关闭末端试水装置，查看复位信号。

（三）系统功能检测

1. **湿式系统**

（1）开启最不利处末端试水装置，查看压力表显示；查看水流指示器、压力开关和消防水泵的动作情况及反馈信号。

（2）测量自开启末端试水装置至消防水泵投入运行的时间。

（3）用声级计测量水力警铃声强值。

（4）系统恢复正常。

2. **预作用系统**

（1）先后触发防护区内两个火灾探测器，查看电磁阀、电动阀、消防水泵和水流指示器、压力开关的动作情况及反馈信号，以及排气阀的排气情况。

（2）报警 2min 后打开末端试水装置，测量出水压力。

（3）用声级计测量水力警铃声强值。

（4）系统恢复正常。

（四）系统验收

1. **验收需要的资料**

（1）竣工验收申请报告、设计变更通知书、竣工图。

（2）工程质量事故处理报告。

（3）施工现场质量管理检查记录。

（4）自动喷水灭火系统施工过程质量管理检查记录。

（5）自动喷水灭火系统质量控制检查资料。

（6）系统试压、冲洗记录。

（7）系统调试记录。

2. **消防水池及高位消防水箱的验收**

（1）高位消防水箱和消防水池的容量应符合设计要求，当消防水池采用两路消防供水且在火灾情况下连续补水能满足消防要求时，消防水池的有效容积应根据计算确定，但不应小于 100m^3。

（2）消防水池的总蓄水有效容积大于 500m^3 时，宜设两格能独立使用的消防水池；当大于 1 000m^3 时，应设置能独立使用的两座消防水池。每格（或座）消防水池应设置独立的出水管，并应设置满足最低有效水位的连通管，且其管径应能满足消防给水设计流量的要求。

（3）消防水池进水管直径应计算确定，且不应小于 100mm。消防水池应设置溢流水管和排水设施，并应采用间接排水。

（4）高位消防水箱、消防水池的有效消防容积，应按出水管或吸水管喇叭口（或防止旋流器淹没深度）的最低标高确定。

（5）消防用水与其他用水共用的水池，应采取确保消防用水量不作他用的技术措施。

（6）消防水池及高位消防水箱应设置就地水位显示装置，并应在消防控制中心或值班室等地点设置显示消防水池（水箱）水位的装置，同时应有最高和最低报警水位。

3. 消防泵房的验收

（1）消防泵房的建筑防火要求应符合《建筑设计防火规范》（GB 50016—2014，2018 年版）的规定。

（2）消防泵房设置的应急照明、安全出口应符合设计要求。

（3）备用电源、自动切换装置的设置应符合设计要求。

4. 消防水泵的验收

（1）工作泵、备用泵、吸水管、出水管及出水管上的阀门、仪表的规格、型号、数量应符合设计要求；吸水管、出水管的控制阀应锁定在常开位置，并有明显标记。

（2）消防水泵应采用自灌式引水或其他可靠的引水措施。

（3）分别开启系统中的每一个末端试水装置和试水阀，水流指示器、压力开关等信号装置的功能均应符合设计要求。湿式自动喷水灭火系统的最不利点做末端放水试验时，自放水开始至水泵启动时间不应超过 5min。

（4）打开消防水泵出水管上试水阀，当采用电源启动消防水泵时，消防水泵应启动正常；关掉主电源，主、备电源应能正常切换。备用电源切换时，消防水泵应在 1min 或 2min 内投入正常运行。自动或手动启动消防泵时应在 55s 内投入正常运行。

（5）消防水泵停泵时，水锤消除设施后的压力不应超过水泵出口额定压力的 1.3～1.5 倍。

（6）对消防气压给水设备，当系统气压下降到设计最低压力时，通过压力变化信号应能启动稳压泵。

（7）消防水泵启动控制应置于自动启动挡，消防水泵应互为备用。

5. 报警阀组的验收

（1）报警阀组的各组件应符合产品标准要求。

（2）打开系统流量压力检测装置放水阀，测试的流量、压力应符合设计要求。

（3）水力警铃的设置位置应正确。测试时，水力警铃喷嘴处压力不应小于 0.05MPa，且距水力警铃 3m 远处警铃声声强不应小于 70dB。

（4）控制阀均应锁定在常开位置。

（5）空气压缩机或火灾自动报警系统的联动控制应符合设计要求。

（6）打开末端试（放）水装置，当流量达到报警阀动作流量时，湿式报警阀和压力开关应及时动作，带延迟器的报警阀应在 90s 内压力开关动作，不带延迟器的报警阀应在 15s 内压力开关动作。

6. 喷头的验收

（1）湿式系统的洒水喷头选型应符合下列规定：

1）不做吊顶的场所，当配水支管布置在梁下时，应采用直立型洒水喷头。

2）吊顶下布置的洒水喷头，应采用下垂型洒水喷头或吊顶型洒水喷头。

3）顶板为水平面的轻危险级、中危险级Ⅰ级住宅建筑、宿舍、旅馆建筑客房、医疗建筑病房和办公室，可采用边墙型洒水喷头。

4）易受碰撞的部位，应采用带保护罩的洒水喷头或吊顶型洒水喷头。

5）顶板为水平面，且无梁或通风管道等障碍物影响喷头洒水的场所，可采用扩大覆盖面积洒水喷头。

6）不宜选用隐蔽式洒水喷头；确需采用时，应仅适用于轻危险级和中危险级Ⅰ级场所。

（2）干式系统、预作用系统应采用直立型洒水喷头或干式下垂型洒水喷头。

（3）装设网格、栅板类通透性吊顶的场所，系统的喷水强度应按《自动喷水灭火系统设计规范》（GB 50084—2017）表 5.0.1 规定值的 1.3 倍确定。装设网格、栅板类通透性吊顶的场所喷头的布置，当通透面积占吊顶总面积的比例大于 70% 时，喷头应设置在吊顶上方，并应符合下列规定：

1）通透性吊顶开口部位的净宽度不应小于 10mm，且开口部位的厚度不应大于开口的最小宽度。

2）喷头间距及溅水盘与吊顶上表面的距离应符合表 2-21-1 的规定。

（4）当梁、通风管道、成排布置的管道、桥架等障碍物的宽度大于 1.2m 时，其下方应增设喷头；采用早期抑制快速响应喷头和特殊应用喷头的场所，当障碍物宽度大于 0.6m 时，其下方应增设喷头。增设的洒水喷头上方有孔洞、缝隙时，可在洒水喷头的上方设置挡水板，挡水板应为正方形或圆形金属板，其平面面积不宜小于 $0.12m^2$，周围弯边的下沿宜与洒水喷头的溅水盘平齐。

表 2-21-1　通透性吊顶场所喷头布置要求

火灾危险等级	喷头间距 S/m	喷头溅水盘与吊顶上表面的最小距离 /mm
轻危险级、中危险级Ⅰ级	$S \leqslant 3$	450
	$3 < S \leqslant 3.6$	600
	$S > 3.6$	900
中危险级Ⅰ级	$S \leqslant 3$	600
	$S > 3$	900

（5）喷头设置场所、规格、型号、公称动作温度、响应时间指数（RTI）、备用量以及喷头安装间距，喷头与楼板、墙、梁等障碍物的距离应符合设计要求。

7. 管网及末端试水装置的验收

（1）管道的材质、管径、接头、连接方式、防腐防冻措施，以及管网不同部位安装的报警阀组、闸阀、止回阀、电磁阀、信号阀、水流指示器、减压孔板、节流管、减压阀、柔性接头、排水管、排气阀、泄压阀等应符合规范及设计要求。

（2）配水管道可采用内外壁热镀锌钢管、涂覆钢管、铜管、不锈钢管和氯化聚氯乙烯（PVC-C）管。当报警阀入口前管道采用不防腐的钢管时，应在报警阀前设置过滤器。

（3）配水管两侧每根配水支管控制的标准流量洒水喷头数量，轻危险级、中危险级场所不应超过 8 只，同时在吊顶上下设置喷头的配水支管，上下侧均不应超过 8 只。严重危险级及仓库危险级场所均不应超过 6 只。

（4）每个报警阀组控制的最不利点洒水喷头处应设末端试水装置，其他防火分区、楼层均应设直径为 25mm 的试水阀。

（5）末端试水装置应由试水阀、压力表以及试水接头组成。试水接头出水口的流量系数应等同于同楼层或防火分区内的最小流量系数洒水喷头。末端试水装置的出水应采取孔口出流的方式排入排水管道，排水立管宜设伸顶通气管，且管径不应小于 75mm。末端试水装置和试水阀应有标识，距地面的高度宜为 1.5m，并应采取不被他用的措施。

（6）当自动喷水灭火系统中设有 2 个及以上报警阀组时，报警阀组前应设环状供水管道。环状供水管道上设置的控制阀应采用信号阀；当不采用信号阀时，应设锁定阀位的锁具。

（7）干式系统和预作用系统的配水管道应设快速排气阀。有压充气管道的快速排气阀入口前应设电动阀。

（8）干式系统、由火灾自动报警系统和充气管道上设置的压力开关开启预作用装置的预作用系统，其配水管道充水时间不宜大于 1min；雨淋系统和仅由火灾自动报警系统联动开启预作用装置的预作用系统，其配水管道充水时间不宜大于 2min。

8. 系统流量、压力验收及系统模拟灭火功能试验

（1）系统流量、压力的验收应通过流量压力检测装置进行放水试验，系统流量、压力应符合设计要求。

（2）系统模拟灭火功能试验时，水流指示器、报警阀应动作，水力警铃、压力开关等应工作正常。压力开关动作应连锁启动消防水泵及与其联动的相关设备。水流指示器、压力开关、消防水泵等的动作信号应反馈至消防控制室。

9. 系统工程质量验收判定标准

（1）系统工程质量缺陷划分为严重缺陷项（A）、重缺陷项（B）、轻缺陷项（C）。

（2）系统验收合格判定的条件为：A=0，且 B≤2，且 B+C≤6 为合格，否则为不合格。

（3）工程质量缺陷划分按《自动喷水灭火系统施工及验收规范》（GB 50261—2017）附录F确定。

四、注意事项

（1）消防泵房的设置、建筑室内自动喷水灭火系统的消防水池容积、高位消防水箱容积、消防水泵的流量及扬程均符合规范要求，室外消防用水由满足要求的市政管网供水。

（2）系统采用分区给水方式并符合规范要求，自动喷水灭火系统消防水泵接合器的设置符合规范要求。

（3）本案例对系统设置是否合理不予考虑。

练习题

（一）单项选择题

1. 该建筑超市部分自动喷水系统的设计喷水强度不应小于（　　）L/（min·m^2）。

A. 7.8　　B. 8　　C. 10.4　　D. 12

2. 当该建筑地下车库预作用系统采用由火灾自动报警系统和充气管道上设置的压力开关控制的预作用装置时，预作用系统的作用面积不应小于（　　）m^2。

A. 160　　B. 200　　C. 208　　D. 260

3. 该建筑裙房局部设有中庭，当中庭设置自动喷水灭火系统时，中庭的最大净空高度应不超过（　　）m。

A. 8　　B. 12　　C. 13　　D. 18

（二）多项选择题

1. 该建筑酒店部分自动喷水灭火系统配水管道可选用（　　）。

A. 铜管　　B. 不锈钢管

C. PPR管　　D. 氯化聚氯乙烯管

E. 镀锌无缝钢管

2. 湿式系统调试应具备的条件有（　　）。

A. 消防水池至少储存设计要求50%的水量

B. 消防水箱至少储存设计要求50%的水量

C. 与系统配套的火灾自动报警系统处于工作状态

D. 湿式系统管网内已充满水

E. 系统供电正常

3. 当（　　）时，应在喷头的上方增设挡水板。

A. 货架内喷头上方有孔洞

B. 喷头离顶板太远，需要集热

C. 货架内喷头上方有缝隙

D. 喷头设置在通透性吊顶下方

E. 宽度大于 1.2m 成排布置的管道下方增设喷头且上方有缝隙

4. 系统验收时，下列不属于 B 级缺陷的有（ ）。

A. 喷淋泵控制柜处于手动启动挡

B. 消防泵房内未按设计要求设置应急照明

C. 喷淋泵供电主、备电源不能正常切换

D. 预作用系统的管道充水时间为 2min

E. 火灾报警联动控制器处于手动状态时，压力开关动作，喷淋泵未启动

（三）案例分析题

根据情景描述，回答下列问题：

1. 对设置在地下一层的报警阀组进行检测，如图 2–21–1 所示，下列结果不符合现行国家标准要求的有（ ）。

A. 湿式报警阀组通向水力警铃报警管道的控制阀处于关闭状态

B. 水力警铃设置在消防水泵房内，未设置在有人值班的地点附近或公共通道的外墙上

C. 报警阀组与室内地面的高度为 1.2m

D. 报警阀组控制的喷头最大高差为 54m

E. 报警阀组前的控制阀采用未设置锁定阀位锁具的普通闸阀

2. 对设置在超市、商场和地下车库内的喷头进行检测，如图 2–21–2 和图 2–21–3 所示，下列结果符合现行国家标准要求的有（ ）。

A. 超市内喷头采用正方形布置，喷头间距为 4.0m

B. 受格栅吊顶内梁等障碍物的影响，喷头设置在格栅吊顶下方

C. 超市内均采用 5mm 直径的玻璃球喷头

D. 商场内采用隐蔽式喷头

E. 地下车库内采用直立型喷头

3. 对末端试水装置进行检测并对系统进行放水试验，如图 2–21–4 所示，下列结果符合现行国家标准要求的有（ ）。

A. 末端试水装置的出水未采用孔口出流的方式排入排水管道

B. 系统放水试验时，距水力警铃 3m 远处警铃声声强为 75dB

C. 末端试水装置的试水阀距地面的高度为 1.5m

D. 排水立管的管径为 DN65

E. 消防水泵在开启末端试水装置后 3min 自动启动

4. 对地下车库设置的预作用系统进行检测，下列做法符合现行国家标准要求的有（ ）。

A. 地下车库排烟管道的宽度大于 1.2m，下方未增设喷头

B. 梁底面增设的喷头采用下垂型喷头

C. 利用末端试水装置对系统进行充水时间测试，从火灾报警控制器确认火灾后 2min，末端试水装置的出水压力为 0.03MPa

D. 每套预作用装置控制的喷头数为 540 个

E. 配水管道内的气压值为 0.04MPa

案例 22　气体灭火系统检测与验收案例分析

一、情景描述

某发电厂的 IG541 气体灭火系统，该气体灭火系统采用组合分配式全淹没系统，分别为发电机组的集控室、电器设备间、380V 母线室和 6kV 母线室四个防护区。储瓶间设置在二层楼梯口旁，IG541 气体灭火系统灭火剂瓶组为 40 个 80L 储瓶，无备用瓶组，设计储存压力为 20.0MPa。防护区的窗采用固定窗扇，每个防护区内和入口处安装声光报警器，入口处安装紧急启动停止按钮和手 / 自动转换按钮。发电厂于 2022 年 4 月组织设计、施工、监理和消防技术服务机构对气体灭火系统进行检测与验收。

检测与验收过程和结果如下：

（1）对各防护区灭火系统的设置、管网、喷头进行检查，与设计一致。

（2）对灭火剂储存装置和阀驱动装置以及选择阀等安装进行检查，IG541 气体灭火系统灭火剂储瓶安装牢固，检查每个储瓶的压力，其中 30 个储瓶压力为 20MPa，10 个储瓶压力为 15.0MPa。

（3）消防技术服务机构对系统进行手动模拟启动试验，将启动电磁阀与启动瓶瓶头阀分离，按下手动启动按钮，声光报警器鸣响，延时 30s，电磁阀动作。人工使压力信号反馈装置动作，防护区门外的气体喷放指示灯亮。

（4）消防技术服务机构对系统最大的防护区进行模拟喷气试验，采用 1 个与 IG541 灭火剂储瓶容积和压力均相同的充装氮气的储瓶进行系统模拟喷气试验，并按要求检查了延迟时间、声光报警信号、有关控制阀门、气体喷放指示灯、储存容器和灭火剂输送管道状态以及每个喷嘴喷出气体的状态，均为正常。

二、分析要点

本案例包含或涉及下列内容：

（1）气体灭火系统的检测。

（2）气体灭火系统的验收。

三、关键知识点及依据

（一）气体灭火系统检测

根据《气体灭火系统施工及验收规范》（GB 50263—2007）和《建筑消防设施检测技术规程》（XF 503—2004）的规定，气体灭火系统主要检测以下内容：

1. 瓶组与储罐

检查组件应固定牢固，手动操作装置的铅封应完好，压力表的显示应正常；应注明灭火剂名称，储瓶应有编号，驱动装置和选择阀应有分区标志牌，选择阀手动启闭应灵活；储瓶的称重装置应正常，并应有原始重量标记。

2. 喷嘴

检查喷口方向应正确，并应无堵塞现象。

3. 气体灭火控制器

火灾报警功能、故障报警功能、自检功能、显示与计时功能等应符合相关规范的要求；主电源断电时应自动转换至备用电源供电，主电源恢复后应自动转换为主电源供电，并应分别显示主、备电源的状态；自动、手动转换功能应正常，无论装置处于自动或手动状态，手动操作启动均应有效；装置所处状态应有明显的标志或灯光显示，反馈信号显示应正常。

4. 系统功能

防护区内和入口处的声光报警装置，入口处的安全标志、紧急启停按钮应正常；火灾报警控制器确认火灾报警后的延时启动时间应符合设定值。

（1）手动模拟启动试验：按下手动启动按钮，观察相关动作信号及联动设备动作是否正常（如发出声、光报警，启动输出的负载响应，关闭通风空调、防火阀等）。人工使压力信号反馈装置动作，观察相关防护区门外的气体喷放指示灯是否正常。

（2）自动模拟启动试验：在自动控制状态，拆除每个防护区启动钢瓶（装置）的启动信号线或拆下启动瓶的电磁阀，用万用表测量启动信号或观察电磁阀动作情况。逐个触发每个防护区的紧急启动按钮或先后触发防护区内相关两个火灾探测器，用秒表开始计时，测量并记录延时启动的时间；延时时间内小于 30s，查看防护区内声光报警装置、通风设施以及开口阀门、入口处声光报警装置的动作情况；延时结束，检查与该防护区对应的电磁阀是否动作，其余电磁阀有无动作；电磁阀动作并一一对应后，模拟对应区域的压力开关动作，查看该防护区门外的气体释放灯是否被点亮；在消防控制室查看火灾报警信号、联动控制设备的动作反馈信号、系统的启动信号和气体释放信号显示是否正常。

（3）紧急停止按钮功能试验：先后触发每个防护区内的两个相关火灾探测器或每个防护区的紧急启动按钮，查看气体灭火控制器的显示状态。在延时启动时间内，触发对应防护区的紧急停止按钮，查看声光报警装置是否被停止，延时 30s 后，对应区域的电磁阀是否启动，查看消防控制室气体灭火控制器是否显示系统被停止。

5. 系统模拟喷气试验

（1）IG541 混合气体灭火系统及高压二氧化碳灭火系统应采用其充装的灭火剂进行模拟喷气试验。试验采用的储存容器数应为选定试验的防护区或保护对象设计用量所需容器总数的 5%，且不得少于 1 个；低压二氧化碳灭火系统应采用二氧化碳灭火剂进行模拟喷气试验，试验应选定输送管道最长的防护区或保护对象进行，喷放量不应小于设计用量的 10%。卤代烷灭火系统模拟喷气试验不应采用卤代烷灭火剂，宜采用氮气，也可采用压缩空气。氮气或压缩空气储存容器与被试验的防护区或保护对象用的灭火剂储存容器的结构、型号、规格应相同，连接与控制方式应一致，氮气或压缩空气的充装压力按设计要求执行，氮气或压缩空气储存容器数不应少于灭火剂储存容器数的 20%，且不得少于 1 个。

（2）模拟喷气试验应检查以下内容：

1）延迟时间与设定时间相符，响应时间满足要求。

2）有关声、光报警信号正确。

3）有关控制阀门工作正常。

4）信号反馈装置动作后，气体防护区外的气体喷放指示灯应工作正常。

5）储存容器间内的设备和对应防护区或保护对象的灭火剂输送管道无明显晃动和机械性损坏。

6）试验气体能喷入被试防护区内或保护对象上，且应能从每个喷嘴喷出。

（二）气体灭火系统的验收

气体灭火系统的验收包括文件资料验收、防护区或保护对象与储存装置间验收、设备和灭火剂输送管道验收、系统功能验收。

1. 验收文件

根据《气体灭火系统施工及验收规范》（GB 50263—2007）的规定，系统验收时应具备下列文件：

（1）系统验收申请报告。

（2）施工现场质量管理检查记录。

（3）《气体灭火系统施工及验收规范》（GB 50263—2007）第 3.0.2 条列出的技术资料。

（4）竣工文件。

（5）施工过程检查记录。

（6）隐蔽工程验收记录。

2. 防护区或保护对象与储存装置间验收

（1）防护区或保护对象的位置、用途、划分、几何尺寸、开口、通风、环境温度、可燃物的种类、防护区围护结构的耐压、耐火极限及门、窗可自行关闭装置应符合设计要求。

（2）防护区安全设施的设置应符合设计要求。

（3）储存装置间的位置、通道、耐火等级、应急照明装置、火灾报警控制装置及地下储存装置间机械排风装置应符合设计要求。

（4）火灾报警控制装置及联动设备应符合设计要求。

3. 设备和灭火剂输送管道验收

（1）灭火剂储存容器的数量、型号和规格，位置与固定方式，油漆和标志，以及灭火剂储存容器的安装质量应符合设计要求。

（2）储存容器内的灭火剂充装量和储存压力应符合设计要求。

（3）集流管的材料、规格、连接方式、布置及其泄压装置的泄压方向应符合设计要求。

（4）选择阀及信号反馈装置的数量、型号、规格、位置、标志及其安装质量应符合设计要求。

（5）阀驱动装置的数量、型号、规格和标志，安装位置，气动驱动装置中驱动气瓶的介质名称和充装压力，以及气动驱动装置管道的规格、布置和连接方式应符合设计要求。

（6）驱动气瓶和选择阀的机械应急手动操作处均应有标明对应防护区或保护对象名称的永久标志；驱动气瓶的机械应急操作装置均应设安全销并加铅封，现场手动启动按钮应有防护罩。

（7）灭火剂输送管道的布置与连接方式、支架和吊架的位置及间距、穿过建筑构件及其变形缝的处理、各管段和附件的型号规格以及防腐处理和涂刷油漆颜色应符合设计要求。

（8）喷嘴的数量、型号、规格、安装位置和方向应符合设计要求。

4. 系统功能验收

（1）系统功能验收时，应进行模拟启动试验，并合格。

（2）系统功能验收时，应进行模拟喷气试验，并合格。

（3）系统功能验收时，应对设有灭火剂备用量的系统进行模拟切换操作试验，并合格。

（4）系统功能验收时，应对主用、备用电源进行切换试验，并合格。

四、注意事项

（1）系统工程验收应按《气体灭火系统施工及验收规范》（GB 50263—2007）的规定进行资料核查，并按该规范附录D表D-2进行工程质量验收，验收项目有一项为不合格时判定系统为不合格。

（2）系统验收合格后，应将系统恢复到正常工作状态。

练习题

（一）单项选择题

1. 对本案例中最大防护区进行模拟喷气试验时，消防技术服务机构应采用的试验气体和储存容器数应为（　　）。

A. 氮气，1　　B. 氮气，2

C. IG541，1　　D. IG541，2

2. 消防技术服务机构对本案例中气体灭火系统选择阀操作手柄安装高度进行检查，选择阀操作手柄安装高度超过（　　）m时应采取便于操作的措施。

A. 1.5　　B. 1.7　　C. 1.8　　D. 2

3. 消防技术服务机构对本案例中气体灭火系统灭火剂储存容器进行检查，灭火剂储存容器高度差不宜超过（　　）mm。

A. 15　　B. 20　　C. 18　　D. 22

4. 消防技术服务机构对本案例中气体灭火系统的管材、管道连接件的品种、规格、性能等材料进行检查，检查数量和检查方法符合标准要求的是（　　）。

A. 检查数量：全数检查，检查方法：现场取样送法定检验机构检验

B. 检查数量：20% 抽查，检查方法：核查出厂合格证与质量检验报告

C. 检查数量：30% 抽查，检查方法：核查出厂合格证与质量检验报告

D. 检查数量：全数检查，检查方法：核查出厂合格证与质量检验报告

（二）多项选择题

1. 消防技术服务机构对该 IG541 气体灭火系统进行系统功能验收时，按照现行国家标准要求，应进行的试验项目有（　　）。

A. 模拟启动试验

B. 模拟喷气试验

C. 主用、备用电源切换试验

D. 主用、备用灭火剂储瓶模拟切换操作试验

E. 手动应急启动装置动作试验

2. 消防技术服务机构对该 IG541 气体灭火系统的防护区进行防火检查，下列检查结果中不符合现行国家标准要求的有（　　）。

A. 防护区入口附近未设置气体灭火控制盘

B. 防护区内未设置手动、自动控制状态显示装置

C. 防护区内未设置机械排风装置

D. 系统管道未设置防静电接地

E. 防护区内的疏散通道及出口未设疏散指示标志

3. 消防技术服务机构对该 IG541 气体灭火系统进行检查，下列检查结果中符合现行国家标准要求的有（　　）。

A. 防护区内未设置机械排风装置

B. 80L 灭火剂储存容器内的灭火剂储存量为 16.89kg

C. 集流管上的安全泄压装置的动作压力为 28MPa

D. 驱动气体控制管路上安装了低泄高封阀

E. 泄压口位于防护区净高的 2/3 以下

4. 消防技术服务机构对该 IG541 混合气体灭火系统输送气体灭火剂的管道进行检查，下列检查结果中符合现行国家标准要求的有（　　）。

A. 管道采用内外镀锌无缝钢管

B. DN80 的管道采用螺纹连接

C. DN80 的管道支架的间距为 4.0m

D. DN100 的管道采用法兰连接，法兰与管道的焊接处外部进行了防腐处理

E. 管道末端采用防晃支架固定，支架与末端喷嘴间的距离为 500mm

5. 消防技术服务机构对该 IG541 混合气体灭火系统的灭火剂储瓶间进行检查，下列检查结果中符合现行国家标准要求的有（　　）。

A. 灭火剂储存容器正面标明灭火剂名称和储存容器的编号

B. 集流管上安装的泄压装置泄压方向朝向操作面

C. 选择阀正面标志牌上只标明编号

D. 驱动气瓶正面标志上标明驱动介质名称和编号

E. 灭火剂储存容器压力为 15MPa

（三）案例分析题

1. 根据情景描述，回答下列问题：

（1）消防技术服务机构检查的部分 IG541 气体灭火系统灭火剂储瓶压力为 15.0MPa 是否符合要求？说明理由，应如何处置并说明原因。

（2）消防技术服务机构对 IG541 气体灭火系统检测模拟喷气试验的做法是否正确？说明理由。

（3）对该 IG541 气体灭火系统的功能验收应包括哪些内容？

（4）指出本案例所涉及的图 2-22-1、图 2-22-2 中的问题。

图 2-22-1　容器阀

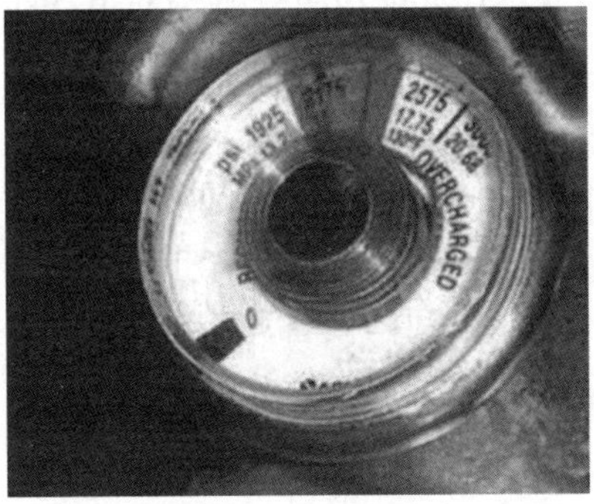

图 2-22-2　压力表

2. 根据情景描述，回答下列问题：

（1）消防技术服务机构对该 IG541 混合气体灭火系统进行检测验收，在对输送气体灭火剂的管道检查中，符合现行国家标准要求的有（　　）。

A. 管道采用内外镀锌无缝钢管

B. DN80 的管道采用螺纹连接

C. DN80 的管道支架的间距为 4.0m

D. DN100 的管道采用法兰连接，法兰与管道的焊接处外部进行了防腐处理

E. 管道末端采用防晃支架固定，支架与末端喷嘴间的距离为 500mm

（2）消防技术服务机构对该 IG541 混合气体灭火系统进行检测验收，在对灭火剂储瓶间检查中，符合现行国家标准要求的有（　　）。

A. 灭火剂储存容器正面标明灭火剂名称和储存容器的编号

B. 集流管上安装的泄压装置泄压方向朝向操作面

C. 选择阀正面标志牌上只标明编号

D. 驱动气瓶正面标志上标明驱动介质名称和编号

E. 灭火剂储存容器压力为 15MPa

（3）消防技术服务机构对 IG541 混合气体灭火系统进行检测验收，在检查管材、管道连接件的外观质量时，下列主要检查内容符合现行国家标准要求的有（　　）。

A. 镀锌层是否有脱落、破损等缺陷

B. 螺纹连接管道连接件是否有缺纹、断纹等现象

C. 法兰盘密封面是否有缺损、裂痕

D. 密封垫片是否完好、有无划痕

E. 是否涂刷防锈漆

（4）消防技术服务机构对该 IG541 混合气体灭火系统进行检测验收，采取的启动方式符合标准要求的有（　　）。

A. 自动启动　　B. 电动启动

C. 手动启动　　D. 气动启动

E. 机械应急启动

（5）消防技术服务机构对 IG541 混合气体灭火系统进行模拟喷气试验时，下列检查结果符合标准的要求的有（　　）。

A. 试验气体喷入被试防护区内，且从被试防护区的每个喷嘴喷出

B. 气体防护区外的气体喷放指示灯被点亮

C. 发出相应的声、光报警信号

D. 储瓶间内设备和对应防护区内的灭火剂输送管道无明显晃动及机械性损伤

E. 切断防护区内非消防电源

案例 23　泡沫灭火系统检测与验收案例分析

一、情景描述

某原油罐区设有 6 个 100 000m^3 的外浮顶储罐，储罐浮盘为钢制双盘式外浮顶，密封装置采用二次密封。储罐直径为 80m，高 21.8m，泡沫堰板距罐壁 1.2m。油罐布置如图 2-23-1 所示。

经计算确定罐区泡沫混合液设计流量为 120L/s，系统设计压力为 1.2MPa，配置泡沫混合液用水量为 253m^3，泡沫液用量为 7.83t（采用 3% 型水成膜泡沫液）。每个储罐设有 12 个 PC8 泡沫产生器，罐区配有 3 支 PQ8 泡沫枪，用于扑救流散火灾。罐区采用环状供水管网，消防冷却水和泡沫混合液用水均有 2 条干管与各自环状管网连接。

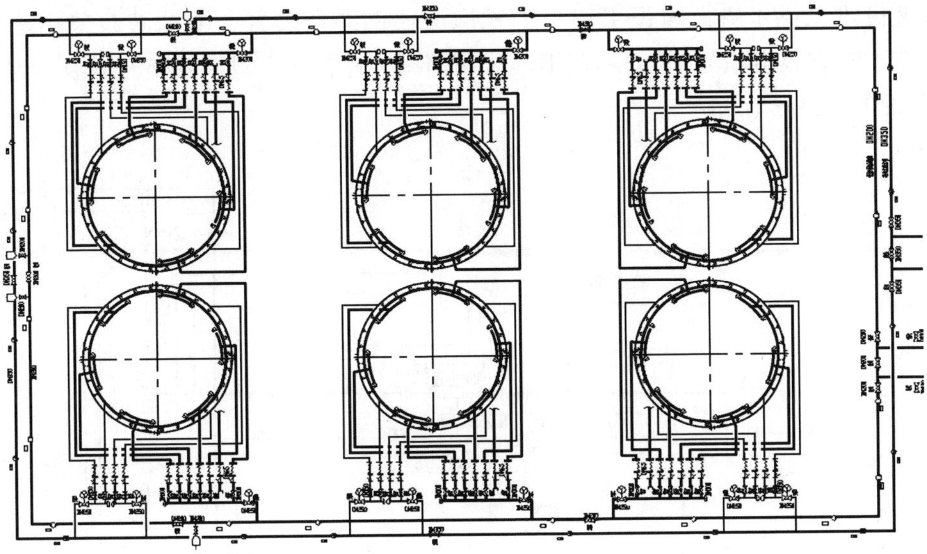

图 2-23-1　油罐布置图

罐区设消防泵房 1 座，5 000m^3 消防水池 2 座。消防泵房设有消防冷却供水泵 4 台，每台流量为 180L/s，扬程为 185m；泡沫消防水泵 2 台，每台流量为 180L/s，扬程为 120m；稳压泵 1 台，流量为 10L/s，扬程为 120m。消防泵房及水源布置如图 2-23-2 所示。

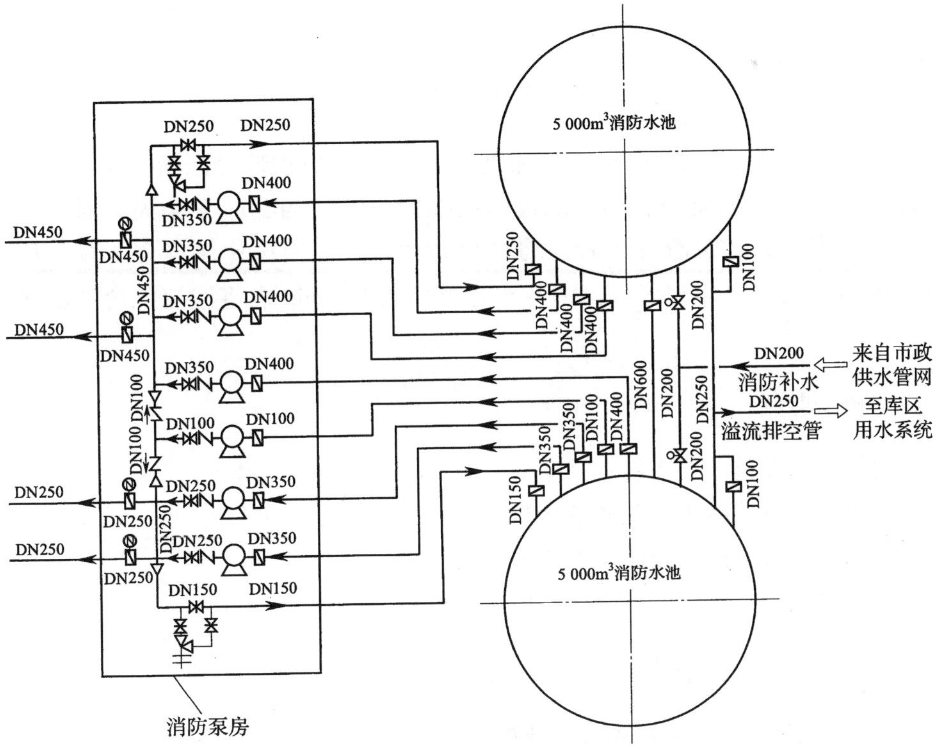

图 2-23-2　消防泵房及水源布置图

罐区设泡沫站 1 座，内设平衡压力式泡沫比例混合装置，泡沫液泵采用水轮机驱动，设有 1 座有效容积为 $12m^3$ 不锈钢泡沫液储罐，储存 3% 型水成膜泡沫液。泡沫站管线布置如图 2–23–3 所示。

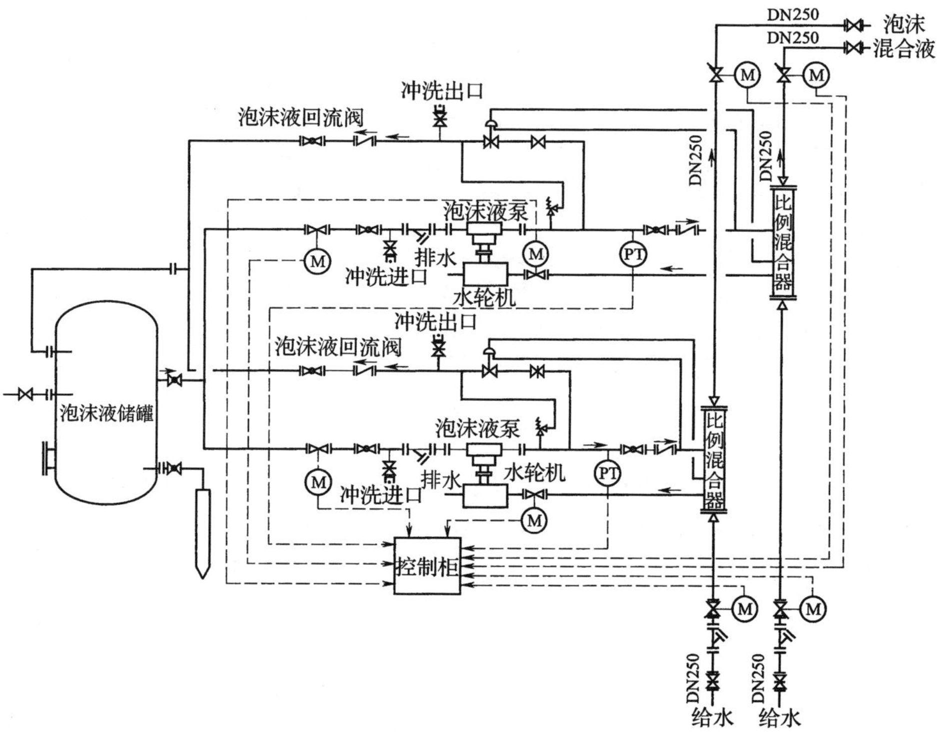

图 2–23–3　泡沫站管线布置图

油罐区设火灾自动报警系统、手动报警系统和工业电视监控系统。泡沫灭火系统采用人工确认火灾，远程控制启动消防设施的控制方式。当罐区发生火灾时，经确认火灾后，人工开启消防控制程序，程序自动启动消防泵、泡沫比例混合装置和相应的阀门，对起火油罐进行冷却和灭火。泡沫灭火系统可在 5min 内将泡沫混合液输送至起火油罐。

二、分析要点

本案例包含或涉及下列内容：

（1）泡沫灭火系统检测与验收的依据。

（2）泡沫灭火系统检测与验收的内容和方法。

（3）泡沫灭火系统检测与验收合格的判定标准。

三、关键知识点及依据

（一）泡沫灭火系统检测与验收的依据

主要依据是《建筑消防设施检测技术规程》（XF 503—2004）和《泡沫灭火系统技

术标准》(GB 50151—2021)等消防法律法规和消防技术标准。

(二)泡沫灭火系统检测的内容和方法

1. 供水设施、启泵按钮

(1)消防水池：水位及消防用水不被他用的设施应正常、补水设施应正常、寒冷地区防冻措施完好。

(2)消防水箱：水位及消防用水不被他用的设施应正常、消防出水管上的止回阀关闭时应严密、寒冷地区防冻措施应完好。

(3)稳压泵、增压泵及气压水罐：进出口阀门应常开、启动运行应正常、启泵与停泵压力应符合设定值、压力表显示应正常。

(4)消防水泵：消防水泵应有注明系统名称和编号的标志牌；进出口阀门应常开，标志牌应正确；压力表、试水阀及防超压装置等均应正常；启动运行应正常，应向消防控制设备反馈水泵状态的信号。

(5)水泵控制柜：应有注明所属系统及编号的标志；按钮、指示灯及仪表应正常，应能按钮启停每台水泵；主泵不能正常投入运行时，应自动切换启动备用泵。

(6)水泵接合器：应有注明所属系统和区域的标志牌；控制阀应常开，且启闭灵活；单向阀安装方向应正确，止回阀应严密关闭；寒冷地区防冻措施应完好。

(7)启泵按钮：外观完好，有透明罩保护，并配有击碎工具；被触发时，应直接启动消防泵，同时确认灯显示；按钮手动复位，确认灯随之复位。

2. 泡沫液储罐

罐体或铭牌、标志牌上应清晰注明泡沫灭火剂的型号、配比浓度、泡沫灭火剂的有效日期和储量；储罐的配件应齐全完好，液位计、呼吸阀、安全阀及压力表状态应正常。

3. 比例混合装置

应符合设计选型；液流方向应正确；阀门启闭应灵活，压力表应正常。

4. 泡沫产生器

应符合设计选型，吸气孔、发泡网及暴露的泡沫喷射口不得有杂物进入或堵塞，泡沫出口附近不得有阻挡泡沫喷射及泡沫流淌的障碍物。

5. 泡沫栓

阀门启闭应灵活。

6. 系统功能

应能按设定的控制方式正常启动泡沫消防泵，比例混合器、泡沫产生器、泡沫枪以及喷发的泡沫应正常。

(三)泡沫灭火系统的验收内容和方法

1. 验收应提供的资料

(1)有效的施工图设计文件。

(2)设计变更通知书、竣工图。

(3)系统组件和泡沫液自愿性认证或检验的有效证明文件和产品出厂合格证，材料的出厂检验报告与合格证。

（4）系统组件的安装使用和维护说明书。

（5）施工许可证和施工现场质量管理检查记录。

（6）泡沫灭火系统施工过程检查记录及阀门的强度和严密性试验记录、管道试压和管道冲洗记录、隐蔽工程验收记录。

（7）系统验收申请报告。

按《泡沫灭火系统技术标准》（GB 50151—2021）填写质量控制资料核查记录。

2. 泡沫灭火系统施工质量验收内容

（1）泡沫液储罐、泡沫比例混合器（装置）、泡沫产生装置、电机或柴油机及其拖动的泡沫消防水泵、稳压泵、水泵接合器、泡沫消火栓、报警阀、盛装100%型水成膜泡沫液的压力储罐、动力瓶组及驱动装置、泡沫消火栓箱、阀门、压力表、管道过滤器、金属软管等系统组件的规格、型号、数量、安装位置及安装质量。

（2）管道及管件的规格、型号、位置、坡向、坡度、连接方式及安装质量。

（3）固定管道的支架、吊架，管墩的位置、间距及牢固程度。

（4）管道穿楼板、防火墙及变形缝的处理。

（5）管道和系统组件的防腐。

（6）消防泵房、水源及水位指示装置。

（7）动力源、备用动力及电气设备。

3. 泡沫灭火系统验收的要求、检查数量和检查方法（见表2-23-1）

（四）泡沫灭火系统验收合格判定标准

1. 系统工程质量验收判定条件

系统工程质量缺陷应按表2-23-2划分为严重缺陷项、重要缺陷项和轻微缺陷项。

表2-23-1　泡沫灭火系统验收的要求、检查数量和检查方法

序号	检查对象	检查要求	检查数量	检查方法
1	系统水源	1. 室外给水管网的进水管管径及供水能力、消防水池（罐）和消防水箱容量，均应符合设计要求 2. 当采用天然水源时，其水量应符合设计要求，并应检查枯水期最低水位时确保消防用水的技术措施 3. 过滤器的设置应符合设计要求	全数检查	对照设计资料采用流速计、尺等测量和观察检查
2	动力源、备用动力及电气设备	应符合设计要求	全数检查	试验检查
3	消防泵房	1. 消防泵房的建筑防火要求应符合相关标准的规定 2. 消防泵房设置的应急照明、安全出口应符合设计要求	全数检查	对照图纸观察检查

续表 2-23-1

序号	检查对象	检查要求	检查数量	检查方法
4-1	泡沫消防水泵与稳压泵的工作泵、备用泵、拖动泡沫消防水泵的电机或柴油机，吸水管、出水管及出水管上的泄压阀、止回阀、信号阀等	工作泵、备用泵、拖动泡沫消防水泵的电机或柴油机，吸水管、出水管及出水管上的泄压阀、止回阀、信号阀等的规格、型号、数量等应符合设计要求；吸水管、出水管上的控制阀应锁定在常开位置，并有明显标记，拖动泡沫消防水泵的柴油机排烟管的安装位置、口径、长度、弯头的角度及数量应符合设计要求，柴油机用油的牌号应符合设计要求	全数检查	对照设计资料和产品说明书观察检查
4-2	泡沫消防水泵的引水方式及水池低液位引水	泡沫消防水泵的引水方式及水池低液位引水应符合设计要求	全数检查	观察检查
4-3	泡沫消防水泵启动和主备电源切换	泡沫消防水泵在主电源下应能正常启动，主备电源应能正常切换	全数检查	打开消防水泵出水管上的手动测试阀，利用主电源向泵组供电；关掉主电源检查主备电源的切换情况，用秒表计时和观察检查
4-4	柴油机拖动的泡沫消防水泵的电启动和机械启动性能	应满足设计和相关标准的要求	全数检查	分别进行电启动试验和机械启动试验，对照相关要求观察检查
4-5	稳压泵启动	当自动系统管网中的水压下降到设计最低压力时，稳压泵应能自动启动	全数检查	使用压力表测量，观察检查
4-6	泡沫消防水泵启动控制	自动系统的泡沫消防水泵启动控制应处于自动启动位置	全数检查	降低系统管网中的压力，观察检查
5	泡沫液储罐和盛装 100% 型水成膜泡沫液的压力储罐	1. 材质、规格、型号及安装质量应符合设计要求 2. 铭牌标记应清晰，应标有泡沫液种类、型号、出厂、灌装日期、有效期及储量等内容，不同种类、不同牌号的泡沫液不得混存 3. 液位计、呼吸阀、人孔、出液口等附件的功能应正常	全数检查	对照设计资料观察检查

续表 2-23-1

序号	检查对象	检查要求	检查数量	检查方法
6	1. 泡沫比例混合装置的规格、型号及安装质量	应符合设计及安装要求	全数检查	对照设计资料观察检查
	2. 泡沫比例混合装置的混合比	混合比不应低于所选泡沫液的混合比	全数检查	用手持电导率测量仪测量
7	泡沫产生装置	其规格、型号和泡沫消防栓间距及安装质量应符合设计及安装要求	全数检查	对照设计资料观察检查和测量检查
8	泡沫灭火系统功能	低倍数泡沫灭火系统喷泡沫试验应合格	应选择最远的防护区或储罐进行一次试验	喷水试验完毕，将水放空后进行喷泡沫试验；当为自动灭火系统时，应以自动控制的方式进行；喷射泡沫的时间不宜小于 1min；实测泡沫混合液的流量、发泡倍数及到达最远防护区或储罐的时间应符合设计要求，混合比不应低于所选泡沫液的混合比

表 2-23-2　泡沫灭火系统验收缺陷项目划分

项目	对应《泡沫灭火系统技术标准》(GB 50151—2021)的条款要求
严重缺陷项	第 10.0.7 条，第 10.0.8 条，第 10.0.10 条第 3 款 ~ 第 5 款，第 10.0.15 条第 1 款，第 10.0.16 条第 1 款，第 10.0.19 条，第 10.0.20 条，第 10.0.21 条，第 10.0.25 条，第 10.0.26 条
重要缺陷项	第 10.0.9 条，第 10.0.10 条第 1、2 款，第 10.0.11 条，第 10.0.12 条，第 10.0.13 条，第 10.0.14 条第 1、2、3、4、6 款，第 10.0.15 条第 3、5 款，第 10.0.16 条第 2 款，第 10.0.17 条，第 10.0.18 条，第 10.0.22 条，第 10.0.23 条，第 10.0.24 条
轻微缺陷项	第 10.0.10 条第 6 款，第 10.0.14 条第 5 款，第 10.0.15 条第 2、4 款，第 10.0.16 条第 3 款

2. 系统合格判定标准

当无严重缺陷项、重要缺陷项不多于 2 项，且重要缺陷项与轻微缺陷项之和不多于 6 项时，可判定系统验收为合格；其他情况应判定为不合格。

四、注意事项

（1）泡沫灭火系统施工质量不符合规范要求时，应整改并重新验收。

（2）泡沫灭火系统验收合格后，应用清水冲洗放空，复原系统，并应向建设单位移交下列文件资料：

1）施工现场质量管理检查记录。

2）泡沫灭火系统施工过程检查记录。

3）隐蔽工程验收记录。

4）泡沫灭火系统质量控制资料核查记录。

5）泡沫灭火系统验收记录。

6）相关文件、记录、资料清单等。

泡沫液进场后，应由监理工程师按全项检测需要量组织取样留存，进行观察检查，并检查泡沫液的自愿性认证或检验的有效证明文件、产品出厂合格证。

泡沫混合液的流量用流量计测量；混合比用手持电导率测量仪测量，发泡倍数按《泡沫灭火系统技术标准》（GB 50151—2021）附录 C 的方法测量，喷射泡沫的时间和泡沫混合液或泡沫到达最远防护区或储罐的时间用秒表测量。

练习题

（一）单项选择题

1. 根据《泡沫灭火系统技术标准》（GB 50151—2021）的规定，本案例中的泡沫液进场后，应由监理工程师组织取样留存，观察检查，并检查泡沫液的自愿性认证或检验的有效证明文件、（　　）。

A. 泡沫液的产品出厂合格证　　B. 泡沫液的抗烧时间

C. 泡沫液的发泡倍数　　D. 泡沫液的凝点

2. 低倍数泡沫灭火系统液上喷射的泡沫产生器用于外浮顶储罐时，立式泡沫产生器的吸气口应位于（　　）。

A. 罐壁顶之下　　B. 罐壁顶之上

C. 罐壁之内　　D. 罐内液面之下

3. 低倍数泡沫灭火系统液上喷射的泡沫产生器用于外浮顶储罐时，横式泡沫产生器应安装于罐壁顶之下，且横式泡沫产生器出口应有不小于（　　）mm 的直管段。

A. 300　　B. 500　　C. 800　　D. 1 000

4. 本案例泡沫灭火系统验收时应在喷水试验完成后，将水放空再进行喷泡沫试验，当以自动控制的方式进行时，其喷射泡沫的时间不宜小于（　　）s。

A. 30　　B. 40　　C. 50　　D. 60

（二）多项选择题

1. 本案例验收时以自动控制的方式进行喷泡沫试验，喷射泡沫的时间大于 1min，应实测（　　）。

A. 泡沫混合液的流量
B. 泡沫混合液的发泡倍数
C. 自泡沫消防水泵启动至泡沫混合液到达储罐的时间
D. 泡沫混合液的混合比
E. 泡沫液泵的流量
2. 本案例泡沫混合液管道上设置泡沫消火栓的规格、型号和（　　）应符合设计要求。
A. 颜色
B. 数量
C. 位置
D. 安装方式
E. 间距
3. 在固定式泡沫灭火系统的泡沫混合液管道上应安装的检测设施有（　　）。
A. 留出流量检测仪的安装位置
B. 带闷盖的管牙接口
C. 试验检测取样口
D. 检测泡沫发生器工作压力的压力表接头
E. 水流指示器
4. 低倍数泡沫灭火系统功能验收时喷泡沫试验的要求有（　　）。
A. 实测混合比不应低于 3%
B. 应对每一个储罐进行一次
C. 当以自动控制方式进行时，喷泡沫时间不宜小于 1min
D. 当以手动控制方式进行时，喷泡沫时间不应小于 30s
E. 可用喷水试验替代喷泡沫试验

（三）案例分析题

根据情景描述，回答下列问题：

1. 某消防技术服务机构对本罐区的泡沫液储罐进行了检查测试，下列检测结果符合《泡沫灭火系统技术标准》（GB 50151—2021）要求的有（　　）。
A. 储罐周围检修通道的最小宽度为 1.6m
B. 储罐上的控制阀距地面高度为 1.6m，未设置操作平台或操作凳
C. 储罐铭牌上显示泡沫液种类和型号为 3% 型氟蛋白泡沫液
D. 储罐安装在支架上，支架和基础固定牢固
E. 储罐铭牌上未发现泡沫液的灌装日期

2. 本罐区采用了横式泡沫产生器，下列说法不符合《泡沫灭火系统技术标准》（GB 50151—2021）要求的是（　　）。
A. 泡沫产生器未设置密封玻璃
B. 泡沫产生器的位置高于罐壁顶 200mm
C. 在储罐壁顶安装了和泡沫产生器相适应的泡沫导流罩
D. 各泡沫倒流罩之间的最大间距误差为 180mm
E. 各泡沫倒流罩之间的最大间距误差为 80mm

3. 某消防技术服务机构对本罐区进行了喷泡沫试验，下列检测过程和试验结果符合《泡沫灭火系统技术标准》（GB 50151—2021）要求的是（　　）。

A. 泡沫混合液的混合比为 3.5%

B. 发泡倍数为 6 倍

C. 自泡沫消防水泵启动至泡沫混合液到达储罐的时间为 5.5min

D. 泡沫混合液的流量为 90L/s

E. 连续喷射泡沫的时间为 50s

4. 某检测公司对本罐区储罐上设置的泡沫灭火系统管道进行了检查，下列检查结果符合《泡沫灭火系统技术标准》（GB 50151—2021）要求的是（　　）。

A. 储罐上的立管和地面敷设的管道采用金属软管进行了连接

B. 储罐立管下端距储罐基础 1.9m 处设置锈渣清扫口

C. 储罐梯子平台上设置了二分水器，分水器接口朝向储罐

D. 二分水器用管道引至储罐底部，并在管道上设置了管牙接口

E. 横式泡沫产生器出口设置了 1m 长的直管段

5. 某检测公司对本罐区防火堤内和防火堤外设置的泡沫灭火系统管道进行了检查，下列检查结果不符合《泡沫灭火系统技术标准》（GB 50151—2021）要求的是（　　）。

A. 防火堤内泡沫混合液管道的放空坡度为 2‰

B. 防火堤外泡沫混合液管道的放空坡度为 2‰

C. 防火堤内管道直接焊接到了管道支架上

D. 防火堤外设置了带控制阀和闷盖的管牙接口，以实现半固定系统功能

E. 防火堤内的泡沫混合液管道上未发现放空阀

案例 24　防烟和排烟设施检测与验收案例分析

一、情景描述

某商业建筑，建筑总高度为 26m，总建筑面积为 137 519m^2。其地下一层为地下汽车库、人防、设备用房和建筑面积为 10 000m^2 的地下商业。地下汽车库停车数为 499 辆，建筑层高为 3.7m，地面至主梁净高 2.3m，主梁高 0.9m，地下汽车库防火分区面积均小于 4 000m^2，利用主梁划分防烟分区，其面积不大于 2 000m^2，并按排风与排烟兼容的模式工作，且排风口与排烟口分开设置，每个排烟口设计风速不大于 10m/s。其中最大的一个机械排烟系统为 PY（F）–B1–3 系统，为防烟分区Ⅰ（面积 1 426m^2）、防烟分区Ⅱ（面积 1 726m^2）和防烟分区Ⅲ（面积 2 000m^2）服务，其排烟风机的排烟量为 90 000m^3/h。排风与排烟兼容系统如图 2–24–1 所示。

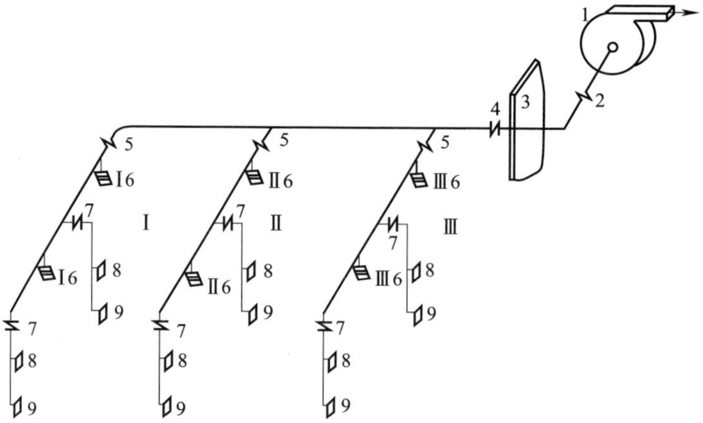

1—排烟风机；2—总排烟防火阀（280℃）；3—风机房隔墙；4—排烟防火阀；5—排烟防火阀（280℃）；
6—排烟口（带排烟阀）；7—电动防火阀（70℃）；8—上排风口；9—下排风口。

图 2-24-1　排风与排烟兼容系统（排风口与排烟口分开设置）

该系统的主排烟风管和每个防烟分区接出的排烟支管上壁贴主梁底敷设。每条支管从主管接出处设有排烟防火阀，在支管的适当位置上设有 2 个带排烟阀的百叶排烟口，均设在风管下壁，平时常闭，每个排烟口距防烟分区最远距离不大于 30m。系统手动启动装置利用排烟阀手柄启动，还有火灾报警系统自动启动控制功能。另外，在每条支管的适当位置上接出 2 条排风竖管，在接出处设 70℃电动防火阀，平时常开，在竖管上还设有上、下 2 个常开百叶风口，上排风口和下排风口按比例排出汽车尾气。主排烟风管进入专用排烟机房并在接入排烟风机前设置 280℃自动关闭的总排烟防火阀，该阀动作后能联动排烟风机停运。该系统所服务的区域设有机械补风系统，补风量为排烟量的 50%。

该地下汽车库设有与地上商业共用的防烟楼梯间并设有机械加压送风系统，采用楼梯间竖向井道加压送风、前室不送风方式，风口为常开百叶风口，风口按“每隔 2 ~ 3 层设一个风口”的原则布置在地上一、三、五层，加压送风量按规范规定在计算值与规定值中取较大值确定，能满足门洞风速的要求。

该系统在消防检测时模拟火灾，现场触发同一防烟分区内两个独立的火灾探测器，建筑内所有通风空调系统的电源自动切断，火灾确认信号自动启动排烟风机运行，并联动打开着火防烟分区的排烟口，当排烟风机前的总排烟防火阀（280℃）自动关闭时，排烟风机联动停运。当进入排风支管的烟温达到 70℃时，支管上的电动防火阀自动关闭，并联动排烟风机停运。排烟风机自动转入排烟工况，并联动开启系统上的 6 个排烟口，随后检测人员用风速仪检测排烟口风速分别为 7m/s、8m/s、8.5m/s、9m/s、9.5m/s、10m/s，检测防烟系统各送风口风速在 5 ~ 7m/s；防烟楼梯间及其前室的余压值分别为 45Pa 和 35Pa。

二、分析要点

本案例包含或涉及下列内容：

（1）防烟排烟系统消防检测的一般技术要求。

（2）防烟排烟系统组件或功能检测的技术要求。

（3）防烟排烟系统功能检测的技术要求。

（4）防烟排烟系统验收的一般规定。

（5）防烟排烟系统工程验收的内容。

（6）防烟排烟系统工程质量验收判定条件。

三、关键知识点及依据

（一）防烟排烟系统消防检测的一般技术要求

根据《建筑消防设施检测技术规程》（XF 503—2004）的规定，防烟排烟系统消防检测的一般技术要求包括：

（1）防烟排烟系统的组件和设备应符合设计选型，并应具有出厂产品合格证，消防产品应具有相关性能检验报告。

（2）防烟排烟系统的组件、设备的永久性铭牌和按规定设置的标志，其文字和数据应齐全、符号应清晰、色标应正确。

（3）防烟排烟系统组件、设备、管道、线槽、支吊架等应完好无损、无锈蚀，设备、管道应无泄漏现象，导线和电缆的连接、绝缘性能、接地电阻等应符合设计要求。

（4）检测用的仪器、仪表等应按国家现行有关规定计量检定合格。

（二）防烟排烟系统组件消防检测的技术要求

1. 控制柜

（1）应注明系统名称和编号的标志。

（2）仪表、指示灯显示应正常，开关及控制按钮应灵活可靠。

（3）应有手动、自动切换装置。

2. 风机

（1）应注明系统名称和编号的标志。

（2）传动带的防护罩、新风入口的防护网应完好。

（3）启动运转平稳，叶轮旋转方向正确，无异常振动与声响。

3. 送风阀、排烟阀、排烟防火阀、电动排烟窗

（1）安装牢固。

（2）开启与复位操作应灵活可靠，关闭时应严密，反馈信号应正确。

（三）防烟排烟系统功能检测的技术要求

1. 机械加压送风系统

（1）应能自动和手动启动相应区域的送风阀、送风机，并向火灾报警控制器反馈信号。

（2）送风口风速不宜大于 7m/s。

（3）防烟楼梯间的余压值应为 40～50Pa，前室、合用前室的余压值应为 25～30Pa。

2. 机械排烟系统

（1）应能自动和手动启动相应区域排烟阀、排烟风机，并向火灾报警控制器反馈信号。设有补风的系统，应在启动排烟风机的同时启动送风机。

（2）排烟口的风速不宜大于 10m/s，排烟量应符合设计要求。

（3）当通风与排烟合用风机时，应能自动切换到高速运行状态。

（4）电动排烟窗系统应具有直接启动或联动控制开启功能。

（四）防烟排烟系统验收的一般规定

根据《建筑防烟排烟系统技术标准》（GB 51251—2017）的规定，防烟排烟系统竣工后，应进行工程验收，验收不合格不得投入使用。工程验收工作应由建设单位负责，并应组织设计、施工、监理等单位共同进行。防烟排烟系统验收时应按《建筑防烟排烟系统技术标准》（GB 51251—2017）的要求填写防烟排烟系统及隐蔽工程验收记录表。

工程竣工验收时，施工单位应提供下列资料：

（1）竣工验收申请报告。

（2）施工图、设计说明书、设计变更通知书和设计审核意见书、竣工图。

（3）工程质量事故处理报告。

（4）防烟排烟系统施工过程质量检查记录。

（5）防烟排烟系统工程质量控制资料检查记录。

（五）防烟排烟系统工程验收的内容

根据《建筑防烟排烟系统技术标准》（GB 51251—2017）的规定，防烟排烟系统工程验收包括以下内容：

（1）防烟排烟系统观感质量的综合验收。

（2）防烟排烟系统设备手动功能的验收。

（3）防烟排烟系统设备应按设计联动启动，并进行功能验收。

（4）自然通风及自然排烟设施验收。

（5）机械防烟系统的验收。

（6）机械排烟系统的性能验收。

（六）防烟排烟系统工程质量验收判定条件

根据《建筑防烟排烟系统技术标准》（GB 51251—2017）的规定，系统工程质量验收判定条件应符合下列规定：

（1）系统的设备、部件型号及规格与设计不符，无出厂质量合格证明文件，消防产品无相关性能检验报告，系统验收不符合《建筑防烟排烟系统技术标准》（GB 51251—2017）第 8.2.2 条～第 8.2.6 条中任一款功能及主要性能参数要求的，定为 A 类不合格。

（2）不符合《建筑防烟排烟系统技术标准》（GB 51251—2017）第 8.1.4 条任一款要求的，定为 B 类不合格。

（3）不符合《建筑防烟排烟系统技术标准》（GB 51251—2017）第 8.2.1 条任一款要求的，定为 C 类不合格。

（4）系统验收合格判定标准为：A=0 且 B≤2，B+C≤6 为合格，否则为不合格。

四、注意事项

（1）测试时，应首先检查系统设置是否符合规范和设计要求，再明确检测方法是否正确，最后根据规范和设计要求核对检测结果。

（2）排烟系统与通风系统宜分开设置。兼作排烟的通风或空气调节系统，其性能应满足机械排烟系统的要求。当排烟口打开时，每个排烟合用系统的管道上，需联动关闭的通风和空气调节系统的控制阀门不应超过 10 个。

（3）采用机械加压送风的场所不应设置百叶窗，且不宜设置可开启外窗。

（4）当送风系统余压值超过最大允许压力差时应采取泄压措施，最大允许压力差应按规范计算确定。

练习题

（一）单项选择题

1. 防烟排烟系统观感质量的综合验收检查，各系统应按不低于（ ）进行抽查。

A. 10% B. 20% C. 30% D. 40%

2. 加压送风口风速不应大于（ ）m/s。

A. 5 B. 6 C. 7 D. 8

3. 防烟排烟系统设备应按设计联动启动，其功能验收检查应按各系统不低于（ ）进行抽查。

A. 10% B. 30% C. 50% D. 100%

（二）多项选择题

1. 工程竣工验收时，施工单位应提供的资料包括（ ）。

A. 竣工验收申请报告和工程质量事故处理报告

B. 施工图、设计说明书、设计变更通知书和设计审核意见书、竣工图

C. 防烟排烟系统施工过程质量检查记录

D. 防烟排烟系统工程质量控制资料检查记录

E. 防烟排烟系统消防检测报告

2. 排烟窗（口）的安装要求包括（ ）。

A. 型号、规格和安装位置符合设计要求

B. 手动开启装置距地面高度 1.3 ~ 1.5m

C. 必须布置在储烟仓以内

D. 自动排烟窗应在 60s 内开启完毕

E. 设置在防火墙两侧的自然排烟窗（口）之间最近边缘的水平距离不应小于 1.0m

3. 下列说法正确的是（ ）。

A. 前室、合用前室、封闭避难层（间）、封闭楼梯间与疏散走道之间的压差应为 25 ~ 30Pa，防烟楼梯间与疏散走道之间的压差应为 40 ~ 50Pa

B. 楼梯间的加压送风口采用常开风口

C. 前室的加压送风口采用常闭风口，对系统进行调试或验收时，模拟火灾后应能联动开启模拟起火层及其上下层的常闭送风口

D. 楼梯间的加压送风口采用常闭风口，对系统进行调试或验收时，模拟火灾后应能联动开启模拟起火层及其上下层的常闭送风口

E. 系统中任一常闭加压送风口开启时，加压风机应能联动启动，且能保证送风机在280℃环境下连续工作0.5h

（三）案例分析题

根据情景描述，回答下列问题：

1. 对防烟排烟系统设备手动功能进行检测，下列检测结果符合现行国家标准要求的有（　　）。

A. 送风机、排烟风机能正常手动启动和停止

B. 送风口、排烟阀或排烟口能正常手动开启和复位

C. 活动挡烟垂壁能正常手动开启和复位

D. 排烟窗能正常手动开启和复位

E. 消防控制室能显示相关设备的状态信号或动作信号

2. 对防烟排烟系统联动功能进行检测，下列检测结果符合现行国家标准要求的有（　　）。

A. 活动挡烟垂壁在30s内开启到位

B. 火灾确认后10s联动开启送风口和送风机

C. 排风支管上的电动防火阀（70℃）在感温关闭后联动关闭排烟风机

D. 排烟风机前的总排烟防火阀（280℃）自动关闭时联动关闭排烟风机

E. 火灾信号确认后，防火分区内的排烟口全部开启

3. 对机械防烟系统进行检测，下列做法符合现行国家标准要求的有（　　）。

A. 选取第一、二、三层进行测试

B. 分别对楼梯间和前室进行测试

C. 测试楼梯间和前室疏散门的门洞断面风速时，同时开启3个楼层的疏散门

D. 测试封闭避难层余压值时，开启避难层的门和窗

E. 选取50%数量进行抽查

4. 对机械排烟系统进行检测，下列检测结果符合现行国家标准要求的有（　　）。

A. 排烟口风速8m/s

B. 担负两个及以上防烟分区的排烟系统，着火时打开所有防烟分区的排烟阀或排烟口

C. 设有补风的系统，启动排烟风机的同时送风机也启动

D. 排烟风机可以手动或自动开启

E. 当通风与排烟合用风机时，风机能自动切换到高速运行状态

5. 某检测机构对该建筑进行消防设施检测，下列检测结果不符合现行国家标准要求的有（　　）。

A. 当进入排风支管的烟温达到70℃时，支管上的电动防火阀自动关闭，并联动排烟风机停运

B. 系统手动启动装置利用排烟阀手柄启动

C. 支管从主管接出处设有排烟防火阀

D. 现场触发同一防烟分区内两个独立的火灾探测器，建筑内所有通风空调系统的电

源自动切断

E. 火灾确认信号联动启动排烟风机运行

案例 25 消防应急照明和疏散指示系统检查与维护保养案例分析

一、情景描述

某商业综合体，建筑高度为 24m，建筑面积为 15 890m^2，地下一层为车库、消防控制室、配电间、消防水泵房；地上一层至地上三层为商场，四层为餐饮。该综合体按现行国家相关消防工程技术标准的要求设置了疏散走道、疏散楼梯和安全出口、消防应急照明和疏散指示系统等疏散设施。

综合体二层营业厅内设置了消防应急照明灯具，营业厅安全出口上方设置了出口标志灯，墙面上设置了壁挂式方向标志灯，地面上设置了地埋式双向方向标志灯和地埋式单向方向标志灯，全楼疏散楼梯间内共设置了楼层标志灯 21 只，所有消防应急灯具均为集中电源型，并由 4 台应急照明集中电源供电。二层消防应急灯具平面布置图如图 2-25-1 所示。

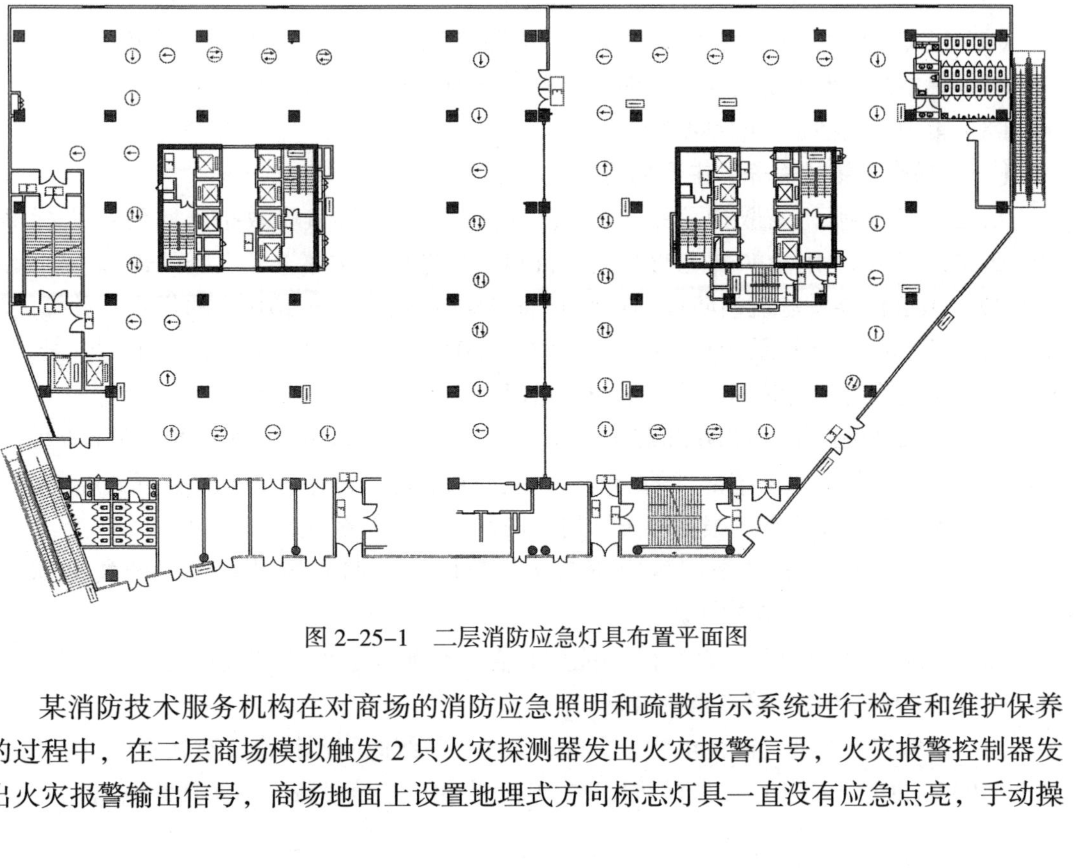

图 2-25-1 二层消防应急灯具布置平面图

某消防技术服务机构在对商场的消防应急照明和疏散指示系统进行检查和维护保养的过程中，在二层商场模拟触发 2 只火灾探测器发出火灾报警信号，火灾报警控制器发出火灾报警输出信号，商场地面上设置地埋式方向标志灯具一直没有应急点亮，手动操作应急照明控制器应急启动，所有应急照明和疏散指示灯具转入应急工作状态。

二、分析要点

本案例包含或涉及下列内容：

（1）消防应急照明和疏散指示系统检查、检测与维护保养的依据。

（2）消防应急照明和疏散指示系统检测的主要内容。

（3）消防应急照明和疏散指示系统检查与维护保养的主要内容。

三、关键知识点及依据

（一）检查、检测与维护保养的主要依据

（1）《建筑防火通用规范》（GB 55037—2022）。

（2）《消防应急照明和疏散指示系统技术标准》（GB 51309—2018）。

（3）《建筑消防设施的维护管理》（GB 25201—2010）。

（二）消防应急照明和疏散指示系统检测的主要内容

（1）文件资料的符合性、齐全性。

（2）系统形式和功能选择。

（3）系统线路设计的符合性。

（4）布线的符合性。

（5）灯具（消防应急照明灯具、消防应急疏散标志灯具）的选型、安装及功能要求。

（6）供配电设备（应急照明集中电源、应急照明配电箱）的选型、安装及功能要求。

（7）集中控制型系统的应急照明控制器的选型、安装及功能要求。

（8）集中控制型系统的系统功能。

（三）检查与维护保养的主要内容

消防应急照明和疏散指示系统应按《消防应急照明和疏散指示系统技术标准》（GB 51309—2018）附录F规定的巡查项目和内容进行日常巡查，巡查的部位、频次应符合现行国家标准《建筑消防设施的维护管理》（GB 25201—2010）的规定，并按《消防应急照明和疏散指示系统技术标准》（GB 51309—2018）附录F的规定填写记录。巡查过程中发现设备外观破损、设备运行异常时应立即报修。

每年应按《消防应急照明和疏散指示系统技术标准》（GB 51309—2018）表7.0.5规定的检查项目、数量对系统部件的功能、系统的功能进行检查，并应符合下列规定：

（1）系统的年度检查可根据检查计划，按月度、季度逐步进行。

（2）月度、季度的检查数量应符合《消防应急照明和疏散指示系统技术标准》（GB 51309—2018）表7.0.5的规定。

（3）系统部件的功能、系统的功能应符合《消防应急照明和疏散指示系统技术标准》（GB 51309—2018）第5章的规定。

（4）系统在蓄电池电源供电状态下的应急工作持续时间不符合《建筑防火通用规范》（GB 55037—2022）第10.1.4条的规定时，应更换相应系统设备或更换其蓄电池（组）。

练习题

（一）单项选择题

1. 本案例中，商场疏散楼梯间的地面水平最低照度不应低于（　　）lx。

A. 1.0　　B. 3.0　　C. 5.0　　D. 10.0

2. 本案例中，消防应急照明和疏散指示系统应急启动后，系统的最小持续应急工作时间不应低于（　　）min。

A. 30　　B. 45　　C. 90　　D. 180

3. 应急照明集中电源设置在电气竖井内时，其额定输出功率不应大于（　　）kW。

A. 1　　B. 3　　C. 5　　D. 2

4. 本案例中，营业厅的地面水平最低照度不应低于（　　）lx。

A. 1.0　　B. 3.0　　C. 5.0　　D. 10.0

（二）多项选择题

1. 下列关于消防应急灯具的分类中，按照用途分类的有（　　）。

A. 消防应急标志灯具　　B. 集中电源型消防应急灯具

C. 非持续型消防应急灯具　　D. 消防应急照明灯具

E. 非集中控制型消防应急灯具

2. 下列关于消防应急照明和疏散指示系统布线，错误的做法有（　　）。

A. 暗敷的系统线路采用可弯曲金属电气导管保护

B. 明敷的系统线路采用 B1 级及以上的刚性塑料管保护

C. 明敷的系统线路采用金属管、可弯曲金属电气导管或槽盒保护

D. 耐火电缆直接明敷

E. 矿物绝缘类不燃性电缆直接明敷

3. 下列场所设置的消防应急照明和疏散指示系统应急启动后，系统持续应急工作时间满足《消防应急照明和疏散指示系统技术标准》(GB 51309—2018) 相关要求的有（　　）。

A. 建筑高度为 150m 的民用建筑系统持续应急工作时间为 1.5h

B. 医疗建筑系统持续应急工作时间为 1.0h

C. 建筑高度为 80m 的办公建筑系统持续应急工作时间为 0.5h

D. 建筑高度为 25m 的民用建筑系统持续应急工作时间为 0.3h

E. 养老院系统持续应急工作时间为 2.0h

4. 下列部件中，可组成灯具采用集中电源供电方式的集中控制型系统的有（　　）。

A. 应急照明控制器　　B. 集中控制集中电源型方向标志灯

C. 集中控制型集中电源　　D. 集中控制型应急照明配电箱

E. 自带电源集中控制型照明灯

（三）案例分析题

根据情景描述，回答下列问题：

1. 四层餐厅，室内净空高度为 4m，在维护保养时下列灯具中可以选用的有（　　）。

A. 自带电源 A 型地埋方向标志灯　　B. A 型出口标志灯
C. B 型照明灯　　D. A 型多信息复合标志灯
E. B 型地埋方向标志灯

2. 检查消防应急照明和疏散指示系统，下列场所中的消防应急灯具应独立设置配电回路的有（　　）。

A. 消防控制室　　B. 封闭楼梯间
C. 配电间　　D. 消防水泵房
E. 敞开楼梯间

3. 在二层商场模拟触发 2 只火灾探测器发出火灾报警信号，地面疏散指示标志灯具未联动点亮的原因有（　　）。

A. 疏散指示标志灯具未按照设计文件要求调试
B. 疏散指示标志灯具与消防联动控制器之间连线断开
C. 疏散指示标志灯具与应急照明控制器之间连线断开
D. 系统设计逻辑关系不正确
E. 消防联动控制器输出模块故障

4. 维修或更换消防应急照明和疏散指示系统电气线路，下列选择正确的有（　　）。

A. 系统线路选择铜芯导线或铜芯电缆
B. 地面上设置的标志灯的配电线路选择耐腐蚀橡胶线缆
C. 地面上设置的标志灯的通信线路选择耐火电缆
D. 控制器和集中电源间的通信线路采用阻燃电缆
E. 控制器和集中电源间的通信线路采用耐火光纤

5. 维修更换商场地埋式方向标志灯，下列选择正确的有（　　）。

A. 可采用蓄光型指示标志替代地埋式方向标志灯具
B. 标志灯应选择集中电源 A 型灯具
C. 标志灯应选择集中电源 B 型灯具
D. 标志灯的防护等级不应低于 IP67
E. 标志灯可采用非持续型灯具

案例 26　火灾自动报警系统检测与验收案例分析

一、情景描述

某购物广场地上 3 层、地下 1 层，建筑高度为 23m，是由以产权式店铺为主的商场和超市、电影院组成的商业综合体。平面功能见表 2–26–1，首层平面如图 2–26–1 所示，火灾自动报警系统如图 2–26–2 所示。

表 2-26-1　某购物广场平面功能表

楼层位置	使用功能
屋顶层	影院夹层及其他设备用房
三层	商业店铺 / 电影院
二层	商业店铺 / 超市
一层	商业店铺 / 主题餐厅
地下一层	汽车库 / 设备用房 / 卸货区

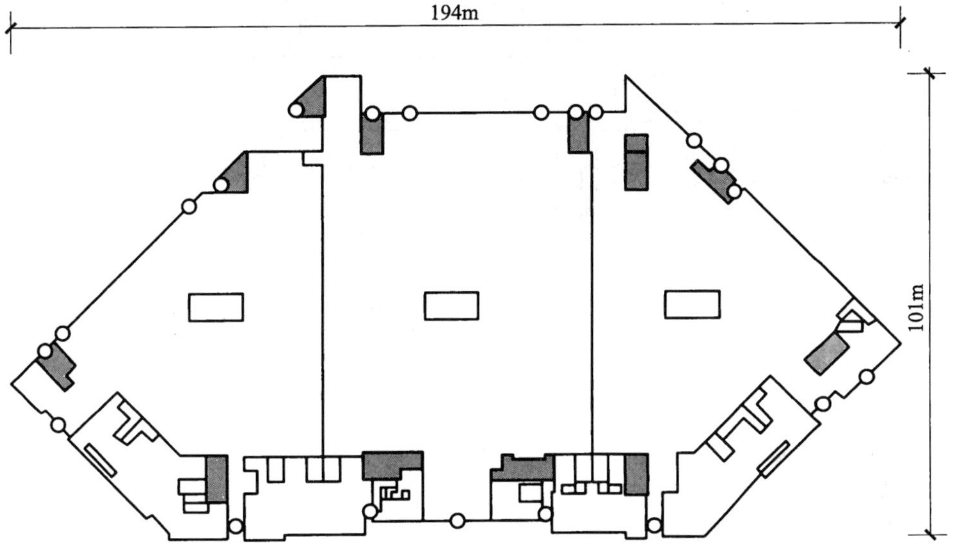

图 2-26-1　首层平面示意图

本建筑为多层商业综合体，属于多种功能组合建筑，设置消火栓系统、自动喷水灭火系统、机械防烟排烟系统、消防应急照明和疏散指示系统、火灾自动报警系统等。火灾自动报警系统主要由火灾探测器、手动报警按钮、火灾报警控制器、消防联动控制器、消防应急广播、火灾声光警报装置、消防专用电话等组成。消防控制室内设置火灾报警控制器、消防联动控制器、消防控制室图形显示装置、消防应急广播设备、消防专用电话设备等。

火灾探测器采用点型感烟火灾探测器、点型感温火灾探测器、线型光束感烟火灾探测器。点型感烟火灾探测器主要设在商场、办公室、机房、设备用房等独立房间和走道内，点型感温火灾探测器主要设在汽车库、厨房内，在中庭内设置线型光束感烟火灾探测器。

该综合体在验收前委托消防技术服务机构对建筑消防设施，包括火灾自动报警系统进行了消防技术检测，并出具了检测报告。在对检测报告中存在的问题进行整改后，建设单位组织设计、监理、检测等单位对建筑消防设施进行了消防验收。

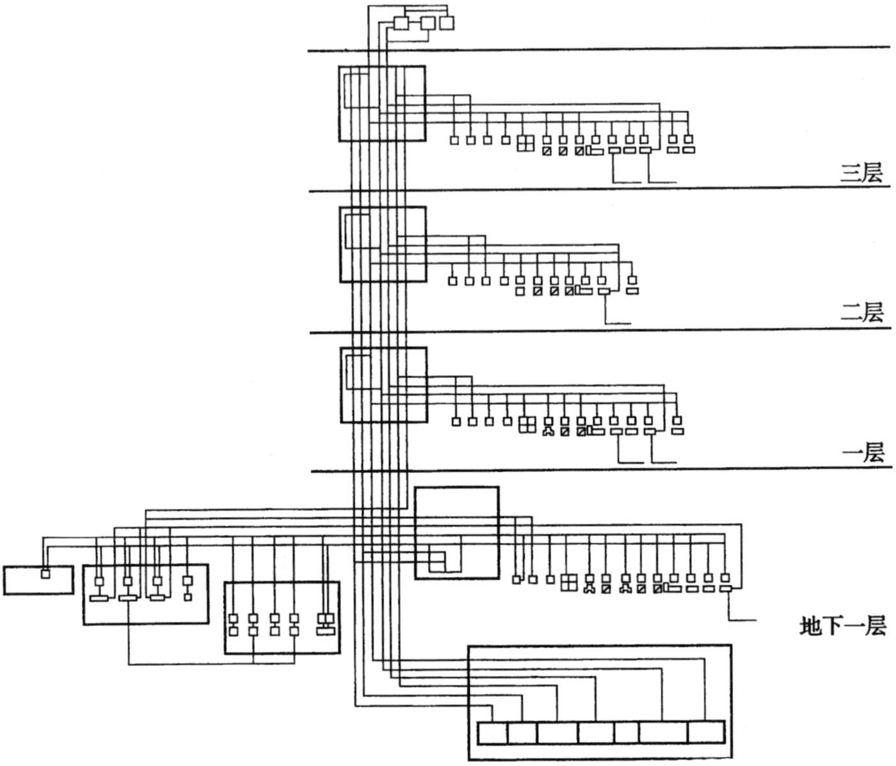

图 2-26-2　火灾自动报警系统图

二、分析要点

本案例包含或涉及下列内容：

（1）火灾自动报警系统检测与验收的主要依据。

（2）火灾自动报警系统检测与验收的主要内容。

（3）火灾自动报警系统验收合格判定条件。

三、关键知识点及依据

（一）检测与验收的主要依据

（1）《建筑防火通用规范》（GB 55037—2022）。

（2）《消防设施通用规范》（GB 55036—2022）。

（3）《火灾自动报警系统设计规范》（GB 50116—2013）。

（4）《火灾自动报警系统施工及验收标准》（GB 50166—2019）。

（5）《建筑消防设施检测技术规程》（XF 503—2004）。

（二）检测与验收的主要内容

（1）消防控制室。

（2）布线。

（3）火灾报警控制器。

（4）火灾探测器。

（5）手动火灾报警按钮、火灾声光警报器、火灾显示盘。

（6）消防联动控制器、模块。

（7）消防电话总机、电话分机、电话插孔。

（8）消防设备应急电源、传输设备。

（9）火灾警报器、消防应急广播控制设备、扬声器、火灾警报和消防应急广播系统控制。

（10）各系统的联动控制。

练习题

（一）单项选择题

1.（　　）是火灾自动报警系统中用以接收、显示和传递火灾报警信号，并能发出控制信号和其他辅助功能的控制指示设备。

A. 火灾探测器　　B. 火灾报警装置

C. 火灾警报装置　　D. 火灾报警按钮

2. 从一个防火分区内的任何位置到最邻近的一个手动火灾报警按钮的距离，不应大于（　　）m。

A. 20　　B. 25

C. 30　　D. 40

3. 火灾自动报警系统的主电源应采用（　　）。

A. 消防电源　　B. 动力电源

C. 照明电源　　D. 直流电流

4. 火灾探测器周围（　　）m 内不应有遮挡物。

A. 2.0　　B. 3.0

C. 0.5　　D. 1.0

（二）多项选择题

1. 关于消防控制室下列说法正确的是（　　）。

A. 设有火灾自动报警系统的保护对象应设置消防控制室

B. 消防控制室应有相应的竣工图纸、各分系统控制逻辑关系说明、设备使用说明书、系统操作规程、应急预案、值班制度、维护保养制度及值班记录等文件资料

C. 消防控制室送、回风管的穿墙处应设防火阀

D. 消防控制室内严禁穿过与消防设施无关的电气线路及管路

E. 消防控制室不应设置在电磁场干扰较强及其他影响消防控制室设备工作的设备用房附近

2. 宜选择点型感温火灾探测器的场所是（　　）。

A. 厨房　　B. 锅炉房

C. 地下车库　　D. 吸烟室

E. 产生大量粉尘的车间

3.《火灾自动报警系统施工及验收标准》(GB 50166—2019)根据检测、验收项目对系统工程质量影响严重程度的不同，将检测、验收的项目划分为 A、B、C 三个类别，下列项目中属于 A 类的有（　　）。

A. 系统内的设备及配件规格、型号与设计文件不符

B. 系统内的设备及配件无国家相关认证证书和检验报告

C. 系统内的任一控制器和火灾探测器无法发出报警信号

D. 无法实现设计要求的联动功能

E. 验收前提供资料不符合要求

4. 关于火灾自动报警系统布线的检测、验收项目有（　　）。

A. 导管和线槽的选型　　B. 导管和线槽的阻燃性

C. 系统线路的选型　　D. 槽盒、导管的安装质量

E. 电线电缆的敷设质量

（三）案例分析题

根据情景描述，回答下列问题：

1. 检测火灾自动报警系统，下列因素中能造成显示“备电故障”报警信息的有（　　）。

A. 蓄电池损坏　　B. 备电开关关闭

C. 充电器与蓄电池连接线断路　　D. 蓄电池充电回路保险断路

E. 供电的双路电源箱中备用电源断电

2. 消防技术服务机构对点型感烟（感温）火灾探测器进行检查，下列检查结果符合规范规定的有（　　）。

A. 地下一层汽车库探测器距墙梁边的水平距离为 0.5 ~ 1.0m

B. 地上一层餐厅探测器与墙壁的水平距离为 1.0 ~ 1.5m

C. 地上二层超市内探测器至空调送风口边的水平距离为 1.0 ~ 3.0m

D. 地上顶层设备用房走道宽度为 2.5m，在走道顶棚上居中安装的感温火灾探测器间距为 15m

E. 地上三层商场内探测器至多孔送风顶棚孔口的水平距离为 0.5 ~ 0.9m

3. 检测防火门监控系统，下列因素中能造成显示防火门故障报警信息的有（　　）。

A. 防火门关闭不严

B. 防火门状态监视模块故障

C. 防火门监控系统总线与地上三层回路之间断路

D. 地上三层防火门监控系统总线回路短路

E. 防火门门磁开关损坏

4. 消防控制室图形显示装置上显示“通信故障报警”后，下列处理方式中正确的有（　　）。

A. 关闭火灾报警控制器，以免线路故障损坏控制器

B. 拆下信号线，分段测量对地绝缘电阻，检修故障部位线路

C. 检查消防控制室图形显示装置的外接线接线端子

D. 排查通信线的敷设范围，检查确认是否因装修等原因导致线路损坏

E. 测试报警功能是否正常，如果报警功能正常可以不进行处理

5. 维修更换点型感烟火灾探测器，下列安装距离中正确的有（　　）。

A. 探测器至墙壁、梁边的水平距离不应小于 0.5m

B. 探测器周围水平距离 0.5m 内不应有遮挡物

C. 探测器至空调送风口最近边的水平距离不应小于 1.0m，至多孔送风顶棚孔口的水平距离不应小于 0.5m

D. 安装在宽度小于 3m 的内走道顶棚上时点型感温火灾探测器的安装间距不应超过 10m

案例 27　灭火器的配置、验收和检查与维护案例分析

一、情景描述

某酒店地上 7 层、地下 1 层，建筑高度为 30m，每层建筑面积均为 2 000m^2，总建筑面积为 16 000m^2。地下一层设置生活给水泵房、消防水泵房、消防水池、配电室等。首层为大堂、餐饮多功能厅及厨房等，地上二至七层为旅馆客房，每层设 3 个 DN65 室内消火栓，消火栓间距小于 25.0m；各层均设有自动喷水灭火系统，并配置了灭火器。

2022 年 3 月 20 日某消防技术服务机构对该酒店的灭火器配置等进行检查，地上二至七层为客房层，每个室内消火栓箱内带灭火器箱，均配置 MF/ABC4 灭火器 2 具；一层多功能厅和厨房每个灭火器配置点均配置 MF/ABC4 灭火器 2 具；地下一层配电室每个灭火器配置点均配置 MF/ABC4 灭火器 2 具，检查地下一层配电室的灭火器外观完整，维修日期为 2020 年 8 月 20 日，灭火器生产日期是 2010 年 12 月 20 日。

二、分析要点

本案例包含或涉及下列内容：

（1）灭火器类型的选择。

（2）灭火器的配置。

（3）灭火器的配置验收。

（4）灭火器的检查和维护。

三、关键知识点及依据

（一）灭火器类型的选择

灭火器的配置类型应与配置场所的火灾种类和危险等级相适应，A 类火灾场所应选择同时适用于 A 类、E 类火灾的灭火器。B 类火灾场所应选择适用于 B 类火灾的灭火器。B 类火灾场所存在水溶性可燃液体（极性溶剂）且选择水基型灭火器时，应选用抗溶性的灭火器。C 类火灾场所应选择适用于 C 类火灾的灭火器。D 类火灾场所应根据金属的种类、物态及其特性选择适用于特定金属的专用灭火器。E 类火灾场所应选择适用于 E 类火灾的灭火器。带电设备电压超过 1kV 且灭火时不能断电的场所不应使用灭火器带电扑救。F 类火灾场所应选择适用于 E 类、F 类火灾的灭火器。当配置场所存在多种火灾时，应选用能同时适用扑救该场所所有种类火灾的灭火器。

（二）灭火器的配置

（1）根据《建筑设计防火规范》（GB 50016—2014，2018 年版）第 8.1.10 条的规定，该酒店各层均应配置灭火器。

（2）根据《建筑灭火器配置设计规范》（GB 50140—2005）的规定，见表 2-27-1 民用建筑灭火器配置场所的危险等级举例，该酒店首层的多功能厅和厨房及公共活动用房的灭火器配置场所危险等级应为严重危险级，地下一层配电室的灭火器配置场所危险等级应为中危险级，客房及其他设备用房的灭火器配置场所危险等级为轻危险级。

表 2-27-1　民用建筑灭火器配置场所的危险等级举例

危险等级	举例
严重危险级	县级及以上的文物保护单位、档案馆、博物馆的库房、展览室、阅览室
	设备贵重或可燃物多的实验室
	广播电台、电视台的演播室、道具间和发射塔楼
	专用电子计算机房
	城镇及以上的邮政信函和包裹分检房、邮袋库、通信枢纽及其电信机房
	客房数在 50 间以上的旅馆、饭店的公共活动用房、多功能厅、厨房
	体育场（馆）、电影院、剧院、会堂、礼堂的舞台及后台部位
	住院床位在 50 张及以上的医院的手术室、理疗室、透视室、心电图室、药房、住院部、门诊部、病历室
	建筑面积在 2 000m^2 及以上的图书馆、展览馆的珍藏室、阅览室、书库、展览厅
	民用机场的候机厅、安检厅及空管中心、雷达机房

续表 2-27-1

危险等级	举例
严重危险级	超高层建筑和一类高层建筑的写字楼、公寓楼
	电影、电视摄影棚
	建筑面积在 1 000m^2 及以上的经营易燃易爆化学物品的商场、商店的库房及铺面
	建筑面积在 200m^2 及以上的公共娱乐场所
	老人住宿床位在 50 张及以上的养老院
	幼儿住宿床位在 50 张及以上的托儿所、幼儿园
	学生住宿床位在 100 张及以上的学校集体宿舍
	县级及以上的党政机关办公大楼的会议室
	建筑面积在 500m^2 及以上的车站和码头的候车（船）室、行李房
	城市地下铁道、地下观光隧道
	汽车加油站、加气站
	机动车交易市场（包括旧机动车交易市场）及其展销厅
	民用液化气、天然气灌装站、换瓶站、调压站
中危险级	县级以下的文物保护单位、档案馆、博物馆的库房、展览室、阅览室
	一般的实验室
	广播电台电视台的会议室、资料室
	设有集中空调、电子计算机、复印机等设备的办公室
	城镇以下的邮政信函和包裹分检房、邮袋库、通信枢纽及其电信机房
	客房数在 50 间以下的旅馆、饭店的公共活动用房、多功能厅和厨房
	体育场（馆）、电影院、剧院、会堂、礼堂的观众厅
	住院床位在 50 张以下的医院的手术室、理疗室、透视室、心电图室、药房、住院部、门诊部、病历室
	建筑面积在 2 000m^2 以下的图书馆、展览馆的珍藏室、阅览室、书库、展览厅
	民用机场的检票厅、行李厅
	二类高层建筑的写字楼、公寓楼

续表 2-27-1

危险等级	举例
中危险级	高级住宅、别墅
	建筑面积在 1 000m² 以下的经营易燃易爆化学物品的商场、商店的库房及铺面
	建筑面积在 200m² 以下的公共娱乐场所
	老人住宿床位在 50 张以下的养老院
	幼儿住宿床位在 50 张以下的托儿所、幼儿园
	学生住宿床位在 100 张以下的学校集体宿舍
	县级以下的党政机关办公大楼的会议室
	学校教室、教研室
	建筑面积在 500m² 以下的车站和码头的候车（船）室、行李房
	百货楼、超市、综合商场的库房、铺面
	民用燃油、燃气锅炉房
	民用的油浸变压器室和高、低压配电室
轻危险级	日常用品小卖店及经营难燃烧或非燃烧的建筑装饰材料商店
	未设集中空调、电子计算机、复印机等设备的普通办公室
	旅馆、饭店的客房
	普通住宅
	各类建筑物中以难燃烧或非燃烧的建筑构件分隔的并主要存贮难燃烧或非燃烧材料的辅助房间

1）灭火器配置中的设置要求。该建筑各楼层根据不同的使用性质，其灭火器配置场所危险等级不同，应区别对待。A 类火灾场所灭火器的最低配置基准见表 2-27-2，A 类火灾场所灭火器的最大保护距离见表 2-27-3。

表 2-27-2　A 类火灾场所灭火器的最低配置基准

危险等级	严重危险级	中危险级	轻危险级
单具灭火器最小配置灭火级别	3A	2A	1A
单位灭火级别最大保护面积 /（m²/A）	50	75	100

表 2-27-3　A 类火灾场所灭火器的最大保护距离　单位：m

危险等级	手提式灭火器	推车式灭火器
严重危险	15	30
中危险级	20	40
轻危险级	25	50

2）计算单元中每个灭火器设置点的灭火器配置数量应根据配置场所内的可燃物分布情况确定。所有设置点配置的灭火器灭火级别之和不应小于该计算单元的保护面积与单位灭火级别最大保护面积的比值。

3）计算单元中每个灭火器设置点的最小需配灭火级别，按 $Q_e=Q/N$ 计算。

4）建筑灭火器配置类型、规格和灭火级别参照表 2-27-5 和表 2-27-6 的规定。

表 2-27-5　手提式灭火器配置类型、规格和灭火级别

灭火器类型	灭火剂充装量（规格）		灭火器类型规格代码（型号）	灭火级别	
	L	kg		A 类	B 类
水型	3	—	MS/Q3	1A	—
			MS/T3		55B
	6	—	MS/Q6	1A	—
			MS/T6		55B
	9	—	MS/Q9	2A	—
			MS/T9		89B
干粉（磷酸铵盐）	—	1	MF/ABC1	1A	21B
	—	2	MF/ABC2	1A	21B
	—	3	MF/ABC3	2A	34B
	—	4	MF/ABC4	2A	55B
	—	5	MF/ABC5	3A	89B
	—	6	MF/ABC6	3A	89B
	—	8	MF/ABC8	4A	144B
	—	10	MF/ABC10	6A	144B

续表 2-27-5

灭火器类型	灭火剂充装量（规格）		灭火器类型规格代码（型号）	灭火级别	
	L	kg		A 类	B 类
二氧化碳	—	2	MT2	—	21B
	—	3	MT3	—	21B
	—	5	MT5	—	34B
	—	7	MT7	—	55B

表 2-27-6　推车式灭火器类型、规格和灭火级别

灭火器类型	灭火剂充装量（规格）		灭火器类型规格代码（型号）	灭火级别	
	L	kg		A 类	B 类
水型	20	—	MST20	4A	—
	45	—	MST40	4A	—
	60	—	MST60	4A	—
	125	—	MST125	6A	—
泡沫	20	—	MPT20、MPT/AR20	4A	113B
	45	—	MPT40、MPT/AR40	4A	144B
	60	—	MPT60、MPT/AR60	4A	233B
	125	—	MPT125 MPT/AR125	6A	297B
干粉（磷酸铵盐）	—	20	MFT/ABC20	6A	183B
	—	50	MFT/ABC50	8A	297B
	—	100	MFT/ABC100	10A	297B
	—	125	MFT/ABC125	10A	297B
二氧化碳	—	10	MTT10	—	55B
	—	20	MTT20	—	70B
	—	30	MTT30	—	113B
	—	50	MTT50	—	183B

灭火器配置设计的计算单元的划分：一个楼层或一个水平防火分区内各场所的危险等级和火灾种类相同时，可将其作为一个计算单元；一个楼层或一个水平防火分区内各

场所的危险等级和火灾种类不相同时，应将其分别作为不同的计算单元；同一计算单元不得跨越防火分区和楼层。

以地下一层配电室为例，配电室为中危险级 A 类火灾场所（含有 E 类火灾场所），其部分设置要求如下：每个灭火器配置计算单元内的灭火器设置点最大保护距离为 20m；配置的每具手提式灭火器的灭火级别应大于或等于 2A；灭火器应设置在位置明显和便于取用的地点，且不应影响人员安全疏散。当确需设置在有视线障碍的设置点时，应设置指示灭火器位置的醒目标志。

（三）灭火器的配置验收

灭火器配置后，必须进行验收，验收不合格不得投入使用。灭火器配置验收应由建设单位组织设计、安装、监理等单位按照建筑灭火器配置设计文件进行。灭火器的配置验收抽查数量：随机抽查 20%。灭火器配置验收的重点如下：

（1）灭火器的类型、规格、灭火级别和配置数量应符合建筑灭火器配置设计要求。

（2）灭火器的产品质量必须符合国家有关产品标准的要求。

（3）在同一灭火器配置单元内，采用不同类型灭火器时，其灭火剂应能相容。

（4）灭火器的保护距离应符合《建筑灭火器配置设计规范》（GB 50140—2005）的有关规定，灭火器的设置应保证配置场所的任一点都在灭火器设置点的保护范围内。

（5）灭火器设置点、灭火器箱、灭火器托架、挂钩、推车灭火器和灭火器标识及摆放要求应符合《建筑灭火器配置验收及检查规范》（GB 50444—2008）的规定。

（四）灭火器的检查与维护

根据《建筑灭火器配置验收及检查规范》（GB 50444—2008）的规定，灭火器的检查与维护应由相关技术人员承担，需维修、报废的灭火器应由灭火器生产企业或专业维修单位进行。单位每次送修的灭火器数量不得超过计算单元配置灭火器总数量的 1/4。超出时，应选择相同类型和操作方法的灭火器替代，替代灭火器的灭火级别不应小于原配置灭火器的灭火级别。检查或维修后的灭火器均应按原设置点位置摆放。

1. 检查

灭火器的配置、外观等应按表 2-27-7 的要求每月进行一次检查；候车（机、船）室、歌舞娱乐放映游艺等人员密集的公共场所、堆场、罐区、石油化工装置区、加油站、锅炉房、地下室等场所每半个月进行一次检查。

表 2-27-7　建筑灭火器检查内容、要求及记录

检查内容和要求		检查记录	检查结论
配置检查	灭火器是否放置在配置图表规定的设置点位置		
	灭火器的落地、托架、挂钩等设置方式是否符合配置设计要求。手提式灭火器的挂钩、托架安装后是否能承受一定的静荷载，并不出现松动、脱落、断裂和明显变形		

续表 2-27-7

检查内容和要求		检查记录	检查结论
配置检查	灭火器的铭牌是否朝外，并且器头宜向上		
	灭火器的类型、规格、灭火级别和配置数量是否符合配置设计要求		
	灭火器配置场所的使用性质，包括可燃物的种类和物态等，是否发生变化		
	灭火器是否达到送修条件和维修期限		
	灭火器是否达到报废条件和报废期限		
	室外灭火器是否有防雨、防晒等保护措施		
	灭火器周围是否存在障碍物、遮挡、拴系等影响取用的现象		
	灭火器箱是否上锁，箱内是否干燥、清洁		
	特殊场所中灭火器的保护措施是否完好		
外观检查	灭火器的铭牌是否无残缺，并清晰明了		
	灭火器铭牌上关于灭火剂、驱动气体的种类、充装压力、总质量、灭火级别、制造厂名和生产日期或维修日期等标志及操作说明是否齐全		
	灭火器的铅封、销闩等保险装置是否未损坏或遗失		
	灭火器的筒体是否无明显的损伤（磕伤、划伤）、缺陷、锈蚀（特别是筒底和焊缝）、泄漏		
	灭火器喷射软管是否完好、无明显龟裂，喷嘴不堵塞		
	灭火器的驱动气体压力是否在工作压力范围内（储压式灭火器查看压力指示器是否指示在绿区范围内，二氧化碳灭火器和储气瓶式灭火器可用称重法检查）		
	灭火器的零部件是否齐全，并且无松动、脱落或损伤		
	灭火器是否未开启、喷射过		

2. **维修**

存在机械损伤、明显锈蚀、灭火剂泄漏、被开启使用过或符合其他维修条件的灭火器应及时进行维修。灭火器的维修期限应符合表 2-27-8 的规定。

表 2-27-8　灭火器的维修期限

灭火器类型		维修期限
水基型灭火器	手提式水基型灭火器	出厂期满 3 年 首次维修以后每满 1 年
	推车式水基型灭火器	
干粉灭火器	手提式（贮压式）干粉灭火器	出厂期满 5 年 首次维修以后每满 2 年
	手提式（储气瓶式）干粉灭火器	
	推车式（贮压式）干粉灭火器	
	推车式（储气瓶式）干粉灭火器	
洁净气体灭火器	手提式洁净气体灭火器	
	推车式洁净气体灭火器	
二氧化碳灭火器	手提式二氧化碳灭火器	
	推车式二氧化碳灭火器	

3. **报废**

（1）符合下列情形之一的灭火器应报废：

1）筒体锈蚀面积大于或等于筒体总表面积的 1/3，表面有凹坑。

2）筒体明显变形，机械损伤严重。

3）器头存在裂纹、无泄压机构。

4）存在筒体为平底等结构不合理现象。

5）没有间歇喷射机构的手提式灭火器。

6）不能确认生产单位名称和出厂时间，包括铭牌脱落，铭牌模糊、不能分辨生产单位名称，出厂时间钢印无法识别等。

7）筒体有锡焊、铜焊或补缀等修补痕迹。

8）被火烧过。

9）出厂时间达到或超过表 2-27-9 规定的最大报废期限。

表 2-27-9　灭火器的最大报废期限　　单位：年

灭火器类型		报废期限
水基型灭火器	手提式水基型灭火器	6
	推车式水基型灭火器	
干粉灭火器	手提式（贮压式）干粉灭火器	10
	手提式（储气瓶式）干粉灭火器	
	推车式（贮压式）干粉灭火器	
	推车式（储气瓶式）干粉灭火器	
洁净气体灭火器	手提式洁净气体灭火器	
	推车式洁净气体灭火器	
二氧化碳灭火器	手提式二氧化碳灭火器	12
	推车式二氧化碳灭火器	

四、注意事项

（1）灭火器应设置在位置明显和便于取用的地点，且不得影响安全疏散。

（2）在同一灭火器配置场所，当选用两种或两种以上类型灭火器时，应采用灭火剂相容的灭火器。

（3）灭火器报废后，应按照等效替代的原则进行更换。

练习题

（一）单项选择题

1. 下列建筑或场所中，均应按中危险级配置灭火器的是（　　）。

A. 电缆隧道、工厂的分控室、卷烟厂包装厂房

B. 油淬火处理车间、木工厂厂房、氟利昂厂房

C. 变压器油罐桶间、沥青加工厂厂房、植物油加工精炼部位

D. 中药材库房、谷物筒仓工作塔，原木库房

2. 下列灭火器中，不适用于扑救 E 类火灾的是（　　）。

A. 磷酸铵盐干粉灭火器　　B. 碳酸氢钠干粉灭火器

C. 泡沫灭火器　　D. 二氧化碳灭火器

3. 某单位工作人员在对本单位配置的灭火器进行检查时，发现其中一具干粉灭火器筒体表面轻微锈蚀，筒体有锡焊的修补痕迹，压力指针在绿区范围内。根据现行国家标准《建筑灭火器配置验收及检查规范》（GB 50444—2008），对该具灭火器的处置措施正确的是（　　）。

A. 筒体锈蚀处涂漆　　B. 送修

C. 采取防潮措施　　　　D. 报废

4. 对某建筑面积为 300m^2 的网吧配置的灭火器进行竣工验收，根据《建筑灭火器配置验收及检查规范》(GB 50444—2008)，下列验收检查结果中不符合规范要求的是(　　)。

A. 配置了手提式 MF/ABC4 型灭火器

B. 每个灭火器箱内放置 2 具灭火器，灭火器箱的布置间距为 20m

C. 灭火器箱为翻盖型，翻盖开启角度为 105°

D. 灭火器放置在网吧靠墙位置，并设有取用标志

(二) 多项选择题

1. 某建筑高度为 15m 的 3 层公共建筑，每层建筑面积为 1 000m^2，设有消火栓系统和自动喷水灭火系统。该建筑一层为超市，二层为电子游戏厅，三层为电影院。关于该建筑灭火器配置的说法，正确的有(　　)。

A. 超市的营业厅、电子游戏厅、电影院的观众厅应分别作为个计算单元

B. 计算单元的最小需配灭火级别的修正系数可取 0.5

C. 电子游戏厅单具灭火器最小配置灭火级别应为 3A

D. 电影院观众厅单具灭火器最小配置灭火级别应为 2A

E. 超市单具灭火器最小配置灭火级别应为 3A

2. 对某厂樟脑油提炼车间配置的灭火器进行检查，下列检查结果中不符合现行国家标准要求的有(　　)。

A. 灭火器铭牌朝向墙面

B. 用挂钩将灭火器悬挂在墙上，挂钩最大承载力为 45kg

C. 灭火器顶部离地面距离为 1.60m

D. 配置的灭火器类型为磷酸铵盐干粉灭火器和碳酸氢钠干粉灭火器

E. 灭火器套有防护外罩

(三) 案例分析题

1. 根据情景描述，回答下列问题：

(1) 二至七层客房楼层的灭火器的配置是否符合要求？说明理由。

(2) 一层多功能厅和厨房的灭火器配置是否正确？为什么？

(3) 消防技术服务机构检查的地下一层配电室灭火器存在什么问题？如何处置。

2. 根据情景描述，回答下列问题：

(1) 消防技术服务机构对该酒店客房层灭火器进行检查，下列检查结果中不符合现行国家标准要求的有(　　)。

A. 灭火器铭牌朝向墙面　　　　B. 灭火器箱门开启角度为 175°

C. 灭火器箱门开启力为 80N　　　　D. 灭火器类型为碳酸氢钠干粉灭火器

E. 灭火器箱正面粘贴发光标志

(2) 消防技术服务机构对该酒店灭火器进行检查，下列检查结果中应采取报废处理的有(　　)。

A. 筒体表面有凹坑的灭火器

B. 出厂期满 2 年首次维修后，4 年内又维修 2 次的干粉灭火器

C. 出厂满 10 年的二氧化碳灭火器

D. 无间隙喷射机构的手提式灭火器

E. 筒体为平底的灭火器

（3）消防技术服务机构对该酒店的灭火器进行日常检查维护，该消防技术服务机构的下列检查维护工作中符合现行国家标准的有（　　）。

A. 每月对灭火器的零部件完整性开展检查并记录

B. 每季度对灭火器的驱动气体压力开展检查并记录

C. 将筒体严重锈蚀的灭火器送至专业维修单位维修

D. 将筒体明显锈蚀的灭火器送至该灭火器的生产企业维修

E. 将泄漏的灭火器送至该灭火器的生产企业维修

（4）消防技术服务机构对该酒店的灭火器进行日常检查，根据现行国家标准《建筑灭火器配置验收及检查规范》（GB 50444—2008），下列检查内容中，属于建筑灭火器外观检查内容的有（　　）。

A. 灭火器的零部件是否齐全、无松动、脱落或损伤现象

B. 灭火器周围是否存在有障碍物、遮挡、拴系等影响取用的现象

C. 灭火器是否达到送修条件和维修期限

D. 灭火器的铭牌是否无残缺并清晰明了

E. 灭火器箱是否上锁，箱内是否干净、清洁

（5）消防技术服务机构对该酒店的灭火器制订的维保方案中，符合规范要求的有（　　）。

A. 每月对酒店歌舞娱乐场所内灭火器驱动气体压力进行一次全面检查

B. 每季度对酒店内灭火器是否达到报废条件和报废期限进行一次全面检查

C. 每月对酒店内灭火器的零部件是否齐全、无松动、脱落或损伤现象进行一次全面检查

D. 每月对酒店内灭火器周围是否存在有障碍物、遮挡、拴系等影响取用的现象进行一次全面检查

E. 每月对酒店歌舞娱乐场所内灭火器的铭牌是否无残缺并清晰明了进行一次全面检查

案例 28　消火栓系统维护管理案例分析

一、情景描述

一栋办公建筑地上 6 层，建筑高度为 23.8m，总建筑面积为 4 800m^2，地下室为汽车库和设备用房。

建筑内设有集中空调系统，按照《建筑设计防火规范》（GB 50016—2014，2018 年版）的规定，设有室内消火栓系统和自动喷水灭火系统，两个系统共用消防泵组，并合用一套气压给水装置，在地下一层设有消防泵房和 150m^3 消防水池一座。消防泵扬程 H=50m，流量 Q=35L/s（其中消火栓系统为 15L/s），采用自灌式吸水，两台同规格、同型号的消防泵互为备用，并有双电源末端互投，自动喷水灭火系统湿式报警阀设置在消防泵房内。其各层配水管直径为 100mm，配桨片式水流指示器和信号蝶阀各一个，系统的各层最不利喷头处设末端试水装置，第六层设试水阀。闭式喷头流量系数 K=80，按间距 4.2m 正方形布置。气压给水装置设于屋顶水箱间，屋顶水箱有效容积为 18m^3，气压给水装置的消防不动用容积为 480L。工作压力参数为：p_1=0.16MPa，p_2=0.30MPa，p_3=0.33MPa，p_4=0.38MPa。气压给水装置的出水口处设有一只电接点压力表控制稳压泵启停，湿式报警阀组与气压给水装置的安装高程差为 27m。电接点压力表和压力表，经定期校验合格。

某消防技术服务单位对消防给水及消火栓系统进行维修管理，并对系统故障进行应急排除。消防维保单位在某次季检时，首先对消防供电进行检查，未发现异常，并了解到前日由于电网停电，维修班利用停电机会对消防供电设备进行了一次检修，现无异常情况。检查了气压给水设备的运行情况，其压力参数正常，在启停压力下均能正常启动和停运稳压泵；检查了屋顶消火栓压力表示值，与气压给水设备的压力表示值基本一致，均为 0.21MPa；检查消防泵出口处压力显示值为零。

对消防水泵手动盘车，一切正常。检查消防水泵电气控制柜的电流表、电压表均处于正常工作状态，手动 / 自动转换钮处于自动状态。各供水阀门处于常开位置，消防水池和水箱的消防用水储备充足。

检查试验分 5 个小组，各持对讲机一部，分布在消防泵房、消防控制中心、水力警铃、末端试水装置、屋顶气压给水设备 5 个部位。

消防控制中心指令打开地下汽车库末端试水装置后，稳压泵在压力为 0.20MPa 时被正常启动，且反馈信号在消防控制中心显示，但水流指示器信号未送达消防控制中心。当湿式报警阀动作后，水力警铃发出正常声响，压力开关动作信号迅速送到消防控制中心，消防水泵及时启动，其反馈信号送达消防控制中心。原设定当系统在消防水泵启动后屋顶稳压装置应联动停运，故屋顶稳压装置停止运行，经检查消防水泵出口处压力表指针只在零位有轻微摆动，而不显示压力值，而末端试水装置处压力表示值却在 0.47MPa 以下持续下降，鉴于此情况，消防控制中心决定采用主备泵切换方式，由备用泵再次重复上述试验，结果试验情况依旧，消防控制中心决定暂停联动试验，检查水力警铃、水流指示器和消防水泵。

再次投入联动试验时，除水流指示器动作灵敏外，其余联动情况与此前试验情况相同。

为了找到消防水泵只转动不出水的原因，消防维保人员决定用消火栓箱按钮启泵进行试验，当按下消火栓箱按钮时，按钮的红色信号确认灯立即点亮，消防控制中心有按钮动作信号显示，按照设计在按钮动作信号到达后，由消防控制中心值班人员通过键盘输入的手动直接启泵方式启动消防水泵，操作完成后消防水泵启动，但仍然不能有效供水。

二、分析要点

本案例包含或涉及下列内容：

（1）消火栓系统维护管理的依据。

（2）消火栓系统维护管理的一般规定。

（3）消火栓系统维护管理的主要项目、内容和检查周期。

三、关键知识点及依据

（一）消火栓系统维护管理的依据

（1）《建筑消防设施的维护管理》（GB 25201—2010）。

（2）《消防给水及消火栓系统技术规范》（GB 50974—2014）。

（二）消火栓系统维护管理的一般规定

（1）消火栓系统的维护管理包括值班、巡查、检测、维修、保养、建档等工作，并应有管理、检查检测、维护保养的操作规程，保证消火栓系统处于准工作状态。

（2）消火栓系统的维护管理单位应与消防设备生产厂家、消防设施施工安装企业等有维修、保养能力的单位签订消防设施维修、保养合同。维护管理单位自身有维修、保养能力的，应明确维修、保养职能部门和人员。

（3）消火栓系统投入使用后，应处于正常工作状态。建筑消防设施的电源开关、管道阀门均应处于正常运行位置，并标示开、关状态；对需要保持常开或常闭状态的阀门，应采取铅封、标识等限位措施；对具有信号反馈功能的阀门，其状态信号应反馈到消防控制室；消防设施及其相关设备电气控制柜具有控制方式转换装置的，其所处控制方式宜反馈至消防控制室。

（4）不应擅自关停消火栓系统。值班、巡查、检测时发现故障，应及时组织修复。因故障维修等原因需要暂时停用消防系统的，应有确保消防安全的有效措施，并经单位消防安全责任人批准。

（三）消火栓系统维护管理的主要项目、内容和检查周期（见表 2-28-1）

表 2-28-1　消防给水及消火栓系统维护管理工作检查项目

部位		工作内容	周期
水源	市政给水管网	压力和流量	每季
	河湖等地表水源	枯水位、洪水位、枯水位流量或蓄水量	每年
	水井	常水位、最低水位、出流量	每年
	消防水池（箱）、高位消防水箱	水位	每月
	室外消防水池等	温度	冬季每天

续表 2-28-1

部位		工作内容	周期
供水设施	电源	接通状态、电压	每日
	消防水泵	自动巡检记录	每周
		手动启动试运转	每月
		流量和压力	每季
	稳压泵	启停泵压力、启停次数	每日
	柴油机消防水泵	启动电池、储油量	每日
	气压水罐	检测气压、水位、有效容积	每月
减压阀		放水	每月
		测试流量和压力	每年
阀门	雨淋阀的附属电磁阀	每月检查开启	每月
	电动阀或电磁阀	供电、启闭性能检测	每月
	系统所有控制阀门	检查铅封、锁链完好状况	每月
	室外阀门井中控制阀门	检查开启状况	每季
	水源控制阀、报警阀组	外观检查	每天
	末端试水阀、报警阀的试水阀	放水试验，启动性能	每季
	倒流防止器	压差检测	每月
喷头		检查完好状况、清除异物、备用量	每月
消火栓		外观和漏水检查	每季
水泵接合器		检查完好状况	每月
		通水试验	每年
过滤器		排渣、完好状态	每年
储水设备		检查结构材料	每年
系统连锁试验		消火栓和其他水灭火系统等运行功能	每年
消防泵水房、水箱间、报警阀间、减法阀间等供水设备间		检查室温	（冬季）每天

四、注意事项

（1）市政消火栓、室外消火栓、消防水泵接合器等室外消防设施周围应设置防止机动车辆撞击的设施。消火栓、消防水泵接合器两侧沿道路方向各 5m 范围内禁止停放机动车，并应在明显位置设置警示标志。

（2）设置消火栓系统的建筑物，其使用性质功能或障碍物的改变影响到消防给水及消火栓系统功能而需要进行修改时，应重新进行设计。

练习题

（一）单项选择题

1. 减压比为 2 的 DN100 比例式减压阀，当其动压系数为 0.9，如阀前压力为 P_1=0.8MPa，没有流量输出时，阀后压力 P_1=0.4MPa，则当打开放水阀放水时，阀后压力应为（　　）MPa。

A. 0.4　　B. 0.36　　C. 0.2　　D. 0.15

2. 信号阀的信号监视装置是监视阀（　　）的阀位。

A. 关闭位置　　B. 非全开位置　　C. 全开位置　　D. 开启程度

3. 按国家标准规定，镀锌焊接钢管按壁厚分为普通级和加厚级。其中普通级的最大工作压力（温度在 200℃及以下）为（　　）MPa。

A. 1.6　　B. 1.0　　C. 2.0　　D. 2.4

4. 本案例的消防水池的最小有效容积（不考虑火灾时补水和室外消防用水量）不应小于（　　）m^3。

A. 150　　B. 126　　C. 180　　D. 256

（二）多项选择题

1. “ZW（L）–I–X”型号标记的含义是（　　）。

A. 减压阀组
B. 立式增压稳压消防气压给水设备
C. 消火栓系统用、上置式
D. 自动喷水灭火系统用、下置式
E. 卧式增压稳压气压给水设备

2. “SNZW65”型号标记的含义是（　　）。

A. DN65 单出口室内消火栓
B. 容积 650L 喷淋气压罐
C. 旋转型
D. DN65 减压稳压阀
E. 减压稳压型

3. 检查室内消火栓箱时对箱门的重点检查内容有（　　）。

A. 栓箱应有明显标志
B. 箱门不应被装饰物遮挡
C. 箱门的颜色应和四周的装修材料颜色有明显区别
D. 箱门应保证在没有钥匙的情况下能应急打开，箱门开启时开启角度符合要求
E. 箱门不得上锁，箱门应设玻璃，以便观察

4. 消防气压罐与生活气压罐在工作方式和设备配置上的不同之处是（ ）。
A. 生活泵是生活气压罐的补水设备，而消防泵不是消防气压罐的补水设备
B. 生活泵不是生活气压罐的补水设备，而消防气压罐的补水设备却是稳压泵
C. 生活气压罐的调节水容积是不断消耗和补充的，而消防气压罐的消防水容积在平时是不被动用的
D. 消防气压罐的消防水容积比生活气压罐的调节水容积要大许多
E. 生活泵是生活气压罐的补水设备，消防泵是消防气压罐的补水设备

（三）案例分析题

根据情景描述，回答下列问题：
1. 对室内消火栓系统进行维护管理，下列做法正确的有（ ）。
A. 消防水泵电源开关处于正常运行位置
B. 消防水泵备用泵的电源开关处于关闭位置
C. 消火栓系统管道上阀门应处于正常运行位置
D. 消火栓系统管道上需要保持常开的阀门，采取了铅封限位措施
E. 消火栓系统管道上需要保持常闭状态的阀门，采取标识限位措施
2. 对消火栓泵进行维护管理，下列做法正确的有（ ）。
A. 消火栓泵电源接通状态及电压每日检查 1 次
B. 消火栓泵自动巡检记录每周检查 1 次
C. 消火栓泵手动启动试运转每月进行 1 次
D. 消火栓泵的压力每季度测试 1 次
E. 消火栓泵的流量每年测试 1 次
3. 消防水泵只运转不出水的原因有（ ）。
A. 水泵运转方向错误
B. 电源错相
C. 没有接通电源
D. 电压不足
E. 消防水泵控制柜处于手动位置
4. 对室内消火栓和消防水泵接合器进行维护管理，下列做法正确的有（ ）。
A. 每季对消火栓进行 1 次外观检查
B. 每半年对消火栓进行 1 次漏水检查
C. 每月检查 1 次消防水泵接合器的完好状况
D. 消防水泵接合器每年进行 1 次通水试验
E. 每月检查 1 次消防水泵接合器的标识状况
5. 末端试水装置出水试验，下列测试结果正确的有（ ）。
A. 稳压泵启动并反馈信号
B. 水力警铃启动
C. 压力开关动作并联动启动消防水泵
D. 地下汽车库水流指示器未动作也未反馈信号
E. 消防水泵启动后稳压泵停止运行

案例29　自动喷水灭火系统检查与维护保养案例分析

一、情景描述

某商业建筑地上3层、地下1层，建筑高度为15m，总建筑面积为29 800m²，地上主要使用性质为商业，地下主要使用性质为汽车库及设备用房。建筑防火及消防设施配置均满足国家有关工程建设消防技术标准的要求。

消防水池及消防泵房设置在地下一层，消防水池有效容积为400m³，消防补水及水池液位显示等满足规范要求。消火栓系统和自动喷水灭火系统分别设消防泵组，喷淋消防泵和消火栓泵均在水池的同一高度取水，两台喷淋消防泵的额定流量为30L/s，扬程为45m，一用一备，互为备用，两台消火栓泵的额定流量为40L/s，扬程为55m，消防水泵吸水和水泵进出口管道上安装的组件如图2-29-1所示。消防水池的有效容积满足室内消火栓系统2h火灾延续时间和自动喷水灭火系统1h火灾延续时间内全部消防用水，室外消火栓系统由满足要求的市政管网供水。建筑屋顶水箱间内设置有消防水箱及消防稳压装置，高位消防水箱的有效容积为36m³，自动喷水灭火系统稳压泵的公称流量为1L/s，公称压力为22m，稳压泵启动停止由电接点压力表控制，启泵压力为0.1MPa，停泵压力为0.2MPa。

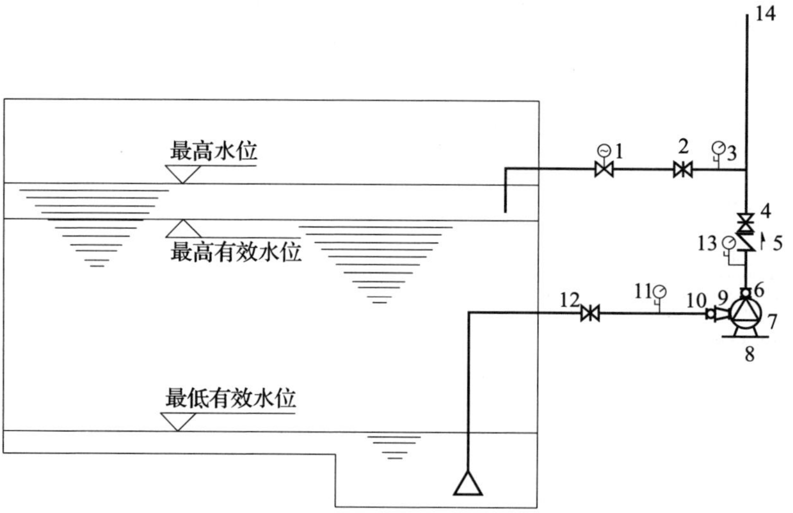

1—流量计；2、4—明杆闸阀；3、13—压力表；5—止回阀；6、10—可挠曲接头；7—喷淋消防泵；8—水泵基础；9—同心大小头；11—真空压力表；12—无开启刻度暗杆闸阀；14—接系统管网。

图2-29-1　消防水泵吸水和水泵进出口附件连接示意图

自动喷水灭火系统采用湿式系统，报警阀组位于消防泵房内，环状供水。系统最不利点喷头处的工作压力为 0.1MPa，采用流量系数为 80 的标准洒水喷头，喷头间距为 3.4m × 3.4m，配水支管及配水管管径均符合《自动喷水灭火系统设计规范》（GB 50084—2017）的要求。

维保单位承接该项目的维保工作后，拟对该项目消防设施进行全面检测，其中对自动喷水系统的测试方案为：在系统最不利点末端试水装置处以 1.3L/s 的流量放水，记录放水时间，检查水流指示器的动作情况、湿式报警阀的动作情况、消防水泵的动作情况及动作信号的反馈情况。

维保单位测试前首先检查校核了消防水池和消防水箱的有效容积，均符合设计要求。测试人员检查了末端试水装置及湿式报警阀，末端试水装置压力表显示静压为 0.12MPa，湿式报警阀入口压力表显示静压为 0.3MPa。水泵控制柜均处于自动启动挡，测试喷淋消防泵及稳压泵均工作正常，喷淋消防泵启动时，部分水流指示器发出动作信号，随后恢复正常。

由于末端试水装置安装在储物间的顶棚上，地面无排水设施，故测试人员将流量计及管道与末端试水装置连接，并将管道引至附近的卫生间排水处。测试时，测试人员打开末端试水装置控制阀，调整控制阀至放水流量为 1.3L/s，开始计时，95s 时水流指示器动作发出报警信号，至 120s 时湿式报警阀未动作。停止测试后，测试人员检查了湿式报警阀组，所有控制阀均处于正常状态。随后测试人员按上述方法重新测试，85s 时水力警铃及压力开关动作，距水力警铃 5m 处的声强为 69dB，但喷淋消防泵未启动。现场通知消防控制室将消防联动控制器转到自动状态，喷淋消防泵正常启动，所有动作信号均反馈至消防控制室。

为提高商场视觉效果，业主希望将中部约 500m^2 的一至三层打通作为共享空间，希望维保单位对消防系统改造提出建议。维保单位的建议是采用无机防火卷帘将共享空间与二、三层其他部位分隔，以满足防火分区要求，共享空间顶部增加机械排烟设施，通过火灾报警系统联动防火卷帘及机械排烟设施；对自动喷水灭火系统进行改造，共享空间区域仍采用湿式系统进行保护。

二、分析要点

本案例包含或涉及下列内容：

（1）自动喷水灭火系统检查与维护保养的依据。

（2）自动喷水灭火系统检查与维护保养。

三、关键知识点及依据

（一）自动喷水灭火系统检查与维护保养的依据

（1）《建筑消防设施的维护管理》（GB 25201—2010）。

（2）《建筑消防设施检测技术规程》（XF 503—2004）。

（3）《自动喷水灭火系统设计规范》（GB 50084—2017）。

（4）《自动喷水灭火系统施工及验收规范》（GB 50261—2017）。

（二）自动喷水灭火系统检查与维护保养

1. 自动喷水灭火系统的日常检查

（1）从事建筑消防设施巡查的人员，应通过消防行业特有工种职业技能鉴定，持有初级技能以上等级的职业资格证书。

（2）建筑消防设施巡查频次应满足下列要求：

1）公共娱乐场所营业时，应结合公共娱乐场所每 2h 巡查一次的要求，视情况将建筑消防设施的巡查部分或全部纳入其中，但全部建筑消防设施应保证每日至少巡查一次。

2）消防安全重点单位，每日巡查一次。

3）其他单位，每周至少巡查一次。

（3）自动喷水灭火系统的日常检查内容：

1）喷头外观及距障碍物或保护对象的距离。

2）报警阀组外观、试验阀门状况、排水设施状况、压力显示值。

3）充气设备及控制装置、排气设备及控制装置、火灾探测传动及现场手动控制装置的外观及运行状况。

4）楼层或区域末端试验阀门处压力值及现场环境，系统末端试验装置外观及现场环境。

2. 自动喷水灭火系统的维护保养

（1）从事建筑消防设施保养的人员应通过消防行业特有工种职业技能鉴定，持有高级技能以上等级的职业资格证书。

（2）每月应对自动喷水灭火系统的下列内容进行检查和试验，并填写相应记录。

1）对消防水池、消防水箱、消防储备水位、保证消防用水不作他用的技术措施、消防气压给水设备及气体压力进行检查，发现故障应及时进行处理。钢板消防水箱和消防气压给水设备的玻璃水位计两端的角阀，在不进行水位观察时应关闭。

2）对消防水泵接合器的接口及附件进行检查，并应保证接口完好、无渗漏、闷盖齐全。

3）对消防水泵（包括内燃机驱动的消防水泵）进行一次运转情况测试。当消防水泵为自动控制启动时，应模拟自动控制的条件启动运转一次。

4）对喷头进行一次外观及备用数量检查，发现有不正常的喷头及时更换；当喷头上有异物时应及时清除。更换或安装喷头均应使用专用扳手。

5）对系统上所有的控制阀门的铅封、锁链进行检查，控制阀门的铅封或锁链固定在开启或规定的状态，当有破坏或损坏时应及时修理更换。

6）对电磁阀进行检查并做启动试验，动作失常时应及时更换。

7）利用末端试水装置进行放水试验，检查水流指示器的动作情况。

（3）每季度应对自动喷水灭火系统的下列功能进行检查和试验，并填写相应记录。

1）对系统所有的末端试水阀和报警阀旁的放水试验阀进行一次放水试验，检查系统启动、报警功能以及出水情况是否正常。

2）室外阀门井中，进水管上的控制阀门应每个季度检查一次，核实其处于全开启状态。

（4）每年应对自动喷水灭火系统的下列功能进行检查和试验，并填写相应记录。

1）对水源的供水能力进行测定。

2）对消防储水设备进行检查，修补缺损和重新油漆。

（5）建筑物、构筑物的使用性质或储存物安放位置、堆存高度的改变，影响到系统功能而需要进行修改时，应重新进行设计。

四、注意事项

消防水池的储水有效容积必须是在自灌式吸水的条件下消防水泵能够取用的那部分水体容积。

练习题

（一）单项选择题

1. 该建筑卧式离心消防水泵自灌式吸水应满足的条件是（　　）。

A. 消防水池水位为最低有效水位时，液位超过水泵叶轮

B. 消防水池水位为最高、最低有效水位中间时，液位超过水泵叶轮

C. 消防水池水位为最高有效水位时，液位超过水泵叶轮

D. 消防水池水位为最高水位时，液位超过水泵叶轮

2. 水力警铃测试时，水力警铃喷嘴处压力不应小于（　　）MPa。

A. 0.05　　B. 0.08　　C. 0.10　　D. 0.14

3. 该自动喷水灭火系统中若末端试水装置处的静水压力与最不利点喷头处的静水压力相同，末端试水装置处的静水压力不应小于（　　）MPa。

A. 0.05　　B. 0.10　　C. 0.15　　D. 0.20

4. 末端试水装置的出水，应采取孔口出流的方式排入排水管道，排水立管宜设伸顶通气管，且管径不应小于（　　）mm。

A. 65　　B. 75　　C. 80　　D. 100

5. 末端试水装置和试水阀应有标识，距地面的高度宜为（　　）m，并应采取不被他用的措施。

A. 1.3　　B. 1.5　　C. 1.7　　D. 1.8

6. 从事建筑消防设施保养的人员应通过消防行业特有工种职业技能鉴定，持有（　　）技能以上等级的职业资格证书。

A. 初级　　B. 中级　　C. 高级　　D. 技师

（二）多项选择题

1. 该建筑自动喷水系统喷头可采用（　　）。

A. 直立型标准覆盖面积洒水喷头　　B. 下垂型标准覆盖面积洒水喷头

C. 边墙型洒水喷头　　D. 快速响应隐蔽式洒水喷头

E. 下垂型扩大覆盖面积洒水喷头

2. 图 2–29–1 中，不符合规范要求的有（　　）。

A. 水泵吸水口处采用同心异径管

B. 压力表安装位置

C. 水泵吸水管采用不带刻度指示的暗杆闸阀

D. 水泵吸水管的安装高度

E. 水泵出水管道设置 DN65 测试回水管

3. 本案例中自动喷水灭火系统第一次测试时，水力警铃未动作的原因可能有（　　）。

A. 湿式报警阀故障

B. 水力警铃供水管道堵塞

C. 系统侧管网中存在较多空气

D. 系统侧压力高于供水侧压力

E. 湿式报警阀组设置位置过低

4. 在本案例自动喷水灭火系统测试过程及结果中，不符合规范要求的有（　　）。

A. 末端试水放水流量为 1.3L/s

B. 95s 时水流指示器动作发出报警信号

C. 二次测试 85s 时压力开关及水力警铃动作

D. 报警联动控制器手动状态时，消防水泵未启动

E. 距水力警铃 5m 处的声强为 69dB

5. 自动喷水灭火系统维护保养中，对系统部件及功能应定期进行检查及试验，下列属于每月检查的项目有（　　）。

A. 消防水池水位

B. 消防水泵为自动控制启动时，模拟自动控制的条件启动运转消防水泵

C. 对水源的供水能力进行测定

D. 对系统所有的末端试水阀进行放水试验

E. 喷头外观完好情况

（三）案例分析题

问题：

中庭改造，当采用自动喷水灭火系统进行防护时，主要应注意哪些问题?

案例 30　气体灭火系统检查与维护保养案例分析

一、情景描述

2020 年投入使用的某交通枢纽控制中心办公楼，地上共 5 层，建筑高度为 22m，按消防规范要求设置了建筑消防设施。该办公楼内弱电机房采用 3 套柜式无管网七氟丙烷气体

灭火装置进行防火保护，无管网灭火装置电磁阀的额定电压为 24V，额定电流为 1.5A，在弱电机房门口设置一台气体灭火控制盘，对该防护区进行联动控制并启动无管网灭火装置。办公楼四层控制大厅、五层通信室 1、五层通信室 2，设置一套组合分配式七氟丙烷全淹没灭火系统，灭火剂瓶站设置在距防护区较远的专用房间内。因系统防护的控制大厅空间容积过大，故设计时采用 3 套管网同时喷洒灭火剂的方式进行防护。组合分配系统的主要设计参数见表 2–30–1，组合分配系统中的储存容器与管网的连接如图 2–30–1 所示。

表 2–30–1　组合分配系统的主要设计参数

防护区名称	防护区容积 /m^3	灭火剂储瓶的充装压力 /MPa	灭火剂的设计喷放时间 /s	设计灭火浓度 /%	灭火剂设计用量 /kg	分配储瓶数 / 只	系统充装密度 /（kg/m^3）	单个灭火剂储瓶的容积 /L
四层控制大厅	3 580.6	4.2	8	8	2 396.9	42	479	120
五层通信室 1	239.4		8	8	151.8	3		
五层通信室 2	239.4		8	8	151.8	3		

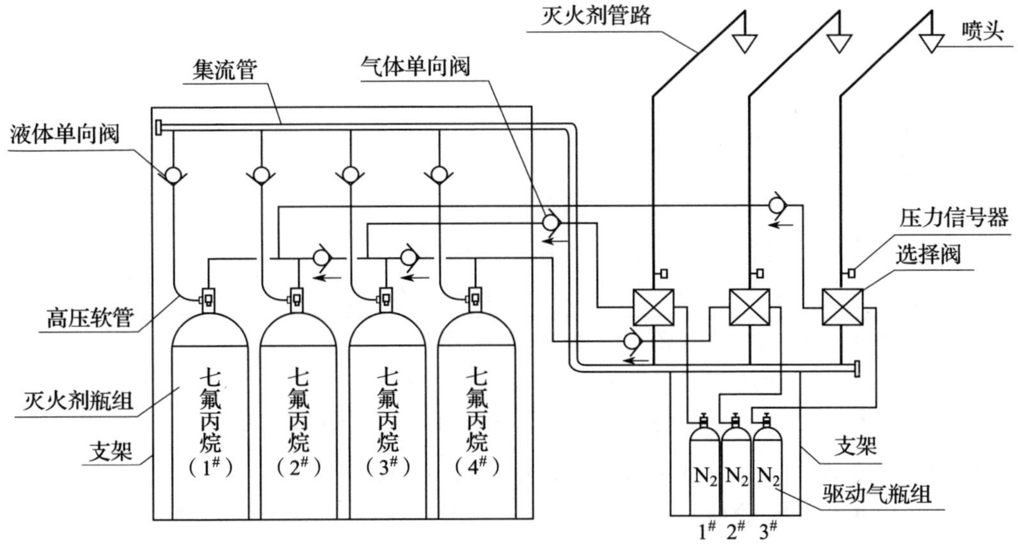

图 2–30–1　七氟丙烷组合分配灭火系统组成示意图

某消防技术服务机构承接该项目的维保工作后，对该项目消防设施进行了全面检测，其中对气体灭火系统部分的检测情况如下：

（1）对各防护区灭火系统的设置、管网、喷头进行检查，与原设计一致。

（2）对系统组件和储存容器及无管网灭火装置检查时的部分照片如图 2–30–2、图 2–30–3 所示。

图 2-30-2　储存容器驱动气体管道附件安装情况

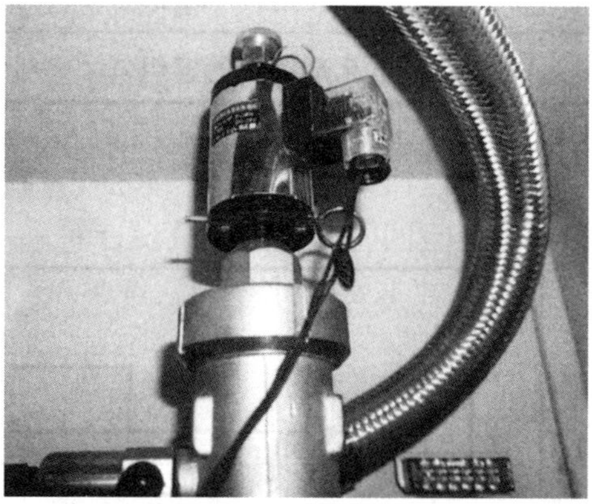

图 2-30-3　无管网灭火装置电磁阀安装情况

（3）对弱电机房进行模拟启动试验时，将 3 套柜式无管网七氟丙烷气体灭火装置启动电磁阀与钢瓶瓶头阀分离，模拟火灾后 30s，气体灭火控制盘发出启动信号，现场检查发现启动瓶电磁阀未动作，对灭火控制盘及连接线路进行检查，均未发现问题。

二、分析要点

本案例包含或涉及下列内容：

（1）气体灭火系统检查与维护保养的依据。

（2）气体灭火系统的日常检查。

（3）气体灭火系统维护保养。

三、关键知识点及依据

（一）气体灭火系统检查维护保养的依据

（1）《建筑消防设施的维护管理》（GB 25201—2010）。

（2）《建筑消防设施检测技术规程》（XF 503—2004）。

（3）《气体灭火系统设计规范》（GB 50370—2005）。

（4）《气体灭火系统施工及验收规范》（GB 50263—2007）。

（5）《二氧化碳灭火系统设计规范》（GB 50193—93，2010 年版）。

（6）《火灾自动报警系统施工及验收标准》（GB 50166—2019）。

（二）气体灭火系统的日常检查

（1）从事建筑消防设施巡查的人员，应通过消防行业特有工种职业技能鉴定，持有初级技能以上等级的职业资格证书。

（2）建筑消防设施巡查频次应满足下列要求：

1）公共娱乐场所营业时，应结合公共娱乐场所每 2h 巡查一次的要求，视情况将建筑消防设施的巡查部分或全部纳入其中，但全部建筑消防设施应保证每日至少巡查一次。

2）消防安全重点单位，每日巡查一次。

3）其他单位，每周至少巡查一次。

（3）气体灭火系统的日常检查内容：

1）气体灭火控制器的外观、工作状态。

2）钢瓶间环境，气体瓶组或储罐外观，检漏装置外观及运行状况。

3）容器阀、选择阀、驱动装置等组件外观。

4）紧急启 / 停按钮外观，喷嘴外观，防护区状况。

5）预制灭火装置外观、设置位置、控制装置外观及运行状况。

6）放气指示灯及警报器外观。

7）低压二氧化碳系统制冷装置、控制装置、安全阀等组件外观、运行状况。

（三）气体灭火系统的维护保养

（1）气体灭火系统投入使用时，应具备下列文件，并应有电子备份档案，永久储存。

1）系统及其主要组件的使用、维护说明书。

2）系统工作流程图和操作规程。

3）系统维护检查记录表。

4）值班员守则和运行日志。

（2）从事建筑消防设施保养的人员，应通过消防行业特有工种职业技能鉴定，持有中级技能及以上等级职业资格证书。

（3）应按检查类别的规定对气体灭火系统进行检查，并做好检查记录。检查中发现的问题应及时处理。

（4）用于联动启动气体灭火系统的火灾自动报警系统的维护管理应按国家标准《火灾自动报警系统施工及验收标准》（GB 50166—2019）执行。

（5）每日应对低压二氧化碳储存装置的运行情况、储存装置间的设备状态进行检查并记录。

（6）每月度检查应符合下列要求：

1）低压二氧化碳灭火系统储存装置的液位计检查，灭火剂损失 10% 时应及时补充。

2）高压二氧化碳灭火系统、七氟丙烷管网灭火系统及 IG541 灭火系统等系统的检查内容及要求应符合下列规定：

①灭火剂储存容器及容器阀、单向阀、连接管、集流管、安全泄放装置、选择阀、阀驱动装置、喷嘴、信号反馈装置、检漏装置、减压装置等全部系统组件应无碰撞变形及其他机械性损伤，表面应无锈蚀，保护涂层应完好，铭牌和标志牌应清晰，手动操作装置的防护罩、铅封和安全标志应完整。

②灭火剂和驱动气体储存容器内的压力不得小于设计储存压力的 90%。

③预制灭火系统的设备状态和运行状况应正常。

（7）每季度应对气体灭火系统进行一次全面检查，并应符合下列规定：

1）可燃物的种类、分布情况，防护区的开口情况，应符合设计要求。

2）储存装置间的设备、灭火剂输送管道和支架、吊架的固定，应无松动。

3）连接管应无变形、裂纹及老化。必要时，送法定质量检验机构进行检测或更换。

4）各喷嘴孔口应无堵塞。

5）对高压二氧化碳储存容器逐个进行称重检查，灭火剂净重不得小于设计储存量的 90%。

6）灭火剂输送管道有损伤与堵塞现象时，应重新对管道进行严密性试验和吹扫。

（8）每年应对每个防护区进行一次模拟启动试验，并应进行一次模拟喷气试验。

（9）根据《建筑消防设施的维护管理》（GB 25201—2010）的规定，气体灭火系统应每年至少检测一次，检测项目及内容见表 2-30-2。

表 2-30-2　气体灭火系统每年应检测的项目及内容

检测项目		检测内容
气体灭火系统	瓶组与储罐	核对灭火剂储存量主、备瓶组切换试验
	检漏装置	测试称重、检漏报警功能
	紧急启 / 停功能	测试紧急启动 / 停止按钮的紧急功能
	启动装置、选择阀	测试启动装置、选择阀手动启动功能
	联动控制功能	以自动方式进行模拟喷气试验，检验系统报警、联动功能
	通风换气设备	测试通风换气功能
	备用瓶切换	测试主、备瓶组切换功能

（10）低压二氧化碳灭火剂储存容器的维护管理应按《固定式压力容器安全技术监察规程》（TSG 21—2016）执行；钢瓶的维护管理应按《气瓶安全技术监察规程》（TSG R0006—2014）执行。灭火剂输送管道耐压试验周期应按《压力管道安全技术监察规程——工业管道》（TSG D0001—2009）执行。

四、注意事项

（1）气体灭火系统验收后应保持连续正常运行，不得随意中断。

（2）根据《建筑消防设施的维护管理》（GB 25201—2010）的规定，设置自动消防系统的宾馆、饭店、商场、市场、公共娱乐场所等人员密集场所，易燃易爆单位以及其他一类高层公共建筑等消防安全重点单位，应在系统投入运行后，每年底将年度检测记录报当地消防救援机构备案。

练习题

（一）单项选择题

1. 对该场景中四层控制大厅进行模拟喷气试验时，试验采用的储存容器数不应少于

（　　）个。

A. 2　　B. 4

C. 8　　D. 9

2. 以自动方式对一个气体灭火系统防护区进行模拟启动试验，试验结果中不包括（　　）。

A. 一只探测器动作后，防护区内的声光警报器鸣响

B. 同一防护区内的感烟与感温探测器动作后，通风及空调系统关闭

C. 同一防护区内的感烟与感温探测器动作后 20 ~ 30s，启动电磁阀接到启动信号

D. 启动电磁阀接到启动信号后，防护区门口的放气指示灯点亮

3. 若气体灭火系统采用高压二氧化碳作为灭火剂时，测量灭火剂损失可采用（　　）。

A. 称重　　B. 液位计

C. 压力表　　D. 液位传感器

（二）多项选择题

1. 本案例中七氟丙烷组合分配灭火系统灭火剂充装密度较低，在符合规范的前提下，对于该组合分配系统，提高灭火剂充装密度的方法有（　　）。

A. 将灭火剂钢瓶瓶站移到距防护区较近的场所

B. 提高防护区的灭火剂设计喷放时间

C. 提高储存容器的增压压力

D. 将防护区由管网系统防护改为由无管网灭火装置防护

E. 减小系统灭火剂输送干管的直径

2. 本案例中控制大厅采用 3 套管网同时喷洒灭火的方式，设计时应满足的条件有（　　）。

A. 每套管网的设计防护容积相同

B. 每套管网的设计管网容积相同

C. 每只喷头的设计流量相同

D. 每套管网的灭火剂充满管道时间无明显差异

E. 每只喷头的设计喷放时间相同

（三）案例分析题

1. 根据情景描述，回答下列问题：

（1）分析弱电机房进行模拟启动试验时电磁阀不动作的主要原因，提出解决方案。

（2）指出图 2–30–2、图 2–30–3 中存在的问题，给出正确的处置方法。

（3）指出图 2–30–1 中七氟丙烷灭火系统在储瓶间内未安装的组件有哪些？最大防护区对应的驱动装置为几号驱动气瓶？

2. 根据情景描述，回答下列问题：

（1）某消防技术服务机构对本案例中七氟丙烷灭火系统制订的维保方案中，符合规范要求的有（　　）。

A. 每季度对储存装置间的设备、灭火剂输送管道和支吊架的固定有无松动进行一次

全面检查

B. 每季度对防护区的开口是否符合设计要求进行一次全面检查

C. 每季度对灭火剂和驱动气体储存容器内的压力进行一次全面检查

D. 每季度对各喷嘴孔口有无堵塞进行一次全面检查

E. 每季度对灭火剂储存容器及容器阀等组件外观是否完好，铭牌和标志牌是否清晰进行一次全面检查

（2）消防技术服务机构对本案例中无管网七氟丙烷气体灭火装置进行检测，下列检测结果中，不符合现行国家消防技术标准要求的有（　　）。

A. 系统仅设置自动控制、手动控制两种启动方式

B. 防护区内设置 3 套预制灭火装置

C. 3 套预制灭火装置采取同时启动控制方式，启动电源容量为 24V，2A

D. 安装启动装置保护安全销

E. 3 套预制灭火装置采取分时启动控制方式，动作响应时差为 3s

（3）消防技术服务机构在对本案例中灭火剂输送管道检查时，发现灭火剂输送管道有损伤，需要进行严密性试验和吹扫，消防技术服务机构下列做法符合现行国家标准要求的有（　　）。

A. 进行水压强度试验时，以 0.5MPa/s 的升压速率缓慢升压至 10.05MPa

B. 进行水压强度试验时，以 0.5MPa/s 的升压速率缓慢升压至 6.30MPa

C. 进行气密性试验时，以 0.5MPa/s 的升压速率缓慢升压至 6.70MPa

D. 进行气密性试验时，应 0.5MPa/s 的升压速率缓慢升压至 4.20MPa

E. 采用压缩空气吹扫管道，吹扫时管道末端的气体流速为 22m/s

（4）消防技术服务机构对本案例中七氟丙烷灭火系统进行维护保养，下列维护保养过程中符合规范要求的有（　　）。

A. 每年对其中一个防护区进行一次模拟启动试验

B. 每年对其中一个防护区进行一次模拟喷气试验

C. 每季度对灭火剂和驱动气体储存容器内的压力进行一次全面检查

D. 每季度对防护区的开口是否符合设计要求进行一次全面检查

E. 每季度对储存装置间的设备、灭火剂输送管道和支吊架的固定进行一次全面检查

（5）消防技术服务机构对本案例中组合分配式七氟丙烷全淹没灭火系统进行功能检查，下列检查结果中符合现行规范要求的有（　　）。

A. 手动状态下，同一防护区内的感烟与感温探测器动作后，通风及空调系统关闭

B. 自动状态下，同一防护区内的感烟与感温探测器动作后，通风及空调系统关闭

C. 自动状态下，同一防护区内的感烟与感温探测器动作后 20 ~ 30s，启动电磁阀接到启动信号

D. 手动状态下，启动电磁阀接到启动信号后，防护区门口的放气指示灯点亮

E. 自动状态下，启动电磁阀接到启动信号后，防护区门口的放气指示灯点亮

案例31 泡沫灭火系统检查与维护管理案例分析

一、情景描述

某石油储备库，设置12座外浮顶储油罐，每座储量为$10\times10^4m^3$，储油罐直径80m，罐高21.80m。储油罐储存原油，采用固定式低倍数泡沫灭火系统，使用3%型水成膜泡沫液。储罐上设置与泡沫导流罩匹配的立式泡沫产生器，其吸气口位于罐壁顶之下，储罐四周设置了泡沫消火栓和泡沫枪。泡沫灭火系统选用平衡式比例混合装置、不锈钢泡沫液储罐、泡沫消防水泵、柴油机拖动备用泵等，均设置在消防泵房内。消防泵房内储存有不低于设计用量的备用泡沫液，泵房外设置$10\times10^3m^3$消防储水罐2座。泡沫灭火系统采用自动启动和远程程序手动启动两种控制方式。

石油储备库委托建筑消防设施维护管理单位对泡沫灭火系统等消防设施进行维修管理，维修管理单位与消防设备生产厂家、消防设施施工安装企业也签订了消防设施维修、保养合同。

2021年消防维保单位应业主要求对泡沫灭火系统按维护规程进行维修保养，并进行一次喷泡沫试验。维保人员经对泡沫灭火系统的技术文件和操作规程进行研究，并向使用管理单位了解了运行情况后，编制了检查、试验和维保方案，经管理单位同意后予以实施。

二、分析要点

本案例包含或涉及下列内容：

（1）泡沫灭火系统检查与维护管理的依据。

（2）泡沫灭火系统检查与维护管理的一般规定。

（3）泡沫灭火系统检查与维护管理。

（4）泡沫灭火系统维护管理。

三、关键知识点及依据

（一）泡沫灭火系统检查与维护管理的依据

（1）《建筑消防设施的维护管理》（GB 25201—2010）。

（2）《泡沫灭火系统技术标准》（GB 50151—2021）。

（二）泡沫灭火系统检查与维护管理的一般规定

（1）该石油储备库应根据《建筑消防设施的维护管理》（GB 25201—2010）的规定，明确泡沫灭火系统等消防设施的维护管理归口部门、管理人员及其工作职责，建立健全泡沫灭火系统等消防设施的值班、巡查、检测、维修、保养、建档等制度，确保泡沫灭火系统正常运行。

（2）泡沫灭火系统维护管理单位（部门）应与泡沫灭火系统设备生产厂家、施工安装企业等有维修、保养能力的单位签订消防设施维修、保养合同。维护管理单位自身有维修、保养能力的，应明确维修、保养职能部门和人员。

（3）泡沫灭火系统投入使用后，应处于准工作状态。泡沫灭火系统的电源开关、管道阀门均应处于正常运行位置，并标示开、关状态；对需要保持常开或常闭状态的阀门，应采取铅封、标识等限位措施；对具有信号反馈功能的阀门，其状态信号应反馈到消防控制室；泡沫灭火系统及其相关设备电气控制柜具有控制方式转换装置的，其所处控制方式宜反馈至消防控制室。

（4）值班、巡查、检测时发现故障应及时组织修复。因故障维修等原因需要暂时停用泡沫灭火系统的，应有确保消防安全的有效措施，并经单位消防安全责任人批准，不应擅自关停泡沫灭火系统。

（三）泡沫灭火系统检查与维护管理的内容

根据《建筑消防设施的维护管理》（GB 25201—2010）的规定，泡沫灭火系统维护管理包括值班、巡查、检测、维修、保养、建档等工作，以确保泡沫灭火系统等消防设施正常运行。本石油储备库属于消防安全重点单位，根据《建筑消防设施的维护管理》（GB 25201—2010）的规定，泡沫灭火系统巡查应明确巡查部位、频次和内容。巡查时应填写“建筑消防设施巡查记录表”。巡查时发现故障应及时处理。消防安全重点单位，每日巡查至少一次。泡沫灭火系统的巡查内容：

1. 消防供配电设施

（1）消防电源主电源、备用电源工作状态。

（2）发电机启动装置外观及工作状态、发电机燃料储量、发电间环境。

（3）消防配电房、UPS（不间断电源）电池室、发电机房环境。

（4）消防设备末端配电箱切换装置工作状态。

2. 消防供水设施

（1）消防水池及其液位显示装置外观及运行状况，天然水源水位、水量、水质情况，进户管外观。

（2）消防水泵及控制柜工作状态。

（3）稳压泵、增压泵、气压水罐及控制柜工作状态。

（4）消防水泵接合器外观、标识。

（5）系统减压、泄压装置、测试装置、压力表等外观及运行状况。

（6）管网控制阀门启闭状态。

（7）泵房照明、排水等工作环境。

3. 泡沫灭火设施

（1）泡沫消火栓、泡沫炮、泡沫产生器、泡沫比例混合装置外观。

（2）泡沫液储罐外观及罐间环境，泡沫液有效期及储存量。

（3）控制阀门外观、标识，管道外观、标识。

（4）火灾探测传动控制、现场手动控制装置外观、运行状况。

（5）泡沫消防泵及控制柜外观运行状况。

（四）泡沫灭火系统维护管理

根据《泡沫灭火系统技术标准》（GB 50151—2021）的规定，泡沫灭火系统投入使用后，应建立管理、检测、操作与维护规程，并应保证系统处于准工作状态；维护管理人员应熟悉泡沫灭火系统的原理、性能、操作与维护规程；对检查和试验中发现的问题应及时解决，对损坏或不合格者应立即更换，并应复原系统。

根据《泡沫灭火系统技术标准》（GB 50151—2021）的规定，泡沫灭火系统维护管理工作的检查项目和检查周期如下：

（1）每日检查。应检查拖动泡沫消防水泵的柴油机的启动电池电量，并应满足相关标准的要求。

（2）每周检查。

1）应对电机拖动的消防水泵进行一次启动试验，启动运行时间不宜少于 3min，电气设备工作状况应良好。

2）应对柴油机拖动的泡沫消防水泵进行一次手动盘车，盘车应灵活，无阻滞，无异常声响。

3）应检查柴油机储油箱的储油量，储油量应满足设计要求。

（3）每两周检查。对氮封储罐泡沫产生器的密封处进行检查，发现泄漏应及时更换密封。

（4）每月检查。应手动启动柴油机拖动的泡沫消防水泵满负载运行一次，启动运行时间不宜少于 15min。

每月应对泡沫灭火系统进行检查，并应按规定做好记录，检查内容及要求应符合下列规定：

1）对泡沫产生器、泡沫喷头、固定式泡沫炮、泡沫比例混合器（装置）、泡沫液储罐、泡沫消火栓、泡沫消火栓箱、阀门、压力表、管道过滤器、金属软管、管道及管件等进行外观检查，均应完好无损。

2）对固定式泡沫炮的回转机构、仰俯机构或电动操作机构进行检查，性能应达到标准的要求。

3）泡沫消火栓、泡沫消火栓箱和阀门的开启与关闭应自如，无锈蚀。

4）对遥控功能或自动控制设施及操纵机构进行检查，性能应符合设计要求。

5）动力源和电气设备工作状况应良好。

6）水源及水位指示装置应正常，应采取措施保证消防用水不作他用，并应对该措施进行检查，发现故障应及时处理。

7）消防气压给水设备的气体压力应满足要求。

8）应对消防水泵接合器的接口及附件进行检查，并应保证接口完好、无渗漏，闷盖齐全。

9）应对电磁阀、电动阀、气动阀、安全阀、平衡阀进行检查，并做启动试验，动作失常时应及时更换。

10）对于平时充有泡沫液的管道应进行渗漏检查，发现泄漏应及时进行处理。

11）对雨淋阀进口侧和控制腔的压力表、系统侧的自动排水设施进行检查，发现故障应及时处理。

12）用于分区作用的阀门，分区标识应清晰、完好。

（5）每季度检查。

1）应检测消防水泵的流量和压力，保证其满足设计要求。

2）应对各种阀门进行一次润滑保养。

（6）每半年检查。

1）除储罐上泡沫混合液立管和液下喷射防火堤内泡沫管道及高倍数泡沫产生器进口端控制阀后的管道外，其余管道应全部冲洗，清除锈渣。

2）应对储罐上的低倍数泡沫混合液立管清除锈渣。

3）应对管道过滤器滤网进行清洗，发现锈蚀应及时更换。

4）应对压力式比例混合装置的胶囊进行检查，发现破损应及时更换。

（7）每两年应对泡沫灭火系统进行检查和试验，并应按规定记录。

1）对于低倍数泡沫灭火系统中的液上、液下喷射，固定式泡沫炮灭火系统应进行喷泡沫试验；并应对系统所有组件、设施、管道及管件进行全面检查。

2）系统检查和试验完毕，应对泡沫液泵、泡沫液管道、泡沫混合液管道、泡沫管道、泡沫比例混合器（装置）、泡沫消火栓、管道过滤器或喷过泡沫的泡沫产生装置等用清水冲洗后放空，复原系统。

（8）应定期对泡沫灭火剂进行试验，发现失效应及时更换，试验要求应符合下列规定：

1）保质期不大于两年的泡沫液，应每年进行一次泡沫性能检验。

2）保质期在两年以上的泡沫液，应每两年进行一次泡沫性能检验。

四、注意事项

（1）泡沫灭火系统投入使用后，应处于准工作状态。建筑消防设施的电源开关、管道阀门均应处于正常运行位置，并标示开、关状态；对需要保持常开或常闭状态的阀门应采取铅封、标识等限位措施；对具有信号反馈功能的阀门，其状态信号应反馈到消防控制室；消防设施及其相关设备电气控制柜具有控制方式转换装置的，其所处控制方式宜反馈至消防控制室。

（2）不应擅自关停消防设施。值班、巡查、检测时发现故障，应及时组织修复。因故障维修等原因需要暂时停用消防系统的，应有确保消防安全的有效措施，并经单位消防安全责任人批准。

练习题

（一）单项选择题

1. 本案例在测定泡沫混合液的混合比时应采用的便捷方法是（　　）。

A. 导电度法　　B. 折射指数法

C. 流量计法　　D. 成分分析法

2. 对泡沫灭火系统进行检查和试验中发现的问题应及时解决，对损坏或不合格者应立即（　　），并应复原系统。

A. 返厂维修　　B. 更换　　C. 关闭系统　　D. 报告领导

3. 本案例使用的泡沫枪属于（　　）。

A. 非吸气型喷射装置　　B. 射水装置

C. 吸气型泡沫产生装置　　D. 泡沫混合装置

4. 本案例中每月对柴油机泵进行的启动试验，启动运行时间不宜（　　）。

A. 少于 5min　　B. 少于 15min　　C. 大于 5min　　D. 大于 15min

（二）多项选择题

1. 根据《泡沫灭火系统技术标准》（GB 50151—2021）的规定，泡沫灭火系统投入使用后，应建立（　　）规程，并应保证系统处于准工作状态。

A. 管理　　B. 检测

C. 操作　　D. 维护

E. 演示

2. 本案例泡沫灭火系统的检查项目中，属于每半年应检查的有（　　）。

A. 除储罐上泡沫混合液立管外，其余管道应全部冲洗，清除锈渣

B. 应对储罐上的低倍数泡沫混合液立管清除锈渣

C. 应对管道过滤器滤网进行清洗，发现锈蚀应及时更换

D. 应对压力式比例混合装置的胶囊进行检查，发现破损应及时更换

E. 应对泡沫产生器进行外观检查

3. 本案例在测定发泡倍数时所需的设备器具有（　　）。

A. 秒表　　B. 台秤（电子秤）

C. 刮板　　D. PQ8 泡沫枪

E. 量桶

4. 本案例中属于每月应例行检查的有（　　）。

A. 泡沫产生器　　B. 泡沫喷头

C. 泡沫比例混合器（装置）　　D. 泡沫液储罐

E. 拖动泡沫消防水泵的柴油机的启动电池电量

（三）案例分析题

问题：

简述对泡沫灭火剂的检查与维护管理要求。

案例 32　防烟和排烟设施检查与维护保养案例分析

一、情景描述

某大型商场地上 4 层，未开设外窗，设有机械排烟系统，防烟楼梯间设有机械加压送风系统，防烟排烟风机均布置在建筑的屋顶上。机械排烟系统的排烟风机排烟量按一个防烟分区面积为 500m^2，单位排烟量不小于 120m^3/（h·m^2）确定，系统为专用排烟系统，排烟口为常闭式，并按防火分区设补风系统，补风量为排烟量的 50%，补风机与排烟风机联动。机械加压送风系统对防烟楼梯间采用在首层及第四层设常开百叶风口，对合用前室每层设常闭多叶送风口，合用前室与楼梯间分别送风，送风要求是保证加压送风部位的余压值不小于以下规定：前室、合用前室、封闭避难层（间）、封闭楼梯间与疏散走道之间的压差应为 25～30Pa，防烟楼梯间与疏散走道之间的压差应为 40～50Pa，防烟楼梯间和合用前室均不具有自然通风条件。

维保单位按合约为本商场进行定期检查，在检查前详细审核了设计图样，编制了维保方案，经征得业主同意后，在业主配合下实施维保方案：

（1）对本次维保使用的测试仪器仪表进行检查，其精度等级符合要求，计量仪器均在有效使用期内。

（2）检查风机的电源供应符合要求，供电线路保护符合规定，电气控制柜处于正常工作状态，对需要进行转动试验的风机，其电气控制柜应处于手动状态（但需要联动启动的补风机则应处于自动状态），并已向消防控制中心报告。

（3）逐台检查通风机传动装置及直通大气的进出口，均有安全防护措施。

（4）逐台检查通风机械的启动运转情况。

（5）逐个检查送风口、排烟口完好无损，风口表面平整，各类风阀的使用功能符合要求。

（6）检查挡烟垂壁完整无损，处于工作状态。

（7）检查完成后使系统复位，处于准工作状态。

（8）任选一个防烟分区，以手动和自动方式启动系统，观察各系统的联动情况。

二、分析要点

本案例包含或涉及下列内容：

（1）防烟排烟系统维护管理工作的一般规定。

（2）防烟排烟系统维护管理内容。

（3）防烟排烟系统的维护管理。

三、关键知识点及依据

(一)防烟排烟系统维护管理工作的一般规定

建筑防烟排烟系统是建筑消防设施的重要组成部分，根据《建筑消防设施的维护管理》(GB 25201—2010)的规定，防烟排烟系统维护管理工作应符合下列规定：

(1)应明确建筑防烟排烟系统的维护管理归口部门、管理人员及其工作职责，建立健全防烟排烟系统的值班、巡查、检测、维修、保养、建档等制度，确保防烟排烟系统正常运行。

(2)建筑防烟排烟系统维护管理单位(部门)应与防烟排烟系统设备生产厂家、施工安装企业等有维修、保养能力的单位签订消防设施维修、保养合同。维护管理单位自身有维修、保养能力的，应明确维修、保养职能部门和人员。

(3)建筑防烟排烟系统投入使用后，应处于正常工作状态。防烟排烟系统的电源开关、管道阀门均应处于正常运行位置，并标示开、关状态；对需要保持常开或常闭状态的阀门应采取铅封、标识等限位措施；对具有信号反馈功能的阀门，其状态信号应反馈到消防控制室；防烟排烟系统及其相关设备电气控制柜具有控制方式转换装置的，其所处控制方式宜反馈至消防控制室。

(4)值班、巡查、检测时发现故障应及时组织修复。因故障维修等原因需要暂时停用防烟排烟系统的，应有确保消防安全的有效措施，并经单位消防安全责任人批准，不应擅自关停防烟排烟系统。

(二)防烟排烟系统维护管理内容

根据《建筑消防设施的维护管理》(GB 25201—2010)的规定，防烟排烟系统维护管理包括值班、巡查、检测、维修、保养、建档等工作，确保防烟和排烟等建筑消防设施正常运行。

1. 值班

根据《建筑消防设施的维护管理》(GB 25201—2010)的规定，设有建筑防烟排烟系统的单位应根据消防设施操作使用要求制订操作规程，明确操作人员。

负责防烟排烟系统操作的人员应通过消防行业特有工种职业技能鉴定，持有初级技能以上等级的职业资格证书，能熟练操作防烟排烟系统等消防设施。

2. 巡查

根据《建筑消防设施的维护管理》(GB 25201—2010)的规定，防烟排烟系统巡查应明确巡查部位、频次和内容。巡查时应填写“建筑消防设施巡查记录表”。巡查时发现故障应及时处理。

(1)巡查频次。巡查频次应满足下列要求：

1)公共娱乐场所营业时，应结合公共娱乐场所每 2h 巡查一次的要求，视情况将建筑消防设施的巡查部分或全部纳入其中，但全部建筑消防设施应保证每日至少巡查一次。

2)消防安全重点单位，每日巡查一次。

3)其他单位，每周至少巡查一次。

（2）巡查内容。防烟排烟系统的巡查内容如下：

1）送风阀外观。

2）送风机和控制柜外观及工作状态。

3）挡烟垂壁和控制装置及其工作状况，排烟阀及其控制装置外观。

4）电动排烟窗和自然排烟窗外观。

5）排烟机和控制柜外观及其工作状况。

6）送风、排烟机房环境。

3. 检测

根据《建筑消防设施的维护管理》（GB 25201—2010）的规定，建筑防烟排烟系统应每年至少检测一次，检测对象包括全部设备、组件等，设有自动消防系统的宾馆、饭店、商场、市场、公共娱乐场所等人员密集场所，易燃易爆单位以及其他一类高层公共建筑等消防安全重点单位，应自系统投入运行后每一年年底前，将年度检测记录报当地消防救援机构备案。在重大节日、重大活动前或者期间，应对包括防烟排烟系统在内的建筑消防设施进行检测。检测内容见表 2-32-1。

表 2-32-1　建筑防烟排烟系统检测内容

检测项目		检测内容
机械加压送风系统	送风口	测试手动 / 自动开启功能
	送风机	测试手动 / 自动启动、停止功能
	送风量、风速、风压	测试最大负荷状态下，系统送风量、风速、风压
	联动控制功能	通过报警联动，检查防火阀、送风自动开启和启动功能
机械排烟系统	自然排烟设施	测试自然排烟窗的开启面积、开启方式
	排烟阀、电动排烟窗、电动挡烟垂壁、排烟防火阀	测试排烟阀、电动排烟窗手动 / 自动开启功能，测试电动挡烟垂壁的释放功能，测试排烟防火阀的动作性能
	排烟风机	测试手动 / 自动启动、排烟防火阀联动停止功能
	排烟风量、风速	测试最大负荷状态下，系统排烟风量、风速
	联动控制功能	通过报警联动，检查电动挡烟垂壁、电动排烟阀、电动排烟窗的功能，检查排烟风机的性能

4. 维修

根据《建筑消防设施的维护管理》（GB 25201—2010）的规定，值班、巡查、检测、灭火演练中发现防烟排烟系统等建筑消防设施存在问题和故障的，相关人员应填写“建筑消防设施故障维修记录表”，并向单位消防安全管理人报告。

对建筑消防设施存在的问题和故障，单位消防安全管理人应立即通知维修人员进行维修。维修期间，应采取确保消防安全的有效措施。故障排除后应进行相应功能试验并经单位消防安全管理人检查确认。维修情况应记入“建筑消防设施故障维修记录表”。

5. 保养

应针对防烟排烟系统等建筑消防设施制订维护保养计划，列明消防设施的名称、维护保养的内容和周期。实施维护保养时应按照产品说明书的要求定期进行维护保养，填写“建筑消防设施维护保养记录表”并进行相应功能试验。对于易污染、易腐蚀生锈的消防设备、管道、阀门应定期清洁、除锈，注入润滑剂。对于使用周期超过产品说明书标识寿命的易损件、消防设备，以及经检查测试已不能正常使用的产品设备应及时更换。

6. 建档

防烟排烟系统等建筑消防设施档案应包含建筑消防设施的基本情况和动态管理情况。基本情况包括建筑消防设施的验收文件和产品、系统使用说明书、系统调试记录、建筑消防设施平面布置图、建筑消防设施系统图等原始技术资料。动态管理情况包括建筑消防设施的值班记录、巡查记录、检测记录、故障维修记录以及维护保养计划表、维护保养记录、自动消防控制室值班人员基本情况档案及培训记录。

（三）防烟排烟系统的维护管理

根据《建筑防烟排烟系统技术标准》（GB 51251—2017）的规定，防烟排烟系统的维护管理应符合下列规定：

（1）应针对建筑防烟排烟系统制订维护保养管理制度及操作规程，并应保证系统处于准工作状态。防烟排烟系统维护管理工作检查项目见表 2-32-2。

表 2-32-2　防烟排烟系统维护管理工作检查项目

部位	工作内容	周期
风管（道）及风口等部件	目测巡检完好状况，有无异物变形	每周
室外进风口、排烟口	巡检进风口、出风口是否通畅	每周
系统电源	巡查电源状态、电压	每周
防烟排烟风机	手动或自动启动试运转，检查有无锈蚀、螺钉松动	每季
电动挡烟垂壁	手动或自动启动、复位试验，有无升降障碍	每季
自动排烟窗	手动或自动启动、复位试验，有无开关障碍	每季
供电线路	检查供电线路有无老化，双回路自动切换电源功能等	每季
排烟防火阀	手动或自动启动、复位试验检查，有无变形、锈蚀及弹簧性能，确认性能可靠	半年

续表 2-32-2

部位	工作内容	周期
送风阀或送风口	手动或自动启动、复位试验检查，有无变形、锈蚀及弹簧性能，确认性能可靠	半年
排烟阀或排烟口	手动或自动启动、复位试验检查，有无变形、锈蚀及弹簧性能，确认性能可靠	半年
系统联动试验	检验系统的联动功能及主要技术性能参数	一年

（2）维护、管理人员应熟悉防烟排烟系统的原理、性能和操作维护规程。

（3）每季应对防烟排烟风机、活动挡烟垂壁、自动排烟窗进行一次功能检测启动试验及供电线路检查，检查方法应符合《建筑防烟排烟系统技术标准》（GB 51251—2017）第 7.2.3 条 ~ 第 7.2.5 条的规定。

（4）每半年应对全部排烟防火阀、送风阀或送风口、排烟阀或排烟口进行手动或自动启动试验一次，检查方法应符合《建筑防烟排烟系统技术标准》（GB 51251—2017）第 7.2.1 条、第 7.2.2 条的规定。

（5）每年应对全部防烟排烟系统进行一次联动试验和性能检测，其联动功能和性能参数应符合原设计要求，检查方法应符合《建筑防烟排烟系统技术标准》（GB 51251—2017）第 7.3 节、第 8.2.5 条、第 8.2.6 条的规定。

（6）排烟窗的温控释放装置、排烟防火阀的易熔片应有 10% 的备用件，且不少于 10 个。

（7）当防烟排烟系统采用无机玻璃钢风管时，应每年对该风管进行质量检查，检查面积不应少于风管面积的 30%；风管表面应光洁，无明显泛霜、结露和分层现象。

四、注意事项

在对建筑防烟排烟系统进行维护管理的过程中，遇到《建筑消防设施的维护管理》（GB 25201—2010）和《建筑防烟排烟系统技术标准》（GB 51251—2017）的规定不一致时，应按要求较高或规定更严的条文执行。

练习题

（一）单项选择题

1. 依据《建筑消防设施的维护管理》（GB 25201—2010）的有关规定，在对建筑防烟排烟系统进行维护管理过程中，值班、巡查、检测时发现故障应及时（　　）。

A. 组织修复　　B. 报告领导

C. 关闭排烟防火阀　　D. 切断电源

2. 建筑防烟排烟系统中具有信号反馈功能的阀门，其状态信号应反馈到（　　）。

A. 机房　　B. 消防控制室

C. 保安部　　　　D. 维修保养部门

3. 因故障维修等原因需要暂时停用防烟排烟系统的，应有确保消防安全的有效措施，并经（　　）批准。

A. 消防救援机构　　　　B. 单位消防安全管理人

C. 单位消防安全责任人　　　　D. 单位消防工作归口管理职能部门

（二）多项选择题

1. 依据《建筑消防设施的维护管理》（GB 25201—2010）的有关规定，应明确防烟排烟系统等建筑消防设施的维护管理归口部门、管理人员及其工作职责，建立健全防烟排烟系统的值班、（　　）、建档等制度，确保防烟排烟系统正常运行。

A. 巡查　　　　B. 检测

C. 维修　　　　D. 保养

E. 设计

2. 根据《建筑消防设施的维护管理》（GB 25201—2010）的规定，在（　　）中发现防烟排烟系统等建筑消防设施存在问题和故障的，相关人员应填写"建筑消防设施故障维修记录表"，并向单位消防安全管理人报告。

A. 值班　　　　B. 巡查

C. 检测　　　　D. 教育培训

E. 灭火演练

（三）案例分析题

问题：

编制防烟排烟设施维修保养方案的主要依据有哪些？

案例 33　消防应急照明和疏散指示系统检查与维护保养案例分析

一、情景描述

某建筑使用功能为办公、公寓及商场。该建筑设置了火灾自动报警系统和自动灭火系统等消防设施。办公楼层和公寓内设置了自带电源非集中控制型消防应急照明和疏散指示系统。商场每层划分为 3 个防火分区，其安全疏散需要借用相邻防火分区疏散。商场营业厅内设置了集中电源供电方式的集中控制型消防应急照明和疏散指示系统，在顶棚上安装消防应急照明灯，在安全出口的上方安装了出口标志灯，地面上安装了指示疏散方向的方向标志灯，楼梯间内设置了指示该楼层的楼层标志灯。商场水平疏散区域的疏散方案是以楼层为基本单元确定的，每层设置应急照明集中电源。消防应急照明灯具均为 A 型灯具，灯具的主电源和蓄电池电源均由每层的 A 型应急照明配电箱集中提供。消防应急照明灯的照度和蓄电池电源供电时的持续工作时间符合规范规定。

消防控制室的火灾自动报警系统在接收到火警信号后，输出火灾信号，火灾报警区域由应急照明控制器控制消防应急照明和疏散指示系统灯具应急启动，相关标志灯指示状态改变。

工程实物如图 2–33–1 所示。

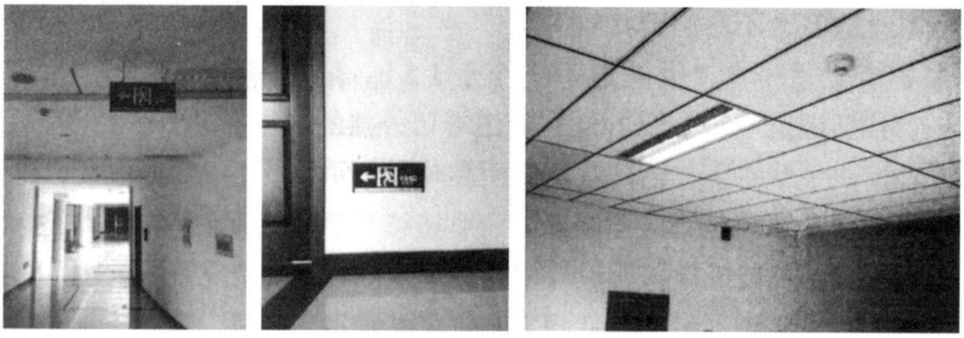

图 2–33–1　工程实物图

二、分析要点

本案例包含或涉及下列内容：

（1）消防应急照明和疏散指示系统检查、检测与维护保养的依据。

（2）消防应急照明和疏散指示系统检查、检测与维护保养的内容。

三、关键知识点及依据

（一）检查、检测与维护保养的主要依据

（1）《建筑防火通用规范》（GB 55037—2022）。

（2）《消防应急照明和疏散指示系统技术标准》（GB 51309—2018）。

（3）《建筑消防设施的维护管理》（GB 25201—2010）。

（二）检查、检测与维护保养的主要内容

系统应按《消防应急照明和疏散指示系统技术标准》（GB 51309—2018）附录 F 规定的巡查项目和内容进行日常巡查，巡查的部位、频次应符合现行国家标准《建筑消防设施的维护管理》（GB 25201—2010）的规定，并按《消防应急照明和疏散指示系统技术标准》（GB 51309—2018）附录 F 的规定填写记录。巡查过程中发现设备外观破损、设备运行异常时应立即报修。

每年应按《消防应急照明和疏散指示系统技术标准》（GB 51309—2018）表 7.0.5 规定的检查项目、数量对系统部件的功能、系统的功能进行检查，并应符合下列规定：

（1）系统的年度检查可根据检查计划，按月度、季度逐步进行。

（2）月度、季度的检查数量应符合《消防应急照明和疏散指示系统技术标准》表 7.0.5 的规定。

（3）系统部件的功能、系统的功能应符合《消防应急照明和疏散指示系统技术标准》（GB 51309—2018）第 5 章的规定。

（4）系统在蓄电池电源供电状态下的应急工作持续时间不符合《建筑防火通用规范》（GB 55037—2022）第 10.1.4 条的规定时，应更换相应系统设备或更换其蓄电池（组）。

四、注意事项

不应擅自关停消防应急照明和疏散指示系统。值班、巡查、检测时发现故障，应及时组织修复。因故障维修等原因需要暂时停用消防应急照明和疏散指示系统的，应有确保消防安全的有效措施，并经单位消防安全责任人批准。

练习题

（一）单项选择题

1. 应急照明控制器的备用电源应使其在主电源中断后至少工作（　　）h。

A. 2　　B. 3　　C. 1　　D. 0.5

2. 通常情况下，消防应急照明和疏散指示系统的应急转换时间不应大于（　　）s。

A. 0.25　　B. 1　　C. 2.5　　D. 5

3. 下列场所中，可不单独设置配电回路的是（　　）。

A. 封闭楼梯间　　B. 防烟楼梯间
C. 室外疏散楼梯　　D. 敞开楼梯间

4. 下列场所中，应独立设置应急照明配电箱的是（　　）。

A. 封闭楼梯间　　B. 敞开楼梯间
C. 防烟楼梯间前室　　D. 防烟楼梯间

（二）多项选择题

1. 下列消防应急照明和疏散指示系统检查项目中，属于每季度应检查的有（　　）。

A. 消防应急灯具的指示状态　　B. 应急工作时间
C. 电池容量　　D. 转入应急工作状态的控制功能
E. 手动应急功能

2. 下列消防应急照明和疏散指示系统检查项目中，属于每月应检查的有（　　）。

A. 集中控制型系统手动应急启动功能
B. 集中控制型系统火灾状态下自动应急启动功能
C. 集中控制型系统持续应急工作时间
D. 非集中控制型系统手动应急启动功能
E. 非集中控制型系统持续应急工作时间

3. 室内净空高度大于 4.5m，且应急标志灯采用吊装时，可采用灯具的规格有（　　）。

A. 大型　　B. 特大型

C. 特大型或大型　　D. 中型

E. 小型

4. 下列部件中，可组成灯具采用自带蓄电池供电方式的非集中控制型系统的有（　　）。

A. 应急照明控制器　　B. 集中电源集中控制型方向标志灯

C. 集中控制型集中电源　　D. 非集中控制型应急照明配电箱

E. 自带电源集中控制型照明灯

（三）案例分析题

根据情景描述，回答下列问题：

1. 检查消防应急照明和疏散指示系统的主电源，下列检查方法中正确的有（　　）。

A. 检查输入电源是否完好，熔丝有无烧断

B. 检查充电装置、电池有无损坏，连线有无断裂

C. 检测灯具控制器、光源、电池是否完好，如有损坏，应及时更换故障部分

D. 检查该回路从主机至灯具的连线是否完好，灯具控制器有无损坏

E. 检查主电源回路接触点是否存在接触不良

2. 商场消防应急照明和疏散指示系统中的下列组件，应与应急照明集中电源连接的有（　　）。

A. 集中电源集中控制型的消防应急照明灯具

B. 集中电源集中控制型的疏散指示标志灯具

C. 应急照明配电箱

D. 应急照明控制器

E. 自带电源集中控制型消防应急照明灯具

3. 对消防应急照明和疏散指示系统进行检查，下列检查结果正确的有（　　）。

A. 安装在墙上的应急照明控制器高度为 1.4m

B. 安装在墙上的应急照明控制器正面操作距离为 1.3m

C. 应急照明控制器的主电源有明显标志

D. 应急照明控制器与其外接备用电源直接连接

E. 应急照明控制器的导线余量为 100mm

4. 在应急状态下，本案例下列场所中应急照明照度仍为正常照度的有（　　）。

A. 消防控制室　　B. 各层疏散走道

C. 地下一层的消防水泵房　　D. 地下一层的配电室

E. 所有办公场所内

5. 消防检测服务机构对灯具安装进行检查，下列检查结果正确的有（　　）。

A. 安装在疏散走道两侧的墙面上的标志灯底边距地面的高度为 0.6 ~ 0.9m

B. 安装在疏散走道转角处的上方的标志灯与转角处边墙的距离为 0.6 ~ 0.8m

C. 标志灯应安装在疏散走道的中心位置

D. 标志灯的所有金属构件应采用耐腐蚀构件

案例 34 火灾自动报警系统检查与维护保养案例分析

一、情景描述

某办公楼建筑消防设备用电为一级负荷，消防用电设备的总负荷为 1 000kW。消防用电设备均采用双路电源供电并在最末一级配电箱自动切换。消防控制室用蓄电池作为备用电源。火灾自动报警系统接地利用大楼综合接地装置作为接地极，设专用接地干线，引线采用 BV–1×25–FPC40（一根 BV25 穿聚氯乙烯半硬质电线管），其综合接地电阻不大于 1Ω。火灾自动报警系统由光电感烟火灾探测器、感温火灾探测器、手动报警按钮、火灾声光警报器、火灾显示盘和火灾报警控制器组成，火灾自动报警系统示意图如图 2–34–1 所示。消防控制室可显示消防水池、消防水箱水位信息，显示消防水泵的电源状态及运行状况，并可以联动控制所有与消防有关的设备。

二、分析要点

本案例包含或涉及下列内容：

（1）火灾自动报警系统检查、检测与维护保养的主要依据。

（2）火灾自动报警系统的日常巡查。

（3）火灾自动报警系统的日常检查

（4）火灾自动报警系统的运行维护。

三、关键知识点及依据

（一）检查、检测与维护保养的主要依据

（1）《建筑防火通用规范》（GB 55037—2022）。

（2）《消防设施通用规范》（GB 55036—2022）。

（3）《火灾自动报警系统施工及验收标准》（GB 50166—2019）。

（4）《火灾探测报警产品的维修保养与报废》（GB 29837—2013）。

（5）《建筑消防设施的维护管理》（GB 25201—2010）。

（二）火灾自动报警系统的日常巡查

火灾自动报警系统应按国家标准《火灾自动报警系统施工及验收标准》（GB 50166—2019）附录 F 规定的巡查项目和内容进行日常巡查，巡查的部位、频次应符合现行国家标准《建筑消防设施的维护管理》（GB 25201—2010）的规定，并按规定填写记录。巡查过程中发现设备外观破损、设备运行异常应立即报修。本案例火灾报警控制器（联动型）巡查区域、部位和巡查内容见表 2–34–1。

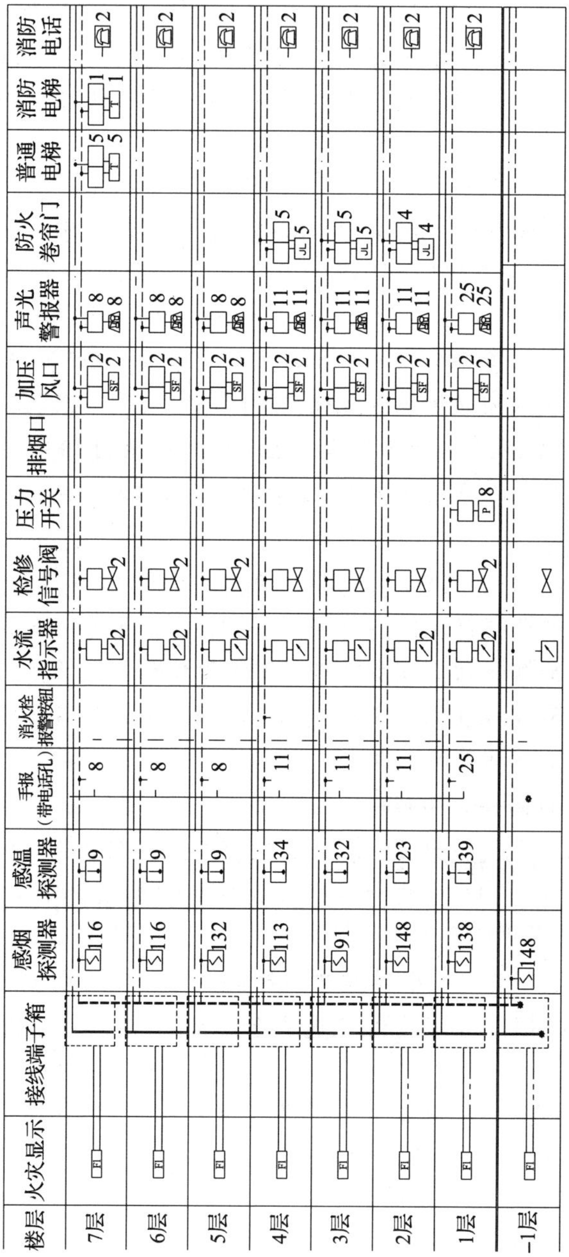

图 2-34-1　火灾自动报警系统示意图

表 2-34-1　火灾报警控制器（联动型）日常巡查记录（样式）

<table>
<tr><th>项目名称</th><th>某办公楼</th><th>使用单位某公司</th><th colspan="3">巡查类别</th><th colspan="2">☑每日☐每周</th></tr>
<tr><td>巡查区域、部位</td><td>巡查项目</td><td>巡查内容</td><td>设备数量</td><td>正常</td><td>异常情况描述</td><td>当场处理情况</td><td>报修情况</td></tr>
<tr><td rowspan="8">消防控制室、办公室、走道、楼梯间、大堂、各类设备用房等</td><td colspan="7">控制类设备：火灾报警控制器（联动型）</td></tr>
<tr><td>设备外观</td><td>控制器外观应完好，无明显机械损伤</td><td>1</td><td>☑</td><td></td><td></td><td></td></tr>
<tr><td>运行情况</td><td>控制器应处于正常监视状态，无报警现象，指示灯、显示器无异常显示</td><td>1</td><td>☑</td><td></td><td></td><td></td></tr>
<tr><td colspan="7">控制类设备配接现场部件：点型感烟火灾探测器、点型感温火灾探测器、线型感烟火灾探测器、手动火灾报警按钮、火灾显示盘、模块、火灾声光警报器、消火栓按钮</td></tr>
<tr><td>设备外观</td><td>现场部件的外观应完好，无明显的机械损伤</td><td>540</td><td>☑</td><td></td><td></td><td></td></tr>
<tr><td rowspan="2">运行状况</td><td>探测器、按钮、模块的巡检指示灯应正常闪亮</td><td>368</td><td>☑</td><td></td><td></td><td></td></tr>
<tr><td>火灾显示盘应处于正常监视状态，无报警现象</td><td>8</td><td>☑</td><td></td><td></td><td></td></tr>
<tr></tr>
<tr><td colspan="3">巡查人：
王 ×
2020 年 3 月 13 日</td><td colspan="5">消防安全责任人、消防安全管理人：
李 ×　　张 ×
2020 年 3 月 13 日</td></tr>
</table>

（三）火灾自动报警系统的日常检查

火灾自动报警系统每年应按国家标准《火灾自动报警系统施工及验收标准》（GB 50166—2019）表 6.0.5 规定的检查项目、数量对系统设备的功能、各分系统的联动控制功能进行检查，并应符合下列规定：

（1）系统的年度检查可根据检查计划，按月度、季度逐步进行。

（2）月度、季度的检查数量应符合国家标准《火灾自动报警系统施工及验收标准》

（GB 50166—2019）表 6.0.5 的规定。

（3）系统设备的功能、各分系统的控制功能应符合国家标准《火灾自动报警系统施工及验收标准》（GB 50166—2019）第 4 章的规定。

本案例的日常检查对象、检查项目及检查数量见表 2-34-2。

表 2-34-2　火灾自动报警系统月度、季度检查对象、项目及数量

序号	检查对象	检查项目	检查数量
1	Ⅰ火灾报警控制器	火灾报警功能	实际安装数量
	Ⅱ火灾探测器、手动火灾报警按钮		应保证每年对每一只探测器、报警按钮至少进行一次火灾报警功能检查
	Ⅲ火灾显示盘	火灾报警显示功能	月、季检查数量应保证每年对每一台区域显示器至少进行一次火灾报警显示功能检查
2	Ⅰ消防联动控制器	输出模块启动功能	应保证每年对每一只模块至少进行一次启动功能检查
	Ⅱ输出模块		

（四）火灾自动报警系统的运行维护

（1）火灾自动报警系统投入使用前，其消防控制室应具有下列文件资料：

1）检测、验收合格资料。

2）建（构）筑物竣工后的总平面图、建筑消防系统平面布置图、建筑消防设施系统图及安全出口布置图、重点部位位置图、危险化学品位置图。

3）消防安全管理规章制度、灭火预案、应急疏散预案。

4）消防安全组织机构图，包括消防安全责任人、管理人，专职、志愿消防人员。

5）消防安全培训记录、灭火和应急疏散预案的演练记录。

6）值班情况、消防安全检查情况及巡查情况的记录。

7）火灾自动系统设备现场设置情况记录。

8）消防系统联动控制逻辑关系说明、联动编程记录、消防联动控制器手动控制单元编码设置记录。

9）系统设备使用说明书、系统操作规程、系统和设备维护保养制度。

火灾自动报警系统的使用单位也应建立上述文件档案，并应有电子备份档案。

（2）维护运行。

1）火灾自动报警系统应保持连续正常运行，不得随意中断。

2）不同类型的探测器、手动报警装置、模块等现场部件应有不少于设备总数 1% 的备品。

3）火灾自动报警系统设备的维修、保养及系统产品的寿命应符合现行国家标准《火灾探测报警产品的维修保养与报废》（GB 29837—2013）的规定，达到寿命极限的产品应及时更换。

练习题

（一）单项选择题

1. 火灾自动报警系统的主电源应采用（　　）。

A. 消防电源　　B. 动力电源

C. 照明电源　　D. 直流电源

2. 当采用穿管敷设铜芯绝缘导线时，按机械强度要求选择的火灾自动报警系统传输线路的线芯最小截面面积应小于（　　）mm^2。

A. 0.5　　B. 0.75　　C. 1.0　　D. 2.0

3. 消防联动控制器应能以手动或自动两种方式完成相应的联动控制功能，能指示手动或自动操作方式的工作状态，在自动操作过程中，（　　）优先。

A. 自动操作　　B. 手动操作

C. 逻辑控制　　D. 任何操作均不

4. 具有报脏功能的探测器，在报脏时应及时清洗保养。没有报脏功能的探测器，应按产品说明书的要求进行清洗保养；产品说明书没有明确要求的，应每（　　）年清洗或标定一次。

A. 1　　B. 2　　C. 5　　D. 10

（二）多项选择题

1. 消防应急广播控制设备每日巡查设备外观和运行状况的内容有（　　）。

A. 控制设备的外观应完好　　B. 无明显机械损伤

C. 控制设备指示灯无异常显示　　D. 控制设备显示器无异常显示

E. 控制设备应急广播功能正常

2. 下列火灾自动报警系统检查对象或检查项目中，每年应至少检查一次的有（　　）。

A. 对每一只火灾探测器和手动报警按钮的报警功能检查

B. 对每一个排烟阀的启动、反馈功能，动作信号反馈功能检查

C. 对全部防火门监控器及其配接的现场部件的启动、反馈功能，常闭防火门故障报警功能检查

D. 对每个报警区域非消防电源的联动控制功能检查

E. 对 50% 的消防电话的通话功能检查

3. 每年应对火灾自动报警系统下列功能进行检查和试验，并填写相应的记录，下列检查或试验项目中正确的有（　　）。

A. 采用专用检测仪器对所安装的全部火灾探测器和手动报警按钮进行至少 1 次试验

B. 自动状态下，检查自动喷水灭火系统、消火栓系统、加压风口电动控制装置、风机、防火卷帘等控制设备的控制和显示功能

C. 对全部消防电话的通话进行至少 1 次试验

D. 对自动和手动强制切断非消防电源功能进行试验

E. 对 50% 的消防电话的通话进行至少 1 次试验

（三）案例分析题

根据情景描述，回答下列问题：

1. 触发一楼一只感烟火灾探测器和一只手动报警按钮，除三楼火灾声光警报器未启动外，全建筑的声光警报器均启动，下列因素中能造成三楼火灾声光警报器未启动的有（　　）。

A. 消防联动控制器未能联动

B. 该声光警报器声光装置故障

C. 该声光警报装置未注册

D. 该声光警报装置地址码冲突

E. 消防应急广播控制设备接线错误

2. 对本案中排烟系统进行联动控制功能检查测试，下列检查测试结果中正确的有（　　）。

A. 消防联动控制器接收到排烟口的动作反馈信号后，发出控制排烟风机启动的启动信号

B. 风机控制柜控制排烟风机启动

C. 消防联动控制器接收并显示排烟风机启动的动作反馈信号，显示设备的名称和地址注释信息

D. 相应的电动送风口应开启，风机控制加压送风机启动

E. 消防联动控制器接收并显示电动送风口、加压送风机的动作反馈信号

3. 对火灾自动报警系统进行维护管理，下列检查测试项目中正确的有（　　）。

A. 每月应检查消防电梯迫降功能

B. 每年对防火门监控系统每一个报警区域至少进行一次联动控制功能

C. 每年对每一只火灾警报器至少进行一次火灾警报功能检查

D. 每年应检查和试验火灾应急照明与疏散指示标志的控制装置

E. 每年应用专用检测仪器对所安装的全部探测器和手动报警装置试验至少 1 次

4. 对电气火灾监控系统进行检查测试，下列因素中能导致电气火灾监控器显示剩余电流超限报警的有（　　）。

A. 剩余电流式电气火灾监控探测器故障

B. 总配电柜的出线端的剩余电流大于剩余电流式电气火灾监控探测器的报警阈值

C. 电气火灾监控器故障

D. 消防控制室内烟气干扰

E. 剩余电流式电气火灾监控探测器信号传输故障

5. 对点型感烟（感温）火灾探测器进行检查，下列检查结果中符合规范规定的有（　　）。

A. 地下一层探测器距墙梁边的水平距离为 0.5 ~ 1.0m

B. 地上三层探测器与墙壁的水平距离为 1.0 ~ 1.5m

C. 地上各层办公室内探测器至空调送风口边的水平距离为 1.0 ~ 3.0m

D. 地上各层走道宽度为 2.5m，在走道顶棚上居中安装的感温火灾探测器间距为 15m

E. 走道内探测器至多孔送风顶棚孔口的水平距离为 0.5 ~ 0.9m

第三篇 消防安全评估案例分析

学习要求

通过本篇学习，了解国家消防法律法规和有关消防工作的方针政策；熟悉国家工程建设消防技术标准规范；能够运用相关消防技术标准规范，辨识火灾危险源，辨识和分析区域和建筑中的火灾风险；运用合理的分析方法进行单位消防安全评估和区域火灾风险分析，辨识和分析影响消防安全的因素，掌握火灾风险等级，判断预防措施的合理性和有效性，制订火灾危险源的管控措施及区域、建筑消防安全评估技术方案。

案例35 文体展览活动场所消防安全评估案例分析

一、情景描述

某市会展中心项目（见图3-35-1）主要用于举办会议、展览和大型活动等，功能用途广泛。作为某国际大型论坛交流活动的主会场，为了保障会议活动的顺利安全进行，

图3-35-1 某会展中心项目效果图

对该会展中心国际论坛活动场所开展消防安全评估。

该会展中心项目占地面积为 85 400m²，总建筑面积为 98 000m²，建筑地上 1 层，局部 2 层，楼层防火分区情况见图 3-35-2。分为登录大厅、全会厅、六个展览厅、厨房及设备用房，二层为会议室及设备用房。一层建筑面积为 85 400m²，二层建筑面积为 12 600m²，耐火等级为一级。为满足不同用途对建筑的需求，保证室内布置的灵活性，

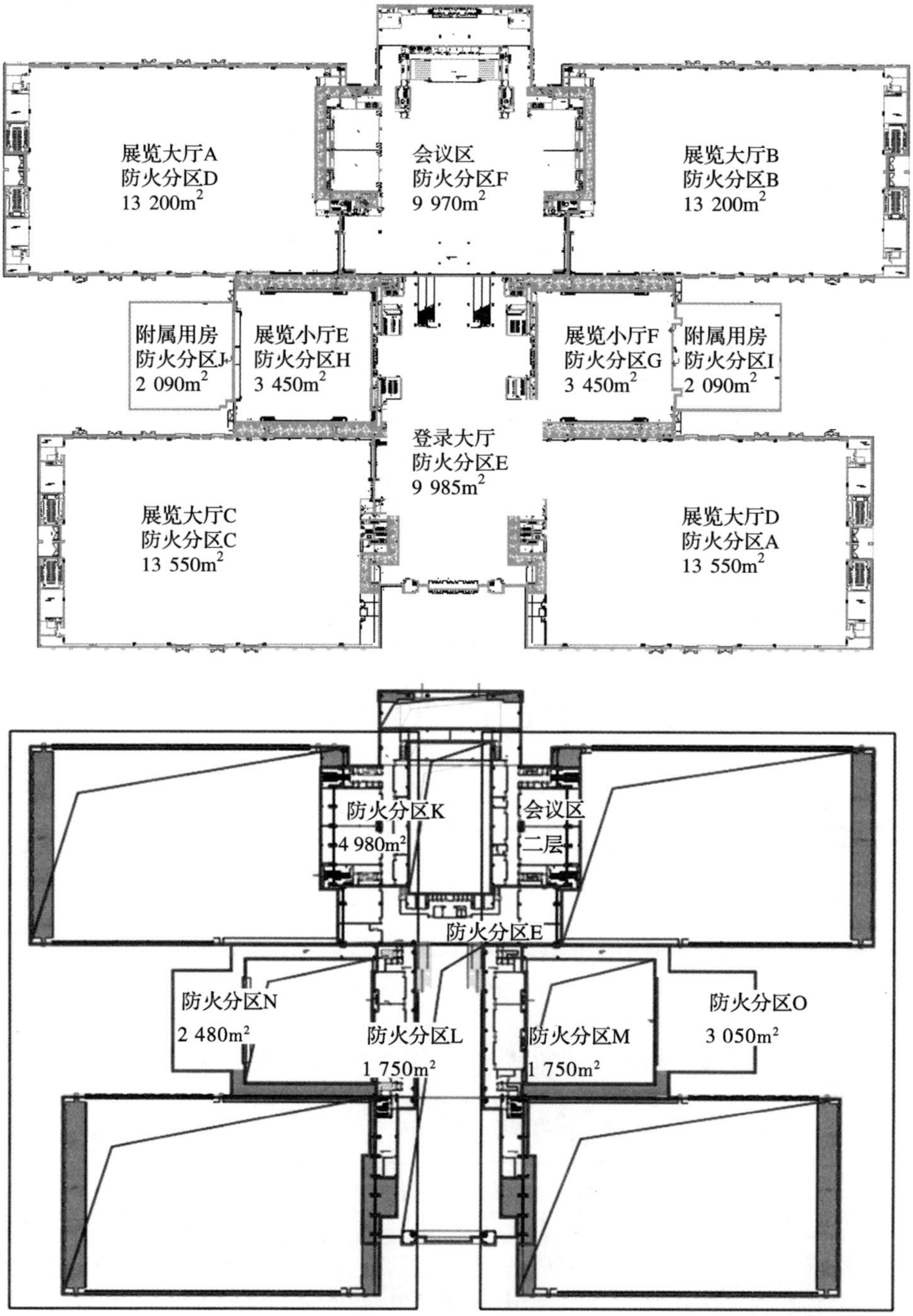

图 3-35-2　会展中心项目一层、二层防火分区示意图

其内部空间较大，其中最大展厅建筑面积为 13 550m^2，室内净高约 19m。防火分区安全出口设置、疏散通道和疏散距离均满足规范要求。

室内设置临时高压消防给水系统和消火栓系统，首层设置消防泵房和消防水池。建筑内设置自动喷水灭火系统，高大空间设置大空间主动喷水灭火系统，舞台葡萄架下设置雨淋系统，台口防火幕设置闭式喷淋冷却系统，主要高低压配电房间设置气体灭火系统，厨房烟罩设置厨房自动灭火系统。在消防控制室、配电室、电梯机房及电气设备用房等设置手提式二氧化碳灭火器。在变电站设置推车式二氧化碳灭火器，按照带电火灾中危险级设计。地上各层公共部位及展厅、会议室设置手提式磷酸铵盐干粉灭火器，按照严重危险级设计。除消火栓内灭火器外，为保证灭火器的保护距离要求，在展厅内另增加推车式磷酸铵盐干粉灭火器。会议室另外增加手提式磷酸铵盐干粉灭火器。

展览大厅采用自然排烟，自然排烟口的净面积不小于展览大厅建筑面积的 8%。小展厅及登录大厅设置排烟风机、配板式常闭排烟口，采用自然补风。登录大厅机械排烟系统的排烟量不小于 240 000m^3/h。长度超过 20m 的内走道设置机械排烟系统。

首层设置消防控制室，内设集中报警控制器，在仓库、电梯机房、电梯前室、疏散走道、低压配电室、办公室、会议室、楼梯间、走廊、部分设备用房等场所设置感烟探测器；在厨房操作间等场所设置感温探测器和可燃气体探测器；在高度超过 12m 的展厅、门厅设置红外光束感烟探测器。在电气隧道、设备通廊、竖井的电缆桥架上设置缆式探测器。在低压配电室、消防控制室、消防泵房、消防电梯机房均设有消防电话。火灾发生时，消防控制室对消防水泵、应急照明灯、疏散指示标志灯、消防广播、防火卷帘、防排烟风机的启动，火灾部位非消防电源的切除均有控制和监视能力。

该会展中心项目的消防安全评估过程分为前期准备工作、现场调研、定性定量分析、提出整改建议、撰写评估报告等部分，流程见图 3–35–3。前期准备工作是收集图纸和文件资料；现场调研是对评估对象的建筑防火和消防安全管理情况进行检查，对消防设施进行测试，查找评估对象存在的问题；定性定量分析是通过运用层次分析法对主会场的火灾风险进行量化分析获得风险等级；提出整改建议是在分析识别和风险量化的基础上针对主会场建筑存在的问题提出相应的风险控制对策建议，最后撰写评估报告。

消防安全评估工作从建筑防火、消防设施和消防安全管理等方面对会场进行现场检查，并对会场建筑、施工过程、内部搭建、活动安全等可能的火灾风险因素进行分析，主要分为两个阶段：第一阶段，对会展中心开展消防安全现场调研和检查，针对发现的问题提出针对性的整改意见，由消防监督管理部门督导评估对象进行整改；第二阶段，主要对主会场布展施工完成后进行评估，提出举行论坛期间的火灾风险控制建议措施，形成评估报告。第一阶段消防安全评估得分为 75 分，属于“基本合格”；第二阶段完成了大部分消防安全问题的整改，风险控制措施得到落实，消防保障力量得到增强，火灾风险有效降低，消防安全评估得分为 89 分，属于“合格”。

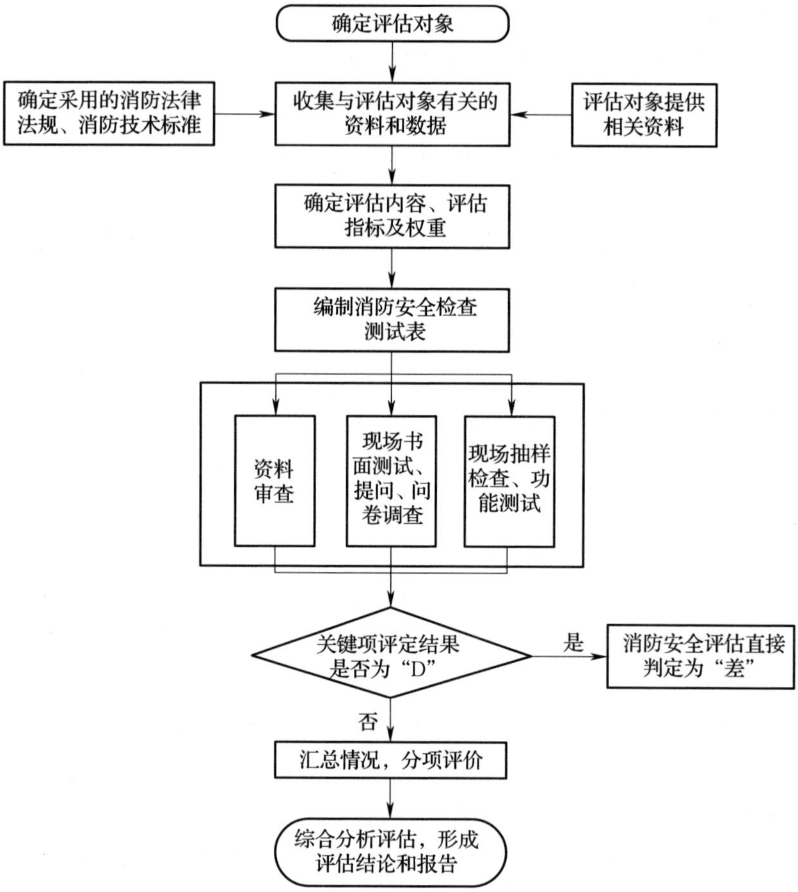

图 3-35-3　会展中心项目消防安全评估流程图

二、分析要点

本案例包含或涉及下列内容：

（1）消防安全评估的分类。

（2）消防安全评估的步骤。

（3）单位消防安全评估的目的和任务。

（4）单位消防安全评估的基本程序。

（5）单位消防安全评估的内容。

三、关键知识点及依据

消防安全评估是指采用逻辑分析、综合评价、火灾模化等评估方法对城市区域、系统行业、社会单位、群众活动、消防设计、火灾隐患等特定对象的消防安全状况和危险因素进行综合度量，提出科学合理消防建议的过程。

（一）消防安全评估分类

按建筑所处状态不同，可以分为预先评估和现状评估；按照指标处理方式不同，可以分为定性评估、半定量评估和定量评估。根据评估对象的不同，可以分为以下几类。

1. 区域火灾风险评估

以某个区域为研究对象，评估城市或某个区域的火灾风险，建立该区域的火灾分布，为城市配置合理的公共消防力量、为指挥者确定灭火救援出动方案提供基础，进而为城市和区域的综合消防安全管理提供决策支持。

2. 单位消防安全评估

（1）以单体建筑物为研究对象，通过建立火灾模型、烟气扩散模型、人员反应和消防系统模型，评估建筑物内部的生命和财产风险，为建筑物的消防设计提供依据。

（2）以企业为研究对象，通过定性分析和定量计算，预测火灾、爆炸等事故发生的可能性，使建设方、使用方和消防救援机构能够较为准确地认识其消防安全风险，进而有针对性地提出消防对策，降低火灾风险，保护人身和财产安全。

3. 大型公共活动的消防安全评估

以大型公共活动为对象，针对建筑本身、临时活动场所、活动项目等可能存在的火灾风险进行分析，通过合适的方法和手段将火灾风险降低到可接受的水平。

（二）消防安全评估的步骤

在消防安全评估中涉及多种火灾风险源，其中主观因素包括用火不慎、纵火、吸烟不慎等，客观因素包括电气、危险品、环境等，在风险评估过程中，需要对这些火灾风险进行识别。

1. 风险识别

进行风险识别时，要掌握相关的和最新的信息。除了识别可能发生的风险事件外，还要考虑其可能的原因和可能导致的后果。不论风险事件的风险源是否在组织的控制之下，或者原因是否已知，都应对其进行识别。此外，要关注已经发生的风险事件，特别是新近发生的风险事件。识别风险需要所有相关人员的参与。组织所采用的风险识别工具和技术应当适合其目标、能力及所处环境。

2. 风险分析

风险分析不仅要考虑导致风险的原因和风险源、风险事件的正面和负面后果及其发生的可能性、影响后果和可能的因素、不同风险及其风险源的相互关系以及风险的其他特征，还要考虑现有的管理措施及其效果和效率。在风险分析中，应考虑组织的风险承受度及其对前提和假设的敏感性，并适时与决策者和其他利益相关者有效地沟通。另外，还要考虑可能存在的专家观点中的分歧及数据和模型的局限性，根据风险分析的目的、获得的信息数据和资源，风险分析可以是定性的、半定量的、定量的或以上方法的组合。

3. 风险评价

风险评价是将风险分析的结果与组织的风险准则做比较，或者在各种风险的分析结果之间进行比较，确定风险等级，以便作出风险应对决策。如果该风险是新识别的风险，则应当制定相应的风险准则，以便评价该风险。风险评价的结果应满足风险应对的需要，否则应做进一步分析。

4. 风险应对

风险应对是选择并执行一种或多种改变风险的措施，包括改变风险事件发生的可能性或后果的措施。风险应对决策应当考虑各种环境信息，包括内部和外部利益相关者的风险承受度，以及法律、法规和其他方面的要求等。

（三）单位消防安全评估的目的和任务

单位消防安全评估的主要目的是通过查找单位存在的消防安全问题，指导单位整改火灾隐患，完善消防管理措施，落实单位消防安全主体责任，提高单位消防安全管理水平。单位消防安全评估的主要任务是由消防安全评估机构接受委托，通过对单位的建筑防火、建筑消防设施和消防安全管理等方面进行检查，记录检查情况并列明消防安全问题、火灾隐患的整改意见和完善消防管理的措施，指导单位制定火灾隐患整改方案，并提交单位消防安全评估报告。

此外，按照建筑消防安全管理工作方式的不同，评估目的可以分为一般目的和特定目的。

（1）一般目的的评估是指建筑的所有者、使用者自身出于提高建筑的消防安全程度的需要，采取建筑火灾风险评估方法，更为精细地管理建筑消防安全问题。主要包括：

1）查找、分析和预测建筑及其周围环境存在的各种火灾风险源，以及可能发生火灾事故的严重程度，并确定各风险因素的火灾风险等级；

2）根据不同风险因素的风险等级，根据自身的经济和运营等承受能力，提出针对性的消防安全对策与措施，为建筑的所有者、使用者提供参考依据，最大限度地消除和降低各项火灾风险。

（2）特定目的的评估是指建筑的所有者、使用者根据消防法规的要求，必须进行的建筑火灾风险评估。

（四）单位消防安全评估的基本程序

（1）前期准备与信息采集。

（2）风险识别需要考虑起火的概率以及火灾导致后果的严重程度，需要分析影响火灾发生的因素、影响火灾后果的因素、措施有效性分析等内容。

（3）评估指标体系的建立。

（4）定性或定量评估，风险分析与计算。

（5）风险等级判断。

（6）确定风险控制对策、措施及建议。

（7）确定评估结论。

（8）编制消防安全评估报告。

（五）单位消防安全评估的内容

消防安全评估的内容一般包括：

（1）分析建筑内可能存在的火灾危险源，合理划分评估单元，建立全面的评估指标体系。

（2）对评估单元进行定性及定量分级，并结合专家意见建立权重系统。

（3）对建筑的火灾风险做出客观公正的评估结论。

（4）提出合理可行的消防安全对策及规划建议。

四、注意事项

在我们的日常工作中，比较常见的消防安全评估包括针对单体建筑或企业的单位消防安全评估、针对城市或某个区域的区域火灾风险评估以及针对大型活动的消防安全评估等类型。这些火灾风险评估工作，为社会消防水平的提升、公共消防设施的建设、重大活动消防安全保障以及确定火灾保险费率等奠定了基础。消防安全评估是对火灾风险识别、建筑防火设计、消防设施检测等多项工作技能的综合使用，将消防领域相关知识应用于实践、服务于社会，消防工作者应充分掌握并熟练使用这一篇的相关知识。

练习题

（一）单项选择题

1. 某消防安全评估机构接受委托，对即将举办演唱会的体育场馆采用安全检查表法进行消防安全评估，并出具评估报告，该评估工作属于（　　）。

A. 预先评估　　B. 现状评估

C. 定量评估　　D. 区域风险评估

2. 火灾发展过程涉及多种因素，火灾风险的大小与这些因素及其共同作用的结果密切相关，不同火灾发生发展阶段的火灾风险评估不包括（　　）。

A. 火灾初期阶段评估　　B. 火灾发展阶段评估

C. 火灾衰减阶段评估　　D. 火灾灾后阶段评估

（二）多项选择题

1. 在火灾风险源分析中，建筑防火的被动防火措施包括（　　）。

A. 防火分区　　B. 耐火等级

C. 消防给水　　D. 消防扑救条件

E. 灭火器材

2. 风险管理过程包括明确环境信息、风险评估、风险应对、监督和检查。其中，风险评估包括（　　）。

A. 风险识别　　B. 风险分析

C. 风险评价　　D. 风险监控

E. 风险调整

（三）案例分析题

1. 简述本案例中的消防安全评估工作应该如何开展，需要包括哪些主要工作内容和步骤？

2. 简述消防安全评估工作的分类。

案例 36　超高层建筑消防安全评估案例分析

一、情景描述

某超高层办公楼地上 31 层，地下 2 层，建筑面积地上 83 934m^2，地下 30 441m^2，建筑高度 150m，耐火等级为一级，属于高层公共建筑。建筑内设有消防控制室、水泵房、报警阀室、柴油发电机房、变配电间、避难层、厨房操作间等设备用房和重点部位等。消防设施方面设有火灾自动报警系统、自动喷水灭火系统、机械防烟系统、气体灭火系统、室内外消火栓系统等。

项目按照相关规定要求，明确了消防安全管理人员和机构，制定了完备的消防安全管理制度和安全操作规程、灭火和应急疏散预案的编制与演练制度、消防安全培训与宣传教育制度、消防控制室（中心）的管理制度、防火检查与火灾隐患整改制度、用火用电与危险品管理制度等，并组建了志愿消防队。

在从建筑防火措施、消防设施情况、消防安全管理制度及落实情况等方面进行风险分析的基础上，基于层次分析法基本原理，搭建了层次结构模型，并通过专家打分计算，最终综合确定了各层指标的权重，见表 3–36–1。

表 3–36–1　超高层建筑消防安全评估指标体系及权重

一级指标	二级指标	二级指标权重	三级指标	三级指标权重
建筑消防安全	A 建筑防火	0.3	A1 总平面布置	0.1
			A2 安全疏散	0.2
			A3 防火分隔	0.15
			A4 室内外装修	0.15
			A5 燃气、电气防火	0.15
			A6 救援条件与设施	0.15
			A7 重点部位	0.1
	B 消防设施	0.3	B1 一般要求	0.1
			B2 消防供配电设施	0.1
			B3 火灾自动报警系统	0.2

续表 3-36-1

一级指标	二级指标	二级指标权重	三级指标	三级指标权重
建筑消防安全	B 消防设施	0.3	B4 消防给水及消火栓系统	0.15
			B5 灭火系统	0.2
			B6 防排烟系统	0.15
			B7 其他消防设施	0.1
	C 消防安全管理	0.4	C1 消防手续合法性	0.1
			C2 消防安全制度与安全操作规程	0.1
			C3 灭火和应急疏散预案编制与演练	0.1
			C4 消防安全管理人员	0.1
			C5 消防安全培训与宣传	0.1
			C6 消防控制室（中心）管理	0.2
			C7 防火检查与火灾隐患整改	0.1
			C8 用火用电与危险品管理	0.1
			C9 志愿消防队	0.1

根据各三级指标项的分项评估细则，以百分制进行量化打分，得到三级指标得分，并按照权重值，计算得到二级指标项得分，最终得到消防安全评估得分，消防安全评估得分越高该建筑的消防安全水平越高，火灾风险越低。再根据消防安全评估得分的大小确定评估对象所处的消防安全等级。

为了评估建筑的消防安全情况，根据检查结果对建筑的消防安全等级进行分类，将消防安全等级分为三级，分别为合格、基本合格和不合格。除了上述三级评估指标体系之外，还设置了 10 项直接判定项，当这些项目判定为不符合时，直接判定消防安全评估等级为不合格。经过全面、系统的检查、测试和评估，利用建立的消防安全评估指标体系及其权重，可以计算得到本超高层建筑项目的消防安全评估得分，并针对在评估过程中发现的主要问题给出相应的改进建议。

二、分析要点

本案例包含或涉及下列内容：

（1）单位消防安全评估方法及选用原则。

（2）单位消防安全评估指标体系的建立。

（3）单位消防安全评估指标权重的赋值。

（4）单位消防安全评估得分的计算方法。

（5）单位消防安全等级的分级量化及特征描述。

（6）重大火灾隐患和直接判定项目的评估。

三、关键知识点及依据

（一）单位消防安全评估方法及选用原则

近年来，国内外学术领域针对消防安全评估方法开展了深入的研究工作，适用于各行业的评估方法不断被提出与改进，使得各种评估方法获得了很大的发展。目前，针对建筑火灾风险所采用的评估方法较多，各种方法的侧重点、表现形式不一样。

按照分析结果的形式进行分类，消防安全评估方法分为定性、定量和半定量三类。定性分析评估方法主要有安全检查表法、预先危险性分析法等；定量分析评估方法主要有事件树、事故树、火灾模拟方法等；半定量分析评估方法主要有 NFPA101M 火灾安全评估系统、火灾风险指数法、层次分析法（AHP）等。以上每种方法均各有优势和不足，因而其适用性也有所不同。

（1）定性分析评估方法。以安全检查表法、预先危险性分析法为代表的定性分析方法简单、易操作，广泛用于各类建筑的日常消防检查中，它对于准确发现各类火灾隐患十分有效。

（2）定量分析评估方法。以事件树、事故树为代表的基于统计数据的评估方法是早期定量评估方法的代表，通过逻辑推导，可以对导致火灾的各种错综繁杂因素及其逻辑关系做出全面的描述，但是这类方法对火灾统计资料的依赖程度高。以火灾过程计算机模拟为基础的定量评估方法在近期受到高度关注，它不仅可计算得出各类火灾数据为准确评估提供依据，而且可量化各类防护措施对火灾风险的影响，为整改方案提供依据。但火灾模拟在某些方面并不适用，如消防安全管理等影响风险的因素，不能在火灾模拟中体现。并且火灾过程计算机模拟的工作量较大，评估计算周期根据模拟精度的要求而变化，但一般都较长。

（3）半定量分析评估方法。风险指数法、层次分析法是两种基础理论方法，需要使用者根据具体情况进行设计。这两种方法的最大特点在于简化了评估原理，减少了对详细数据的依赖，可以快速地得到评估结果。由于这两种方法是基于专家经验判断，因此其结论难免在一定程度上受人为主观因素影响。

在评估方法的选用原则方面，应根据对象特点以及评估方法优缺点综合选择。

为了较全面、客观、公正地对评估对象进行消防安全评估，从消防安全评估的明确性、准确性角度出发，定量分析应该是最佳选择，但是由于我国目前尚缺乏必要的火灾统计资料数据，而且十分精准的计算机模拟定量分析受时间、设施等方面所限，因此定量分析评估方法尚未大范围使用。

对于半定量分析评估方法，虽然减少了对详细数据的依赖，可以快速地得到评估结果，但均需要专家根据经验进行赋值判断，因此其结论难免在一定程度上受人为主观因素影响。必须邀请业内有经验的专家针对对象特点，经过充分讨论，对各指标项进行赋值，才能提高半定量分析评估方法结果的科学性。

定性分析评估方法的最大优点为评价客观，不存在人为主观因素的影响，可采用一票否决的方法对建筑火灾风险影响较大的重点检查项进行直接判定。另外，因其直接对照相应法规或规定进行判定，对于准确发现各类火灾隐患十分有效。但如果不能对其检查内容及时更新，则难以发现新出现的或动态的火灾隐患。

（二）单位消防安全评估指标体系的建立

消防安全评估指标体系，是进行消防安全评估的基础，选择的指标是否全面、客观、实际都关系到整个评估结果的可靠性和正确性。建立评估指标体系时，要遵循的原则如下：

（1）科学性。指标的设计应该科学，每一个指标的名称、定义、解释、计算方法、分类等要讲究科学性、真实性、规范性。

（2）系统性。消防安全评估是一个包含多个层次的复杂系统，它可以分解成为若干个小系统，指标体系应该包含自上而下的各个层次，在确定指标体系时要充分考虑到导致建筑火灾发生的各种因素。

（3）综合性。系统的安全涉及人、机、环境等多个方面，不同因素对安全的影响程度不同，因此分析方法既要充分反映评估对象各个方面的最重要功能，又要防止过分强调某个因素而导致系统失去平衡。

（4）适用性。评估方法要适合被评估对象的具体情况，具有较强的可操作性，若设定的不确定因素过多，计算过于复杂，会导致使用部门难以理解和应用，反而难以取得好的效果。

以层次分析法为例，其建立评估指标体系的过程如下：在火灾风险识别的基础上，进一步分析影响因素及其相互关系，选择出主要因素，忽略次要因素，然后对各影响因素按照不同的层次进行分类，形成不同层次的评估指标体系。建筑消防安全评估指标体系一般为 3 层或 3 层以上，每个层次的单元根据需要进一步划分为若干因素，再从火灾发生的可能性和火灾危害等方面分析各因素的火灾危险度，各个组成因素的危险度是进行系统危险分析的基础，在此基础上确定评估对象的消防安全等级。

（三）单位消防安全评估指标权重的赋值

在建筑防火措施、消防设施情况、消防安全管理制度及落实情况等方面进行风险分析的基础上，搭建层次结构模型，并通过专家打分计算，可最终综合确定各层指标的权重。

以目前广泛使用的层次分析法为例，其是将一个复杂的多目标决策问题作为一个系统，将目标分解为多个目标或准则，进而分解为多指标的若干层次，通过定性指标模糊量化方法算出层次单排序和总排序，即把一个复杂问题分解成组成因素，并按支配关系形成层次结构，通过两两比较确定决策方案的相对重要性。

层次分析法确定消防安全评估指标权重赋值的过程如下：

首先，建立基于层次分析法的消防安全评估体系，为了简要说明计算过程，我们简化了评估指标体系，该体系综合考虑了影响消防安全的多项因素，最终将对象消防安全（A）作为一级指标，将建筑防火（B1）、消防设施（B2）、消防安全管理（B3）作为二级指标，每个二级指标又分为多个三级指标，见表 3–36–2。其次，按照层次分析法的要求，对各级指标之间采用两两比较的方法判断矩阵标度进行赋值，按照比例标度进行同层次两两因素间的相对比较，构造判断矩阵。

表 3-36-2　某对象消防安全评估指标体系

<table>
<tr><th>一级指标</th><th>二级指标</th><th>三级指标</th></tr>
<tr><td rowspan="15">A 对象的消防安全</td><td rowspan="5">B1 建筑防火</td><td>B11 总平面布置</td></tr>
<tr><td>B12 安全疏散</td></tr>
<tr><td>B13 室内外装修</td></tr>
<tr><td>B14 燃气、电气防火</td></tr>
<tr><td>B15 重点部位</td></tr>
<tr><td rowspan="5">B2 消防设施</td><td>B21 消防给水及消火栓系统</td></tr>
<tr><td>B22 灭火系统</td></tr>
<tr><td>B23 火灾自动报警系统</td></tr>
<tr><td>B24 防排烟系统</td></tr>
<tr><td>B25 消防电源</td></tr>
<tr><td rowspan="5">B3 消防安全管理</td><td>B31 消防安全制度与安全操作规程</td></tr>
<tr><td>B32 灭火和应急疏散预案编制与演练</td></tr>
<tr><td>B33 消防安全管理人员</td></tr>
<tr><td>B34 消防安全培训与宣传</td></tr>
<tr><td>B35 防火检查与火灾隐患整改</td></tr>
</table>

对判断矩阵进行赋值的做法是：①两两比较同一层次的指标的重要度；②根据层次分析法计算出各级权重；③汇总各级指标权重赋值表，见表 3-36-3。

表 3-36-3　判断矩阵标度赋值表

赋值	相对重要性	说明
1	同等重要	两个因素相比，同等重要
3	略微重要	前因素比后因素略微重要
5	明显重要	前因素比后因素明显重要
7	强烈重要	前因素比后因素强烈重要
9	极端重要	前因素比后因素极端重要
1/3	略微重要	前因素比后因素略微不重要
1/5	明显重要	前因素比后因素明显不重要
1/7	强烈重要	前因素比后因素强烈不重要
1/9	极端重要	前因素比后因素极端不重要

注：2，4，6，8，1/2，1/4，1/6，1/8 分别为上述判断中间值。

其主要计算步骤如下：

（1）计算判断矩阵每一行元素的乘积 M_i。

（2）计算 M_i 的 n 次方根：

$$\overline{W}_i = \sqrt[n]{M_i} \tag{3-36-1}$$

（3）对向量 $\overline{W}_i$ 进行归一化处理，得到的矩阵为判断矩阵的特征向量。

$$W_i = \frac{\overline{W}_i}{n} \tag{3-36-2}$$

（4）进行一致性检验。

先求出最大特征根：

$$\lambda_{max} = \sum_{i=1}^{n} \frac{(AW)_i}{nW_i} \tag{3-36-3}$$

然后确定一致性指标值：

$$CI=(\lambda_{max}-n)/(n-1) \tag{3-36-4}$$

为衡量 CI 的大小引入随机一致性指标 RI，1 ~ 11 阶矩阵的 RI 值按表 3-36-4 取值。

表 3-36-4　*RI* 值取值表

N	1	2	3	4	5	6	7	8	9	10	11
RI	0	0	0.58	0.90	1.12	1.24	1.32	1.41	1.45	1.49	1.51

按照 $CR=CI/RI$ 计算 CR 值，当 $CR<0.10$ 时，通过一致性检验，表示判断矩阵具有满意的一致性。

依据上述方法和计算步骤对表 3-36-2 所列的消防安全评估指标体系进行权重赋值计算，结果如表 3-36-5 ~ 表 3-36-9 所示。

表 3-36-5　二级指标 B*i* 的权重

A	B1	B2	B3	W_i
B1	1	2	1/2	0.311
B2	1/2	1	1/2	0.196
B3	2	2	1	0.493
$\lambda_{max}=3.054$，$CR=0.047<0.1$，符合一致性要求				

表 3-36-6　B1 对应的三级指标的权重

B1	B11	B12	B13	B14	B15	W_i
B11	1	1/3	1/2	1/5	1/4	0.066
B12	3	1	1/2	1/3	1/2	0.129
B13	2	2	1	1/2	1/2	0.171

续表 3-36-6

B1	B11	B12	B13	B14	B15	W_i
B14	5	3	2	1	1	0.337
B15	4	2	2	1	1	0.297
$\lambda_{max}=5.104$，$CR=0.023<0.1$，符合一致性要求						

表 3-36-7　B2 对应的三级指标的权重

B2	B21	B22	B23	B24	B25	W_i
B21	1	2	2	3	3	0.368
B22	1/2	1	1	2	2	0.207
B23	1/2	1	1	2	2	0.207
B24	1/3	1/2	1/2	1	1	0.109
B25	1/3	1/2	1/2	1	1	0.109
$\lambda_{max}=5.103$，$CR=0.023<0.1$，符合一致性要求						

表 3-36-8　B3 对应的三级指标的权重

B3	B31	B32	B33	B34	B35	W_i
B31	1	2	2	3	3	0.368
B32	1/2	1	1	2	2	0.207
B33	1/2	1	1	2	2	0.207
B34	1/3	1/2	1/2	1	1	0.109
B35	1/3	1/2	1/2	1	1	0.109
$\lambda_{max}=5.103$，$CR=0.023<0.1$，符合一致性要求						

表 3-36-9　评估体系指标权重赋值表

二级指标	二级指标权重	三级指标	三级指标权重	指标体系权重赋值
B1	0.311	B11	0.066	0.021
		B12	0.129	0.040
		B13	0.171	0.053
		B14	0.337	0.105
		B15	0.297	0.092

续表 3-36-9

二级指标	二级指标权重	三级指标	三级指标权重	指标体系权重赋值
B2	0.196	B21	0.368	0.072
		B22	0.207	0.041
		B23	0.207	0.041
		B24	0.109	0.021
		B25	0.109	0.021
B3	0.493	B31	0.368	0.181
		B32	0.207	0.102
		B33	0.207	0.102
		B34	0.109	0.054
		B35	0.109	0.054

从表 3-36-9 可以看出，在二级指标中，消防安全管理最重要（权重值 0.493），其次是建筑防火和消防设施；在三级指标中，消防安全制度与安全操作规程最重要（权重值 0.181），而灭火和应急疏散预案编制与演练、消防安全管理人员、燃气电气防火、建筑重点部位防火同样占有重要地位。该指标体系权重赋值结果体现了以防为主的理念，并突出了消防安全管理的重要性。

（四）单位消防安全评估得分的计算方法

在消防安全评估过程中，确定评估对象的消防安全评估指标体系及权重后，根据相关法律法规、标准规范的要求，针对各个三级指标项，制订详细的分项评估细则，细则和评估体系中的打分项一一对应，并明确消防安全评估的具体方法和打分标准。

评定细则按符合程度分层次划分为 A、B、C 三种情况，以百分制进行量化，对应分值分别为 100，70，30，三级指标得分为其各项检查内容的最低分。

二级指标项和一级指标项得分 ϕ' 可通过如下方法求出：将各评估单元（下级指标）得分 × 各评估单元（下级指标）所占权重，通过求和可得到上级指标项的得分，最终得到消防安全评估得分 ϕ'。

$$\phi' = \sum_{i=1}^{m} \phi_{Bi} \times \alpha_{Bi} \qquad (3\text{-}36\text{-}5)$$

式中 ϕ'——上级指标项的得分；

α_{Bi}——下级指标项 Bi 所占权重；

ϕ_{Bi}——下级指标项的得分；

m——下级指标项的数目。

（五）单位消防安全等级的分级量化及特征描述

为了评估建筑的消防安全情况，需要根据检查结果对建筑的消防安全等级进行分类，将消防安全等级分为三级。将评估对象的火灾风险现状转化为该建筑的消防安全得分，再根据消防安全得分 ϕ' 的大小可以确定评估对象所处的消防安全等级，见表 3–36–10。消防安全评估得分越高，该建筑的消防安全水平越高，火灾风险越低。

表 3–36–10　消防安全评估等级与量化范围

消防安全等级	综合评定得分	描述性说明
合格	[80，100]	火灾隐患少，发生火灾的可能性小或火灾发生后危害性较小，建筑防火大体符合规范要求，消防设施基本完好有效，消防安全管理制度较完善并严格落实
基本合格	[60，80)	存在一般性火灾隐患，有发生火灾的可能性或火灾发生后将造成一定危害，建筑防火存在一定违规问题，消防设施存在一些问题，消防安全管理制度不够完善落实不算到位
不合格	[0，60)	火灾隐患多，发生火灾的可能性较大或火灾将造成较大危害，建筑防火存在较多的违规问题，消防设施存在较大问题，消防安全管理制度很不完善落实不到位

（六）重大火灾隐患和直接判定项目的评估

依据《重大火灾隐患判定方法》（GB 35181—2017）和《火灾高危单位消防安全评估导则（试行）》（公消〔2013〕60 号）中直接判定项目的要求，消防安全评估工作中会对对象的重大火灾隐患和直接判定项目进行评估，见表 3–36–11 和表 3–36–12。

需要注意的是，如存在重大火灾隐患则应立即整改，整改后再进行消防安全评估工作；如果出现违反直接判定项目的情况，则本项目的消防安全评估等级直接判定为“不合格”。

表 3–36–11　超高层建筑消防安全评估直接判定项

序号	检查内容
1	建筑物和公众聚集场所依法办理消防行政许可或备案手续的情况
2	依法确定消防安全管理人、自动消防系统操作人员的情况
3	疏散通道、安全出口数量及畅通情况
4	自动消防系统设置情况
5	建筑消防设施完好情况
6	人员密集场所易燃易爆危险品使用、管理情况
7	公众聚集场所装修情况、建筑外保温材料使用情况
8	经消防机构责令改正后，再次出现同一违法行为的情况
9	依法建立专（兼）职消防队的情况
10	一年内发生一次较大以上（含）火灾或两次以上（含）一般火灾的情况

表 3-36-12 重大火灾隐患判定表

序号	判定要素及检查内容
1	擅自改变建筑内的避难走道、避难间、避难层与其他区域的防火分隔设施，或避难走道、避难间、避难层被占用、堵塞而无法正常使用
2	建筑物的安全出口数量不符合规定，或被封堵
3	按规定应设置独立的安全出口、疏散楼梯而未设置
4	商店营业厅内的疏散距离超过规定距离的 25%
5	高层建筑和地下建筑未按规定设置疏散指示标志、应急照明，或损坏率超过 30%；其他建筑未按规定设置疏散指示标志、应急照明，或损坏率超过 50%
6	设有人员密集场所的高层建筑的封闭楼梯间、防烟楼梯间门的损坏率超过 20%，其他建筑的封闭楼梯间、防烟楼梯间门的损坏率超过 50%
7	民用建筑内疏散走道、疏散楼梯间、前室室内的装修材料燃烧性能低于 B_1 级
8	人员密集场所的疏散走道、楼梯间、疏散门或安全出口设置栅栏、卷帘门
9	人员密集场所未按规定设置防烟排烟设施，或已设置但不能正常使用或运行
10	违反规定在公共场所使用可燃材料装修
11	未按规定设置消防车道或消防车道被堵塞、占用
12	建筑之间的既有防火间距被占用
13	未按规定设置除自动喷水灭火系统外的其他固定灭火设施
14	已设置的自动喷水灭火系统或其他固定灭火设施不能正常使用或运行
15	擅自改变原有防火分区，造成防火分区面积超过规定的 50%
16	防火门、防火卷帘等防火分隔设施损坏的数量超过该防火分区防火分隔设施数量的 50%
17	设有人员密集场所的建筑既有外窗被封堵或被广告牌等遮挡，影响逃生和灭火救援
18	高层建筑的举高消防车作业场地被占用，影响消防扑救作业
19	一类高层民用建筑的消防电梯无法正常运行
20	未按规定设置消防水源
21	未按规定设置室外消防给水设施，或已设置但不能正常使用
22	未按规定设置室内消火栓系统，或已设置但不能正常使用
23	火灾自动报警系统处于故障状态，不能恢复正常运行
24	自动消防设施不能正常联动控制
25	违反规定在可燃材料或可燃构件上直接敷设电气线路或安装电气设备

四、注意事项

消防安全评估过程中，评估方法的选择至关重要，根据评估对象特点选择一种合适的评估方法，能够提升消防安全评估结论的科学性。通过学习本案例，应掌握常用的消防安全评估方法，了解消防安全评估指标体系的建立及权重赋值，学会计算消防安全评估得分并进行等级分级量化。

需要指出的是，目前消防安全评估方法较多，它们有各自的优缺点，在日常使用中较为广泛的是层次分析法、安全检查表法等，除了考虑到这些方法适用于我国消防安全检查评估的特点之外，也充分考虑到其可操作性以及在检查评估工作中对消防安全管理人员的教育作用。

练习题

（一）单项选择题

以下关于消防安全等级分级量化及特征描述错误的是（　　）。

A. 根据对象的消防安全评估得分确定其所处的消防安全等级

B. 消防安全等级一般分为三级，分别为合格、基本合格和不合格

C. 消防安全评估得分越高则对象的消防安全水平越高，火灾风险越低

D. 消防安全等级为“基本合格”时，其对应的特征描述是建筑防火大体上符合规范要求，消防设施基本完好有效，消防安全管理制度较完善并严格落实

（二）多项选择题

1. 常用的消防安全评估方法包括（　　）。

A. 安全检查表法　　B. 预先危险性分析法

C. 事件树分析法　　D. 事故树分析法

E. 层次分析法

2. 消防安全评估指标体系的建立原则包括（　　）。

A. 科学性　　B. 系统性

C. 综合性　　D. 适用性

E. 时效性

（三）案例分析题

根据情景描述，回答下列问题：

1. 关于本案例的消防安全评估工作，下列说法正确的有（　　）。

A. 建立的评估指标体系共三层，各级指标项的权重赋值由专家打分并通过层次分析法计算确定

B. 消防安全评估工作只能得到定性的结论，无法得到百分制评分结果

C. 通过评估指标体系及权重，计算得到最终消防安全评估得分为 75 分，但该超高层建筑的消防安全等级也有可能为不合格

D. 在消防安全评估指标体系的二级指标项中，消防安全管理最重要，其次是建筑防

火和消防设施

E. 最终的消防安全评估得分可通过对二级指标项直接打分计算得到

2. 如果本案例的消防安全评估指标得分（得分均保留整数）如表 3-36-13 所示，试计算该项目的消防安全评估得分，下列说法正确的有（　　）。

表 3-36-13　本案例的消防安全评估指标得分表

二级指标	二级指标权重	三级指标	三级指标权重	三级指标得分
A 建筑防火	0.3	A1 总平面布置	0.1	70
		A2 安全疏散	0.2	70
		A3 防火分隔	0.15	70
		A4 室内外装修	0.15	30
		A5 燃气、电气防火	0.15	70
		A6 救援条件与设施	0.15	100
		A7 重点部位	0.1	70
B 消防设施	0.3	B1 一般要求	0.1	100
		B2 消防供配电设施	0.1	100
		B3 火灾自动报警系统	0.2	70
		B4 消防给水及消火栓系统	0.15	70
		B5 灭火系统	0.2	70
		B6 防排烟系统	0.15	70
		B7 其他消防设施	0.1	70
C 消防安全管理	0.4	C1 消防手续合法性	0.1	100
		C2 消防安全制度与安全操作规程	0.1	100
		C3 灭火和应急疏散预案编制与演练	0.1	70
		C4 消防安全管理人员	0.1	70
		C5 消防安全培训与宣传	0.1	70
		C6 消防控制室（中心）管理	0.2	70
		C7 防火检查与火灾隐患整改	0.1	70
		C8 用火用电与危险品管理	0.1	100
		C9 志愿消防队	0.1	100

A. 二级指标项建筑防火的消防安全评估得分为 85 分

B. 二级指标项消防设施的消防安全评估得分为 76 分

C. 二级指标项消防安全管理的消防安全评估得分为 82 分

D. 该项目的最终消防安全评估得分为 76 分

E. 该项目的消防安全等级为“基本合格”

3. 以下属于直接判定项，可以将该项目消防安全评估等级直接判定为“不合格”的有（　　）。

A. 该超高层建筑未按照相关标准规范要求设置自动消防系统

B. 未确定消防安全管理人，消防控制室值班人员不具有相关资质证书

C. 可供使用的疏通通道、安全出口数量低于相关标准规范规定值的 50%

D. 经消防监督机构责令改正后，同一违法行为重复出现的

E. 一年内发生一次较大以上（含）火灾或两次以上（含）一般火灾的情况

4. 依据《重大火灾隐患判定方法》（GB 35181—2017）的有关规定，以下属于重大火灾隐患判定要素的有（　　）。

A. 建筑物的安全出口数量不符合规定

B. 建筑物的安全出口被封堵

C. 消防电梯无法正常运行

D. 擅自改变原有防火分区，造成防火分区面积超过规定的 10%

E. 疏散指示标志、应急照明的损坏率超过 30%

案例 37　大型商业综合体消防安全评估案例分析

一、情景描述

某大型商业综合体（见图 3–37–1），地上 5 层，地下 2 层，采用框架结构，耐火等级为一级。地上建筑高度 29.85m，建筑面积 357 898m^2，其中商业部分建筑面积为 332 353.5m^2，地下车库建筑面积为 25 544.5m^2。主要消防设施有火灾自动报警系统、自动喷水灭火系统、机械防排烟系统、消防应急照明和疏散指示系统、室内外消火栓系统等。

此外，商业综合体内部分区域不满足《建筑设计防火规范》（GB 50016—2004，2018 年版）中关于防火分区和疏散距离的规定，但通过建筑特殊消防设计，采取了相应措施满足了项目的消防安全要求，相关设计结论也通过了有关专家和主管部门的审查。

本次评估内容主要包括建筑防火、消防设施、消防安全管理等方面，并根据相关政策文件要求对直接判定项目进行了检查。其中，在建筑防火及安全疏散方面包括总平面布

图 3-37-1　某大型商业综合体外观照片

置、安全疏散、室内外装修、燃气电器防火、救援条件与设施、重点部位等内容；在消防设施方面主要包括消防供配电设施、火灾自动报警系统、消防给水及消火栓系统、自动喷水灭火系统、防排烟系统、消防专用电话、灭火器、消防分隔设施等内容；在消防安全管理方面包括消防手续合法性、消防安全管理制度和安全操作规程、灭火和应急疏散预案的编制与演练、消防安全管理人员和机构、消防安全培训与宣传教育、消防控制室（中心）的管理、防火检查与火灾隐患整改、用火用电与危险品管理、志愿消防队等内容。

评估过程中发现该商业综合体公共区域的消防安全现状较好，消防安全管理到位，火灾隐患较少。主要的隐患集中在各个商铺中，应加强对商铺消防设施、建筑防火及疏散设施的检查力度，加强日常监督和巡查检查，加大消防宣传和教育力度，增强商铺的消防安全意识，切实改善商铺的消防安全现状。

在建筑防火方面，存在的消防安全问题包括安全出口锁闭或堵塞（图 3-37-2）；疏散通道上的防火门被遮挡、封闭或损坏；部分锁闭的防火门虽设置了火灾时可迅速开启的装置，但并未在明显位置设置使用提示；疏散指示标志被遮挡，疏散门故障，疏散指示标志损坏或数量不足，发光标志工作异常；部分防火卷帘下方堆放餐桌、广告牌、垃圾箱等物品等。

在消防设施方面，存在的消防安全问题包括多个室内消火栓故障；灭火器设置数量不足；部分洒水喷头故障或安装不合理（图 3-37-3），存在盲目安装集热挡水板、喷头被装饰漆或涂料涂覆等现象；部分洒水喷头设置在镂空吊顶内，而镂空吊顶的通透面积比例小于标准规范要求；防排烟系统功能故障等。室内消火栓对于扑灭和控制初期火灾乃至消防队员的内攻灭火都具有十分重要的作用。在评估工作中未对所有室内消火栓进行检查的情况下，就抽查到 3 个无法正常使用的消火栓，故障比例较高。

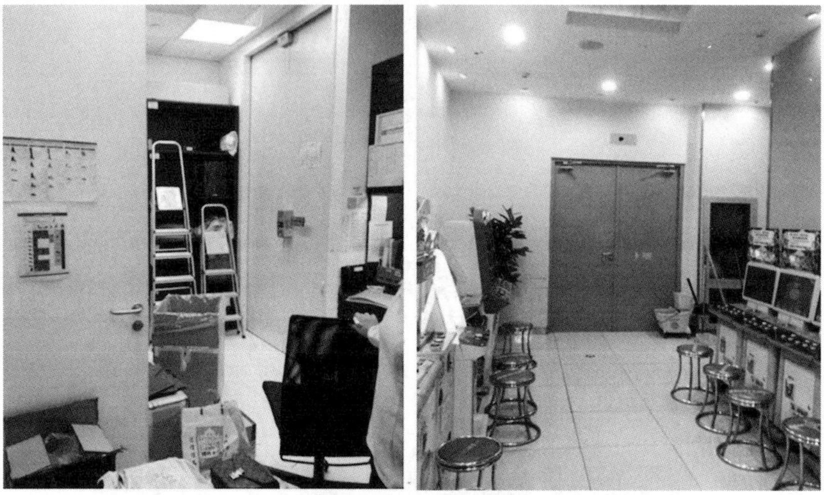

图 3-37-2　部分商铺疏散通道被挪作他用或锁闭安全出口

图 3-37-3　部分洒水喷头故障及消火栓故障

消防安全管理水平较高，但也存在日常消防巡查、检查走过场，未能及时发现消防安全隐患，消防宣传不足，对灭火和应急疏散预案的演练效果和存在问题的总结不及时等问题。

此外，还重点进行了本项目特殊消防设计要求与现状的对比检查。结果发现，按照特殊消防设计方案要求，需要在店铺与走道之间采用耐火极限不低于 2.00h 的防火玻璃分隔，并在店铺内侧设自动喷水灭火系统保护，精品店、辅助用房等开向走道的门在火灾时应能自动关闭。但实际发现部分边墙型喷头故障，喷头被招牌、电视等遮挡（图 3-37-4），无法有效保护防火玻璃，且部分店铺通向走道的门不能自动关闭。

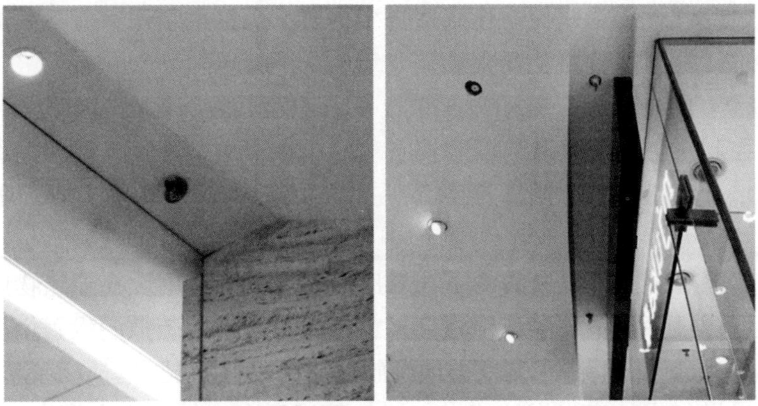

图 3-37-4　部分商铺的窗喷喷头损坏或被招牌、电视等遮挡

二、分析要点

本案例包含或涉及下列内容：

（1）单位消防安全评估中建筑防火方面的评估内容和方法。

（2）单位消防安全评估中消防设施方面的评估内容和方法。

（3）单位消防安全评估中消防安全管理方面的评估内容和方法。

（4）单位消防安全评估结论和建议。

三、关键知识点及依据

（一）单位消防安全评估中建筑防火方面的评估内容和方法

单位消防安全评估中，关于建筑防火方面的评估内容和方法包括：

1. 建筑消防的合法性

依法需要进行消防验收的建筑物或场所经验收合格的文件；依法需要进行消防备案的建筑物或场所，相关备案手续或经抽查合格的文件；其他法律法规要求的相关文件或合格证明材料。

2. 建筑物防火间距

与相邻建筑的间距，U 形或山形等建筑两翼之间的距离，加油加气加氢站、石油化工工程、石油天然气工程、石油库、易燃易爆化学物品专用码头等特殊建筑物与周围居住区、公共设施、厂矿企业的距离，以及其场区内部建筑物、设施相互之间的距离。

3. 消防车道

建筑物消防车道设置情况；高层建筑沿建筑的一个长边设置的消防车道，该长边所在建筑立面应设置消防车登高操作场地和消防救援窗口；工厂、仓库区及可燃液体储罐区、可燃气体储罐区、可燃材料堆场设置的消防车道；供消防车取水的天然水源和消防水池设置消防车道及取水口；消防车道的设置满足消防车通行的情况。

4. 防火及防烟分区

防火分区、防烟分区的面积；防火门、防火卷帘、防火分隔水幕等防火分区开口部位的分隔措施的完整性、有效性；核查擅自变更防火分区的情况，变更后的防火分区是否符合规范要求；挡烟垂壁的设置情况。

5. **重点部位**

（1）消防控制室：单独建造的消防控制室的耐火等级，附设在建筑内部的消防控制室的设置位置，消防控制室的送、回风管在其穿墙处应该设置防火阀，疏散门的设置情况。

（2）消防水泵房：单独建造的消防水泵房的耐火等级，附设在建筑物内的消防水泵房设置楼层及室内地面与室外入口地坪高差，消防水泵房的疏散门设置情况，消防水泵房设置防止水淹的措施，消防水泵房通风设施和防火封堵情况。

（3）燃油或燃气锅炉房：燃油或燃气锅炉等设置在建筑外的专用房间的耐火等级；贴邻民用建筑布置的锅炉房，所贴邻的建筑的防火分隔情况，以及贴邻部位的使用功能是否为人员密集场所；布置在民用建筑内时，相邻部位的使用功能是否为人员密集的场所；采用液化石油气作为燃料的锅炉房不得设置在地下或半地下；储油间的储量、设置位置及分隔情况；是否设置火灾报警装置和相适应的灭火设施。

6. **安全疏散和消防电梯**

（1）安全出口：检查安全出口的设置位置、数量、宽度、出口之间的距离；检查安全出口的疏散门设置形式、开启方向、逃生门锁装置。

（2）疏散门：疏散门的数量、门之间的间距、开启方向和畅通性等符合防火规范的要求，检查疏散门的形式和有效宽度。

（3）疏散距离：观众厅、多功能厅、营业厅等敞开空间的疏散距离，其他房间内任一点至直通疏散走道的疏散门之间的距离，直通疏散走道的房间疏散门到最近安全出口之间的距离。

（4）疏散楼梯：疏散楼梯的设置形式、位置、数量情况，楼梯构造及防火分隔构件，管道穿越情况及装修材料等情况。

（5）疏散走道：疏散走道的设置形式、围护结构完整性；走道宽度、长度及走道畅通性等情况。

（6）避难层（间）、避难走道、下沉式广场：避难层（间）设置的楼层高度、间距、数量、可供避难的净面积、疏散楼梯、外窗和消防设施的设置情况，避难走道设置位置、设置形式、防烟前室、直通地面的出口数量、走道净宽、装修材料、消防设施设置等情况，下沉式广场的敞开空间净面积、开口间距、疏散楼梯、防风雨棚等情况。

（7）消防电梯及前室：首层的消防电梯前室或扩大前室至室外的出口距离，消防电梯每层的停靠情况，轿厢内装修材料；消防电梯井、机房与相邻电梯井、机房的防火分隔情况。

7. **防火构造**

（1）防火墙和防火隔墙：防火墙、房间隔墙和疏散走道两侧的隔墙等防火隔墙的做法和完全分隔情况，防火墙、防火隔墙的管道穿越等开口部位的防火封堵情况。

（2）建筑竖井：电梯井设置情况，电缆井、管道井、排烟道、排气道、垃圾道等竖向井道的设置情况，电缆井、管道井在每层楼板处的防火封堵情况，管道井的检查门的设置情况。

（3）防火门窗、防火卷帘：防火门窗、防火卷帘的设置位置、耐火性能等情况；防火门窗、防火卷帘的开闭状态。

8. 通风及空调系统

（1）通风及空调系统防火：排风系统设置导除静电的接地装置情况，排风设备设置楼层位置情况，通风管材质、绝热材料及敷设情况，通风系统防火阀设置情况，通风机房的设置情况。

（2）通风及空调系统防爆：甲、乙类厂房内的空气循环使用情况，民用建筑内空气中含有容易起火或爆炸危险物质的房间通风设施，可燃气体管道和甲、乙、丙类液体管道是否穿过通风机房和通风管道的情况。

9. 建筑防爆

（1）有爆炸危险的厂房（仓库）布置：有爆炸危险的甲、乙类厂房（仓库）的布置情况及结构形式；甲、乙类生产场所（仓库）的设置楼层位置；有爆炸危险的甲、乙类生产部位的泄压设施；有爆炸危险的甲、乙类厂房的总控制室设置情况。

（2）泄压设施：厂房（仓库）泄压设施设置情况，检查有爆炸危险的厂房与相邻厂房连通处封堵情况，散发可燃气体、可燃蒸气、粉尘的厂房的屋顶、地面、墙面处理情况。

10. 应急照明

除住宅建筑，民用防火建筑、厂房和丙类仓库的疏散照明设置位置；应急照明的连续供电时间及照度情况。

（二）单位消防安全评估中消防设施方面的评估内容和方法

单位消防安全评估中，关于消防设施方面的评估内容和方法包括：

1. 消防设施基本情况

现场确认消防设施的系统种类；统计建筑消防设施各系统主要设备的规格型号和数量。

2. 消防供配电

（1）供配电负荷：不同等级供电负荷的电源设置；采用备用电源供电时，供电时间和容量应该满足各消防用电设备设计火灾延续时间最长者的要求。

（2）消防配电：消防用电设备应采用单独的供电回路，消防用电设备应在各自最末一级配电箱处设置主、备电源自动切换装置。

3. 火灾自动报警系统

火灾自动报警系统包括消防控制室、火灾报警控制器、手动报警按钮等。

4. 消防给水设施

（1）消防水池：消防水池容积，水位显示装置，消防水池水位应正常；消防水池补水设施应正常；寒冷地区的消防水池应采取防冻措施。

（2）消防水箱：消防水箱容积；就地水位显示装置，消防水箱水位应正常；消防水箱补水措施应正常；消防水箱出水阀门应常开并有明显标志，出水管的止回阀应关闭严密。

（3）稳压泵气压水罐和稳压泵控制柜：稳压泵控制柜应有双电源供电，指示灯显示应正常，并应处于自动状态；稳压泵启动、停止运行应正常，电接点压力表的压力设定值应符合设计要求；管网压力显示应正常；稳压泵进、出口阀门应开启，并有明显标志。

（4）消防水泵房：消防水泵房应设置消防专用电话分机、应急照明灯，消防水泵房有明显标志；消防水泵应采用自灌式吸水；消防水泵有注明系统名称和编号的标志牌；进、出口阀门应常开，启闭标志牌正确，消防水泵的进、出口应设压力表，显示正常；消防水泵及消防管道安装应牢固，无锈蚀。

（5）消防水泵控制柜：消防水泵控制柜应有注明所属系统及编号的标志；消防水泵控制柜应有双电源供电，应处于自动状态，指示灯显示正常；手动启停消防水泵主泵和备用泵，应运行平稳；主、备消防泵应具有自动切换功能；消防控制室应能手动启动消防泵。

（6）水泵接合器：水泵接合器规格、数量和安装位置应符合设计要求，阀门安装方式应符合设计要求；水泵接合器应设标明用途的明显标志；控制阀应常开且启闭灵活，组件应完整，无锈蚀；寒冷地区防冻措施应完好。

5. 消火栓系统

（1）室外消火栓：消火栓规格、数量和设置位置应符合规范要求；消火栓不应被遮挡、圈占和埋压；消火栓安装应牢固，组件完整，开关灵活，外观质量符合要求；消火栓压力符合规范要求。

（2）室内消火栓和消火栓箱：消火栓箱安装应牢固，应有明显标志，箱内组件齐全，箱门开关灵活；消火栓不应被遮挡、圈占；消火栓栓口的安装位置应能保证水带与栓口连接方便，安装高度、栓口朝向符合防火规范要求。

（3）消火栓系统功能：静水压力应符合规范要求；消火栓动压试验应符合相关要求，消防水泵出水干管上设置的压力开关、高位消防水箱出水管上的流量开关等信号应直接自动启动，消防联动控制装置应能接收其反馈信号。

6. 自动喷水灭火系统

评估内容包括报警阀组、水流指示器、喷头、末端试水装置、湿式自动喷水灭火系统功能、干式自动喷水灭火系统功能、预作用系统功能、雨淋系统（水幕系统、水喷雾系统）功能等。

7. 泡沫灭火系统

评估内容包括泡沫消防泵站和泡沫液储罐、比例混合器、泡沫产生器、泡沫喷头、管道、泡沫消防炮、泡沫灭火系统功能等。

8. 气体灭火系统

评估内容包括防护区、储瓶间、灭火剂储存装置、系统组件（驱动装置、流动管、选择阀、压力讯号器、单向阀、喷头）、气体灭火系统功能等。

9. 机械加压送风系统

评估内容包括风机控制柜、机械加压送风机、送风道、送风阀（口）、系统功能检查等内容。

10. 机械排烟系统

（1）机械排烟风机控制柜：机械排烟风机控制柜应有注明系统名称和编号的标志；机械排烟风机控制柜应有双电源供电，指示灯显示应正常；机械排烟风机控制柜应有手动、自动切换装置。

（2）排烟风机：排烟风机的铭牌清晰，并有注明名称和编号的标志；排烟风机现场、远程启停正常，启动运转平稳，旋转方向正确，消防控制室应能显示风机的工作状态。

（3）排烟道：风机和排烟道的软连接应严密完整，排烟道无破损、变形、锈蚀。

（4）排烟口、排烟阀、排烟防火阀、防火阀、电动排烟窗：排烟口、排烟阀、排烟防火阀、防火阀、电动排烟窗应安装牢固；排烟口距可燃构件或可燃物的距离不应小于1.5m；排烟口、排烟阀、排烟防火阀、防火阀、电动排烟窗开启与复位操作灵活可靠，关闭时应严密，反馈信号应正确；除常开的阀（口）外，现场应设置手动控制装置。

（5）系统功能检查：机械排烟系统应能自动和手动启动相应区域的排烟阀、排烟风机，并向火灾报警控制器反馈信号；机械排烟系统中，当任一排烟口（排烟阀）开启时，排烟风机应能自动启动；排烟口的风速、排烟量应符合设计要求；当通风与排烟合用风机时，应自动切换到高速运行状态；电动排烟窗系统应具有直接启动或联动控制开启功能。

11. 消防应急照明及疏散指示系统

（1）消防应急照明：消防应急照明灯具安装应牢固、无遮挡，状态指示灯正常；消防应急照明灯具应急转换时间不大于5s；疏散照明的地面最低水平照度应符合规范要求。

（2）疏散指示标志：疏散指示标志应安装牢固、无遮挡，指示方向明显、清晰；安全出口标志和疏散指示标志设置应符合规范要求；灯光疏散指示标志的状态灯应正常，地面中心照度应符合规范要求。

12. 消防应急广播系统

扩音机、扬声器及系统功能应正常。

13. 消防专用电话

消防水泵房、发电机房、高低压配电室、防排烟机房、消防电梯等应设消防专用电话；消防专用电话分机应以直通方式呼叫；消防控制室应能接受插孔电话的呼叫，通话音质清晰；消防控制室、消防值班室、企业消防站等处应设置可直接报警的外线电话。

14. 防火分隔设施

（1）防火门：组件及标志齐全完好，应启闭灵活、关闭严密；防火门应能自动闭合，双扇防火门应按顺序关闭，关闭后应能从内、外两侧人为开启；常开防火门应在火灾报警后自动关闭并反馈信号，设置在疏散通道并设有出入口控制系统的防火门应能自动和手动解除出入口控制系统。

（2）防火卷帘：防火卷帘组件及标志齐全完好，紧固件应无松动现象；现场手动、远程手动、自动控制及温控释放功能应正常，关闭应严密；运行时应平稳顺畅、无卡涩现象；安装在疏散通道上的防火卷帘应在一个相关探测器报警后下降至距地面 1.8m 处停止；另一个相关探测器报警后，卷帘应继续下降至地面，并向火灾报警控制器反馈信号；仅用于防火分隔的防火卷帘，在火灾确认后应直接下降至地面，并应向火灾报警控制器反馈信号。

（3）电动防火阀：电动防火阀应完好无损，开启与复位灵活可靠，关闭时应严密；电动防火阀应在相关火灾探测器动作后自动关闭并反馈信号。

15. 消防电梯

首层的消防电梯迫降按钮应用透明罩保护，当触发按钮时，能控制消防电梯下降至首层，此时其他楼层按钮不能呼叫控制消防电梯，只能在轿厢内控制；轿厢内的专用对讲电话应正常；从首层到顶层的运行时间不应超过 60s；联动控制的消防电梯由消防控制设备手动和自动控制电梯回落首层，并接收反馈信号。

16. 灭火器

每个计算单元配置的灭火器数量和类型应符合《建筑灭火器配置设计规范》（GB 50140—2005）的要求；灭火器应设置在位置明显和便于取用的地点，且不得影响安全疏散；对有视线障碍的灭火器设置点，设置指示其位置的发光标志；灭火器的摆放稳固，其铭牌应朝外；手提式灭火器宜设置在灭火器箱内或挂钩、托架上；灭火器箱不得上锁；灭火器设置在潮湿或强腐蚀性的地点或室外时，应有相应的保护措施；灭火器应在有效期和报废年限内，二氧化碳灭火器重量应与铭牌标示一致；灭火器铭牌或灭火器维修合格证应清晰、无残缺；灭火器筒体应无明显锈蚀和凹凸等损伤，手柄、插销、铅封、压力表等组件应齐全完好，无松动、脱落或损伤；喷射软管应完好，无龟裂；喷嘴无堵塞；压力表指针应在绿色区域范围内。

（三）单位消防安全评估中消防安全管理方面的评估内容和方法

单位消防安全评估中，关于消防安全管理方面的评估内容和方法包括：

1. 消防安全管理组织机构

包括消防工作组织结构、人员及职责，消防安全责任人、管理人，消防工作归口管理部门等内容。

2. 消防安全制度

包括按照《机关、团体、企业、事业单位消防安全管理规定》（公安部令第 61 号），结合本单位消防安全实际需要，建立健全各项消防安全制度和保障消防安全的工作规程，并公布实施；各项消防安全制度和保障消防安全的工作规程执行落实情况。

3. 防火检查巡查及隐患整改

（1）防火检查：单位定期开展防火检查情况（机关、团体、事业单位至少每季度进行

1 次），防火检查的内容、工作记录、人员签字等，防火检查发现问题的处置和整改情况。

（2）防火巡查：单位开展每日防火巡查情况（公众聚集场所营业期间至少每 2h 巡查 1 次，医院、老年人照料设施、寄宿制学校、托儿所、幼儿园开展夜间防火巡查），防火巡查的内容、工作记录、人员签字等，防火巡查发现问题的处置和整改情况。

（3）火灾隐患整改：火灾隐患整改处置程序制订情况（包括对火灾隐患的认定、确定整改措施、期限以及负责整改的部门、人员、整改资金落实等），火灾隐患未消除之前相应防范措施的制订和落实情况，火灾隐患整改有关档案资料的建立、更新和归档情况。

4. 消防安全宣传教育和培训

开展常态化消防安全宣传教育情况，消防安全重点单位定期开展员工消防安全培训（对每名员工至少每年进行 1 次培训，公众聚集场所至少每半年进行 1 次培训）情况，消防安全重点单位组织员工上岗前消防安全培训情况，消防安全责任人、消防安全管理人、专（兼）职消防管理人员、消防控制室值班操作人员接受消防安全专门培训情况，消防安全培训记录和影像资料建档情况。

5. 安全疏散设施管理

消防通道是否保持畅通，有无堆放杂物、占用消防通道现象；安全出口是否保持畅通，有无锁闭、封堵等现象；常闭式防火门是否处于关闭状态；建筑外窗、疏散通道是否设置影响疏散逃生的广告牌、铁栅栏等障碍物。

6. 消防控制室管理

消防控制室值班、火灾事故应急处置、消防控制设备故障处置等制度的制定和落实情况；消防控制室值班操作人员持相应技能等级的消防职业资格证书，以及掌握消防设施操作和应急处置规程情况；消防控制室值班记录表、建筑消防设施故障维修记录表等工作记录的填写、更新、归档情况。

7. 用火用电消防安全管理

用火用电安全管理责任部门、责任人和职责的确定，以及安全操作规程制定情况；用火审批制度落实情况；用火用电审批、记录及有关材料的填写、更新和归档情况。

8. 消防安全重点部位管理

确定消防安全重点部位，针对不同部位火灾危险性，制订相应管理要求、安全操作规程和事故应急处置操作程序；将内部火灾、爆炸危险源所在区域、场所确定为消防安全重点部位；消防安全重点部位的值守、巡查和安全操作规程落实情况；易燃易爆危险品储存、出入库登记、使用等情况。

9. 专职或志愿消防队

依法建立专职或志愿消防队；建立并落实专职或志愿消防队定期例会、业务培训、训练演练、队员考核等制度；专职或志愿消防队人员组成和装备器材配备，以及消防业务学习和灭火技能训练情况；与附近消防救援、专职、志愿消防队联动机制建立及落实情况；单位专职消防队定期向辖区消防救援机构报告消防训练和演练情况。

10. 灭火和应急疏散预案演练

预案制订及定期修订情况，灭火和应急疏散预案演练的责任部门、责任人和职责确定情况，灭火和应急疏散预案定期演练（消防安全重点单位至少每半年进行 1 次，其他单位至少每年组织 1 次）制度落实情况，灭火和应急疏散预案演练记录、影像资料等更新和归档情况。

（四）单位消防安全评估结论和建议

消防安全评估应对评估内容设定不同的权重，以百分制量化分值评分，最终给出对象的消防安全评估得分、量化等级以及评估结论，并提出火灾隐患整改建议和火灾风险控制措施。火灾风险的控制措施主要分为以下几类。

1. 风险消除

风险消除是指消除能够引起火灾的要素，也是控制风险最有效的方法。由于空气无处不在，因此主要可行的措施是消除火源和可燃物。如不在可燃物附近燃放烟花、电焊作业时清除附近的可燃物等。

2. 风险减少

在建筑的使用过程中，经常会出现需要在有可燃物的附近进行用火、电焊等存在引起火灾可能性的情况，这时候既不能消除火源，也不能清除可燃物。为了减少火灾风险，需要采取降低可燃物的存放数量或者安排适当的人员看管等措施。

3. 风险转移

风险转移是指与他人共同分担可能面对的风险。对于建筑物而言，风险转移并不能消除或降低其面临的风险，但是对于建筑所有者或使用者而言，通过风险转移可以降低其面临的风险。

对在单位消防安全评估过程中发现的问题，应依照相关法律法规和标准规范的要求，并根据对象的实际特点，从提高对象防火安全性能和控制火灾危险源的角度出发，提出改进措施。

四、注意事项

影响项目消防安全现状的因素很多，可以分为主观因素和客观因素。随着我国经济的发展以及人们对消防安全的日益重视，相关法律法规和标准规范要求都在不断加强，工程建设项目的消防安全硬件条件不断改善，结合近期火灾事故原因统计结果来看，客观因素已经不是导致火灾的主要原因。因此，在消防安全评估指标体系中，应逐步突出人为主观因素的影响，重视评估过程中对消防安全管理方面的检查。

此外，在对建筑防火和消防设施方面进行评估时，应该做好与现行技术标准的衔接。对于建成时间较久的项目，可能会遇到指标参数与现行技术标准不一致的情况，应该具体问题具体分析。尽量参照现行技术标准，提出改进项目消防安全水平的措施。

练习题

（一）单项选择题

对某项目进行消防安全评估时，评估检查内容一般包括（　　）以及重大火灾隐患和直接判定项等几个方面。

A. 建筑防火、消防设施、消防安全管理

B. 建筑防火、现场人员笔试、消防安全管理

C. 建筑防火、消防设施、现场人员笔试

D. 现场人员笔试、消防设施、消防安全管理

（二）多项选择题

1. 对某大型商业综合体进行消防安全评估，在消防设施方面的评估内容包括（　　）。

A. 消防给水设施　　B. 消火栓系统

C. 火灾自动报警系统　　D. 消防供配电

E. 防火防烟分区

2. 某地大型商业综合体属于消防安全重点单位，在对其进行消防安全评估过程中，发现下列消防安全管理规定不符合要求的有（　　）。

A. 单位制订了灭火和应急疏散预案，并每年演练一次

B. 每半年开展一次员工消防安全培训

C. 消防控制室值班制度健全，实行 24h 双人值班，值班人员持证上岗

D. 建立消防安全管理组织机构，明确消防安全责任人为单位安保部总监

E. 单位防火检查、防火巡查制度完善，记录齐全，每年定期开展一次全单位的防火检查工作

3. 在对某商业综合体项目进行消防安全评估时，发现不满足建筑防火方面相关要求的有（　　）。

A. 在消防水泵房内设置消防专用内线电话，并张贴内部电话表，可以拨通号码后正常通话

B. 设置的双扇防火门能够自动同时闭合，并能朝着疏散方向推开

C. 项目每个防火分区内设有 1 部消防电梯，能够满足 90s 由首层运行到顶层的要求

D. 消防控制室设置在地下一层，有直通室外的安全出口

E. 项目建筑内的影城设置在地上四层，单个电影放映厅的建筑面积为 450m^2

（三）案例分析题

1. 根据情景描述，回答下列问题：

（1）在建筑防火方面，为提升项目消防安全水平，可以采取的整改措施包括（　　）。

A. 对现有杂物进行清理，并加强巡查、检查力度，对疏散通道及安全出口进行彻底排查，保证疏散通道及安全出口畅通

B. 疏散通道上的防火门严禁封闭，及时维修或更换不合格的防火门

C. 对于需要防止外部人员随意进入的防火门，应设置火灾时不需使用钥匙等任何器具即迅速开启的装置，并应在明显位置设置使用提示

D. 严格按照特殊消防设计的要求采用防火玻璃加窗喷喷头保护，并应保证精品店、辅助用房等开向走道的门在火灾时应能自动关闭

E. 及时清理防火卷帘下方堆放的餐桌、广告牌、垃圾箱等杂物，确保防火分隔设施的有效性

（2）在消防设施方面，为提升项目消防安全水平，可以采取的整改措施包括（　　）。

A. 对室内消火栓进行全面检查，及时维修故障消火栓，补充消火栓箱内的消防器材，保证消火栓的正常开启和使用

B. 调整洒水喷头的安装方式、安装位置，拆除不必要的自动喷水灭火系统的喷头集热挡水板

C. 对于吊顶通透面积比例较小的部位，将喷头设置在镂空吊顶下方

D. 更换被装饰漆或涂料涂覆的喷头

E. 按照相关标准规范要求，补充灭火器的设置数量

（3）在消防安全管理方面，为提升项目消防安全水平，可以采取的整改措施包括（　　）。

A. 通过多种形式开展经常性消防宣传活动，宣传防火、灭火、疏散逃生等消防常识

B. 设置消防宣传栏，如“消防安全告知书”“消防安全承诺书”“消防安全三要素”“社会单位消防安全四个能力建设”等

C. 利用商业综合体内的广播系统、电梯视频等方式，播放消防安全广播和消防公益广告视频

D. 加强日常消防巡查、检查力度，对发现的消防安全隐患问题及时上报、整改

E. 在灭火和应急疏散预案演练后，及时查找总结存在的问题，并进行整改，不断完善预案内容

（4）火灾风险的控制措施主要分为（　　）。

A. 风险消除　　B. 风险减少

C. 风险维持　　D. 风险转移

E. 风险识别

（5）下列关于消防安全评估中消防设施方面的评估内容和方法说法正确的有（　　）。

A. 灭火器压力表指针应在绿色区域范围内

B. 室内消火栓箱安装应牢固，应有明显标志，箱内组件齐全，箱门开关灵活

C. 消防水泵的进、出口应设压力表，显示正常，进、出口阀门应常闭

D. 消防用电设备应在各自最初一级配电箱处设置主、备电源自动切换装置

E. 排烟风机现场、远程启停正常，启动运转平稳，旋转方向正确

2. 对某大型商业综合体进行消防安全评估时，发现了以下问题：

（1）部分疏散指示标志损坏或数量不足，部分安全出口发光标志工作异常，不符合《机关、团体、企业、事业单位消防安全管理规定》（公安部令第61号）第二十一条和《人员密集场所消防安全管理》（GB/T 40248—2021）第7.5.2条的规定。

（2）溜冰场位于建筑四层，冰场制冷系统采用氟利昂22（不燃）为制冷剂，并以乙二醇作为载冷剂，乙二醇使用和储存总量约200L，仅设置了手持式干粉灭火器。乙二醇为丙类火灾危险性物质，且具有水溶性，现有消防措施无法有效保证制冷机房的安全。此外，制冷机房内电器线路混乱、可燃物堆放杂乱。

问题：

针对上述问题，应该采取何种消防措施解决？

案例 38　历史风貌街区火灾风险评估案例分析

一、情景描述

三坊七巷历史文化街区（简称“三坊七巷”）是福州市南后街两旁从北到南依次排列的十条坊巷的简称，该街区由三个坊、七条巷和一条中轴街肆组成，以南后街为中轴，向西三片称“坊”，向东七条称“巷”。“三坊七巷”位于福州市传统历史文化中轴线上，西至安泰河，南接安泰河，东抵八一七路，北邻杨桥路，与朱紫坊历史文化街区、乌山和于山历史风貌区邻近，既是福州城市中心，也是福州历史文化名城中古城风貌的核心组成部分，见图 3–38–1。

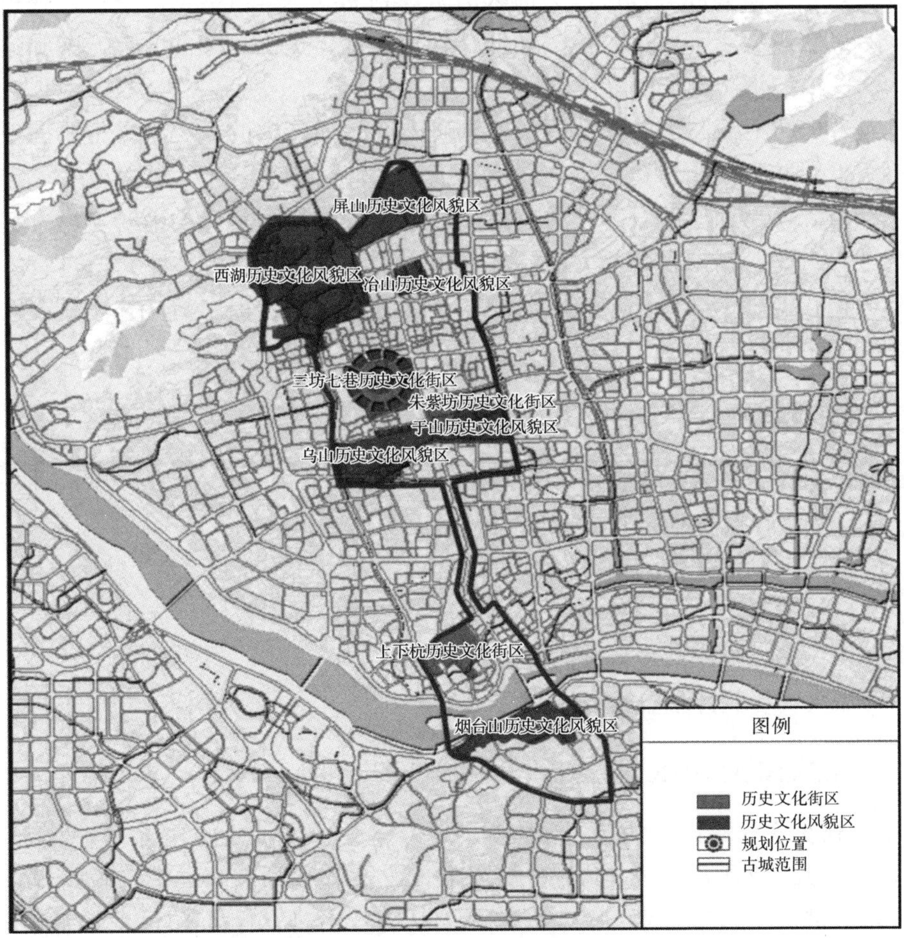

图 3–38–1　“三坊七巷”与福州其他历史文化街区和历史风貌区的区位关系

“三坊七巷”基本保留着明清时期的格局，各坊巷均为东西走向，并沿南后街，自南向北依次布列，形成鱼骨状的街区格局。由于“三坊七巷”规模宏大、布局严整、内涵丰富，不仅集中表现了福州历史上成熟的城市建设思想、街坊布局特色、建筑构筑手法、雕饰文化艺术等，而且以众多的文物古迹、名人故居和民居街巷为载体，成为福州人文荟萃的缩影，凸显着因历史上多种文化之交融而形成的丰富多样的地域文化以及独具特色的名人文化。“三坊七巷”是福州市最具代表性的“明清民居古建筑博物馆”和文化集萃地。

历史文化街区的保护需要遵循科学规划、严格保护的原则，要保持和延续其传统格局和历史风貌，维护历史文化遗产的真实性和完整性。因此，历史文化街区在进行消防规划、保护维修和改造建筑过程中，难以简单地执行现行国家消防技术规范，需要对“三坊七巷”开展火灾风险评估；开展火灾风险评估是提升“三坊七巷”消防安全的重要途径，也是街区消防规划不可或缺的重要组成。

通过火灾风险评估，可以帮助政府及有关部门充分了解“三坊七巷”面临的消防安全状况，提高消防安全决策的科学性，减少火灾事故的发生，特别是防止重大恶性火灾事故的发生。相关研究成果也可以为街区消防规划的编制提供数据和支持，并根据街区内消防安全的客观要求和火灾风险的高低、轻重缓急，提出相应的改造方案和建议，解决或减少街区内的消防安全问题。

通过对“三坊七巷”消防安全现状的调研表明，街区内的火灾隐患主要表现为：建筑耐火等级低、防火间距不足、消防通道不畅、消防给水系统不完善、电气火灾和用火用气隐患严重。针对这些问题，在火灾风险评估过程中给出相应的消防安全方案，模拟分析了区域火灾蔓延结果及防治方法，并构建火灾风险评估指标体系，通过具体评估值的计算和分档，得出街区内不同火灾风险的消防分区范围，提出街区整体火灾风险控制对策。

二、分析要点

本案例包含或涉及下列内容：

（1）区域火灾风险评估的目的和原则。

（2）区域火灾风险评估的内容和范围。

（3）区域火灾风险评估的流程。

（4）区域火灾风险评估报告的内容和总体要求。

（5）区域火灾蔓延评估分析方法。

三、关键知识点及依据

（一）区域火灾风险评估的目的和原则

区域火灾风险评估是分析区域消防安全状况、查找当前消防工作薄弱环节的有效手段。根据不同的火灾风险级别，部署相应的消防救援力量，建设消防基础设施，使公众和消防员的生命、财产的预期风险水平与消防安全设施以及火灾和其他应急救援力量的种类与部署达到最佳平衡，为今后一段时期政府明确消防工作发展方向、指导消防事业发展规划提供参考依据。应该坚持系统性、实用性、可操作性的原则开展火灾风险评估。

（二）区域火灾风险评估的内容和范围

区域火灾风险评估内容包括以下几个方面：

（1）分析区域范围内可能存在的火灾危险源，合理划分评估单元，建立全面的评估指标体系。

（2）对评估单元进行定性及定量分级，并结合专家意见建立权重系统。

（3）对区域的火灾风险做出客观公正的评估结论。

（4）提出合理可行的消防安全对策及规划建议。

区域火灾风险评估范围包括存在火灾危险的社会面、建筑群和交通路网。

（三）区域火灾风险评估的流程

区域火灾风险评估可按照以下六个步骤来进行。

1. 信息采集

在明确火灾风险评估的目的和内容基础上收集所需的各种资料，重点收集与区域安全相关的信息，包括评估区域内人口、经济、交通等概况，区域内消防重点单位情况，周边环境情况，市政消防设施相关资料，火灾事故应急救援预案，消防安全规章制度等。

2. 风险识别

火灾风险源是指能够对目标对象的评估结果产生影响的所有来源。通过资料分析和现场勘察，查找评估对象的火灾风险来源，确定其存在的部位、方式以及发生作用的途径和变化规律。然后根据所采集的信息，分析与区域火灾风险相关的各种影响因素。火灾风险源一般分为客观因素和人为因素两类。

3. 评估指标体系建立

在火灾风险源识别的基础上，进一步分析影响因素及其相互关系，选择出主要因素，忽略次要因素，然后对各影响因素按照不同的层次进行分类，形成不同层次的评估指标体系。区域火灾风险评估，一般分为两层或三层，每个层次的单元根据需要进一步划分为若干因素，再从火灾发生可能性和火灾危害等方面来分析各因素的火灾危险度，各个组成因素的危险度是进行系统危险分析的基础，在此基础上确定评估对象的火灾风险等级。

4. 风险分析与计算

根据不同层次评估指标的特性，选择合理的评估方法，按照不同的风险因素确定风险概率，根据各风险因素对评估目标的影响程度，进行定量或定性的分析和计算，确定各风险因素的风险等级。

5. 确定评估结论

根据评估结果，明确指出所评估区域的消防安全状态，提出合理可行的消防安全意见。

6. **风险控制**

根据火灾风险评估结果，遵循针对性、技术可行性、经济合理性的原则，按照当前通行的风险规避、风险降低、风险转移以及风险自留等四种风险控制措施，根据当前经济、技术、资源等条件下所能采用的控制措施，提出消除或降低火灾风险的技术措施和管理对策。

（四）区域火灾风险评估报告的内容和总体要求

火灾风险评估报告内容主要包括火灾风险评估指标体系的构建和评估值的计算等步骤。

1. **火灾风险评估指标体系**

从建筑火灾危险性、建筑防火性能和灭火救援能力三大方面构建各消防分区的火灾风险评估指标体系。具体包括以下几方面的评估指标：

（1）建筑火灾危险性（重点防火区域或部位）；

（2）耐火等级；

（3）防火间距；

（4）消火栓设置数量；

（5）消防车可达性。

2. **各消防分区的火灾风险评估**

采用专家打分等方法，确定火灾风险评估指标体系中各参评指标的权重，通过评估工作确定评估指标的具体得分值，并进行分档。评估报告中主要包括以下几部分内容：

（1）评估指标权重值的确定；

（2）评估指标评分原则和具体分值；

（3）各消防分区单元火灾风险评估值的计算。

区域火灾风险评估报告的总体要求主要是明确各消防分区的相对火灾风险等级，查找薄弱环节，从而科学地认识整个历史街区的火灾风险分布情况。

（五）区域火灾蔓延评估分析方法

在区域火灾风险评估时，火灾在不同建筑之间的蔓延是需要考虑的一个重要因素。火灾的蔓延方式有飞火、延烧、热传导、热辐射等，当可燃物为离散布置时，飞火和热辐射是火灾在建筑物间蔓延的重要途径。

区域火灾蔓延评估分析的目的是确定区域内某典型建筑发生火灾对周围建筑的影响。可以通过 FDS 等模拟计算软件进行区域火灾蔓延评估分析。在设计火灾场景时，需要确定火源位置、火灾发展速率、火灾的可能最大热释放速率、消防设施的作用等要素。

火灾增长速率是衡量火灾危险性的重要指标。通常火灾的热释放速率与火灾发展时间关系可用下列公式表示：

$$Q_f=\alpha(t-t_0)^2 \qquad (3\text{-}38\text{-}1)$$

式中 Q_f——火源热释放速率（kW）；

α——火灾增长速率（kW/s^2）；

t——火灾的燃烧时间（s）；

t_0——火灾的阴燃时间（s）。

在工程应用中，由于火灾阴燃阶段对火灾蔓延影响较小，通常不考虑火灾达到有效燃烧需要的时间，而仅研究火灾开始有效燃烧后的情况，故近似取 $t_0=0$。因此，火灾热释放速率随时间的变化关系可以简化为下列公式：

$$Q_f = \alpha t^2 \tag{3-38-2}$$

ISO/TS 16733 *Fire Safety Engineering–Selection of Design Fire Scenarios and Design Fires* 根据火灾增长系数（α）的数值定义了 4 种标准 t^2 火灾：慢速火、中速火、快速火和超快速火。这些火灾的热释放速率分别在 600s、300s、150s、75s 时刻可达到 1MW。火灾增长系数见表 3-38-1。

表 3-38-1　火灾增长系数

火灾类别	典型的可燃材料	火灾增长系数 / kW/s^2	热释放速率达到 1 055kW 的时间 /s
慢速火	硬木家具	0.002 93	600
中速火	棉质 / 聚酯垫子	0.011 72	300
快速火	装满的邮件袋、木制货架托盘、泡沫塑料	0.046 89	150
超快速火	池火、快速燃烧的装饰家具、轻质窗帘	0.187 5	75

通过模拟可以得到着火建筑周围区域的热辐射通量，如果热辐射通量高于设定的极限值，则认为火灾会通过热辐射向周围区域蔓延。

四、注意事项

要注意结合传统建筑的规划、平面布置、建筑结构、建材材质、消防力量分布等特点，对历史风貌街区的区域火灾风险进行合理的评估，在提出火灾风险控制对策时，要充分考虑到减少对历史风貌街区和文物保护单位的破坏，尽量在火灾预防以及火灾蔓延抑制措施上提出合理化建议。

针对福州“三坊七巷”传统街区项目区域内街道狭窄、建筑密集、耐火等级较低的特点，把该区域划分为若干个消防分区，每个消防分区由若干栋建筑组成。消防分区根据地形特点，采取既有的防火墙、道路、广场、绿地等措施划分。在不影响街区环境风貌的基础上，可拆除个别阻碍消防分区设置的非文物建筑。

练习题

（一）单项选择题

“三坊七巷”街区中存在的第一类火灾危险源是（　　）。

A. 电源、火源

B. 街区内安装的火灾自动报警装置

C. 街区内安装的自动灭火系统

D. 街区内安装的室内外消火栓系统

（二）多项选择题

火灾风险评估的基本流程包括（　　）。

A. 信息采集　　B. 风险识别

C. 风险分析与计算　　D. 风险控制

E. 前期准备

（三）案例分析题

1. 根据情景描述，回答下列问题：

（1）“三坊七巷”街区在进行消防规划、保护维修和建筑改造过程中，难以简单地执行现行国家消防技术规范，可能存在的消防安全问题有（　　）。

A. 如果完全按照现行国家消防技术规范要求完善防火间距、防火分区和安全出口，这与固有的历史街区风貌保护存在矛盾

B. 由于街巷狭窄、房屋进深小、历史原貌保护等因素，造成消防车道路难畅通、室内外消防管网难排管、消火栓和喷头难布置

C. 街区内业态繁杂，既有民居、商店、博物馆，又有餐饮、民俗场所等，其防火分隔、安全疏散等设计难以满足现行国家消防技术规范要求

D. “三坊七巷”属于历史风貌街区，消防安全由当地文物局负责，消防救援部门不负监督检查职责

E. “三坊七巷”街区建筑耐火等级低，建筑密度大，防火间距难以满足相关标准规范要求

（2）通过对“三坊七巷”街区的区域风险评估，为降低区域的火灾风险可采取的措施有（　　）。

A. 把该街区划分为若干个消防分区，每个消防分区由若干栋建筑组成，消防分区之间增加防火墙、防火门窗、自动喷水灭火局部应用系统等防火隔离措施

B. 在不影响建筑风格的基础上，对古建筑的主要木质构件（表面）涂刷或喷涂防火涂料，以降低木材燃烧性能

C. 街区按照消防摩托车通行的要求设置小型消防车道，满足消防摩托车的通行要求

D. 对于街区内无法安装线路的文物建筑和历史建筑，其使用燃气的厨房可以不设燃气报警探测器

E. 为保持建筑风格，街区内既有建筑的电气线路重新敷设时应采用暗敷方式

（3）下列关于“三坊七巷”街区火灾风险评估工作说法正确的是（　　）。

A. 开展火灾风险评估是提升“三坊七巷”消防安全的重要途径，也是街区消防规划不可或缺的重要组成

B. 针对“三坊七巷”街区的自身特点，仅可采取定性的方法进行评估，无法采用定量的评估方法

C. 在改进“三坊七巷”街区消防安全现状时，应该尽量保持其传统格局和历史风

貌，寻找科学合理的消防改造方案

D. 可以从建筑火灾危险性、建筑防火性能、灭火救援能力和消防安全管理四大方面构建“三坊七巷”街区的火灾风险评估指标体系

E. 在区域火灾风险评估时，火灾在不同建筑之间的蔓延是需要考虑的一个重要因素

（4）区域火灾风险评估的内容包括（　　）。

A. 分析区域范围内可能存在的火灾危险源，合理划分评估单元，建立全面的评估指标体系

B. 对评估单元进行定性及定量分级，并结合专家意见建立权重系统

C. 对区域的火灾风险做出客观公正的评估结论

D. 按照现行国家消防技术规范对区域火灾风险进行整改

E. 提出合理可行的消防安全对策及规划建议

（5）可通过 FDS 等模拟计算软件进行区域火灾蔓延评估分析，在设计火灾场景时，需要确定（　　）。

A. 火源位置　　B. 火灾发展速率

C. 火灾的可能最大热释放速率　　D. 人员疏散时间

E. 消防设施作用

2. “三坊七巷”街区内，建筑结构类型丰富，既有传统的木结构又有砖木结构建筑，其内部的电气线路及电器装置的安装应注意哪些事项？

案例 39　城市区域火灾风险评估案例分析

一、情景描述

某中央商务区位于市东部城区文博片区，毗邻博物馆、奥体中心，距离老城区约 7km，商务区总体规划布局突出“显山露水”和“引山入心”的特点，构建南北通透的中央“绸带公园”和中部与五顶茂岭山之间的景观通廊，形成大开大合、张弛有度的公共开放空间系统。

该中央商务区（见图 3-39-1）规划总用地面积约为 320 万 m^2，规划总建筑面积约为 1 000 万 m^2，其中地上建筑面积约为 800 万 m^2，承载约 25 万就业人口。

该中央商务区处在城市规划和初期建设阶段，消防专业规划也在相应进行。只有对其火灾风险进行科学评估，才能保障消防部门有针对性地开展工作，有效控制城市火灾风险，把握降低城市火灾风险的主要因素，因此，对该中央商务区开展区域火灾风险评估，合理确定该区域的火灾特点和危险性是整个消防规划的基础，也是非常必要的。具体来说，对该中央商务区进行火灾风险评估的目的是：为灭火救援力量优化布局提供依

据，使公众和消防员的生命、财产的预期风险水平与消防安全设施以及火灾和其他应急救援力量的种类和部署达到最佳平衡。

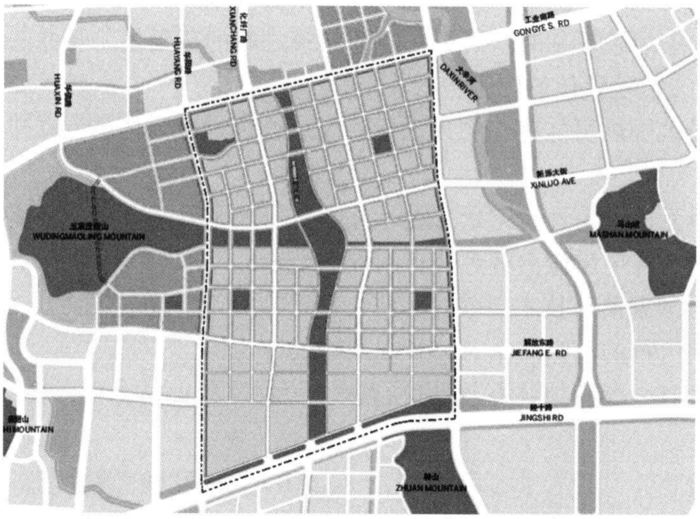

图 3–39–1　某城市中央商务区规划区域示意图

结合国内外城市风险评估现状以及城市火灾评估方法，对该中央商务区的火灾风险评估拟采用定性研究与定量研究相结合的半定量法，以定性研究为主。在定性研究部分，将采用“城市用地消防分类定性评估方法，”进行该中央商务区重点消防地区和一般消防地区的实际划分，确定消防安全重点单位，并具体分析各地区及消防安全重点单位的火灾危险性。在此基础上，分析城市消防救援力量构成，进行消防站布局的优化和消防责任区边界的确定；在定量研究部分，采用层次分析法，按照选取评估指标、进行定量评估的步骤进行，最终确定该城市区域火灾风险等级。

建立城市火灾风险评估指标体系是辨识城市火灾风险影响因素的过程。从降低城市区域火灾风险的总目标出发，首先确定城市区域火灾风险评估的四个基本准则。

1. 城市区域特征

城市防火首先要求城市功能分区明确。只有城市功能分区明确的区域，发生火灾或者规划消防系统建设时，才能有明显的针对性。城市区域特征中，气象因素、经济发展状况、交通状况、建筑物的密度、人口密度、建筑物的安全等级、消防安全重点单位数量等因素对城市火灾的起火、灭火和火灾后果有重要影响。

2. 区域内火灾发生的可能性

城市区域内存在火灾风险的概率往往通过该区域内的火灾负荷量来衡量。城市生活中，必然需要各种能量，通过该区域内易燃易爆危险源的数量，包括电力载荷和燃气管网的工作情况，可以反映该区域内发生火灾的概率。此外，汽车加油加气站也是城市中最常见的火灾危险源，其数量和储量也是城市区域火灾危险性重要影响因素。

3. 区域内发生火灾时灭火的成功性

消防系统是城市功能的重要组成部分，合理的消防系统规划与建设，可以有效地把火灾事故消灭在萌芽状态，减少火灾损失，从整体上降低火灾的风险。城市消防实力可以从 119 指挥中心的建设情况、市政消防供水能力、5min 消防时间达标率、专业消防人员数量、专业消防设备配备水平等方面进行评定。

4. 提高公众的安全消防意识

良好的公众安全消防意识可以在各个环节降低火灾的风险。公众安全消防意识的程度可以通过社会管理的水平来体现，主要包括志愿消防队情况、社会消防培训情况、大众消防安全素质水平、消防安全意识情况，以及防火监督管理情况等。

基于以上分析，构建城市区域火灾风险评估指标体系（见表 3-39-1），并采用层次分析法来确定各参评指标的权重。

表 3-39-1　城市火灾风险评估指标体系

二级指标	权重	三级指标	权重
城市区域特征	0.277	气象因素	0.025
		经济发展状况	0.226
		交通状况	0.108
		建筑密度	0.108
		人口密度	0.047
		建筑物安全等级	0.416
		消防安全重点单位数量	0.070
火灾发生概率	0.161	易燃易爆危险源存在程度	0.429
		燃气管网情况	0.142
		电量荷载情况	0.429
消防实力水平	0.466	119 指挥中心	0.202
		市政消防供水能力	0.044
		5min 消防时间达标率	0.202
		专业消防人员数量	0.088
		专用消防设备配备水平	0.464
社会管理水平	0.096	志愿消防队情况	0.044
		社会消防培训情况	0.088
		大众消防安全素质	0.202
		消防安全意识社会化水平	0.202
		防火监督管理情况	0.464

经计算，中央商务区的火灾风险最终得分为 80.31 分，参照火灾风险等级划分标准，其属于中风险区域，即可能发生一般火灾，火灾风险性中等，火灾风险处于可控制的水平，在适当采取措施后可达到接受水平，风险控制重在局部整改和加强管理。在区域火灾风险定性及定量评估的基础上，针对可能存在的火灾风险，提出了相应的风险控制对策。

二、分析要点

本案例包含或涉及下列内容：

（1）区域火灾风险评估分析方法。

（2）区域火灾风险评估指标体系的建立及指标权重赋值。

（3）区域火灾风险等级的判定。

（4）区域火灾风险控制对策。

三、关键知识点及依据

（一）区域火灾风险评估分析方法

城市火灾风险评估的方法有多种，目前国内外常用的方法归纳起来可分为定性研究、定量研究和半定量研究三类方法。三类方法均具有自身的特点和不足之处，在区域火灾风险评估的实际工作中，要根据具体情况进行灵活选择。但无论采用何种评估方法，其最终结果都应对区域火灾风险进行分级表示，不同的地方在于所划分的级别层数不一样。

半定量分析方法是目前国内外最普遍使用的方法。对半定量方法来说，常采用的是模糊综合评价法、层次分析法等。层次分析法是一种定性与定量分析相结合的综合的系统分析方法，模拟人的决策思维过程，用以解决多因素复杂系统，特别是难以定量描述的系统。

层次分析法的一般步骤：首先，按照因素间的相互影响关系和从属关系，将因素依不同层次聚集组合，形成一个多层次的分析结构模型；其次，根据对客观现象的主观判断，就每一层次因素的相对重要性给予量化描述；最后，利用数学方法确定每一层全部因素对重要性比较的数值，并进行一致性检验，若不满足一致性条件，则修改判断矩阵，直至满意为止。

在本案例中，对于中央商务区的火灾风险评估拟采用定性研究与定量研究相结合的半定量法，并以定性研究为主。

（二）区域火灾风险评估指标体系的建立及指标权重赋值

在火灾风险识别的基础上，进一步分析影响因素及其相互关系，选择出主要因素，忽略次要因素，然后对各影响因素按照不同的层次进行分类，形成不同层次的评估指标体系。通过对指标体系内各项分指标进行指标评分和确定权重，计算出整体的区域火灾风险量化评估结果，并在此基础上确定评估对象的火灾风险等级。

区域火灾风险评估可选择以下几个层次的指标体系结构：

（1）一级指标。一级指标一般包括火灾危险源、区域基础信息、消防救援力量、火灾预警防控和社会面防控能力等。

（2）二级指标。二级指标一般包括重大危险因素、人为因素、区域公共消防基础设施、灭火救援能力、火灾防控水平、火灾预警能力、公众消防安全满意度、消防管理、消防宣传教育、保障协作等。

（3）三级指标。三级指标一般包括易燃易爆危险品生产销售储存场所密度、加油加气站密度、高层建筑、地下铁路、城乡接合部外来人口聚集区、地下空间、电气火灾、用火不慎、放火致灾、吸烟不慎、建筑密度、人口密度、经济密度、路网密度、轨道交通密度、重点保护单位密度、消防车通行能力、消防站建设水平、消防车道、消防供水能力、消防装备配置水平、万人拥有消防站、消防通信指挥调度能力、多种形式消防力量、万人火灾发生率、十万人火灾死亡率、消防安全责任制落实情况、应急预案完善情况、重大隐患排查整治情况、社会消防宣传力度、消防培训普及程度、多部门联动能力、临时避难区域设置、医疗机构分布及水平等相关内容。

本案例采用层次分析法确定指标体系赋值的过程如下：首先，建立城市火灾风险评估指标体系；其次，对火灾风险评价指标中的因素进行两两之间相对重要性的排序，经过相应的一致性检验，得出相对重要性判断矩阵。各指标的相对重要性判断矩阵见表 3-39-2 ~ 表 3-39-6。

表 3-39-2　二级指标的相对重要性判断矩阵

二级指标	城市区域特征	火灾发生概率	消防实力水平	社会管理水平
城市区域特征	1	2	1/2	3
火灾发生概率	1/2	1	1/3	2
消防实力水平	2	3	1	4
社会管理水平	1/3	1/2	1/4	1

表 3-39-3　城市区域特征判断矩阵

城市区域特征判断指标	气象因素	经济发展状况	交通状况	建筑密度	人口密度	建筑物安全等级	消防安全重点单位数量
气象因素	1	1/7	1/5	1/5	1/3	1/9	1/4
经济发展状况	7	1	3	3	5	1/3	4
交通状况	5	1/3	1	1	3	1/5	2
建筑密度	5	1/3	1	1	3	1/5	2
人口密度	3	1/5	1/3	1/3	1	1/7	1/2
建筑物安全等级	9	3	5	5	7	1	6
消防安全重点单位数量	4	1/4	1/2	1/2	2	1/6	1

表 3-39-4　火灾发生概率判断矩阵

火灾发生概率判断指标	易燃易爆危险源存在程度	燃气管网情况	电量荷载情况
易燃易爆危险源存在程度	1	3	1
燃气管网情况	1/3	1	1/3
电量荷载情况	1	3	1

表 3-39-5　消防实力水平判断矩阵

消防实力水平判断指标	119 指挥中心	市政消防供水能力	5min 消防时间达标率	专业消防人员数量	专用消防设备配备水平
119 指挥中心	1	5	1	3	1/3
市政消防供水能力	1/5	1	1/5	1/3	1/7
5min 消防时间达标率	1	5	1	3	1/3
专业消防人员数量	1/3	3	1/3	1	1/5
专用消防设备配备水平	3	7	3	5	1

表 3-39-6　社会管理水平判断矩阵

社会管理水平判断指标	志愿消防队	社会消防培训情况	大众消防安全素质	消防安全意识社会化水平	防火监督管理情况
志愿消防队	1	1/3	1/5	1/5	1/7
社会消防培训情况	3	1	1/3	1/3	1/5
大众消防安全素质	5	3	1	1	1/3
消防安全意识社会化水平	5	3	1	1	1/3
防火监督管理情况	7	5	3	3	1

采用对判断矩阵中第一行数据进行归一化处理的方法计算各指标的权重，最终得到区域火灾风险评估指标体系及权重赋值表，见表 3-39-1。

通过对城市区域火灾风险评价因素的无量纲化处理和同趋化处理后，确定三级指标的得分，然后采用下列公式进行城市区域火灾风险评估值的计算，最终可以得到一级指标项，及区域火灾风险量化评估结果。

$$W = R \cdot A^{\mathrm{T}} = \sum_{i=1}^{n} R_i \cdot A_i \qquad (3\text{-}39\text{-}1)$$

式中　W——上一级指标项评估结果；

R_i——下一级指标项评价得分；

A_i——下一级指标项权重。

（三）区域火灾风险等级的判定

根据区域火灾防控实际，在设定量化范围的基础上结合相关法律法规和政策文件要求，将火灾风险等级分为四级，见表 3–39–7。

表 3–39–7　火灾风险分级量化和特征描述

风险等级	名称	量化范围	风险等级特征描述
Ⅰ级	低风险	（85，100］	几乎不可能发生火灾，火灾风险性低，火灾风险处于可接受的水平，风险控制重在维护和管理
Ⅱ级	中风险	（65，85］	可能发生一般火灾，火灾风险性中等，火灾风险处于可控制的水平，在适当采取措施后可达到接受水平，风险控制重在局部整改和加强管理
Ⅲ级	高风险	（25，65］	可能发生较大火灾，火灾风险性较高，火灾风险处于较难控制的水平，应采取措施加强消防基础设施建设和完善消防管理水平
Ⅳ级	极高风险	（0，25］	可能发生重大或特大火灾，火灾风险性极高，火灾风险处于很难控制的水平，应采取全面的措施对建筑的设计、主动灭火设施进行完善，加强对危险源的管控，增强消防管理和救援力量

火灾风险等级和火灾等级的对应关系为：

（1）极高风险 / 特别重大火灾、重大火灾。

（2）高风险 / 较大火灾。

（3）中风险 / 一般火灾。

（四）区域火灾风险控制对策

根据火灾风险分析与计算结果，遵循针对性、技术可行性、经济合理性的原则，按照当前通行的风险规避、风险降低、风险转移三种风险控制措施，根据当前经济、技术、资源等条件下所能采用的控制措施，提出消除或降低火灾风险的技术措施和管理对策。

（1）风险规避。风险规避是指消除能够引起火灾的要素，也是控制风险的最有效的方法。由于空气无处不在，因此主要可行的措施是消除火源和可燃物。如不在可燃物附近燃放烟花、电焊作业时清除附近的可燃物。

（2）风险减少。在建筑的使用过程中，经常会出现需要在有可燃物的附近进行用火、电焊等存在引起火灾可能性的情况，这时候既不能消除火源，也不能清除可燃物。

为了减少火灾风险，需要采取降低可燃物的存放数量或者安排适当的人员看管等措施。

（3）风险转移。风险转移是指与他人共同分担可能面对的风险。对于建筑物而言，风险转移并不能消除或降低面临的风险，但是对于建筑所有者或使用者而言，通过风险转移可以降低其面临的风险。风险转移主要通过建筑保险来实现。

四、注意事项

随着我国经济的快速发展，城市区域内人员密度大、高层及超高层建筑多、建筑密集，火灾扑救难度大。在区域火灾风险评估的基础上，可结合城市内小街区、密度网的优势，利用区域内消防安全重点单位和居住地块的社区服务中心规划设置微型消防站，以便于缩短灭火救援路程半径及到达救灾现场的时间。因此必须重视微型消防站的建设，满足微型消防站建设所需的场地、人员和设备要求。

练习题

（一）单项选择题

下列不属于区域火灾风险评估原则是（　　）。

A. 系统性原则　　B. 实用性原则

C. 统一性原则　　D. 可操作性原则

（二）多项选择题

城市区域火灾风险评估体系可包括（　　）。

A. 火灾危险源评估系统　　B. 消防力量评估系统

C. 城市基础信息评估系统　　D. 火灾预警防控评估系统

E. 区域内所有单位的消防安全评估系统

（三）案例分析题

问题：

结合本案例中央商务区的建筑和火灾特点，简述一下微型消防站的设置要求。

案例 40　化学工业园区火灾风险评估案例分析

一、情景描述

某地经济开发区，面积为 1 486 万 m^2，主要承接石化基地下游产业，被确定为石油化工产业基地和重点培育的化工产业园。主要以油气化工、精细（医药）化工、生物新能源、新材料为主导产业，工程塑料、化纤纺织及化工物流产业为配套。经过近几年的发展，已建成 100 万 t/a PTA（精对苯二甲酸）、12 万 t/a 苯酐及 24 万 t/a 增塑剂、16 万 t/a

工业异辛烷等龙头项目。

在对该化工园区的区域火灾风险评估工作中，辨识存在及可能存在的主要风险源，对可能造成火灾爆炸事故和易演变为社会公共风险事件的风险源开展定性的辨识与分析。将主要风险源划分为点状、线状、面状和体系风险源四大类进行辨识，其中点状风险源应包括危险化学品仓储区、重点监管化工工艺装置区、危险化学品装卸区、危险废料储（暂）存区、作业人员密集场所等；线状风险源应包括化工园区交通运输、公共设施等；面状风险源应包括化工园区选址与周边关系、总体布局、重大事故影响、多米诺效应等；体系风险源应包括化工园区产业规划及政策符合性、事故舆情风险、安全监管缺陷、应急管理缺陷等。

采用安全检查表法，对各项排查内容按照各自对应的评分标准逐一进行评分，最终得到化工园区火灾风险评估得分为 72.1 分，火灾风险分类为中风险。

二、分析要点

本案例包含或涉及下列内容：

（1）化工园区火灾风险评估程序。

（2）化工园区火灾风险评估单元的划分。

（3）化工园区火灾风险评估应获取的参考资料。

（4）化工园区的定性、定量火灾风险评估。

三、关键知识点及依据

（一）化工园区火灾风险评估程序

化工园区火灾风险评估程序为：前期准备，危险、有害因素的辨识与分析，划分评估单元，选择评估方法，整体定性、定量评估与分析，提出安全对策措施与建议，做出评估结论，编制安全风险评估报告等。

1. 前期准备

前期准备工作应包括：明确评估对象和评估范围，组建评估项目组，编制各类调查表、准备技术文件（梳理归纳国内相关法律、法规、规章、标准、规范等），明确评估目的和目标，制定计划进度，实地调查被评估对象的基础资料，现场勘察并准确记录勘察结果。

2. 危险、有害因素的辨识与分析

辨识和分析化工园区可能存在的危险、有害因素，分析危险、有害因素发生作用的途径及其变化规律。

3. 划分评估单元

划分评估单元应考虑化工园区的区域性特点以及火灾风险评估的特点，划分的评估单元应相对独立，具有明显的特征界限，便于评估。

4. 选择评估方法

根据评估对象以及划分的评估单元的特点，选择科学、合理、适用的定性、定量评估方法进行评估与分析。定性、定量评估方法的选择应根据化工园区在不同建设阶段的特点进行。能进行定量评估的应采用定量评估方法，不能进行定量评估的可选用半定量或定性评估方法。对于不同的评估单元，可根据评估的需要和评估单元特征选择不同的评估方法。

5. 整体定性、定量评估与分析

依据有关法律、法规、规章、标准、规范，采用选定的评估方法，以实地调查、现场勘察的结果为基础，并可参考类比对象的实际状况对化工园区的火灾风险进行定性、定量评估与分析。

6. 提出安全对策措施与建议

根据危险、有害因素辨识、分析结果及定性、定量分析结果，保障化工园区在规划、新建、扩建过程中或建成运行中的安全，应从选址、布局、产业规划、企业间安全相关性、公用工程设施及物流运输、应急救援能力、安全管理等方面提出安全对策措施建议及其依据。

（二）化工园区火灾风险评估单元的划分

评估单元划分应考虑化工园区区域性的特点以及火灾风险评估的特点，划分的评估单元应相对独立，具有明显的特征界限，便于实施评估。宜按以下单元划分：选址单元、外部距离单元、规划布局单元、事故后果单元、运输单元、区域消防安全保障单元、消防安全管理单元、园区整体性风险评估单元，以及其他评估所需单元。安全评估单元针对不同的化工园区也可结合化工园区分布特点和实际情况及规模进行相应调整。

（三）化工园区火灾风险评估应获取的参考资料

（1）相关安全生产法律、法规、规章、标准及规范。

（2）合法证明材料

化工园区规划批准文件、企业立项批准文件、可行性研究报告等。

（3）综合性资料，包括：

1）经济社会发展概况资料，主要包括化工园区所在地区的综合经济、经济结构、产业结构、区域位置、辖区面积、资源、人口、教育、交通、文化、医疗情况等。

2）自然环境资料，主要包括化工园区地理位置、地形、地貌、地质构造、水文、气象、生态环境等资料。

3）化工园区周边环境资料，主要包括化工园区与周边环境关系位置图，周边 5km 范围内的重要目标和敏感场所，如居民点、学校、市场、医院等人员密集场所和重点设施分布情况，化工园区内常住居民的分布情况。

4）资料应具有时效性，应选取评估之日起近 3 年的资料及近 5 年的规划。

（4）化工园区基础资料，包括：

1）规划图，主要包括化工园区总体规划图、总平面布置图、产业布局图、地块控制规划图、功能分区图、企业分布图、道路交通规划图、公用工程配套设施规划图、消防规划图等。

2）规划说明，主要包括化工园区（集中区）总体规划、产业定位和产业特点。

3）危险化学品重大危险源资料，主要包括化工园区内涉及重大危险源的企业及其分布，重大危险源的等级和监控措施，化工园区重大危险源集中监控情况等。

4）消防安全管理资料，主要包括化工园区消防安全管理组织机构及人员基本情况、消防安全管理职责分工、消防安全责任制落实及目标考核情况，日常消防安全管理情况等。

5）应急救援资料，主要包括化工园区专门消防站建设和运行情况，企业专兼职应急队伍的分布和特点，环境应急监测、应急救援物资、医疗救护（包括依托的医疗救护能力）、气防站设置和应急响应的时间，化工园区应急指挥和监控信息平台建设情况等。

6）消防安全事故统计资料，主要包括化工园区近5年内消防安全事故总体分析以及各事故企业名称、事故类型、人员伤亡、事故原因和事故处理、采取的防范措施等。

7）交通运输资料，主要包括化工园区内从事危险化学品运输的企业、企业现有的危险化学品运输车辆、从业人员情况、危险化学品运输线路以及主要运输的危险化学品种类、数量及流向等。化工园区内危险化学品输送管道情况，包括输送介质、流量、压力以及管道起始位置、埋地或架空、管理方式等。

8）公用工程配套设施资料，主要包括化工园区内供水、供电、供热、燃气、通信系统、污水处理及收纳、危废处置，码头、铁路、公用管廊（含地下管线）等方面的现状及规划。

（5）企业基础资料，包括：

1）企业基本情况，主要包括化工园区内企业名称、位置、占地面积。

2）企业涉及的危险化学品情况，主要包括危险化学品名称、分类、存量、储存方式，重点监管的危险化学品情况。

3）企业涉及的危险化学品重大危险源情况，主要包括危险化学品重大危险源的名称、数量、等级、分布、间距、涉及危险化学品的品种和数量等。

4）企业涉及的高危储存设施（储罐区、仓库）的数量、位置及相互间距等情况。

5）企业涉及的重点监管危险化工工艺情况。

6）涉粉企业情况。

（6）相关类比资料，包括类比工程资料和相关事故案例等。

（7）其他可用于火灾风险评估的资料。

（四）化工园区的定性、定量火灾风险评估

化工园区的火灾风险评估是通过各单元的评估逐步实现的。

（1）手续合法性。化工园区应符合国家的产业布局要求，获得相关部门的建设许可，明确承担园区消防安全管理职责机构。

（2）规划及选址合理性。从化工园区的产业定位，产业结构，对周边人员密集场所、重要设施和环境敏感目标的影响；自然条件对化工园区安全生产的影响等方面，分析化工园区建设与国家有关法律、法规、规章、标准、规范及本地区经济社会发展规划和产业发展规划的符合性，评估化工园区选址的安全性。

（3）总体布局安全性。从化工园区的产业特点、主要功能区划分、企业分布、上下游产业链、自然条件等方面，分析化工集中区的区域规划、总平面布局规划、园区安全规划、土地利用规划等方面与国家有关法律、法规、规章、标准、规范的符合性，评估化工园区总体布局的安全性，提出布局调整的建议，对规划建设区内拟引进企业的产业选择、限（控）制企业类型、拟建企业分布等提出规划建议。

（4）企业间安全相关性。结合国家有关法律、法规、规章、标准、规范的要求，采用可以提供事故后果、多米诺事故影响、个人风险及社会风险的定量评估方法，分析可能发生的火灾、爆炸、中毒等事故对毗邻企业及区域造成的相互影响，分析引发连环（多米诺效应）事故的可能性，并确定风险值及其风险可接受程度。同时，确定化工园区重点防控目标，提出有效降低区域风险的对策措施与建议。

（5）公用工程设施及物流运输。以化工园区的公用工程设施的安全性为重点，分析供水、供电、供热、燃气、通信系统、污水处理、危险废物处置、封闭管理设施等方面与国家有关法律、法规、规章、标准、规范的符合性，提出相应的配套和改进措施与建议。以化工园区内的码头、铁路、道路运输、危险化学品输送管线、公用管廊等方面的安全性为重点，分析物流运输方面存在的问题和不足，提出改进的措施和建议。

（6）消防安全管理。结合国家有关法律、法规、规章、标准、规范的要求，定性评估化工园区的消防安全管理机构设置、消防安全管理人员配备的情况、消防安全管理制度落实情况，提出改进和加强的意见和措施。

（7）应急救援能力。结合国家有关法律、法规、规章、标准、规范的要求，分析化工园区应急救援预案、应急物资储备及调度、应急救援队伍和快速应急响应机制的建立和运行情况，提出改进和加强的意见和措施。

（8）其他单元。对于法律、法规、文件、标准及当地的其他要求，进行符合性评估。

四、注意事项

化学工业园区火灾风险高，重大危险源聚集，特别是近年来多次重特大火灾爆炸事故影响范围大，社会影响恶劣，因此在区域火灾风险评估中，应充分考虑其发生火灾事故后对周边公众人身安全的威胁，在化工园区区域范围内不应有居住区，现有居民应逐步全部搬迁，化工园区与相邻居民区的安全距离应控制在500m，同时也要考虑石化园区对周围环境的影响，在规划时应避开水源地、环境保护区等对象。

练习题

（一）单项选择题

化学工业园区在区域规划选址时，应位于邻近城镇或居民区全面最小频风向的（　　），且应（　　）人口密集区、饮用水源地、重要交通枢纽等区域。

A. 上风侧　远离　　B. 下风侧　远离

C. 上风侧　避开　　D. 下风侧　避开

（二）多项选择题

对某化学工业园区进行区域火灾风险评估过程中发现以下情况，其中存在消防安全风险的有（　　）。

A. 园区内未设置消防站，但周边邻近的消防站最快 40min 能够到达现场

B. 园区内某石油库设有多座 20 000m^3 的原油外浮顶储罐，设有半固定泡沫灭火系统

C. 园区内某石化生产企业液化烃罐组罐外壁距离国家铁路中心线 100m

D. 园区内某石油库的单个罐组内含有 6 个单罐容量 100 000m^3 的储罐

E. 园区内某石化生产企业的消防车道路面宽度 4m，路面上空净空高度 4m

（三）案例分析题

问题：

结合本案例中的化工园区特点，简述在区域火灾风险评估工作中建立检查表的主要内容。

第四篇 消防安全管理案例分析

学习要求

通过本篇学习，了解国家消防法律法规和有关消防工作的方针政策；熟悉国家工程建设消防技术标准规范；能够根据消防法律法规和有关规定，掌握消防安全管理的原则、目标以及内容和要求；掌握单位依法履行消防安全职责的情况，分析单位消防安全管理存在的薄弱环节，判断单位消防安全管理制度的完整性和适用性，解决单位存在的消防安全管理问题；掌握消防宣传与教育培训的主要内容，制订消防宣传教育培训的方案，评估消防宣传教育培训效果；掌握应急预案制订的方法、程序与内容，辨识和分析单位消防应急预案的完整性和适用性，制订单位消防应急预案和演练的方案，评估预案的演练效果；辨识和分析大型群众性活动的主要特点及火灾风险因素，制订消防安全方案，解决消防安全技术问题。

案例 41　消防安全组织、制度案例分析

一、情景描述

某市妇幼保健院坐落于市中心，占地面积 2.02 万 m^2，总建筑面积为 10.57 万 m^2。其中，妇幼保健中心大楼高 22 层，建筑面积为 7.5 万 m^2。妇幼保健院里编制床位 1 000 张，现有职工总数 1 898 人。单位组织架构见图 4–41–1。

妇幼保健院院长是消防安全责任人，分管后勤的副院长是消防安全管理人，消防工作职能部门是保卫处。该妇幼保健院与院内各临床科室、保健科室、医技科室及其他业务科室、各内设机构、社团组织等都签订了消防安全责任书。各科室明确科室主任为本科室第一消防责任人，每个科室均设立消防安全员。微型消防站设在妇幼保健中心大楼消防控制室，消防站站长为保卫处长，队员为 6 名保安人员。

该市卫计委组织开展 2021 年度消防工作考评时发现，该妇幼保健院分管人事的副院长没有参加过消防安全检查；新生儿科（NICU）3 名实习护士不了解本岗位火灾风险，

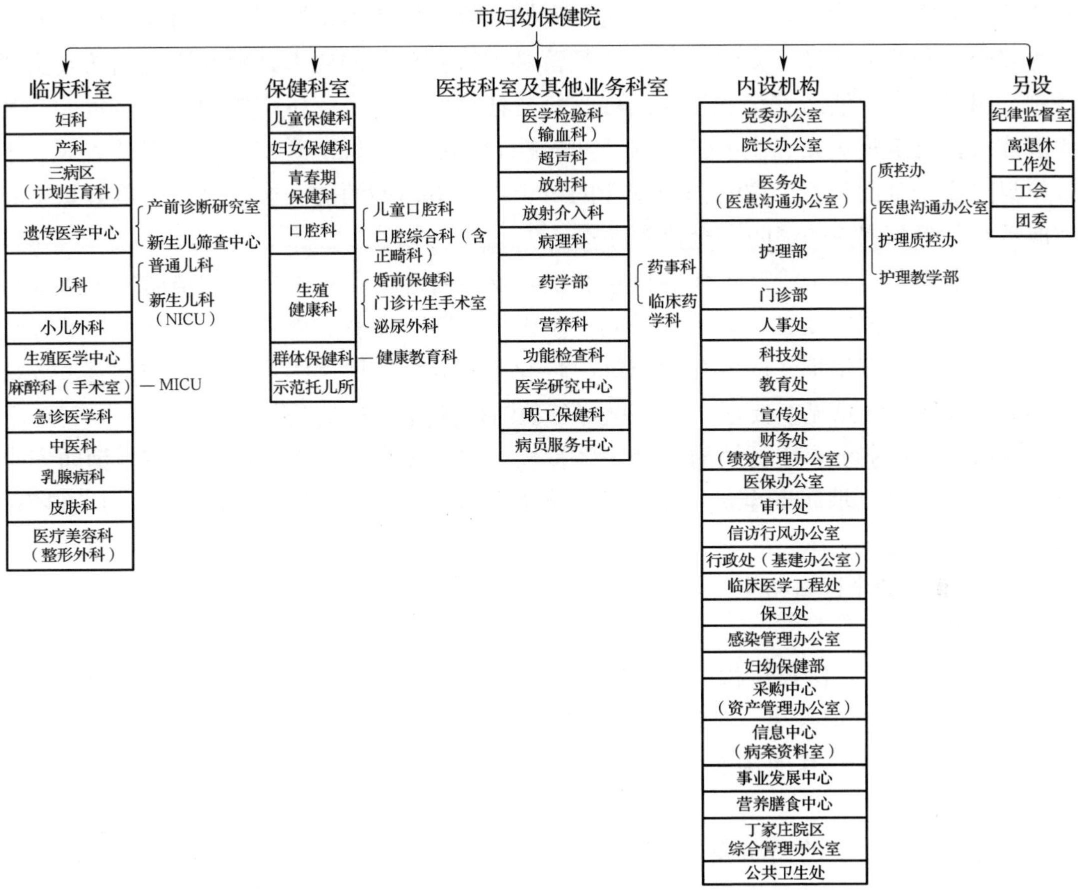

图 4–41–1　某市妇幼保健院组织架构图

不会使用灭火器；1 名病患的陪护人员在大楼疏散楼梯间吸烟后将烟头扔在地面；超声科、放射科通向疏散楼梯间的门被锁闭；食堂副食品库房内有电动自行车正在充电；消防控制室值班记录本上 2 名签名人员无职业资格证书。

二、分析要点

本案例包含或涉及下列内容：

（1）消防安全责任落实，消防安全管理组织建设。

（2）消防巡查检查开展，消防设施管理维护。

（3）安全制度及操作规程制定落实，全员消防培训演练。

（4）消防工作人员队伍建设，消防工作考核奖惩。

三、关键知识点及依据

（一）消防安全组织及责任

依据《医疗机构消防安全管理九项规定（2020 版）》，该妇幼保健院应当贯彻《国务院关于加强和改进消防工作的意见》（国发〔2011〕46 号）、消防安全责任制及实施办法，全面实行“党政同责、一岗双责、齐抓共管、失职追责”制度，落实“管行业必须管安全、管业务必须管安全、管生产经营必须管安全”的要求，建立逐级消防安全责任制，明确各岗位消防安全职责，层层签订责任书。公立医疗机构党政主要负责人，其他医疗机构法定代表人、主要负责人或实际控制人是本单位消防安全第一责任人，对本单位消防安全全面负责。主管消防安全的负责人是单位的消防安全管理人，领导班子其他成员对分管范围内的消防安全负领导责任。

明确承担消防安全管理工作的机构和消防安全管理人负责本单位的消防安全管理工作，负责制订和落实年度消防工作计划，组织开展防火巡查、检查、隐患排查和监督整改，加强宣传教育培训、应急疏散演练、督导考核等。按照《医疗卫生机构灾害事故防范和应急处置指导意见》要求，切实做好各项防范和应急处置工作。

各部门（科室）要履行消防安全主体责任，主要负责人为本部门（科室）消防安全第一责任人，设立消防安全员。全体职工履行岗位消防安全职责，做好本部门（科室）消防安全管理各项工作。

（二）消防安全巡查检查

1. 日常巡查

（1）巡查频次。医疗机构应当明确消防巡查人员和重点巡查部位，每日组织开展防火巡查并填写巡查记录表。住院区及门诊区在白天至少巡查 2 次，住院区及急诊区在夜间至少巡查 2 次，其他场所每日至少巡查 1 次，对发现的问题应当立即处理或及时上报。

各部门（科室）的消防安全员要坚持每日巡查并填写记录表。两人以上的工作场所，无值班的部门（科室），每天最后离开的人员要对本部门（科室）相关场所的消防安全进行检查并签字确认。

如遇特殊形势、敏感时期、重要节点，医疗机构应当根据实际情况相应加大巡查频次和力度。

（2）巡查重点。

1）用火、用电、用油、用气等有无违章情况；

2）安全出口、消防通道是否畅通，安全疏散指示标识、应急照明系统是否完好；

3）消防报警、灭火系统和其他消防设施、器材以及消防安全标识是否完好、有效，常闭式防火门是否关闭，防火卷帘下是否堆放物品；

4）消防控制室、住院区、门（急）诊区、手术室、病理科、检验科、实验室、高压氧舱、库房、供氧站、胶片室、锅炉房、发电机房、配电房、厨房、地下空间、停车场、宿舍等重点部位人员是否在岗履职；

5）医疗机构内施工场所消防安全情况。

（3）严格规范消防控制室工作。消防控制室值班人员应当持有消防行业特有工种职业资格证书。消防控制室实行 24h 值班制度，每班不少于 2 人。应当确保自动消防设施处于正常工作状态。接到火警信号后，应当以最快方式进行确认，确认发生火灾后应当确保联动控制开关处于自动状态，同时拨打“119”报警并启动应急处置程序。

2. 定期检查

（1）检查频次。每月和重要节假日、重大活动前至少组织 1 次防火检查和消防设施联动运行测试，建立和实施消防设施日常维护保养制度，对发现的安全隐患和问题立即督促整改。

（2）检查重点：重点工种工作人员以及全体医护人员消防安全知识和基本技能掌握情况；消防安全工作制度落实情况以及日常防火巡查工作落实情况，之前巡查发现问题的整改情况；电力设备、医疗设备、办公电器、生活电器管理和使用部门消防安全责任落实情况；消防设施设备运行和维护保养情况；消防控制室日常工作情况，消防安全重点部位日常管理情况；电气线路、燃气管道、厨房烟道等定期检查情况；病理科、检验科及各种实验室内易燃易爆等危险品的管理情况；火灾隐患整改和动火管理、临时用电等日常防范措施落实情况；装修、改造、施工单位向医疗机构的消防安全管理部门备案和签订安全责任书情况。

（3）建立消防安全隐患信息档案和台账，形成隐患目录，并在单位内部公示。隐患治理要实行报告、登记、整改、销号的一系列闭环管理，确保整改责任、资金、措施、期限和应急预案“五落实”。

3. 禁止性行为

（1）严禁使用未经消防行政许可或者不符合消防技术标准要求的建筑物及场所，严禁违规新建、扩建、改建不符合消防安全标准的构筑物（含室内外装修、建筑保温、用途变更等）。

（2）严禁采用夹芯材料燃烧性能低于 A 级的彩钢板作为建筑材料。

（3）严禁擅自停用关闭消防设备设施以及埋压圈占消火栓，严禁设置影响疏散逃生和灭火救援的铁栅栏，严禁锁闭堵塞安全出口、占用消防通道和扑救场地。

（4）严禁违反酒精等易燃易爆危险品的使用管理规范，严禁违规储存、使用危险品，严禁在病房楼等人员密集场所使用液化石油气和天然气，严禁违规使用明火，严禁在非吸烟区吸烟。

（5）严禁私拉乱接电气线路、超负荷用电，严禁使用非医疗需要的电炉、“热得快”等大功率电器。

（6）严禁电动自行车（蓄电池）在室内和楼道内存放、充电。

（三）消防设施管理

（1）医疗机构要确保消防工作人力、物力、财力的投入，保障消防所需经费，持续加强人防、技防和物防建设。

（2）持续加大消防安全基础设施建设，按照国家和行业标准配置消防设施、器材，并定期进行维护保养和检测，确保其灵敏、可靠，能有效运行。主要消防设施设备上应当张贴维护保养、检测情况记录卡。

（3）设有自动消防设施的医疗机构，每年应当至少检测 1 次。属于火灾高危单位的，应当每年至少开展 1 次消防安全评估，针对评估结果加强和改进消防工作。

（4）消防设施器材要设置规范、醒目的标识，用文字或图例标明操作使用方法，消防通道、安全出口和消防重点部位应当设置警示提示标识。

（5）确保报警系统和应急照明的齐全、灵敏、有效。

（6）推进“智慧消防”建设，促进信息化与消防业务融合，提高医疗机构火灾预警和防控能力。

（四）消防培训演练

（1）医疗机构要加强对全体员工（包括在编人员、学生、实习生、进修生、规培生、合同制人员、工勤人员等）的消防安全宣传教育培训，职工受训率必须达到 100%，每半年至少开展 1 次灭火和应急疏散演练。

（2）应当对新职工和转岗职工进行岗前消防知识培训，对住院患者和陪护人员及时开展消防安全提示。

（3）监督第三方服务公司履行消防安全管理职责，做好消防安全宣传教育培训演练等工作，受训率必须达到 100%。

（4）确保人人掌握消防常识，会查找火灾隐患、会扑救初起火灾、会组织人员疏散逃生、会开展消防安全宣传教育，掌握消防设施器材使用方法和逃生自救技能。

（5）结合老、弱、病、残、孕、幼的认知和行动特点，制订针对性强的灭火和应急疏散预案，明确每班次、各岗位人员及其报警、疏散和扑救初起火灾的职责，并每半年至少演练 1 次。配备相应的轮椅、担架等疏散工具，对无自理能力和行动不便的患者逐一明确疏散救护人员。

（6）医疗机构消防安全重点单位应当根据需要设立微型消防站，配备必要的人员和消防器材，并定期进行培训和演练。

（五）消防工作队伍建设

（1）医疗机构党政领导班子每年专题研究消防安全工作不少于 1 次，领导班子成员每人每年带队检查消防安全不少于 1 次。

（2）制定完善的消防安全规章制度，及时总结实践中的好经验、好做法，提炼固化为规章制度和操作标准。

（3）对消防工作人员和消防安全员进行经常性的业务培训、岗位培训、法规培训，切实增强消防技能，提高工作水平。

（4）关心爱护消防工作一线人员，不断改善工作环境，依法依规保障和提高薪酬等方面待遇，加大考核培养及交流使用力度。

（六）消防工作考核奖惩

（1）医疗机构要认真遵守本规定，自觉接受各级卫生健康行政部门、中医药主管部门和消防救援机构的检查指导，持续加强本单位的消防安全工作。

（2）对本单位发生的火灾事故要如实、及时上报卫生健康行政部门、中医药主管部门以及消防救援机构，不得迟报、瞒报和漏报。

（3）建立风险管理和隐患排查治理双重预防机制，主动研究分析各地各类典型火灾事故案例，深刻汲取经验教训，举一反三，严防类似事故发生。

（4）按照国务院办公厅和国家卫生健康委消防工作相关考核办法，将消防工作情况纳入单位年度考评内容。

（5）科学制定和实施奖励制度，每年对成绩突出的部门和个人进行表扬和奖励。建立消防安全管理约谈机制，对未依法履行职责或违反单位消防安全制度并造成损失的责任人员和部门负责人严肃处理。

练习题

（一）单项选择题

1. 该妇幼保健院儿科白天职工人数为 100 人，按照规定志愿消防队员不应少于（　　）人。

A. 40　　B. 30　　C. 20　　D. 10

2. 根据《医疗机构消防安全管理九项规定（2020 版）》的规定，两人以上的工作场所，无值班的部门（科室），每天（　　）要对本部门（科室）相关场所的消防安全进行检查并签字确认。

A. 最后离开的人员　　B. 楼层保安员

C. 楼层保洁员　　D. 科室消防安全员

3. 医疗机构党政领导班子每年专题研究消防安全工作不少于（　　）次，领导班子成员每人每年带队检查消防安全不少于（　　）次。

A. 1，1　　B. 2，2　　C. 2，1　　D. 1，2

4. 隐患治理要实行报告、登记、整改、销号的一系列（　　）管理，确保整改责任、资金、措施、期限和应急预案"五落实"。

A. 封闭　　B. 跟踪　　C. 闭环　　D. 流程

5. 住院区及门诊区在白天至少巡查（　　）次，住院区及急诊区在夜间至少巡查（　　）次，其他场所每日至少巡查（　　）次，对发现的问题应当当场处理或及时上报。

A. 1，2，1　　B. 2，2，1　　C. 2，1，1　　D. 1，2，2

（二）多项选择题

1. 该妇幼保健院的消防安全责任人可由（　　）担任。

A. 院长　　B. 工会主席

C. 党委书记　　D. 纪委主任

E. 常务副院长

2. 微型消防站队员可以由（　　）组成。

A. 消防控制室值班员　　B. 楼层保安

C. 病区护工　　D. 当班工程部人员

E. 当班医护人员

3. 根据《医疗机构消防安全管理九项规定（2020 版）》的规定，某民营医疗机构的（　　）是本单位消防安全第一责任人，对本单位消防安全全面负责。

A. 法定代表人　　B. 主要负责人

C. 医疗技术总顾问　　D. 实际控制人

E. 名誉院长

4. 实行消防安全管理"三管三必须"是指（　　）。

A. 该市卫计委必须管本市医疗行业安全

B. 妇幼保健院院长必须管医院安全

C. 妇幼保健院管食堂的领导必须管食堂安全

D. 妇幼保健院管病房的领导必须管门诊安全

E. 妇幼保健院管车库的职工必须管医院安全

5. 下列人员中，（　　）属于医疗机构消防培训对象。

A. 来院实习生、进修生、规培生　　B. 本院合同制人员、工勤人员

C. 本院在编人员　　D. 病患及陪护人员

E. 第三方服务公司职工

（三）案例分析题

结合本案例回答下列问题：

1. 该妇幼保健院在消防宣传教育培训方面存在什么问题？应该如何开展？

2. 应急疏散演练应注意什么？

案例 42　大型活动消防安全管理案例分析

一、情景描述

某大型展览活动现场布置如图 4-42-1 所示，各展厅建筑规模见表 4-42-1，规划

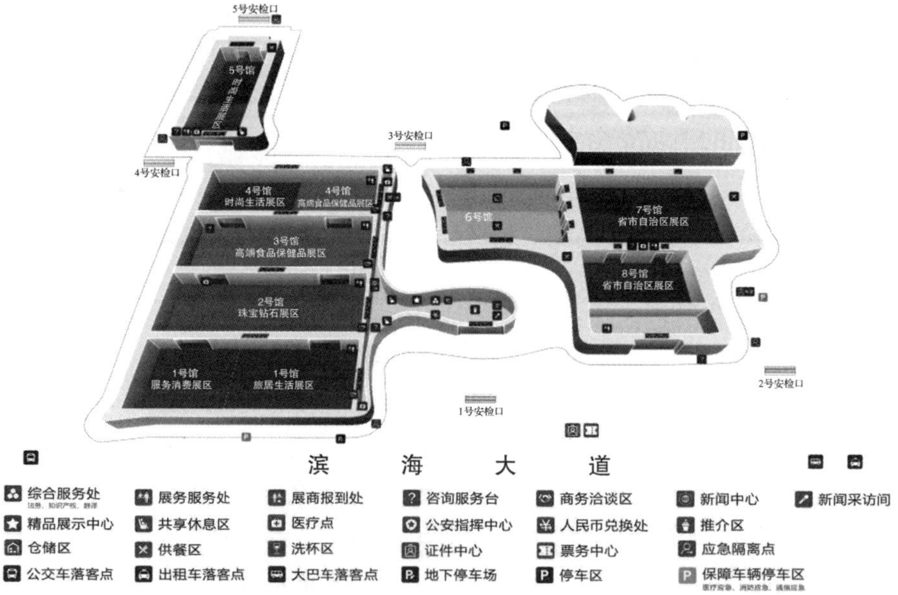

图 4-42-1　某大型展览活动现场布置图

表 4-42-1　某大型展览活动各展厅建筑规模

展馆名称	登录大厅	迎宾大厅	1 号馆	2 号馆	3 号馆	4 号馆	5 号馆	6 号馆	7 号馆	8 号馆
面积 /m^2	5 130	4 850	12 618	12 246	12 246	12 980	13 206	13 230	13 950	5 830
长度 /m	132	110	190	190	190	190	188	147	153	88.3
宽度 /m	47	44	64	64	64	64	72	90	90	66
高度 /m	15	9 ~ 11	21 ~ 27	21 ~ 27	21 ~ 27	21 ~ 27	14 ~ 24	15 ~ 20	15 ~ 20	15 ~ 20

展览总面积为 80 000m^2，参展企业 648 家，参展品牌 1 193 个。标准展位搭建时间为 2021 年 4 月 30 日，特装展位搭建时间是 4 月 27 日至 5 月 1 日，展品进场时间为 5 月 2 日至 3 日，安全检查时间为 5 月 4 日至 6 日，开幕式举办时间为 5 月 6 日，开展时间为 5 月 7 日至 10 日，撤展时间为 5 月 11 日至 12 日。

5 月 6 日安全检查发现：主办方、承办方、参展方、展台设计搭建方、场地出租方均按规定签订《消防安全责任书》；承办方正组织参展方工作人员、志愿者开展消防安全培训及疏散演练。1 号展馆主疏散通道宽度为 3.5m；2 号展馆某特装展台占地面积为 200m^2，展区地毯下有一埋地式消火栓；3 号展馆某休闲食品展台 LED 显示屏背面维修空间内存放大量食品包装纸箱，展区配电箱内剩余电流保护装置额定电流为 100mA；4 号馆每个展台配置 1kgABC 干粉灭火器 1 具；5 号馆有 3 个特装展台顶部安装 LED 显示屏，每个显示屏的面积分别是 30m^2、80m^2、100m^2；6 号馆展品仓储区与供餐区采取铁栅栏隔断，某供餐摊位使用汽化炉加工食品；7 号馆某消防技术服务机构正在测试消防应急照明及疏散指示系统。

二、分析要点

本案例包含或涉及下列内容：

（1）大型群众性活动主办方、承办方、参展方、展台设计搭建方、场地出租方及参加人员的安全责任、安全管理及法律责任。

（2）展览建筑展厅安全疏散宽度、疏散指示标志设置。

（3）展台搭建电气线路敷设及电气设备安装要求、装饰装修材料燃烧性能要求。

（4）展台搭建对既有消防设施功能发挥的影响。

（5）展出期间消防安全管理。

三、关键知识点及依据

（一）《人员密集场所消防安全管理》（GB/T 40248—2021）有关规定

1. 展厅布置

展品、商品、货柜，广告箱牌，生产设备等的设置不得影响防火门、防火卷帘、室内消火栓、灭火剂喷头、机械排烟口和送风口、自然排烟窗、火灾探测器、手动火灾报警按钮、声光报警装置等消防设施的正常使用。需要搭建临时建筑时，应采用燃烧性能不低于 B_1 级的材料。临时建筑与周围建筑的间距不应小于 6.0m。临时建筑应根据活动人数满足安全出口数量、宽度及疏散距离等安全疏散要求，配备相应消防器材，有条件的可设置临时消防设施。展厅等场所内的主要疏散通道应直通安全出口，其宽度不应小于 5.0m，其他疏散通道的宽度不应小于 3.0m。疏散通道的地面应设置明显标识。

2. 用电防火管理

展览参展方、搭建方采购电气、电热设备，应选用合格产品，并应符合有关安全标准的要求；电气线路敷设、电气设备安装和维修应由具备职业资格的电工进行；不得随意乱接电线，擅自增加用电设备；靠近可燃物的电器应采取隔热、散热等防火保护措施；电气线路发生故障时应及时检查维修，排除故障后方可继续使用；展览结束时，应切断营业场所内的非必要电源。

3. 用火、动火安全管理

展览活动承办方应明确用火、动火安全管理责任部门和责任人，用火、动火的审批范围、程序和要求等内容。禁止在展览时间进行动火作业；需要动火作业的区域应与使用、营业区域进行防火分隔；电气焊等明火作业前，实施动火的部门和人员应按照制度规定办理动火审批手续，清除可燃、易燃物品，配置灭火器材，落实现场监护人和安全措施，在确认无火灾、爆炸危险后方可动火作业。展览馆内设置的餐饮区域应相对独立，不应使用明火。

4. 易燃易爆物品管理

展览活动承办方应明确易燃易爆化学物品管理的责任部门和责任人。严禁生产或储存易燃易爆化学物品；展览需要使用易燃易爆化学物品时，应根据需要限量使用，存储量不应超过 1d 的使用量，且应由专人管理、登记。

（二）《建筑设计防火规范》（GB 50016—2014，2018 年版）有关规定

各展台因功能需要安装的开关、插座和照明灯具靠近可燃物时，应采取隔热、散热等防火措施。卤钨灯和额定功率不小于 100W 的白炽灯泡、吸顶灯、槽灯、嵌入式灯，其引入线应采用瓷管、矿棉等不燃材料作隔热保护。额定功率不小于 60W 的白炽灯、卤钨灯、高压钠灯、金属卤化物灯、荧光高压汞灯（包括电感镇流器）等不应直接安装在可燃物体上或采取其他防火措施。可燃材料仓库内宜使用低温照明灯具，并应对灯具的发热部件采取隔热等防火措施，不应使用卤钨灯等高温照明灯具。配电箱及开关应设置在仓库外。

（三）《建筑内部装修设计防火规范》（GB 50222—2017）有关规定

展厅埋地式消火栓箱不应被装饰物遮掩，消火栓箱门四周的装修材料颜色应与消火栓箱门的颜色有明显区别或在消火栓箱门表面设置发光标志。展台材料应采用不低于 B_1 级的装修材料。在展厅设置电加热设备的餐饮操作区内，与电加热设备贴邻的墙面、操作台均应采用 A 级装修材料。展台与卤钨灯等高温照明灯具贴邻部位的材料应采用 A 级装修材料。

（四）《展览建筑设计规范》（JGJ 218—2010）有关规定

展厅内临时设置的敞开式的食品加工区应采用电能加热设施。展位内可燃物品的存

放量不应超过 1d 展览时间的供应量，展位后部不得作为可燃物品的储藏空间。

（五）《会展建筑电气设计规范》（JGJ 333—2014）有关规定

展位箱、综合展位箱的出线开关以及配电箱（柜）直接为展位用电设备供电的出线开关，应装设不超过 30mA 的剩余电流动作保护装置。

练习题

（一）单项选择题

1. 展厅主要展位通道净宽不宜小于（　　）m，次要展位通道净宽不宜小于（　　）m。

A. 5，4　　B. 5，3　　C. 5，2　　D. 4，2

2. 展位箱、综合展位箱的出线开关以及配电箱（柜）直接为展位用电设备供电的出线开关，应装设不超过（　　）mA 的剩余电流动作保护装置。

A. 100　　B. 80　　C. 50　　D. 30

3. 展览需要使用易燃易爆化学物品时，应根据需要限量使用，存储量不应超过（　　），且应由专人管理、登记。

A. 半天的使用量　　B. 1 天的使用量

C. 展销期最大销售量　　D. 展销期最小销售量

4. 需要搭建临时建筑时，应采用燃烧性能（　　）级的材料。

A. 低于 B_1　　B. 不低于 B_1　　C. 高于 A　　D. 不低于 A

5. 临时搭建的 4 号安检大棚与 5 号馆的间距不应小于（　　）m。

A. 3　　B. 6　　C. 9　　D. 12

（二）多项选择题

1. 展厅内临时设置的敞开式的食品加工区可采用（　　）加热设施。

A. 汽化炉　　B. 电炉

C. 电磁炉　　D. 电烤箱

E. 液化气灶

2. 为确保大型活动安全，承办者应具体负责的安全事项有（　　）。

A. 落实大型群众性活动安全工作方案和安全责任制度，明确安全措施、安全工作人员岗位职责，开展大型群众性活动安全宣传教育

B. 保障疏散通道、安全出口、消防车通道、应急广播、应急照明、疏散指示标志符合相关法律、法规、技术标准的规定

C. 与大型群众性活动安全工作需要相适应的专业保安人员以及其他安全工作人员

D. 按照核准的活动场所容纳人员数量、划定的区域发放或者出售门票

E. 落实医疗救护、灭火、应急疏散等应急救援措施并组织演练

3. 展台使用的卤钨灯和额定功率不小于 100W 的（　　），其引入线应采用瓷管、矿棉等不燃材料作隔热保护。

A. 白炽灯　　B. 吸顶灯

C. 槽灯　　D. 节能灯

E. LED 灯带电源适配器

4. 展台因功能需要安装的开关、插座靠近可燃物时，可采取的隔热、散热防火措施包括（　　）等。

A. 将开关暗装在 86 型镀锌金属接线盒中

B. 将插座暗装在塑料接线盒中

C. 在开关明装在与可燃物之间加垫的纸面石膏板

D. 在插座明装在与可燃物之间加垫的防火板上

E. 在开关明装在与可燃物之间加垫的钢片上

5. 需要动火作业的区域，可采用（　　）与使用、营业区域进行防火分隔。

A. 彩条布　　B. 广告布

C. 轻钢龙骨加双面纸面石膏板　　D. 防火卷帘

E. 铁栅栏

（三）案例分析题

根据情景描述，回答下列问题：

1. 关于电气安全，展览参展方、搭建方应做到（　　）。

A. 采购电气、电热设备，应选用合格产品，并应符合有关安全标准的要求

B. 电气线路敷设、电气设备安装和维修应由具备职业资格的电工进行

C. 不得随意乱接电线，擅自增加用电设备

D. 电气线路发生故障时，更换空气开关后可继续使用

E. 展览结束时，应切断营业场所内的所有电源

2. 展览活动承办方应明确用火、动火安全管理责任部门和责任人，用火、动火的（　　）等内容。

A. 操作人员　　B. 监护人员

C. 审批范围　　D. 程序

E. 要求

3. 5 号时尚生活展览馆内部分展品如下，其中（　　）应根据需要限量使用，存储量不应超过 1d 的使用量，且应由专人管理、登记。

A. 空气清新剂　　B. 罐装摩丝

C. 酒精消毒液　　D. 香水

E. 葡萄酒

4. 存在影响消防设施功能的搭建活动包括（　　）。

A. 2 号展馆特装展台敷设的 200m^2 地毯

B. 装配高度低于 2m 的通透性商品陈列货架

C. 5 号展馆特装展台上部 80m^2 及 100m^2LED 显示屏

D. 装配半隔断洽谈室

E. 占地面积 60m^2 的全封闭视听体验室

5. 6 号馆内（　　）部位的装修材料必须使用燃烧性能不低于 A 级的材料。

A. 餐饮操作区内，与电加热设备贴邻的墙面
B. 餐饮操作区内，与电加热设备贴邻的操作台
C. 展台与卤钨灯等高温照明灯具贴邻部位的材料
D. 展台与液晶电视机贴邻部位
E. 展台与饮水机贴邻部位

6. 4 号展馆内每个展台可选配（　　）灭火器。
A. 2 个 1kgBC 干粉灭火器
B. 2 个 1L 水基灭火器
C. 2 个 4kgABC 干粉灭火器
D. 2 个 6L 水基型灭火器
E. 2 个 5L 桶装水

7. 6 号展馆可选用（　　）加热食品。
A. 电磁炉
B. 微波炉
C. 卡式炉
D. 酒精炉
E. 电烤箱

案例 43　高层民用建筑消防安全管理案例分析

一、情景描述

某高层民用建筑 1999 年投入使用，建筑面积为 14 093.78m²，地上 16 层，地下 1 层，高度为 60m。地下一层为车库，地上一层为网吧、银行网点、小商铺等用房，地上二至三层为快捷酒店，地上三至十六层为公寓。大楼按照国家工程建设有关消防技术标准设置了消防设施，某物业公司负责大楼日常管理。

2021 年 8 月 22 日上午 10 时检查发现，物业公司将办公室设在地下车库内的排烟机房；消防控制室只有 1 名持初级消防设施操作员的工作人员值守，控制室档案中缺少 2021 年 1 ~ 6 月的值班记录、防火巡查及检查记录；设置在消防控制室内的微型消防站仅有 2 盘水带、2 个 4kg 干粉灭火器，无队员名册及技能训练记录；大楼电梯厅无动用明火作业需办理动火审批的消防提示；电动车小商铺内设有夹层，夹层上堆放电动车配件和床铺；地上二至三层快捷酒店在通往四层的 2 座防烟楼梯间内设置钢质防盗门并用自行车锁锁闭；五层消防电梯前室防火门被一家商贸公司更换成带门禁的电动玻璃门；六至十六层部分住户在疏散走道上给电动自行车充电；询问楼层保洁人员后得知，其入职 7 个月来未接受过消防培训；询问十层住户后得知，大楼已更换过多家物业公司，现在的物业公司进驻一年以来未组织过灭火疏散演练。经测试，屋顶消防水箱内无水；网吧内消火栓栓口静压力为 0.1MPa；按下消火栓泵启动按钮，消防泵无法启动；设置在泵房内的湿式报警阀组水源侧压力表读数为“0”；打开地下室板式排烟口，排烟机未

启动；按下快捷酒店二层走廊西侧楼梯间前室手动报警按钮，楼层火灾显示盘无报警信息，火灾报警控制器无声报警功能，控制器显示报警时间为2020年9月12日16时34分。

二、分析要点

本案例包含或涉及下列内容：

（1）高层民用建筑消防安全管理的有关规定。

（2）建筑消防设施的维护管理的有关规定。

（3）消火栓系统功能测试方法。

（4）自动喷水灭火系统功能测试方法。

（5）排烟系统功能测试方法。

（6）火灾自动报警系统功能测试方法。

（7）重大火灾隐患判定标准。

三、关键知识点及依据

（一）消防安全责任

根据《高层民用建筑消防安全管理规定》（应急管理部令第5号）的规定，高层民用建筑的业主、使用人是单位的，其法定代表人或者主要负责人是本单位的消防安全责任人。同一高层民用建筑有两个及以上业主、使用人的，各业主、使用人对其专有部分的消防安全负责，对共有部分的消防安全共同负责，应当共同委托物业服务企业，或者明确一个业主、使用人作为统一管理人，对共有部分的消防安全实行统一管理，协调、指导业主、使用人共同做好整栋建筑的消防安全工作，并通过书面形式约定各方消防安全责任。高层民用建筑以承包、租赁或者委托经营、管理等形式交由承包人、承租人、经营管理人使用的，当事人在订立承包、租赁、委托管理等合同时，应当明确各方消防安全责任。委托方、出租方依照法律规定，可以对承包方、承租方、受托方的消防安全工作统一协调、管理。实行承包、租赁或者委托经营、管理时，业主应当提供符合消防安全要求的建筑物，督促使用人加强消防安全管理。

高层民用建筑的业主、使用人可以委托物业服务企业或者消防技术服务机构等专业服务单位（以下统称消防服务单位）提供消防安全服务，并应当在服务合同中约定消防安全服务的具体内容。高层民用建筑的业主、使用人是高层民用建筑消防安全的责任主体，对高层民用建筑的消防安全负责。

（二）消防安全管理人

根据《高层民用建筑消防安全管理规定》（应急管理部令第5号）的规定，高层公共建筑的业主、使用人、物业服务企业或者统一管理人应当明确专人担任消防安全管理人，消防安全管理人应当具备与其职责相适应的消防安全知识和管理能力。对建筑高度超过100m的高层公共建筑，鼓励有关单位聘用相应级别的注册消防工程师或者相关工程类中级及以上专业技术职务的人员担任消防安全管理人。

（三）消防安全职责

根据《高层民用建筑消防安全管理规定》（应急管理部令第5号）的规定，高层公共建筑的消防安全管理人应当履行下列消防安全管理职责：拟订年度消防工作计划，组织实施日常消防安全管理工作；组织开展防火检查、巡查和火灾隐患整改工作；组织实施对建筑共用消防设施设备的维护保养；管理专职消防队、志愿消防队（微型消防站）等消防组织；组织开展消防安全的宣传教育和培训；组织编制灭火和应急疏散综合预案并开展演练。

（四）消防安全管理

高层民用建筑内的锅炉房、变配电室、空调机房、自备发电机房、储油间、消防水泵房、消防水箱间、防排烟风机房等设备用房应当按照消防技术标准设置，确定为消防安全重点部位，设置明显的防火标志，实行严格管理，并不得占用和堆放杂物。高层民用建筑消防控制室应当由其管理单位实行24h值班制度，每班不应少于2名值班人员。消防控制室值班操作人员应当依法取得相应等级的消防行业特有工种职业资格证书，熟练掌握火警处置程序和要求，按照有关规定检查自动消防设施、联动控制设备运行情况，确保其处于正常工作状态。消防控制室内应当保存高层民用建筑总平面布局图、平面布置图和消防设施系统图及控制逻辑关系说明、建筑消防设施维修保养记录和检测报告等资料。物业服务企业按照规定建立的专职消防队、志愿消防队（微型消防站）等消防组织应当配备必要的人员、场所和器材、装备，定期进行消防技能培训和演练，开展防火巡查、消防宣传，及时处置、扑救初起火灾。高层民用建筑的疏散通道、安全出口应当保持畅通，禁止堆放物品、锁闭出口、设置障碍物。平时需要控制人员出入或者设有门禁系统的疏散门，应当保证发生火灾时易于开启，并在现场显著位置设置醒目的提示和使用标识。高层民用建筑应当进行每日防火巡查，每半个月至少开展一次防火检查并填写巡查记录。禁止在高层民用建筑公共门厅、疏散走道、楼梯间、安全出口停放电动自行车或者为电动自行车充电。

（五）消防宣传教育和灭火疏散预案

根据《高层民用建筑消防安全管理规定》（应急管理部令第5号）的规定，高层公共建筑内的单位应当每半年至少对员工开展一次消防安全教育培训。高层公共建筑内的单位应当对本单位员工进行上岗前消防安全培训，并对消防安全管理人员、消防控制室值班人员和操作人员、电工、保安员等重点岗位人员组织专门培训。高层民用建筑应当在每层的显著位置张贴安全疏散示意图，公共区域电子显示屏应当播放消防安全提示和消防安全知识。在首层显著位置提示公众注意火灾危险，以及安全出口、疏散通道和灭火器材的位置。

规模较大或者功能业态复杂且有两个及以上业主、使用人或者多个职能部门的高层公共建筑，有关单位应当编制灭火和应急疏散总预案，预案应当明确应急组织机构，确定承担通信联络、灭火、疏散和救护任务的人员及其职责，明确报警、联络、灭火、疏散等处置程序和措施。高层民用建筑应当每年至少进行一次全要素综合演练；编制分预案的，有关单位和职能部门应当每季度至少进行一次综合演练或者专项灭火、疏散演练。

（六）自动消防设施系统功能测试方法

包括消火栓系统、自动喷水灭火系统、火灾自动报警系统、防烟排烟系统等系统功能测试方法。

（七）重大火灾隐患判定

根据检查发现的问题，依据《重大火灾隐患判定方法》（GB 35181—2017）进行判定。

练习题

（一）单项选择题

1. 该大楼物业服务公司应聘请至少持（　　）等级消防设施操作员证的人员从事消防控制室值班监控工作。

A. 初级　　B. 中级　　C. 高级　　D. 技师

2. 大楼物业服务公司应在建筑显著位置公示（　　）的姓名、联系方式和消防安全管理职责。

A. 物业公司经理　　B. 消防控制室值班员

C. 配电房值班电工　　D. 负责本大楼消防安全的管理人员

3. 该高层民用建筑有关单位和职能部门应当（　　）综合演练或者专项灭火、疏散演练。

A. 每年至少进行一次　　B. 每季度至少进行一次

C. 每半年至少进行一次　　D. 每月至少进行一次

4. 该高层建筑室内消火栓系统采取不分区供水方式，如果系统工作正常，则网吧内消火栓栓口静压力不应小于（　　）MPa。

A. 0.7　　B. 0.90　　C. 1.0　　D. 1.2

5. 设在该高层建筑屋顶设备间内的电信基站设备，其消防安全应由（　　）负责。

A. 物业公司　　B. 快捷酒店　　C. 电信公司　　D. 全体业主

（二）多项选择题

1. 该建筑微型消防站至少应配备（　　）等设施、器材。

A. 消防水带　　B. 水枪

C. 手抬机动泵　　D. 空气呼吸器

E. 破拆斧

2. 该大楼物业服务公司应当在大厅等醒目位置张贴警示标志，禁止在（　　）停放电动自行车或者为电动自行车充电。

A. 公共门厅　　B. 楼梯间

C. 安全出口　　D. 疏散走道

E. 地下室充电点

3. 该高层公共建筑应当在灭火和应急疏散总预案中确定承担通信联络、灭火、疏散和救护任务的人员及其职责，明确（ ）等处置程序和措施。

A. 报警
B. 联络
C. 灭火
D. 疏散
E. 新闻发布

4. 该高层民用建筑内的（ ）等设备用房应当确定为消防安全重点部位，设置明显的防火标志，实行严格管理，并不得占用和堆放杂物。

A. 变配电房
B. 消防水泵房
C. 防排烟机房
D. 消防电梯机房
E. 网络机房

5. 根据《高层民用建筑消防安全管理规定》（应急管理部令第 5 号）的规定，高层公共建筑的业主、使用人应当按照现行国家标准、行业标准配备灭火器材以及（ ）等逃生疏散设施器材。

A. 自救呼吸器
B. 逃生缓降器
C. 逃生绳
D. 呼救器
E. 定位仪

（三）案例分析题

根据情景描述，回答下列问题：

1. 对该建筑的消防安全负有责任的主体是（ ）。

A. 物业公司
B. 银行网点
C. 快捷酒店
D. 公寓房租户
E. 租赁停车位车主

2.（ ）可以作为统一管理人，对共有部分的消防安全实行统一管理，协调、指导业主、使用人共同做好整栋建筑的消防安全工作，并通过书面形式约定各方消防安全责任。

A. 物业公司
B. 银行网点
C. 快捷酒店
D. 公寓房租户
E. 租赁停车位车主

3. 该建筑下列（ ）单位可以成立微型消防站。

A. 物业公司
B. 银行网点
C. 快捷酒店
D. 公寓房租户
E. 小商铺

4. 快捷酒店拆除防烟楼梯间内钢质防盗门后，可在进入二、三层防烟楼梯间前室的通道上（ ）来控制人员进出。

A. 设置安全控制与报警逃生门锁系统，其报警延迟时间不应超过 15s
B. 设置能远程控制和现场手动开启的电磁门锁装置
C. 当设置火灾自动报警系统时，应与系统联动
D. 设置推闩式外开门

E. 设置普通玻璃门

5. 按下快捷酒店二层走廊西侧楼梯间前室手动报警按钮，楼层火灾显示盘无报警信息的原因可能是（　　）。

A. 该手动报警按钮的地址码不在火灾显示盘的显示范围

B. 火灾显示盘与火灾报警控制器之间存在通信故障

C. 手动报警按钮的信号线未接入火灾显示盘

D. 火灾显示盘的声报警器被拆除

E. 手动报警按钮的信号线未接入火灾报警控制器

6. 为解决公寓租户电动自行车充电问题，物业公司可在（　　）设置集中充电点。

A. 公寓所在楼层楼梯间　　　　B. 公寓所在楼层电梯厅

C. 地下一层电梯侯梯厅　　　　D. 地下停车库专门隔间

E. 室外停车场

7. 整改本案例中存在的（　　）隐患，需要使用公共维修资金。

A. 维修火灾自动报警系统

B. 维修自动喷水灭火系统

C. 拆除防烟楼梯间内铁栅栏

D. 拆除消防电梯前室电动门

E. 清理公寓走道内电动自行车充电插座

8. 维修本案例中建筑消防设施所涉及的费用，下列表述正确的是（　　）。

A. 消防控制室内设备的维修费用由各业主按照专有部分建筑面积所占比例承担

B. 消防泵房的维修费用由各业主按照专有部分建筑面积所占比例承担

C. 网吧内消火栓箱内设备更换费用由网吧承担

D. 快捷酒店应急照明灯具维修费用按照快捷酒店专有部分建筑面积所占比例承担

E. 公寓房内火灾探测器更换费用由物业公司承担

案例 44　大型商业综合体消防安全管理案例分析

一、情景描述

某大厦 2015 年建成。地下 3 层，地上部分由 62 层西塔、77 层东塔和 7 层商业裙房三部分组成，总建筑面积为 395 314m^2，耐火等级为一级。地下总建筑面积为 94 151m^2；商业裙房地上总建筑面积为 87 596m^2，建筑高度 40.85m；西塔建筑高度 219.4m，为酒店式公寓；东塔建筑高度为 334.35m，为酒店式公寓、办公场所和酒店。商业裙房内设餐饮场所、商场、生活休闲场所、国际影城、亲子体验商铺、KTV、书店、文化创意馆、手作生活馆等场所。地下一层设有超市，地下一层直通七层的中庭内设置儿童攀爬游乐设施；地下二层为停车场和设备用房；地下三层为地铁车站。除五层个别餐饮场所采用植物油灯、卡式炉和电加热外，其他餐饮场所均采用天然气管道集中供气。

酒店和超市为各自独立的产权单位，其消防安全管理自行负责。大厦其他部分的产权为某商业有限公司所有，并以承包、租赁或委托经营等形式交由他人使用，统一委托某商业物业服务有限公司进行消防安全管理。某商业有限公司、酒店和超市未明确消防安全管理专有部分和共有部分的责任分工，也未在承包、租赁或委托经营等形式的合同中明确各方消防安全责任。

某商业物业服务有限公司在该大厦项目部有 20 名保安人员，由保安队长陈某负责，配电房、消防水泵房、风机房由物业工程部经理刘某及 5 名员工管理。诚安消防维保公司承担消防设施的维护保养，并派吴某、陆某 2 名员工驻场维保。物业公司任命工商管理专业毕业三年的郑某为消防安全管理人，安排 4 人负责消防控制室值班，包括郑某共有 2 人持有初级消防设施操作员证书，营业期间消防控制室每班 2 人值班，非营业期间由 2 名保安人员值班。商场每日营业结束前，当班值班人员对营业区进行消防巡查。郑某在工作中对爱诚商业物业服务有限公司该大厦项目部经理袁某负责。袁某每季度组织工程部主管、保安队长和诚安消防维保公司吴某、陆某对大厦进行一次消防安全检查；每年 11 月组织保安队进行一次消防演练；每年底由诚安消防维保公司对大厦消防设施进行一次检测。袁某每年将涉及消防的经费预算和维保检测报告提交给万丰商业有限公司管理部经理夏某。物业公司建立了一个微型消防站，微型消防站灭火处置人员由带班保安班长、4 名保安队员、1 名消防控制室值班人员、1 名诚安消防维保公司驻场维保人员组成。微型消防站配备过滤式消防呼吸器、哨子、发光指挥棒、手电筒等疏散引导用品并设在消防控制室内。

某日，消防监督人员在检查中发现："消防控制室值班记录本"中消防安全管理人栏均由陈某签字；查询火灾报警控制器火警历史信息发现 KTV1# 包房的感烟探测器火警信息未记录；物业公司与维保公司签订的维保协议中包含地下车库泡沫喷淋联用系统，但"消防设施维保记录"无相关维保记录；商场营业区内设置儿童电动汽车驾驶区，售票处有锂电池正在充电；商场一处扶梯下方设置提供烤肠、热饮的固定商铺；五层某烤鱼店在餐饮区使用植物油酒精灯明火给菜肴加热，植物油储存在塑料桶中，存放在燃气灶台处；国际影院放映间与观众厅之间的放映窗、观察窗使用钢化玻璃分隔，沿着影厅张贴的疏散示意图行走，疏散楼梯间堆放大量拆卸下来的座椅和废弃的卡通造型；八层避难层设置临时仓库且堆放较多杂物，现场无消防应急器材；低压配电房气体灭火系统驱动装置止动销未拆除；四十层避难层内消防转输泵组处于"手动"状态，进、出水管上闸阀处于关闭状态；按下手动报警按钮模拟火警，微型消防站队员赶到现场用时 10min。针对发现的问题，袁某指派工程部、保安队、诚安消防维保公司尽快整改隐患。

二、分析要点

本案例包含或涉及下列内容：

（1）大型商业综合体的消防安全责任。

（2）大型商业综合体的建筑消防设施、安全疏散与避难逃生设施、灭火和应急救援设施管理。

（3）大型商业综合体的消防安全重点部位、消防控制室、用火用电、装修施工和日常消防管理。

（4）大型商业综合体的防火巡查、检查和火灾隐患整改。

（5）大型商业综合体的消防安全宣传教育和培训。

（6）大型商业综合体的灭火和应急疏散预案编制和演练。

（7）大型商业综合体的专兼职消防队伍建设和管理。

（8）大型商业综合体的消防档案管理。

三、关键知识点及依据

（一）《大型商业综合体消防安全管理规则（试行）》（应急消〔2019〕314 号）的有关规定

（1）大型商业综合体是指已建成并投入使用且建筑面积不小于 5 万 m^2 的集购物、住宿、餐饮、娱乐、展览、交通枢纽等两种或两种以上功能于一体的单体建筑和通过地下连片车库、地下连片商业空间、下沉式广场、连廊等方式连接的多栋商业建筑组合体。

（2）大型商业综合体的产权单位、使用单位是大型商业综合体消防安全责任主体，对大型商业综合体的消防安全工作负责。

大型商业综合体的产权单位、使用单位可以委托物业服务企业等单位提供消防安全管理服务，并应当在委托合同中约定具体服务内容。大型商业综合体以承包、租赁或者委托经营等形式交由承包人、承租人、经营管理人使用的，当事人在订立承包、租赁、委托管理等合同时，应当明确各方消防安全责任。实行承包、租赁或委托经营管理时，产权单位应当提供符合消防安全要求的建筑物，并督促使用单位加强消防安全管理。承包人、承租人或者受委托经营管理者，在其使用、经营和管理范围内应当履行消防安全职责。

（3）大型商业综合体的产权单位、使用单位应当明确消防安全责任人、消防安全管理人，设立消防安全工作归口管理部门，建立健全消防安全管理制度，逐级细化明确消防安全管理职责和岗位职责。消防安全责任人应当由产权单位、使用单位的法定代表人或主要负责人担任。消防安全管理人应当由消防安全责任人指定，负责组织实施本单位的消防安全管理工作。

（4）大型商业综合体有两个以上产权单位、使用单位的，各单位对其专有部分的消防安全负责，对共有部分的消防安全共同负责。大型商业综合体有两个以上产权单位、使用单位的，应当明确一个产权单位、使用单位，或者共同委托一个委托管理单位作为统一管理单位，并明确统一消防安全管理人，对共用的疏散通道、安全出口、建筑消防设施和消防车道等实施统一管理，同时协调、指导各单位共同做好大型商业综合体的消防安全管理工作。

（5）大型商业综合体的保安人员应当履行下列消防职责：

1）按照本单位的消防安全管理制度进行防火巡查，并做好记录，发现问题应当及时报告。

2）发现火灾及时报火警并报告消防安全责任人和消防安全管理人，扑救初起火灾，组织人员疏散，协助开展灭火救援。

3）劝阻和制止违反消防法规和消防安全管理制度的行为。

（6）消防安全管理人对消防安全责任人负责，应当具备与其职责相适应的消防安全知识和管理能力，取得注册消防工程师执业资格或者工程类中级以上专业技术职称，并应当履行下列消防安全职责：

1）拟订年度消防安全工作计划，组织实施日常消防安全管理工作。

2）组织制订消防安全管理制度和消防安全操作规程，并检查督促落实。

3）拟订消防安全工作的资金投入和组织保障方案。

4）建立消防档案，确定本单位的消防安全重点部位，设置消防安全标识。

5）组织实施防火巡查、检查和火灾隐患排查整改工作。

6）组织实施对本单位消防设施和器材、消防安全标识的维护保养，确保其完好有效和处于正常运行状态，确保疏散通道、安全出口、消防车道畅通。

7）组织本单位员工开展消防知识、技能的教育和培训，拟订灭火和应急疏散预案，组织灭火和应急疏散预案的实施、演练。

8）管理专职消防队或志愿消防队，组织开展日常业务训练和初起火灾扑救。

9）定期向消防安全责任人报告消防安全状况，及时报告涉及消防安全的重大问题。

10）完成消防安全责任人委托的其他消防安全管理工作。

（7）大型商业综合体产权单位、使用单位可以委托具备相应从业条件的消防技术服务机构定期对建筑消防设施进行维护保养和检测，确保消防设施器材完好有效，处于正常运行状态。检测记录应当完整准确，存档备查。建筑消防设施存在故障、缺损的，应当立即维修、更换，不得擅自断电停运或长期带故障运行；因维修等原因需要停用建筑消防设施的，应当严格按照消防安全管理制度履行内部审批手续，制订应急方案，落实防范措施，并在建筑主要出入口醒目位置张贴公示。维修完成后，应当立即恢复到正常运行状态。

（8）疏散通道、安全出口应当保持畅通，禁止堆放物品、锁闭出口、设置障碍物。除休息座椅外，有顶棚的步行街上、中庭内、自动扶梯下方严禁设置店铺、摊位、游乐设施，严禁堆放可燃物。

（9）大型商业综合体各防火分区或楼层应当设置疏散引导箱，配备过滤式消防自救呼吸器、瓶装水、毛巾、哨子、发光指挥棒、疏散用手电筒等疏散引导用品，明确各防火分区或楼层区域的疏散引导员。

（10）大型商业综合体内餐饮场所的管理应当符合下列规定：

1）餐饮场所宜集中布置在同一楼层或同一楼层的集中区域。

2）餐饮场所严禁使用液化石油气及甲、乙类液体燃料。

3）餐饮场所使用天然气作燃料时，应当采用管道供气。设置在地下且建筑面积大于 150m^2 或座位数大于 75 座的餐饮场所不得使用燃气。

4）不得在餐饮场所的用餐区域使用明火加工食品，开放式食品加工区应当采用电加热设施。

5）厨房区域应当靠外墙布置，并应采用耐火极限不低于 2.00h 的隔墙与其他部位分隔。

6）厨房内应当设置可燃气体探测报警装置，排油烟罩及烹饪部位应当设置能够联动切断燃气输送管道的自动灭火装置，并能够将报警信号反馈至消防控制室。

7）炉灶、烟道等设施与可燃物之间应当采取隔热或散热等防火措施。

8）厨房燃气用具的安装使用及其管路敷设、维护保养和检测应当符合消防技术标准及管理规定，厨房的油烟管道应当至少每季度清洗一次。

9）餐饮场所营业结束时，应当关闭燃气设备的供气阀门。

（11）大型商业综合体内其他重点部位的管理应当符合下列规定：

1）儿童活动场所，包括儿童培训机构和设有儿童活动功能的餐饮场所，不应设置在地下、半地下建筑内或建筑的四层及四层以上楼层。

2）电影院在电影放映前，应当播放消防宣传片，告知观众防火注意事项、火灾逃生知识和路线。

3）宾馆的客房内应当配备应急手电筒、防烟面具等逃生器材及使用说明，客房内应当设置醒目、耐久的"请勿卧床吸烟"提示牌，客房内的窗帘和地毯应当采用阻燃制品。

4）仓储场所不得采用金属夹芯板搭建，仓库内不应设置员工宿舍及与库房运行、管理无直接关系的其他用房。物品入库前应当有专人负责检查，核对物品种类和性质，物品应分类分垛储存，并符合现行行业标准《仓储场所消防安全管理通则》（XF 1131—2014）中对顶距、灯距、墙距、柱距、堆距的相关要求。

5）展厅内布展时用于搭建和装修展台的材料均应采用不燃和难燃材料，确需使用的少量可燃材料应当进行阻燃处理。

6）汽车库不得擅自改变使用性质和增加停车数，汽车坡道上不得停车，汽车出入口设置的电动起降杆应当具有断电自动开启功能；电动汽车充电桩的设置应当符合《电动汽车分散充电设施工程技术标准》（GB/T 51313—2018）的相关规定。

7）配电室内建筑消防设施设备的配电柜、配电箱应当有区别于其他配电装置的明显标识，配电室工作人员应当能正确区分消防配电和其他民用配电线路，确保火灾情况下消防配电线路正常供电。

8）锅炉房、柴油发电机房、制冷机房、空调机房、油浸变压器室的防火分隔不得被破坏，其内部设置的防爆型灯具、火灾报警装置、事故排风机、通风系统、自动灭火系统等应当保持完好有效。

9）附设在建筑内的燃油或燃气锅炉房、柴油发电机房应符合下列规定：

①常（负）压燃油或燃气锅炉房不应位于地下二层及以下，位于屋顶的常（负）压燃气锅炉房与通向屋面的安全出口的最小水平距离不应小于 6m；其他燃油或燃气锅炉

房应位于建筑首层的靠外墙部位或地下一层的靠外侧部位，不应贴邻消防救援专用出入口、疏散楼梯（间）或人员的主要疏散通道。

②建筑内单间储油间的燃油储存量不应大于 $1m^3$。油箱的通气管设置应满足防火要求，油箱的下部应设置防止油品流散的设施。储油间应采用耐火极限不低于 3.00h 的防火隔墙与发电机间、锅炉间分隔。

③柴油机的排烟管、柴油机房的通风管、与储油间无关的电气线路等，不应穿过储油间。

④燃油或燃气管道在设备间内及进入建筑物前，应分别设置具有自动和手动关闭功能的切断阀。

10）柴油发电机房内的柴油发电机应当定期维护保养，每月至少启动试验一次，确保应急情况下正常使用。

（12）用火、动火安全管理应当符合下列规定：

1）严禁在营业时间进行动火作业。

2）电焊、气焊等明火作业前，实施动火的部门和人员应当按照消防安全管理制度办理动火审批手续，并在建筑主要出入口和作业现场醒目位置张贴公示。

3）动火作业现场应当清除可燃、易燃物品，配置灭火器材，落实现场监护人和安全措施，在确认无火灾、爆炸危险后方可动火作业，作业后应当到现场复查，确保无遗留火种。

4）需要动火作业的区域应当采用不燃材料与使用、营业区域进行分隔。

5）建筑内严禁吸烟、烧香、使用明火照明，演出、放映场所不得使用明火进行表演或燃放焰火。

（13）大型商业综合体的产权单位、使用单位和委托管理单位应当定期组织开展消防联合检查，每月应至少进行一次建筑消防设施单项检查，每半年应至少进行一次建筑消防设施联动检查。大型商业综合体应当明确建筑消防设施和器材巡查部位和内容，每日进行防火巡查，其中旅馆、商店、餐饮店、公共娱乐场所、儿童活动场所等公众聚集场所在营业时间应至少每 2h 巡查一次，并结合实际组织夜间防火巡查。防火巡查应当采用电子巡更设备。

（14）专职消防队和微型消防站应当制订并落实岗位培训、队伍管理、防火巡查、值守联动、考核评价等管理制度，确保值守人员 24h 在岗在位，做好应急出动准备。专职消防队和微型消防站应当组织开展日常业务训练，不断提高扑救初起火灾的能力。训练内容包括体能训练、灭火器材和个人防护器材的使用等。微型消防站队员每月技能训练不少于半天，每年轮训不少于 4 天，岗位练兵累计不少于 7 天。专职消防队和微型消防站的队员应当熟悉建筑基本情况、建筑消防设施设置情况、灭火和应急疏散预案，熟练掌握建筑消防设施、消防器材装备的性能和操作使用方法，落实器材装备维护保养，参加日常防火巡查和消防宣传教育。接到火警信息后，队员应当按照“3 分钟到场”要求赶赴现场扑救初起火灾，组织人员疏散，同时负责联络当地消防救援队，通报火灾和处置情况，做好到场接应，并协助开展灭火救援。

（15）大型商业综合体的产权单位、使用单位和委托管理单位应当根据灭火和应急疏散预案，至少每半年组织开展一次消防演练。人员集中、火灾危险性较大和重点部位应当作为消防演练的重点，与周边的其他大型场所或建筑宜组织协同演练。

（16）大型商业综合体的建筑面积大于或等于 20 万 m^2 时，应当至少设置 2 个微型消防站。微型消防站每班（组）灭火处置人员不应少于 6 人，且不得由消防控制室值班人员兼任。

（二）《建筑设计防火规范》（GB 50016—2014，2018 年版）的有关规定

剧场等建筑的舞台与观众厅之间的隔墙应采用耐火极限不低于 3.00h 的防火隔墙。舞台上部与观众厅闷顶之间的隔墙可采用耐火极限不低于 1.50h 的防火隔墙，隔墙上的门应采用乙级防火门。舞台下部的灯光操作室和可燃物储藏室应采用耐火极限不低于 2.00h 的防火隔墙与其他部位分隔。电影放映室、卷片室应采用耐火极限不低于 1.50h 的防火隔墙与其他部位分隔，观察孔和放映孔应采取防火分隔措施。

练习题

（一）单项选择题

1. 本案例中微型消防站队员接到火警信息后，应当在（　　）min 内赶赴现场扑救初起火灾。

A. 1　　B. 3　　C. 5　　D. 10

2. 国际影城电影放映室与工作人员办公室应采用耐火极限不低于（　　）h 的防火隔墙进行分隔。

A. 0.5　　B. 1.0　　C. 1.5　　D. 2

3. 综合体内开放式食品加工区应当采用（　　）加热设施。

A. 酒精炉　　B. 木炭　　C. 电磁炉　　D. 卡式炉

4. 综合体内各餐饮场所的厨房内应当设置可燃气体探测报警装置，排油烟罩及烹饪部位应当设置能够联动切断燃气输送管道的自动灭火装置，并能够将报警信号反馈至（　　）。

A. 消防控制室　　B. 物业办公室

C. 属地消防救援站　　D. 燃气公司

5. 诚安消防维保公司派驻现场的吴某、陆某 2 名员工应当持有（　　）资格证书。

A. 维修保养方向初级及以上消防设施操作员职业

B. 维修保养方向中级及以上消防设施操作员职业

C. 维修保养方向高级及以上消防设施操作员职业

D. 维修保养方向技师及以上消防设施操作员职业

（二）多项选择题

1. 本案例中商业物业服务有限公司任命的消防安全管理人应具备与其职责相适应的消防安全知识和管理能力，并应取得（　　）。

A. 注册消防工程师执业资格　　B. 工程类中级以上专业技术职称

C. 中级消防设施操作员资格　　D. 高级经济师资格
E. 高级电气工程师资格

2. 本案例中（　　）应设置微型消防站。
A. 酒店　　B. 超市
C. 国际影城　　D. 商场
E. 爱诚商业物业服务有限公司

3. 该综合体微型消防站的日常训练内容应包括（　　）等。
A. 体能训练　　B. 灭火器使用
C. 空气呼吸器使用　　D. 室内消火栓操作
E. 消防车驾驶

4. 综合体内餐饮场所严禁使用（　　）。
A. 液化石油气　　B. 工业酒精
C. 瓶装煤气　　D. 管道煤气
E. 固体酒精

5. 该综合体（　　）等部位严禁设置店铺、摊位、游乐设施。
A. 步行街　　B. 中庭内
C. 自动扶梯下方　　D. 影院售票处
E. 游戏厅候场区

（三）案例分析题

根据情景描述，回答下列问题：

（1）大型商业综合体用火、动火消防安全管理主要有哪些要求？

（2）指出本案例情景描述中存在哪些消防安全隐患？

案例 45　地下场所消防安全管理案例分析

一、情景描述

某大型人防工程，沿城市公园地下建造，地下 2 层，建筑面积为 125 600m²。地下第二层室内地面与室外出入口地坪高差为 12m。2015 年改造为地下购物中心，内设商业步行街、超市、餐饮场所和电影院等功能区，不同区域的防火分隔采用下沉式广场等室外开敞空间，场所设有室内外消火栓系统、自动喷水灭火系统、火灾自动报警系统、机械防排烟系统、应急照明及疏散指示系统等消防设施，地下一层设有消防控制室、微型消防站。2022 年 7 月，某消防技术服务机构受当地安委会委托，对该地下购物中心消防安全管理状况进行现场检查和评估。检查结果如下。

（一）消防安全组织机构情况

该地下购物中心消防安全责任人是法人代表张某，消防安全管理人是副总经理牛某。消防安全工作办公室设在总经理办公室，下设安管部、物业部，同时设消防主管 1 人，主管工程师 1 人，微型消防站工作人员 20 人，志愿消防队队员 50 人。安管部消防主管负责消防安全管理，物业部主管工程师负责建筑消防设施的维护保养和火灾隐患的整改；安管部安管员负责消防安全的巡查、检查，物业部商管员负责营业场所、重点部位和人员的消防安全管理，每名商管员负责若干防火分区的管理。同时成立了由消防设施维保、供电、燃气、给水排水、通信、电梯、供热制冷、空调通风、工程维修等 15 名技术人员组成的技术管理团队，开展专业性检查，提供技术服务保障。进一步了解得知，步行街两侧零售商业店铺、餐饮区商户、电影院均属于租赁场地经营，各自负责自身的消防安全管理；对照名册点名发现微型消防站有 10 名队员已离职；志愿消防队队员中 20 位商户代表因店铺撤场已不在该地下购物中心。

（二）消防安全制度、消防档案情况

该单位制定的消防安全制度和建立的消防档案分别见表 4–45–1 和表 4–45–2。

表 4–45–1　某地下购物中心消防安全制度一览表

序号	制度名称	序号	制度名称
1	消防安全管理制度	13	专职和志愿消防队组织管理制度
2	安全防火联检制度	14	消防器材、设施管理制度
3	安全疏散设施管理制度	15	消防宣传教育培训制度
4	餐厅安全防火管理制度	16	消防工作奖惩制度
5	电气设备设施检查管理制度	17	消防控制室管理制度
6	防火巡查管理制度	18	动火作业指引
7	火灾隐患整改制度	19	火灾紧急处理操作程序和规范
8	消防安全例会制度	20	火灾报警器操作规范
9	灭火和应急疏散预案演练制度	21	消防设施设备维护保养规范
10	商户库房管理制度	22	租赁经营户消防安全责任状
11	用电管理制度	23	员工岗位消防安全责任状
12	用火管理制度		

表 4–45–2　某地下购物中心消防档案一览表

序号	档案名称
1	消防安全重点单位告知书、公告
2	消防安全重点单位申报表
3	单位的工商营业执照等身份证明文件

续表 4-45-2

序号	档案名称
4	单位消防安全基本情况材料包括：消防安全责任人、管理人基本情况，主要建筑的消防基本情况，消防安全重点部位情况，专职、志愿消防组织及其装备情况，灭火和应急疏散预案，员工消防安全教育培训记录，自动消防系统操作人员取得的消防行业特有工种职业资格证书复印件，建筑消防设施维护保养情况
5	单位总平面布局图、平面布置图、消防设施系统图和平面图
6	历次消防行政许可、备案文件的复印件
7	消防监督检查记录、责令立即改正通知书、责令限期改正通知书、复查申请
8	其他有关材料

审阅制度和档案发现：缺少厨房油烟机清洗制度、电影院消防安全管理制度等，地下一层建筑施工竣工图中 3 000m^2 的零售商业区域在地下一层而消费导览图中标注为餐饮区。

（三）灭火和应急疏散预案

该地下购物中心根据《中华人民共和国消防法》《机关、团体、企业、事业单位消防安全管理规定》（公安部令第 61 号）、《社会单位灭火和应急疏散预案编制及实施导则》（GB/T 38315—2019）的规定，制订了灭火和应急疏散预案。按照等级分类，共制订了五级预案，设置了七个组，分别是指挥协调组、灭火行动组、通信联络组、疏散引导组、防护救护组、安全保卫组、后勤保障组。查阅预案及演练记录发现：通信联系方式是喇叭和手机，演练时间设定在开始营业前 1h。

（四）消防安全重点部位情况

该地下购物中心将商场、超市、电影院、餐饮区、变配电室等场所列为消防安全重点部位，设置消防安全标志，明确重点部位的重点监控内容，制订了重点部位的防火制度和措施，严格执行用火、用电和消防设施的管理制度，明确专人负责管理。

（五）消防安全培训和消防演练情况

该地下购物中心根据消防安全培训制度，制订了全年员工消防教育培训计划，培训内容包括：有关消防法规、消防安全制度和保障消防安全的操作规程，本单位、本岗位的火灾危险性和防火措施，有关消防设施的性能、灭火器材的使用方法，报火警、扑救初起火灾以及自救逃生的知识和技能，组织、引导在场群众疏散的知识和技能。查看培训和演练记录发现：2022 年以来尚未开展全员消防安全培训、灭火和应急疏散演练。张某解释说，受新冠肺炎疫情影响，购物中心 2021 年 12 月底停止营业，2022 年 4 月初才开启恢复营业，所以没有开展消防培训演练。

（六）防火检查和防火巡查情况

该地下购物中心规定：营业期间每 2h 组织一次防火巡查，每日营业结束后组织防火检查，每周组织一次防火抽查，每月组织一次全面的消防安全检查，检查和巡查记录归口存档，检查发现的问题按照火灾隐患整改制度处置，能当场改正的当场改正，不能当场改正的按程序上报总经理办公室，由总经理办公室研究整改措施并落实人员、经费和整改时间。每季度召开一次消防安全工作例会，定期分析单位的消防安全形势，通报内部消防检查情况，部署今后的消防工作。消防控制室全天24h双人持证上岗值班。翻阅防火巡查记录本、防火检查记录本发现，自4月恢复营业以来，巡查、检查情况一切正常；消防安全工作例会无记录；消防控制室值班记录本无任何报警、故障信息。

（七）消防设施、器材的维护保养情况

该地下购物中心内的消防设施、器材由物业部统一管理，建立了管理台账，张贴了明显标识，建筑消防设施与具备从业条件的维保单位签订了维保合同，制订了建筑消防设施维护保养计划，明确每月、每季度、每年的维保内容。翻阅2022年4—6月建筑消防设施维修保养记录发现，仅在2022年6月5日测试过20只手动报警按钮报警功能、5樘防火卷帘现场释放功能、10套室内消火栓及40只灭火器的完好有效性。

（八）易燃易爆危险品及用火的管理情况

该地下购物中心规定，禁止经营和储存易燃易爆危险品，禁止在营业时间进行动火施工，禁止使用明火照明、取暖。施工作业用火、动火严格按照用火管理制度和动火作业指导进行。

（九）消防工作责任落实的奖惩情况

该地下购物中心制定了消防工作奖惩制度，通过平时的检查和考核来评定员工履行消防工作职责的情况，对员工消防工作履职情况进行奖惩。

（十）成立微型消防站的情况

该地下购物中心按照“一站多点”的原则，在消防控制室设立一个微型消防站，商场、超市、电影院各设1个驻勤点。微型消防站编制有20人，设站长、副站长各1名，队员18名，站长由单位消防安全管理人兼任；各驻勤点编制6人，负责人为商场、超市、电影院的消防安全责任人。实行微型站统一调度指挥，多个驻勤点联勤联动。查阅微型站档案发现，微型站与3个驻勤点之间的联系电话为个人手机号码，拨打该号码始终处于“不在服务区”状态。

二、分析要点

本案例包含或涉及下列内容：

（1）消防安全组织机构的建立。

（2）消防安全制度，灭火和应急疏散预案及消防档案的建立。

（3）消防安全重点部位的明确。

（4）消防安全培训和消防演练。

（5）防火检查和防火巡查。

（6）消防设施、器材的维护、保养。

（7）微型消防站的建立。

三、关键知识点及依据

（一）有关法律法规要求

鉴于该地下购物中心的建筑规模和使用性质，根据《中华人民共和国消防法》《机关、团体、企业、事业单位消防安全管理规定》（公安部令第61号）、《人员密集场所消防安全管理》（GB/T 40248—2021）以及《建筑消防设施的维护管理》（GB 25201—2010）的规定，该地下购物中心应被确定为消防安全重点单位。该单位应明确法人代表为消防安全责任人；明确消防安全管理人和消防工作的归口管理职能部门；建立志愿消防队；建立消防安全管理档案；制订全年消防工作计划，明确全年的消防工作目标、任务、管理措施和落实消防工作经费；制订消防安全管理制度和操作规程；明确各级各岗位的消防安全职责；开展防火巡查和防火检查，及时消除火灾隐患；落实消防设施、器材的维护、保养措施，与具备从业条件的消防设施维保单位签订消防设施维保合约，每年进行一次消防设施的全面检测；明确消防重点部位，加强重点部位的消防安全管理；制订灭火和应急疏散预案，并定期组织演练；定期开展对本单位人员的消防培训教育，提高员工的消防安全意识；加强对建筑消防设施、器材的管理，确保消防设施、器材完好有效；将建筑消防设施纳入防火巡查内容，对建筑消防设施每月至少进行一次单项检查和保养；在地下商店施行严格的易燃易爆危险品及用火管理；对新员工进行上岗前消防安全培训。微型消防站应纳入当地灭火救援联勤联动体系，参与周边区域灭火处置工作。

（二）相关标准规范的要求

人员密集场所平时需要控制人员随意出入的安全出口、疏散门或设置门禁系统的疏散门应保证火灾时能从内部直接向外推开，并应在门上设置“紧急出口”的标志和使用提示。可以根据实际需要选用以下方法或其他等效的方法：设置安全控制与报警逃生门锁系统，其报警延迟时间不应超过15s；设置能远程控制和现场手动开启的电磁门锁装置；当设置火灾自动报警系统时，应与系统联动；设置推闩式外开门。

建筑面积大于400m^{2}的营业厅、展览厅等场所内的疏散指示标志应保证其指向最近的疏散出口，并使人员在走道上任何位置保持视觉连续。

设置于商场内的库房应采用耐火极限不低于3.00h的隔墙与营业、办公部分完全分隔，通向营业厅的开口应设置甲级防火门。

总建筑面积大于5 000m^{2}的商场或建筑面积大于500m^{2}的地下或半地下商店，疏散通道的地面上应设置视觉连续的灯光或蓄光疏散指示标志。

练习题

（一）单项选择题

1. 在该地下购物中心与电影院订立的租赁合同中，依照有关规定应当明确各方的（　　）。

A. 消防安全责任　　　　B. 职责义务

C. 管理界限　　D. 经济账务

2. 该地下购物中心安管部应当（　　）进行防火巡查，并确定巡查的人员、内容、部位和频次。

A. 每周　　B. 每月　　C. 每半年　　D. 每日

3. 地下商场严禁经营销售（　　）。

A. 服装　　B. 家电　　C. 油漆　　D. 食品

4. 该地下购物中心的餐饮商铺可选用（　　）燃料加工菜肴。

A. 液化石油气　　B. 丙类液体燃料

C. 甲类液体　　D. 乙类液体燃料

5. 该地下购物中心超市自设冷库与超市管理办公室之间可采用（　　）进行完全分隔。

A. 耐火极限不低于 1.50h 的隔墙　　B. 耐火极限不低于 2.00h 的隔墙

C. 耐火极限不低于 2.50h 的隔墙　　D. 耐火极限不低于 3.00h 的隔墙

（二）多项选择题

1. 地下空间火灾的主要特点有（　　）。

A. 起火点隐蔽

B. 烟雾浓，久聚不散

C. 灭火剂选择难

D. 疏散困难，易造成人员伤亡和灭火救援困难

E. 容易通风和排烟

2. 用于防火分隔的下沉式广场等室外空间，应符合的条件有（　　）。

A. 室外开敞空间除用于人员疏散外不得用于其他商业或可能导致火灾蔓延的用途，其中用于疏散的净面积不应小于 169m^2

B. 分隔后的不同区域通向下沉式广场等室外开敞空间的开口最近边缘之间的水平距离不应小于 13m

C. 当连接下沉式广场的防火分区需利用下沉式广场进行疏散时，疏散楼梯的总净宽度不应小于任一防火分区通向室外开敞空间的设计疏散总净宽度

D. 下沉式广场等室外开敞空间内应设置不少于 1 部直通地面的疏散楼梯

E. 确需设置防风雨棚时，防风雨棚不应完全封闭，四周开口部位应均匀布置，开口的面积不应小于该空间地面面积的 25%，开口高度不应小于 1.0m

3.《社会单位灭火和应急疏散预案》的五级预案是针对可能发生 30 人以上的伤亡或被困，燃烧面积大的（　　）等特殊场所火灾的预案。

A. 高层建筑　　B. 地下建筑

C. 人员密集场所　　D. 易燃易爆危险品场所

E. 重要场所

4. 出于疫情防控考虑，该地下购物中心拟对部分疏散门加装门禁系统，为了在火灾时能从内部直接向外推开，可以选用以下（　　）方法或其他等效的方法，并在门上设

置“紧急出口”的标志和使用提示。

A. 设置安全控制与报警逃生门锁系统，其报警延迟时间不应超过 15s

B. 设置能远程控制和现场手动开启的电磁门锁装置

C. 与火灾自动报警系统联动，确认火灾后自动打开

D. 与火灾自动报警系统联动，确认火灾后自动关门

E. 设置推闩式外开门

5. 安管部开展下沉式广场消防安全检查时，应重点检查（　　）等内容。

A. 下沉式广场内是否设置影响人员疏散的店铺，其中用于疏散的净面积不应小于 $169m^2$

B. 下沉式广场内是否设置不少于 1 部直通地面的自动扶梯

C. 疏散楼梯的总净宽度是否不小于任一防火分区通向下沉式广场的设计疏散总净宽度。

D. 下沉式广场上方设置的防风雨棚是否完全封闭，开口分布情况、开启面积、开口高度是否完好有效

E. 开口设置百叶时，百叶的有效排烟面积是否发生改变

（三）案例分析题

问题：

（1）如果作为本案例中该地下购物中心消防安全管理人牛某，应如何开展消防安全管理？

（2）请结合本案例中情景描述，分析存在的问题？

案例 46　易燃易爆生产、储运单位消防安全管理案例分析

一、情景描述

某大型石油化工生产企业，原油加工能力为 1 000 万 t/a。厂区外设有原油储罐区，在厂区内设有成品油和液化石油气储罐区，油品通过输油管道和铁路及公路运输，并将生产区、辅助生产区、储存区和生活区分开设置，厂区内、外设置了环形消防车通道、消防水源、消火栓系统、泡沫灭火系统等。为了预防发生火灾，确保消防安全，企业采取了下列消防安全管理措施：成立了消防安全工作领导小组，明确了由公司董事长兼总经理为消防安全责任人，分管生产的副总经理为消防安全管理人，安全监察部为消防安全工作归口管理部门；制订了年度消防工作计划，加强日常消防安全管理；该企业厂内、厂外储油罐区、液化石油气储罐区，厂内所有甲、乙类生产装置或厂房，变（配）电站，易燃可燃材料仓库等均被确定为消防安全重点部位，并设立了明显的消防安全标

志，配置了专职消防安全管理人员；企业建立健全了各项消防安全规章制度和保障消防安全的操作规程；开展经常性的消防安全检查与巡查，及时发现和消除火灾隐患并定期检查和维护保养消防设施、器材，确保其完好有效，并根据《单位消防安全评估》（XF/T 3005—2020）的要求，组织各生产单位对照标准内容进行自检自查，查出的消防安全隐患问题能整改的立即整改，不能立即整改的要制订整改计划，定期完成问题整改。按照《全国安全生产专项整治三年行动计划》工作要求，企业利用安全管理平台对消防设施进行线上监控，全面提高监管效果，满足应急状态下消防设施投用要求；对进厂的每位员工均进行消防安全培训，并开展经常性的消防安全教育；设立了企业专职消防队、建立完善生产装置安全事故工艺处置队及工艺应急处置机制，优化应急处置卡片和事故工艺处置措施，加强贴近实战的技能训练和综合演练，各生产单位每班组每月至少组织一次现场处置方案应急演练，有效提升了突发情况应急处置能力，并在各个消防安全重点部位成立了义务应急队，建立了微型消防站；安全监察部定期修订综合预案和专项应急预案，每年定期开展灭火和应急疏散演练；对开展消防工作有功或有过人员及时予以奖惩。

二、分析要点

本案例包含或涉及下列内容：

（1）消防组织和消防安全责任。

（2）消防安全规章制度。

（3）消防安全评估、巡查、检查和火灾隐患整改。

（4）志愿消防组织和灭火、应急疏散预案及演练。

（5）消防安全宣传教育和培训及奖惩。

三、关键知识点及依据

（一）消防法律法规有关要求

1. 健全消防组织，明确责任

依据《中华人民共和国消防法》和《机关、团体、企业、事业单位消防安全管理规定》（公安部令第 61 号），该企业为消防安全重点单位，其确定了由公司董事长兼总经理为消防安全责任人，分管生产的副总经理为消防安全管理人，安全监察部为消防安全工作归口管理部门。确定厂内、厂外储油罐区、液化石油气储罐区，厂内所有甲、乙类生产装置或厂房，变（配）电站，易燃可燃材料仓库等为消防安全重点部位。在安全监察部和消防安全重点部位均设专职消防安全管理人员。该企业建立了专职消防队，建立了完善生产装置安全事故工艺处置队，并在各个消防安全重点部位成立了义务应急队，建立了微型消防站，确定了各级消防安全责任人和消防安全管理人。

2. 健全制度和规程

依据《机关、团体、企业、事业单位消防安全管理规定》（公安部令第 61 号）第十八条的规定，该企业结合石油化工企业的特点，建立健全了包括消防安全教育、培训，防火巡查、检查，消防值班，消防设施、器材维护管理，火灾隐患整改，消防安全评估，用火、用电安全管理，易燃易爆危险物品和场所防火防爆，专职和志愿消防队的组织管理，灭火和应急疏散预案演练，燃气和电气设备的检查和管理（包括防雷和防静电），消防安全工作考评和奖惩等各项消防安全制度和保障消防安全的操作规程，并公布执行。

3. 开展巡查与检查

（1）消防安全评估。根据《单位消防安全评估》（XF/T 3005—2020）的规定，组织各生产单位对建筑防火、消防设施、消防安全管理等方面按照标准内容进行自检自查，查出的消防安全隐患问题能整改的立即整改，不能立即整改的要制订整改方案，定期完成问题整改。建立单位消防安全自查，火灾隐患自除，消防责任自负的自我管理和约束机制，不断落实消防安全主体责任，提高单位消防安全管理水平。

（2）消防安全巡查。消防安全重点单位依据《机关、团体、企业、事业单位消防安全管理规定》（公安部令第 61 号）进行每日消防安全巡查，并确定巡查的人员、内容、部位和频次，巡查内容应当包括：

1）用火、用电有无违章情况。

2）安全出口、疏散通道是否畅通，安全疏散指示标志、应急照明是否完好。

3）消防设施、器材和消防安全标志是否在位、完整。

4）常闭式防火门是否处于关闭状态，防火卷帘下是否堆放物品影响使用。

5）消防安全重点部位的人员在岗情况及其他消防安全情况。

消防安全巡查人员应当及时纠正违章行为，妥善处置火灾危险，无法当场处置的，应当立即报告。发现初起火灾应当立即报警并及时扑救。消防安全巡查应当填写巡查记录，巡查人员及其主管人员应当在巡查记录上签名。

（3）消防安全检查。该企业依据《机关、团体、企业、事业单位消防安全管理规定》（公安部令第 61 号）每月至少进行一次防火检查。检查内容包括：

1）火灾隐患的整改情况以及防范措施的落实情况。

2）安全疏散通道、疏散指示标志、应急照明和安全出口情况。

3）消防车道、消防水源情况。

4）灭火器材配置及有效情况。

5）用火、用电有无违章情况。

6）重点工种人员以及其他员工消防知识的掌握情况。

7）消防安全重点部位的管理情况。

8）易燃易爆危险物品和场所防火防爆措施的落实情况以及其他重要物资的防火安全情况。

9）消防（控制室）值班情况和设施运行、记录情况。

10）消防安全巡查情况。

11）消防安全标志的设置情况和完好、有效情况及其他需要检查的内容。

消防安全检查应当填写检查记录。检查人员和被检查部门负责人应当在检查记录上签名。

企业还应对建筑消防设施和灭火器的完好、有效情况定期进行检查、测试和维修保养；建筑消防设施每年至少进行一次全面检测，确保完好有效，检测记录应当完整准确，存档备查；灭火器应当建立档案资料，记明配置类型、数量、设置位置、检查维修单位（人员）、更换药剂的时间等有关情况。

4. 火灾隐患整改

消防安全检查与巡查发现的火灾隐患应及时予以消除。

（1）当场改正的火灾隐患。发现下列火灾隐患应当场改正：

1）违章进入生产、储存易燃易爆危险物品场所的。

2）违章使用明火作业或者在具有火灾、爆炸危险的场所吸烟、使用明火等违反禁令的。

3）将安全出口上锁、遮挡或者占用、堆放物品影响疏散通道畅通的。

4）消火栓等消防设施或灭火器材被遮挡影响使用或者被挪作他用的。

5）常闭式防火门处于开启状态，防火卷帘下堆放物品影响使用的。

6）消防设施管理、值班人员和防火巡查人员脱岗的。

7）违章关闭消防设施、切断消防电源的以及其他可以当场改正的行为。

（2）限期改正的火灾隐患。对不能当场改正的火灾隐患应提出整改方案，确定整改的措施、期限以及负责整改的部门、人员，并落实整改资金。在火灾隐患未消除之前，应当落实防范措施，保障消防安全。不能确保消防安全、随时可能引发火灾或者一旦发生火灾将严重危及人身安全的，应当对危险部位进行停产停业整改。

（3）重大火灾隐患。对违反消防法律法规，不符合消防技术标准，可能导致火灾发生或火灾危害增大，并由此可能造成重大、特别重大火灾事故或严重社会影响的各类潜在不安全因素，应确定为重大火灾隐患。对于企业因涉及城市规划布局而不能自身解决和确无能力解决的重大火灾隐患，应当提出解决方案并及时向其上级主管部门或者当地政府报告。

5. 消防安全宣传教育和培训

该企业每年至少对员工（包括新上岗和进入新岗位的员工）进行一次包括有关消防法规、消防安全制度和保障消防安全的操作规程、本岗位的火灾危险性和防火措施、有关消防设施的性能、灭火器材的使用方法、报火警、扑救初起火灾以及自救逃生的知识和技能的消防安全培训，保障员工具有相应的消防常识和逃生自救能力。经常通过张贴图画、广播、闭路电视等向员工宣传防火、灭火、疏散逃生等常识。

6. 灭火及应急疏散预案演练

企业应根据《中华人民共和国消防法》和《社会单位灭火和应急疏散预案编制及实施导则》（GB/T 38315—2019）的规定，制订灭火、应急疏散预案，其内容包括组织机构（通信联络组、灭火行动组、工艺处置组、疏散引导组、防护救护组、安全保卫组、后勤保障组）、报警和接警处置程序、应急疏散的组织程序和措施、扑救初起火灾的程序和措施以及通信联络、安全防护救护的程序及措施。消防安全重点单位应至少每半年组织一次演练，火灾高危单位应至少每季度组织一次演练，其他单位应至少每年组织一次演练。在火灾多发季节或有重大活动保卫任务的单位应组织全要素综合演练。单位内的有关部门应结合实际适时组织专项演练，宜每月组织开展一次疏散演练。

7. 建立消防档案及奖惩措施

企业应根据《中华人民共和国消防法》和《机关、团体、企业、事业单位消防安全管理规定》（公安部令第 61 号）的规定，建立健全消防档案，其内容应包括消防安全基本情况和消防安全管理情况，消防档案应当翔实，全面反映单位消防工作的基本情况，并附有必要的图表，根据情况变化及时更新。同时单位应对消防档案进行统一保管、备查；还应将消防安全工作纳入内部检查、考核、评比内容，对在消防安全工作中成绩突出的部门（班组）和个人给予表彰奖励，对未履行消防安全职责或者违反单位消防安全制度的行为，应依照有关规定对责任人员给予行政纪律处分或者其他处理。

（二）《全国安全生产专项整治三年行动计划》（安委〔2020〕3 号）相关要求

国务院安全生产委员会 2020 年 4 月 1 日印发《全国安全生产专项整治三年行动计划》（安委〔2020〕3 号，以下简称“三年行动计划”）。“三年行动计划”包括全国安全生产专项整治三年行动计划总方案和 2 个专题实施方案、9 个专项整治实施方案。

1. 主要任务

推动地方各级党委政府、有关部门和企业单位坚持以习近平总书记关于安全生产的重要论述武装头脑、指导实践，务必把安全生产放到重要位置，切实解决思想认知不足、安全发展理念不牢和抓落实存在很大差距等突出问题；完善和落实安全生产责任和管理制度，健全落实党政同责、一岗双责、齐抓共管、失职追责的安全生产责任制，强化党委政府领导责任、部门监管责任和企业主体责任；建立公共安全隐患排查和安全预防控制体系，推进安全生产由企业被动接受监管向主动加强管理转变、安全风险管控由政府推动为主向企业自主开展转变、隐患排查治理由部门行政执法为主向企业日常自查自纠转变；完善安全生产体制机制、法制，大力推动科技创新，持续加强基础建设，全面提升本质安全水平。

2. 落实企业安全生产主体责任专题

一是提高企业安全管理能力，制定落实企业安全生产主体责任若干规定，强化企业法定代表人、实际控制人的第一责任人法定责任，加强安全考核，落实全员安全生产责任制，2021 年底前各重点行业领域企业通过自身培养和市场化机制全部建立安全生产技术和管理团队。二是推动企业定期开展安全风险评估和危害辨识，针对高危工艺、设备、物品、场所和岗位等加强动态分级管理，落实风险防控措施，实现可防可控，2021 年底前各类企业建立完善的安全风险防控体系。三是建立完善隐患排查治理体系，规范分级分类排查治理标准，明确“查什么怎么查”“做什么怎么做”，2021 年底前建立企业“一张网”信息化管理系统，做到自查自改自报，实现动态分析、全过程记录和评价，防止漏管失控。四是督促企业加大安全投入，用足用好企业安全生产费用提取使用、支持安全技术设备设施改造等有关财税政策，重点用于风险防控和隐患排查治理，推进各重点行业领域机械化、信息化、智能化建设。通过实施安全生产责任保险，加快建立保险机构和专业技术服务机构等广泛参与的安全生产社会化服务体系。五是大力开展安全生产标准化规范建设，分行业领域明确三年建设任务，突出企业安全生产工作的日常化、显性化，建立自我约束、持续改进的内生机制，实现安全生产现场管理、操作行为、设备设施和作业环境的规范化。六是加强企业安全管理制度建设，完善和落实企业安全生产诚信、承诺公告、举报奖励和教育培训等制度，建立健全企业风险管控和隐患排查治理情况向负有安全生产监督管理职责的部门和企业职代会“双报告”制度，自觉接受监督。

3. 危险化学品安全整治

一是制定贯彻落实中共中央办公厅、国务院办公厅印发的《关于全面加强危险化学品安全生产工作的意见》的具体方案，推动各项制度措施落地见效。二是完善和落实危险化学品企业安全风险隐患排查治理导则，分级分类排查治理安全风险和隐患，2022 年底前涉及重大危险源的危险化学品企业完成安全风险分级管控和隐患排查治理体系建设。三是督促指导各地区制定完善新建化工项目准入条件及危险化学品“禁限控”目录，研究企业生产过程危险化学品在线量减量技术路线、储存量减量方案，严格控制涉及光气等有毒气体、硝酸铵等爆炸危险性化学品的建设项目。四是积极推广应用泄漏检测、化工过程安全管理等先进技术方法，2022 年底前所有涉及硝化、氯化、氟化、重氮化、过氧化工艺装置的上下游配套装置必须实现自动化控制。五是完善落实城区危险化学品生产企业关停并转、退城入园等支持政策措施，2022 年底前完成城镇人口密集区中小型企业和存在重大风险隐患的大型危险化学品生产企业搬迁工程，并持续推进其他有关企业搬迁改造。

（三）《企业安全生产费用提取和使用管理办法》（财企〔2012〕16 号）相关要求

安全生产费用（以下简称“安全费用”）是指企业按照规定标准提取在成本中列支，专门用于完善和改进企业或者项目安全生产条件的资金。安全费用按照“企业提取、政府监管、确保需要、规范使用”的原则进行管理。

1. 安全费用提取标准

危险品生产与储存企业以上年度实际营业收入为计提依据，采取超额累退方式按照以下标准平均逐月提取：

（1）营业收入不超过 1 000 万元的，按照 4% 提取；

（2）营业收入超过 1 000 万元至 1 亿元的部分，按照 2% 提取；

（3）营业收入超过 1 亿元至 10 亿元的部分，按照 0.5% 提取；

（4）营业收入超过 10 亿元的部分，按照 0.2% 提取。

2. 安全费用使用

危险品生产与储存企业安全费用应当按照以下范围使用：

（1）完善、改造和维护安全防护设施设备支出（不含“三同时”要求初期投入的安全设施），包括车间、库房、罐区等作业场所的监控、监测、通风、防晒、调温、防火、灭火、防爆、泄压、防毒、消毒、中和、防潮、防雷、防静电、防腐、防渗漏、防护围堤或者隔离操作等设施设备支出；

（2）配备、维护、保养应急救援器材、设备支出和应急演练支出；

（3）开展重大危险源和事故隐患评估、监控和整改支出；

（4）安全生产检查、评价（不包括新建、改建、扩建项目安全评价）、咨询和标准化建设支出；

（5）配备和更新现场作业人员安全防护用品支出；

（6）安全生产宣传、教育、培训支出；

（7）安全生产适用的新技术、新标准、新工艺、新装备的推广应用支出；

（8）安全设施及特种设备检测检验支出；

（9）其他与安全生产直接相关的支出。

在以上使用范围内，企业应当将安全费用优先用于满足安全生产监督管理部门以及行业主管部门对企业安全生产提出的整改措施或者达到安全生产标准所需的支出。

3. 安全费用管理

（1）企业应当建立健全内部安全费用管理制度，明确安全费用提取和使用的程序、职责及权限，按规定提取和使用安全费用。

（2）企业应当加强安全费用管理，编制年度安全费用提取和使用计划，纳入企业财务预算。企业年度安全费用使用计划和上一年安全费用的提取、使用情况按照管理权限报同级财政部门、安全生产监督管理部门和行业主管部门备案。

（3）企业提取的安全费用应当专户核算，按规定范围安排使用，不得挤占、挪用。年度结余资金结转下年度使用，当年计提安全费用不足的，超出部分按正常成本费用渠道列支。主要承担安全管理责任的集团公司经过履行内部决策程序，可以对所属企业提取的安全费用按照一定比例集中管理，统筹使用。

（4）企业安全费用的会计处理应当符合国家统一的会计制度的规定。

（5）企业提取的安全费用属于企业自提自用资金，其他单位和部门不得采取收取、代管等形式对其进行集中管理和使用，国家法律、法规另有规定的除外。

（6）各级财政部门、安全生产监督管理部门和有关行业主管部门依法对企业安全费用提取、使用和管理进行监督检查。

（7）企业未按本办法提取和使用安全费用的，安全生产监督管理部门和行业主管部门会同财政部门责令其限期改正，并依照相关法律法规进行处理、处罚。

（四）《危险化学品企业安全风险隐患排查治理导则》相关要求

为督促危险化学品企业落实安全生产主体责任，着力构建安全风险分级管控和隐患排查治理双重预防机制，有效防范重特大安全事故，根据国家相关法律、法规、规章及标准，应急管理部于 2019 年 8 月 12 日制定发布《危险化学品企业安全风险隐患排查治理导则》。

1. 安全风险隐患

安全风险是某一特定危害事件发生的可能性与其后果严重性的组合；安全风险点是指存在安全风险的设施、部位、场所和区域，以及在设施、部位、场所和区域实施的伴随风险的作业活动，或以上二者的组合；对安全风险所采取的管控措施存在缺陷或缺失时就形成事故隐患，包括物的不安全状态、人的不安全行为和管理上的缺陷等方面。

2. 安全风险隐患排查方法

企业应充分利用安全检查表（SCL）、工作危害分析（JHA）、故障类型和影响分析（FMEA）、危险和可操作性分析（HAZOP）等安全风险分析方法或多种方法的组合，分析生产过程中存在的安全风险；选用风险评估矩阵（RAM）、作业条件危险性分析（LEC）等方法进行风险评估，有效实施安全风险分级管控。

安全风险隐患排查形式包括日常排查、综合性排查、专业性排查、季节性排查、重点时段及节假日前排查、事故类比排查、复产复工前排查和外聘专家诊断式排查等。

3. 安全风险隐患管控与治理

（1）对排查发现的安全风险隐患，应当立即组织整改，并如实记录安全风险隐患排查治理情况，建立安全风险隐患排查治理台账，及时向员工通报。

（2）对排查发现的重大事故隐患应及时向本企业主要负责人报告；主要负责人不及时处理的，可以向主管的负有安全生产监督管理职责的部门报告。

（3）对于不能立即完成整改的隐患，应进行安全风险分析，并应从工程控制、安全管理、个体防护、应急处置及培训教育等方面采取有效的管控措施，防止安全事故的发生。

（4）利用信息化手段实现风险隐患排查闭环管理的全程留痕，形成排查治理全过程记录信息数据库。

4. 涉及消防安全的排查内容

依据《石油化工企业设计防火标准》（GB 50160—2008，2018 年版）、《建筑灭火器配置验收及检查规范》（GB 50444—2008）、《消防给水及消火栓系统技术规范》（GB 50974—2014）、《泡沫灭火系统技术标准》（GB 50151—2021）、《化工企业总图运输设计规范》（GB 50489—2009）、《危险化学品单位应急救援物资配备标准》（GB 30077—2013）等国家标准、规范，危险化学品企业应当重点排查以下消防安全方面的风险隐患：

（1）企业的供电电源应满足不同负荷等级的供电要求：一级负荷应由双重电源供电，当一个电源发生故障时，另一个电源不应同时受到损坏；一级负荷中特别重要的负荷供电尚应增设应急电源，并严禁将其他负荷接入应急供电系统；设备的供电电源的切换时间应满足设备允许中断供电的要求；二级负荷的供电系统宜由两回线路供电。在负荷较小或地区供电条件困难时，二级负荷可由一回 6kV 及以上专用的架空线路供电。

（2）企业消防道路应畅通无阻，满足消防车辆通行；可燃液体罐组、可燃液体储罐区、可燃气体储罐区、装卸区及化学危险品仓库区应按照要求设置环形消防车道。

（3）厂区消防车道净宽度、净空高度应满足消防救援要求。

（4）储罐区消防栓供水压力应正常，满足消防要求；设置稳高压消防给水系统的，其管网压力宜为 0.7 ~ 1.2MPa。

（5）消防水泵、稳压泵应分别设置备用泵。

（6）消防水泵的主泵应采用电动泵，备用泵应采用柴油机泵，且应按 100% 备用能力设置，柴油机的油料储备量应能满足机组连续运转 6h 的要求。

（7）消防栓（炮）应满足：消防栓有编号，开启灵活，出水正常，排水良好，出水口扪盖、橡胶垫圈齐全完好；消防栓阀门井完好，防冻措施到位；消防炮完好无损、无泄漏，防冻措施落实；消防炮阀门及转向齿轮灵活、润滑，无锈蚀现象。

（8）消防器材应满足：消防柜内器材配备齐全，附件完好无损；有专人负责定期检查灭火器材，药剂定期更换，有更换记录和有效期标签。

（9）泡沫及水幕系统应满足：泡沫发生系统保持完好，零部件齐全，随时保持备用状态；泡沫液定期更换，有记录；消防水幕、喷淋、蒸汽等消防设施完好，能随时投用，定期试验。

（10）可燃液体地上立式储罐应设固定或移动式消防冷却水系统，罐壁高于 17m 储罐、容积大于或等于 10 000m^3 储罐、容积大于或等于 2 000m^3 低压储罐应设置固定式消防冷却水系统。

（11）全压力式及半冷冻式液化烃储罐采用的消防设施应符合：当单罐容积大于或等于 1 000m^3 时，应采用固定式水喷雾（水喷淋）系统及移动消防冷却水系统；当单罐容积大于 100m^3 且小于 1 000m^3 时，应采用固定式水喷雾（水喷淋）系统和移动式消防冷却系统或固定式水炮和移动式消防冷却系统；当单罐容积小于或等于 100m^3 时，可采用移动式消防冷却水系统。

（12）全压力式、半冷冻式液化烃球罐固定式消防冷却水管道的控制阀应处于罐区防火堤外，距被保护罐壁不宜小于 15m。可燃液体立式储罐的固定消防冷却水系统（水喷淋或水喷雾系统）的控制阀门应设在防火堤外，且距被保护罐壁不宜小于 15m。

（13）生产污水管道的下列部位应设水封，水封高度不得小于 250mm：工艺装置内的塔、加热炉、泵、冷换设备等区围堰的排水出口；工艺装置、罐组或其他设施及建筑物、构筑物、管沟等的排水出口；全厂性的支干管与干管交汇处的支干管上；全厂性支干管、干管的管段长度超过 300m 时，应用水封井隔开。

四、注意事项

法人单位的法定代表人或者非法人单位的主要负责人是单位的消防安全责任人，对本单位的消防安全工作全面负责。单位可以根据需要确定本单位的消防安全管理人。消防安全管理人对单位的消防安全责任人负责，实施和组织落实消防安全管理工作。消防安全管理人应当定期向消防安全责任人报告消防安全情况，及时报告涉及消防安全的重大问题。未确定消防安全管理人的单位，消防安全管理工作由单位消防安全责任人负责实施。

生产、储存、经营易燃易爆危险品的场所不得与居住场所设置在同一建筑物内，并应当与居住场所保持安全距离。生产、储存、装卸易燃易爆危险品的工厂、仓库和专用车站、码头的设置应当符合相关消防技术标准的要求。易燃易爆气体和液体的充装站、供应站、调压站应当设置在符合消防安全要求的位置，并符合防火防爆要求。进入生产、储存易燃易爆危险品的场所必须执行消防安全规定。禁止非法携带易燃易爆危险品进入公共场所或者乘坐公共交通工具。储存可燃物资仓库的管理必须执行消防技术标准和管理规定。

易燃易爆危险品生产、储运单位动用明火和进行散发火花作业必须实行严格的消防安全管理，禁止在具有火灾、爆炸危险的场所使用明火。因施工或检修需要进行明火作业的，动火部门和人员应当按照用火管理制度办理审批手续，落实现场监护人，在确认无火灾、爆炸危险后方可动火作业。动火作业人员应当遵守消防安全规定，并落实相应的消防安全措施。易燃易爆危险物品和场所应有具体的防火防爆措施，电焊、气焊、电工等特殊工种人员必须持证上岗。

生产、储存易燃易爆危险品的大型企业应当建立企业专职消防队，承担本单位的火灾扑救工作。

练习题

（一）单项选择题

1. 企业应选用（　　）等方法进行风险评估。

A. 安全检查表（SCL）　　B. 风险评估矩阵（RAM）

C. 故障类型和影响分析（FMEA）　　D. 工作危害分析（JHA）

2. 对排查发现的安全风险隐患，应当立即组织整改，并如实记录安全风险隐患排查治理情况，建立安全风险隐患排查治理台账，及时向（　　）通报。

A. 监督部门负责人员　　B. 行业主管部门领导

C. 集团领导　　D. 员工

3. 本案例中，该企业消防给水系统为稳高压系统，消防设施维护人员使用消火栓测压接头测得压力如下，符合要求的是（　　）MPa。

A. 0.4　　B. 0.5　　C. 0.6　　D. 0.9

4.（　　）费用不能从企业安全费用中支出。

A. 企业生产的消防产品广告　　B. 企业消防队员培训

C. 企业泡沫灭火系统泡沫药剂更换　　D. 企业罐区防火堤维修

5. 本案例中，该企业上年度实际营业收入为 11 亿元，其安全费用按照（　　）标准平均逐月提取。

A. $1 \times 0.2\%$　　B. $11 \times 0.2\%$

C. $1 \times 0.4\%$　　D. $11 \times 0.4\%$

（二）多项选择题

1. 危险品生产与储存企业转产、停产、停业或者解散的，应当将安全费用结余用于处理转产、停产、停业或者解散前的（　　）。

A. 危险品生产设备　　B. 库存产品

C. 生产原料　　D. 特种操作人员工资

E. 危险品储存设备

2. 本案例中，该企业安全费用可用于（　　）支出。

A. 储罐区泡沫灭火系统改造　　B. 购置火灾自动报警系统备品备件

C. 生产原料　　D. 灭火及应急疏散演练

E. 劳保用品

3. 危险品生产与储存企业安全费用以上年度实际营业收入为计提依据，采取超额累退方式按照以下（　　）标准平均逐月提取。

A. 营业收入不超过 1 000 万元的，按照 4% 提取
B. 营业收入超过 1 000 万元至 1 亿元的部分，按照 2% 提取
C. 营业收入超过 1 亿元至 10 亿元的部分，按照 0.5% 提取
D. 营业收入超过 10 亿元的部分，按照 0.2% 提取
E. 营业收入超过 100 亿元的部分，按照 0.1% 提取
4. 本案例中，该企业组建的企业消防队应配备（　　）等消防车辆。
A. 大型泡沫车
B. 干粉消防车
C. 干粉 – 泡沫联用消防车
D. 举高喷射消防车
E. 火场照明车
5. 安全费用按照（　　）的原则进行管理。
A. 企业提取
B. 规范使用
C. 集团注资
D. 政府监管
E. 确保需要
（三）案例分析题
根据情景描述，回答下列问题：
1. 某消防技术服务机构对该企业消防安全管理状况进行风险分析，可选用（　　）方法。
A. 安全检查表（SCL）
B. 故障类型和影响分析（FMEA）
C. 危险和可操作性分析（HAZOP）
D. 风险评估矩阵（RAM）
E. 作业条件危险性分析（LEC）
2. 该企业可选择（　　）自主开展安全风险隐患排查。
A. 综合性排查
B. 季节性排查
C. 事故类比排查
D. 外聘专家诊断式排查
E. 在线视频监测
3. 外聘专家诊断式排查发现，该企业泡沫灭火系统药剂存在储量不足、药剂已过有效期等隐患。针对此类隐患，不可选用的整改措施是（　　）。
A. 使用安全生产费立即足额购买并更换
B. 立即与附近企业建立联勤协助，火灾时由他们保证提供
C. 立即与泡沫液厂家签订供货合同，火灾时由厂家紧急运输
D. 使用生产经费立即足额购买并更换
E. 立即与属地消防救援站签订协议，火灾时由消防救援站提供
4. 该企业拟按照《城市消防站建设标准》（建标 152—2011）将企业消防站升级为特勤消防站，（　　）等车辆可不必购买。
A. 装备抢修车
B. 泡沫干粉联用消防车
C. 云梯消防车
D. 水罐消防车
E. 加油车
5. 针对风险管控和隐患排查治理情况，按照“双报告”制度要求，该企业应向

（　　）报告，自觉接受监督。

A. 属地应急管理部门　　B. 本企业职代会
C. 集团安管部门　　D. 属地纪委监委
E. 周边关联企业

案例 47　消防档案管理案例分析

一、情景描述

某大型商业综合体，建筑高度 23m，地下 2 层，地上 5 层，总建筑面积为 100 万 m^2。地下二层为停车场，设有电动车充电桩 20 个；地下一层为设备用房、停车场、超市等；地上一至三层为零售商业、儿童游艺游戏场；四至五层为餐饮场所、电影院。该综合体消防安全管理人、安保部经理安某安排刚入职的肖某负责消防档案管理。

二、分析要点

本案例包含或涉及下列内容：

（1）消防安全重点单位应当建立健全消防档案。

（2）消防档案的主要内容。

三、关键知识点及依据

（1）依据《中华人民共和国消防法》第十七条的规定，消防安全重点单位应当建立消防档案。

（2）依据《机关、团体、企业、事业单位消防安全管理规定》（公安部令第 61 号），消防档案应当包括消防安全基本情况、消防安全管理情况及灭火和应急疏散预案。消防档案应当翔实、全面反映单位消防工作的基本情况，并附有必要的图表，根据情况变化及时更新。

（3）根据《人员密集场所消防安全管理》（GB/T 40248—2021）的规定，消防档案中“消防安全基本情况”应包括下列内容：

1）建筑的基本概况和消防安全重点部位；

2）所在建筑消防设计审查、消防验收或消防设计、消防验收备案以及场所投入使用、营业前消防安全检查的相关资料；

3）消防组织和各级消防安全责任人；

4）微型消防站设置及人员、消防装备配备情况；

5）相关租赁合同；

6）消防安全管理制度和保证消防安全的操作规程，灭火和应急疏散预案；

7）消防设施、灭火器材配置情况；

8）专职消防队、志愿消防队人员及其消防装备配备情况；

9）消防安全管理人、自动消防设施操作人员、电气焊工、电工、易燃易爆危险品操作人员的基本情况；

10）新增消防产品质量合格证，新增建筑材料和室内装修、装饰材料的防火性能证明文件。

（4）根据《人员密集场所消防安全管理》（GB/T 40248—2021）的规定，消防档案中“消防安全管理情况”应包括下列内容：

1）消防安全例会记录或会议纪要、决定；

2）消防救援机构填发的各种法律文书；

3）消防设施定期检查记录、自动消防设施全面检查测试的报告、维修保养的记录以及委托检测和维修保养的合同；

4）火灾隐患、重大火灾隐患及其整改情况记录；

5）消防控制室值班记录；

6）防火检查、巡查记录；

7）有关燃气、电气设备检测、动火审批等记录资料；

8）消防安全培训记录；

9）灭火和应急疏散预案的演练记录；

10）各级和各部门消防安全责任人的消防安全承诺书；

11）火灾情况记录；

12）消防奖惩情况记录。

四、注意事项

（1）消防安全重点单位应建立消防档案管理制度，其内容应明确消防档案管理的责任部门和责任人，消防档案的制作、使用、更新及销毁的要求。消防档案应存放在消防控制室或值班室等，留档备查。

（2）消防档案管理应符合下列要求：

1）按照有关规定建立纸质消防档案，并宜同时建立电子档案；

2）消防档案应包括消防安全基本情况、消防安全管理情况、灭火和应急疏散预案演练情况；

3）消防档案的内容应全面反映消防工作的基本情况，并附有必要的图纸、图表；

4）消防档案应由专人统一管理，按档案管理要求装订成册。

（3）消防安全管理情况档案中的消防设施定期检查记录，自动消防设施全面检查测试的报告以及维修保养的记录，火灾隐患及其整改情况记录，消防安全检查、巡查记录，有关燃气、电气设备检测（包括防雷、防静电）等记录资料应当记明检查的人员、时间、部位内容、发现的火灾隐患以及处理措施等；消防安全培训记录应当记明培训的时间、参加人员、内容等；灭火和应急疏散预案的演练记录中应当记明演练的时间、地点、内容、参加部门以及人员等。

练习题

（一）单项选择题

1. 肖某准备制作电动车充电桩的消防档案，下列资料中属于必须收集的资料是（　　）。

A. 充电桩使用说明书　　B. 使用者资格要求

C. 准用车辆车架号　　D. 准用车辆的牌照号

2. 肖某准备制作超市员工消防安全培训的消防档案，下列资料中属于必须收集的资料是（　　）。

A. 参训人员年龄　　B. 授课老师的个人信息

C. 培训内容　　D. 培训所用的灭火器

3. 肖某准备制作火灾自动报警系统的消防档案，下列资料中属于必须收集的资料是（　　）。

A. 建筑施工平面图

B. 自动喷水灭火系统平面布置图

C. 灭火器数量

D. 火灾探测器点位图

4. 肖某准备制作配电房消防档案，下列资料中不属于必须收集的资料是（　　）。

A. 每日用电量　　B. 配电设施预防性试验报告

C. 配电房建筑平面图　　D. 配电房值班人员操作证书

5. 肖某准备制作停车场消防档案，下列资料中属于必须收集的资料是（　　）。

A. 每日停车数

B. 控制车辆进出的闸机具有火灾应急抬杆功能的测试报告

C. 每月收费情况

D. 停车位指示灯完好情况

（二）多项选择题

1. 消防控制室值班记录本上签字的人员至少包括（　　）。

A. 消防安全责任人　　B. 消防安全管理人

C. 交办的值班人员　　D. 接班的值班人员

E. 维保单位工作人员

2. 更换消火栓箱破碎玻璃的消防设施维保记录上，签字的人员至少包括（　　）。

A. 消防安全管理人　　B. 消防控制室值班员

C. 消防设施施工人员　　D. 消防产品厂家人员

E. 维保单位工作人员

3. 地上五层电影院开展消防安全培训的对象至少包括（　　）。

A. 售票员　　B. 检票员

C. 放映员　　D. 保洁员

E. 观众

4. 地上四层餐饮店铺组织灭火和应急疏散演练的记录中应当记明（　　）等。

A. 演练时间　　B. 参加人员

C. 演练地点　　D. 演练内容

E. 存在的不足和改进措施

5. 地上四层餐饮店铺厨房灶台、油烟道清洗记录中应当记明（　　）等。

A. 清洗时间　　B. 清洗人员

C. 清洗药剂用量　　D. 清洗部位的前后对比照片

E. 清洗防护措施

（三）案例分析题

问题：

安保部经理安某准备按照年度消防工作计划组织开展一次消防检查，安某安排肖某负责档案管理。如制作此次防火检查档案，肖某应该收集哪些材料？

案例 48　灭火、应急疏散预案制订与演练案例分析

一、情景描述

南方某酒店 2021 年 1 月开业，位于 ×× 街 69 号，地上 12 层，地下 2 层。占地面积为 2 万 m^2，建筑面积为 6 万 m^2，建筑高度为 36m。拥有客房 260 间，是一座集酒店、餐饮、娱乐为主的星级酒店。周边 300m 范围内有某大型购物中心一座，400m 范围内有高层写字楼一座，该单位按要求设置了 2 个单位微型消防站和 1 支技术处置队，并与周边购物中心和写字楼建立了区域联防组织，定期联合组织开展消防安全互查、初起火灾处置等活动。2021 年 2 月该酒店被确定为消防安全重点单位。为增强员工的消防安全意识，有效提高处置突发事件的应急能力，减少火灾事故中的人员伤亡，依据消防法律法规、规章、规范性文件、标准规范等制订了酒店灭火和应急疏散演练预案，并按照消防安全重点单位应至少每半年组织一次演练的要求，确定每年 6 月 16 日和 11 月 9 日各进行 1 次演练。

（一）组织机构

该单位成立了灭火和应急疏散演练组织机构，包括指挥协调组、通信联络组、灭火行动组、疏散引导组、防护救护组、安全保卫组、后勤保障组。

1. 指挥协调组

（1）总指挥：李某（酒店总经理），副总指挥：张某（酒店主管安全的副总经理）和王某（酒店安保部经理）。

（2）职责：负责人员、资源配置，尽快掌握现场情况并做出决定，通过消防中控室

向各组下达指令，包括应急队伍指挥调动，协调事故现场等有关工作，批准预案的启动与终止，组织应急预案的演练，组织保护事故现场，收集整理相关数据、资料，对预案实施情况进行总结讲评。

（3）通知方式：通过消防中控室发出“酒店某部位发生火情”的紧急通知。

（4）集结地点：消防中控室。

2. 通信联络组

（1）负责人：朱某（酒店人力资源部经理），成员：消防中控室当日值班人员和人力资源部人员。

（2）职责：负责与指挥协调组和当地消防部门、区域联防单位及其他应急行动涉及人员的通信、联络工作。同时人力资源部人员负责演习现场的拍摄工作，检查各演习点的人员情况以及是否按照要求执行，演习结束后的人员清点工作，然后向总指挥报告检查情况。

（3）通知方式：总机发出“酒店某部位发生火情”的电话通知，再由部门负责人通知各成员。

（4）集结地点：消防中控室。

3. 灭火行动组

（1）负责人：李某（酒店安保部消防主管），成员：安保部员工、微型消防站队员、技术处置队队员及当日消防中控室值班人员。

（2）职责：消防中控室人员正确操控自动消防设施设备，为灭火和疏散创造条件、提供各种保障；技术处置队负责断气、断电、应急供电以及引导内攻、消防电梯管控，为灭火救援行动提供技术支撑。微型消防站和相关安保部员工立刻赶到起火现场迅速隔离可燃物，使用灭火器和消防软管卷盘就地扑救初起火灾并向指挥协调组总指挥反馈火势情况。

（3）通知方式：用对讲机向指挥协调组报告。

（4）集结地点：向大厅、起火部位集结。

4. 疏散引导组

（1）负责人：张某（酒店客房部经理），成员：火灾发生时的领班及所有楼层服务员。

（2）职责：按照指挥协调组的指令，引导人员有序疏散，在现场组织人员从背火方向消防通道逃生至室外。随时掌握人员疏散情况并及时向指挥协调组总指挥汇报疏散情况，同时做好客人的安抚工作。

（3）通知方式：发生火情的部门领导就近口头通知，各部门负责人在收到“酒店某部位发生火情”的电话通知后，通知各部门人员。

（4）集结地点：酒店大厅。

5. 防护救护组

（1）负责人：马某（酒店客服部经理），成员：客服部全体员工。

（2）职责：负责协助抢救、护送受伤人员，组织对受伤人员进行救治与当地“120”

进行对接，并及时向指挥协调组汇报伤者情况。

（3）通知方式：由消防中控室使用对讲机、电话通知。

（4）集结地点：酒店大厅。

6. 安全保卫组

（1）负责人：白某（酒店保安队队长），成员：前厅所有保安。

（2）职责：按照指挥协调组下达的指令，安排被疏散人员在酒店西侧空地集结，划定安全警戒区域，避免楼上跌落物品击伤行人，阻止与场所无关人员进入现场，并保护火灾现场，协助消防部门开展火灾调查。

（3）通知方式：由消防中控室使用对讲机、电话通知。

（4）集结地点：酒店门口。

7. 后勤保障组

（1）负责人：刘某（酒店工程部经理），成员：值班水电工和当值消防中控室值班人员。

（2）职责：当值消防中控室值班人员和水电工负责查看消防水箱和消防水泵启动运行的情况，并打开消防水泵接合器和地下消火栓的井盖；同时负责抢险物资、器材器具的供应及后勤保障工作。

（3）通知方式：总机发出“酒店某部位发生火情”的电话通知，再由部门负责人通知各成员。

（4）集结地点：消防中控室。

（二）演练

该单位结合工作实际，制订了下列灭火和应急疏散演练的程序和措施。

1. 报警和接警

遇到火情时按以下程序实施：

（1）接到火灾报警信号，消防控制中心值班人员通过对讲机通知消防安全巡视人员携带消防应急器材到达现场进行火情核实（真火警还是假火警）；确认火警后，消防安全巡视人员按下手动报警按钮，迅速向消防控制中心反馈火警情况。

（2）起火点附近的酒店工作人员发现火情后，迅速利用就近的灭火器、灭火毯等消防器材对初起火灾进行扑救，形成“第一灭火力量”，并及时报警（1min 内完成）。

（3）火灾确认后，消防中控室值班员应迅速拨打“119”电话报警；启动消防应急广播，提醒客人发生火灾的楼层及部位，并向酒店总机通知“酒店某处发生火情，需启动灭火和应急疏散预案”；消防中控室及时通知酒店微型消防站队员和技术处置队队员到火警现场灭火。同时通知区域联防购物中心和写字楼的微型消防站到场支援处置。

（4）酒店微型消防站形成“第二灭火力量”，迅速到达现场，进行初起火灾扑救并及时反馈情况（3min 内完成）。

（5）酒店技术处置队运用关阀、断电、断气等技术措施实施应急处置。同时，灭火和应急疏散预案各组人员到达指定位置集结。指挥协调组了解火灾的情况，划定责任区域；通信联络组迅速搭建与指挥协调组、辖区消防部门、区域联防单位及其他各组涉及人员的通信和联络平台，并保持通信畅通（2min内完成）。

（6）购物中心、写字楼的微型消防站相继到达起火现场，协助灭火行动组迅速隔离可燃物，使用灭火器和消防软管卷盘就地开展火灾扑救，并向指挥协调组总指挥反馈火势情况（5min内完成）。

（7）疏散引导组人员应以最快的速度组织、引导客人向消防通道安全疏散。

（8）防护救护组应对人员进行清点、救护并及时向总指挥汇报有关救护及伤者情况。

（9）各组负责人应及时向指挥协调组反馈现场情况。

（10）安全保卫组应对疏散区域进行安全警戒，阻止与场所无关人员进入现场，并协助对受伤人员进行救治。

（11）后勤保障组水电工应及时查看消防水池的水位和消防水泵的运转情况，并打开消防水泵接合器和地下室消火栓的井盖。同时要及时保障抢险物资、器材器具的供应和其他后勤保障工作。

2. 现场灭火和疏散

（1）疏散引导组：通过消防中控室值班人员在火灾自动报警系统或视频监控系统进行巡视和火情核实后，及时启动消防广播，并在负责人的带领下，第一组人员每人一个手电筒和一支粉笔逐个房间敲门搜索，每打开一个房间确定无人后，就用粉笔在门上画上“×”，避免重复搜索耽误时间；第二组人员用扩音器告诉拥挤在楼道内的客人，尽量打湿衣物捂住口、鼻，有序地从通道内疏散；第三组人员走在被疏散客人的前面并用扩音器不停地喊话：“请大家跟我来，不要惊慌”，使火场客人跟随服务人员有序地从两侧的消防通道迅速撤离。

（2）灭火行动组：使用灭火器和消防软管卷盘灭火。当现场火势较大，确认为二级火警时，请示总指挥，是否对酒店所有人员进行疏散。

（3）总指挥：通知灭火行动组和区域联防队员继续控制火势，疏散引导组人员进行客房及餐厅人员疏散，客房部经理维持好大堂的秩序并调出酒店入住人员名单，防护救护组清查人员的疏散情况。

（4）指挥协调组：通知疏散引导组安抚客人的情绪，保证安全疏散，疏散完毕后清点、核对人员（前台准备当天入住的客人名单一份），不得遗漏客人。

（5）起火层以上服务人员在客房部经理的配合下对楼层中的人员进行疏散。

（6）酒店餐饮服务人员通知在酒店就餐的宾客，组织宾客有序撤离。餐饮后堂值班人员对燃气总阀进行关闭，工作人员有序撤离到安全区域。

（7）指挥协调组：要求安全保卫组、防护救护组、疏散引导组反馈情况。

（8）防护救护组：向总指挥报告人员疏散至集结地点，经过清点无人员遗漏、受伤。

3. 后续工作处置

（1）情况一：经过灭火行动组和区域联防人员的共同努力，对火势蔓延进行了有效控制。

1）灭火行动组负责人报告：火势正在控制中。现场明火已被扑灭，灭火行动组正在清残，是否解除火警，请指示。

2）指挥协调组：下达指令解除火警，要求灭火行动组对现场进行警戒。配合消防等专职部门进行火灾现场的勘察。同时密切关注现场以防止复燃。

（2）情况二：火势蔓延扩大，辖区消防救援站到达现场，采取以下方案。

1）安全保卫组迅速引导消防车到达登高作业面和消防水泵接合器连接处。

2）灭火行动组报告：火势蔓延迅速，无法有效控制。

3）指挥协调组向辖区消防救援站介绍火势的基本情况（起火地点、火势大小、燃烧物质、人员被困情况、现场扑救情况）。

4）灭火行动组带领辖区消防救援站消防员到达现场并展开灭火和应急疏散救援。

5）火灾扑灭后，安全保卫组协助相关部门开展火灾事故调查相应工作。指挥协调组及时发布事故信息等相关工作。

4. 总结讲评

（1）演练结束后由酒店安保部经理王某组织现场总结讲评，就各观察岗位发现的问题进行通报，对表现好的方面予以肯定，并强调实际灭火和疏散行动中的注意事项。

（2）演练结束后指挥协调组组织各部门或人员召开总结讲评会议，全面总结消防演练情况，提出改进意见，形成书面报告，通报全体酒店员工。

二、分析要点

本案例包含或涉及下列内容：

（1）消防安全重点单位制订的灭火和应急疏散预案的内容。

（2）消防安全重点单位灭火和应急疏散预案的演练。

三、关键知识点及依据

《社会单位灭火和应急疏散预案编制及实施导则》（GB/T 38315—2019）适用于机关、团体、企业、事业单位（以下简称单位）的灭火和应急疏散预案编制、培训及演练等工作。单位要依据消防法律法规、规章、规范性文件、标准规范等制订灭火和应急疏散预案，并定期开展演练。

1. 灭火和应急疏散预案内容

消防安全重点单位制订的灭火和应急疏散预案应当包括下列内容：

（1）组织机构包括指挥协调组、通信联络组、灭火行动组、疏散引导组、防护救护组、安全保卫组、后勤保障组。

（2）报警和接警处置程序。

（3）应急疏散的组织程序和措施。

（4）扑救初起火灾的程序和措施。

（5）通信联络、安全防护救护的程序和措施。

（6）应急响应结束和后期处置。

2. 灭火和应急疏散预案演练

消防安全重点单位应至少每半年组织一次演练，火灾高危单位应至少每季度组织一次演练，其他单位应至少每年组织一次演练。在火灾多发季节或有重大活动保卫任务的单位应组织全要素综合演练。单位内的有关部门应结合实际适时组织专项演练，宜每月组织开展一次疏散演练。

四、注意事项

灭火和应急疏散预案的编制应遵循以人为本、依法依规、符合实际、注重实效的原则，明确应急职责、规范应急程序、细化保障措施。

灭火和应急疏散预案应根据人员变化及时调整。消防演练时，应当设置明显标志并事先告知演练范围内的人员。

练习题

（一）单项选择题

1. 该酒店作为消防安全重点单位，每年开展（　　）次演练。

A. 1　　B. 2　　C. 3　　D. 4

2. 本案例中，消防控制室值班员接到（　　）信号，可以确认为火警。

A. 水流指示器动作　　B. 消防水泵启动

C. 客房服务员电话报警　　D. 感烟探测器报警

3. 本案例中，酒店总经理李某在消防控制室可通过（　　）向外发布“酒店某部位发生火情”的紧急通知。

A. 消防广播系统　　B. 消防电话系统

C. 手机　　D. 微信

4. 本案例中，通信联络组可（　　）通知区域联防微型消防站前来协助处置。

A. 拨打 119 火警电话　　B. 通过微信语音

C. 拨打值班电话　　D. 派人前往

5. 本案例中，餐饮部中心厨房发生火灾，第一到场处置力量是（　　）。

A. 当班厨房工作人员　　B. 微型消防站人员

C. 就餐客人　　D. 餐厅服务员

（二）多项选择题

1. 该酒店下列（　　）人员可被选为技术处置队队员。

A. 客房部经理　　B. 配电房电工

C. 餐饮部经理　　D. 工程部水工

E. 电梯管理员

2. 接到客房火灾探测器发出的火警信号，消防控制室值班员可通过（　　）快速确认火警真伪。

A. 客房所在楼层电梯厅视频监控画面
B. 电话通知客房部楼层服务员
C. CRT 图形显示器报警信息
D. 对讲机呼叫巡查人员
E. 安排另一名控制室值班员

3. 餐饮部中心厨房灶台油锅起火，厨师可（　　）灭火。
A. 启动灶台灭火装置
B. 使用干粉灭火器
C. 打开消防软管卷盘喷水
D. 开启室内消火栓
E. 使用灭火毯

4. 客房部服务人员可借助（　　）引导客人疏散。
A. 发放疏散示意图
B. 挥舞荧光棒
C. 吹响哨子
D. 话筒喊话
E. 手电筒光束

5. 该单位微型消防站可配备（　　）等器材装备。
A. 消防软管卷盘
B. 空气呼吸器
C. 逃生软梯
D. 呼救器
E. 消防头盔

（三）案例分析题

问题：

本案例中，该单位制定的灭火和应急疏散预案是否有需要进一步完善的内容？

第五篇 火灾案例分析

学习要求

通过本篇学习，了解国家消防法律法规和有关消防工作的方针政策；熟悉国家工程建设消防技术标准规范；了解火灾的发生和发展及扑救处置过程，火灾成因和应吸取的主要教训，能够分析并查找出违反消防法规和标准的情况，达到举一反三并能结合实际提高解决消防现实问题的综合能力。

案例 49　商场火灾案例分析

一、起火单位基本情况

铜锣湾商场位于池州市贵池区长江中路东侧、杏村东街南侧，2010 年 6 月建成，地下 1 层、地上 6 层，建筑高度为 23m，总建筑面积为 9 865m^2。商场由 228 名业主购买，为多产权综合商场，现有经营户 22 户。商场为内天井式结构，天井四周用实墙、防火卷帘分隔，天井内布置双向自动扶梯 12 部。该建筑设置 2 部疏散楼梯，设有火灾自动报警系统、自动喷水灭火系统、室内外消火栓系统、防火卷帘和灭火器等消防设施。

二、起火的简要经过及初起火灾的处置情况

2021 年 4 月 6 日 8 时 45 分左右，施工人员在四层至五层进行自动扶梯切割拆除作业时，气割熔融物持续掉落至扶梯井地下一层，引燃装饰用铝塑板、带有油污的扶梯底板和链条、橡胶扶手带等可燃物，火势随即迅速向上蔓延扩大。2021 年 4 月 6 日 8 时 52 分，市消防救援支队指挥中心接到报警，8 时 58 分贵池大队清溪消防站首先到场，现场火势已突破内天井玻璃顶棚，处于猛烈、立体燃烧阶段。消防救援支队先后调派 4 个消防救援站、14 辆消防车、60 名指战员到场处置，池州市交警、住建、环卫、供电、供水等多部门协同作战，当日 10 时左右现场明火被扑灭。

三、火灾伤亡及损失情况

火灾导致 4 人死亡，2 人受伤，过火面积约为 $400m^2$。

四、火灾成因分析及主要教训

（一）火灾原因

起火原因为施工人员拆除自动扶梯气割作业时，产生的高温熔融物持续掉落至扶梯井地下一层西北侧，引燃电梯装饰板、橡胶构件、油污等可燃物造成火灾。

（二）主要教训

1. 违规开展气焊（割）作业

经调查证实，商场物管公司与施工人员所属的东莞市广大二手设备回收有限公司签订自动扶梯拆除协议后，自 2021 年 3 月 31 日起，相关施工人员就得到允许进入商场施工。4 月 6 日上午 6 时，施工人员进入商场开始作业，8 时左右商场正式对外营业，商场员工及部分客户陆续进入商场，此时施工人员仍在继续施工。违反商场营业期间禁止动火的规定。

2. 消防控制室值班人员违规操作

该建筑消防控制室值班人员为新招收员工，岗前未经过专业培训，不能够熟练操作自动消防设施，火灾发生时仅采取消声处理，导致自动消防设施没有发挥应有的作用。

3. 商场物业管理公司未认真履行消防管理职责

商场物业管理公司对消防安全管理规定置若罔闻，不落实每 2h 一次的安全巡查。明知营业期间进行气焊作业不合规仍未阻止，且现场无看护人员，电梯底部大量可燃物未及时清理，存在很大的火灾隐患。

4. 施工作业人员消防安全意识淡薄

现场施工人员未经过岗前消防安全培训，消防安全意识淡薄。当日，施工人员在发现火情后没有第一时间告知商场物业管理单位和各楼层经营户，也没有使用附近的室内消火栓进行灭火，仅使用灭火器在较远处灭火，错过了初期火灾扑救的最佳时机。

五、火灾责任及处理情况

火灾事故责任正在调查之中。

六、违反消防法律法规及相关标准的情况分析

（一）商场营业期间违规开展气焊（割）作业

该商场内经营业态多样，包括卖场、网吧、街舞俱乐部、培训学校等，4 月 6 日早 8 时营业后仍未停止气焊（割）作业，且现场无人员看护、无保护措施，违反了《中华人民共和国消防法》第二十一条和《安徽省消防条例》第三十二条的规定。

（二）无资质人员值守消防控制室

该建筑消防控制室值班人员违反了《中华人民共和国消防法》第二十一条的规定，

属于无证执业，且确实不清楚消防设施操作方法及报警处置流程，延误了扑救初起火灾和第一时间报警及通知人员疏散逃生的时机。

（三）商场未履行消防安全巡查职责

商场相关负责人未在营业期间开展安全巡查，不能有效制止气焊作业，未及时清理可燃物，违反了《中华人民共和国消防法》第十六条和《人员密集场所消防安全管理》（GB/T 40248—2021）第 7.3.4 条的规定。

（四）未开展岗前消防安全培训

商场物业管理公司对操控室值班人员、东莞市广大二手设备回收有限公司对气焊（割）作业人员未进行岗前消防安全培训，工作人员消防安全意识淡薄，不具备扑救初起火灾和组织人员疏散逃生的能力，违反了《人员密集场所消防安全管理》（GB/T 40248—2021）第 7.4.4 条等相关规定。

案例 50　休闲酒店重大火灾案例分析

一、起火单位基本情况

（一）场所租赁情况

哈尔滨北龙汤泉休闲酒店有限公司（以下简称北龙汤泉酒店）成立于 2015 年 4 月 15 日，管理单位为实际投资方燕达宾馆有限公司（以下简称燕达宾馆），实际控制人为李某。

2014 年 8 月 14 日，燕达宾馆租赁建银置业有限责任公司位于哈尔滨市松北区太阳岛风景区的四处房产（后为北龙汤泉酒店 B、C、D、E 区），其均为独立单体建筑，砖混结构，1 幢（E 区）3 层，建筑面积为 1 571.62m^2；2 幢（C 区）2 层，建筑面积为 711.44m^2；3 幢（B 区）2 层，建筑面积为 579.66m^2；4 幢（D 区）2 层，建筑面积为 550.26m^2。四处房产总建筑面积为 3 412.98m^2。2015 年 3 月 1 日，吉林建银实业有限责任公司接替建银置业有限责任公司管理四处房产。

2014 年 9 月，燕达宾馆租赁哈尔滨市太阳岛风景区资产经营有限公司位于哈尔滨市松北区太阳岛平原街 42 栋的房产一处（后为北龙汤泉酒店 A 区），独立单体建筑，3 层混合结构，建筑面积为 3 033.95m^2。

（二）建筑改建和扩建情况

2014 年 9 月，燕达宾馆对租赁的五幢单体建筑进行改建、扩建和装修施工。2016 年工程结束，改建、扩建面积为 11 136.56m^2。在改建、扩建过程中，李某在该处注册成立了北龙汤泉酒店。

改扩建后，北龙汤泉酒店主体建筑分 A、B、C、D、E 区及一、二期温泉区。A、B、C、D、E 区为砖混结构，加高接层改建、扩建部分为彩钢板结构。一、二期温泉区为钢结构彩钢板顶棚。整体建筑按功能分为住宿、洗浴、游泳、餐饮、娱乐等区域。

A 区位于建筑群南侧，西侧 3 层，东侧 4 层，主要为客房、餐饮包房，四层局部为厨房。B 区位于建筑群东南侧，共 3 层，主要为客房。C 区位于建筑群东侧中部，共 3 层，一层为餐饮包房，二层为会议室和库房，三层为客房。D 区位于建筑群东侧北部，共 3 层，主要为客房。E 区位于建筑群西北侧，共 4 层，主要为客房和自助餐厅。一期温泉区位于 A 区、E 区建筑合围区，二期温泉区位于 C 区、D 区、E 区建筑合围区，均为利用建筑之间空地采用钢屋架彩钢板结构搭建。二期温泉区阳光大厅地面设有多个温泉池，墙体包覆大量塑料绿植装饰材料，阳光大厅北侧部分区域为二层平台，三层为餐饮和会议厅。B 区、C 区之间以及 C 区、D 区之间为室外温泉和休息区。

改建和扩建的建筑内设有火灾自动报警系统、室内外消火栓系统、湿式自动喷水灭火系统、消防水池及稳压设备等。由于日常检修维护不到位，处于瘫痪状态，事发时整个消防系统无法正常启动。

二、起火的简要经过及初起火灾的处置情况

2018 年 8 月 24 日晚，共有 115 名客人入住北龙汤泉酒店。8 月 25 日 4 时 20 分左右，酒店锅炉工陈某给室外汤泉加完水，走出 E 区北门闻到有烧焦气味，发现二期温泉二楼平台有火光，陈某立即呼救，并电话报告工程部经理巩某。保安员宋某听到呼救，电话通知保安队长张某。张某来到 E 区北门确认火情后，到消防控制室通知值班人员吕某。吕某尝试启动消防水系统实施自动灭火，但由于消防控制室主机总线故障，与消防水泵无法联动，未能启动灭火。吕某又到水泵房手动启动灭火系统，但喷淋系统和消火栓内均无水，消防灭火系统处于瘫痪状态，因此初期火灾未能得到有效控制。

4 时 29 分 10 秒，哈尔滨市 119 消防指挥中心接到酒店厨师周某报警，称北龙汤泉酒店起火。指挥中心接警后，先后调派 8 个中队、1 个战勤保障大队，40 辆消防车，148 名指战员，6 只搜救犬赶赴现场实施救援，6 时 30 分火势得到有效控制，7 时 50 分大火被彻底扑灭。灭火救援过程中，共抢救疏散遇险群众 80 余人，搜救被困人员 20 人，遇难人员 19 人。

三、火灾伤亡及损失情况

此次火灾过火面积约为 400m^2，造成 20 人死亡（其中 1 名伤员为经抢救无效死亡），23 人受伤，直接经济损失为 2 504.8 万元，属于重大火灾事故。

四、火灾成因分析及主要教训

（一）火灾成因分析

1. 起火原因

该起火灾为北龙汤泉酒店二期温泉区二层平台靠近西墙北侧顶棚悬挂的风机盘管机组电气线路短路，形成高温电弧，引燃周围塑料绿植装饰材料并蔓延成灾。

2. 蔓延扩大原因

（1）火灾发生前，酒店员工张某使用灭火器箱挡住 E 区三层常闭式防火门，使其处

于敞开状态。起火后，酒店内塑料绿植装饰材料燃烧产生大量含有毒有害物质的浓烟，扩散至三层客房走廊并渗入房间。

（2）酒店室内外消火栓系统控制阀处于关闭状态，消火栓系统管网无水，自动灭火系统处于瘫痪状态。

（3）多名工作人员在发现火情后，均未拨打“119”报警电话，而是逐级确认上报。厨师周某报警时间为发现火情 9min 后，延误了最佳灭火救援时间。

（二）主要教训

（1）单位消防安全管理混乱，从酒店开始建设到投入使用，消防部门监管过程中多次查处违法违规行为，但该单位拒不整改，最终导致事故发生。

（2）酒店人员消防安全职责不明确，未按要求落实消防安全巡查制度、消防控制室值班制度，未制订应急预案、开展应急演练、组织消防培训等。员工引导顾客逃生疏散和扑救初期火灾的能力不足。火灾发生后，酒店人员初期处置不当。

（3）消防管网无水、自动灭火系统瘫痪。消防水池储水量不足，补水控制阀关闭，消防水池另作他用。消防稳压泵电气控制柜处于“停止”状态。室内外消火栓系统处于关闭状态，消火栓系统管网无水。自动灭火系统压力开关联动信号未接入消防控制柜。连接延时器、压力开关、水力警铃的报警管路被关闭。过火区域大多数洒水喷头动作，但管道无水。

（4）建筑的改建和扩建没有通过相关部门批准、验收。其建筑结构不符合人员密集场所的安全需要，内部格局复杂，疏散通道混乱，各功能区间未设置有效防火分隔，存在重大消防隐患。

（5）燕达宾馆改建和扩建中采用彩钢板进行加高接层，并采用钢结构连接各单体建筑，违建面积为 11 136.56m^2。改建、扩建和装修时，将工程分包给不具备施工资质的个人，建设过程中使用大量易燃可燃材料进行装饰装修。电路敷设和电气设备选型不符合规范要求，线路未进行穿管保护，起火过程中多次短路，设置的保护装置未有效动作。

（6）相关部门监管责任落实不细，虽在职责范围内对该酒店进行监督、指导，但存在工作指导、监督不力的情况，致使隐患整改未取得实质成效，导致火灾发生。

五、火灾责任及处理情况

哈尔滨北龙汤泉酒店“8·25”重大火灾事故是一起责任事故。该火灾事故发生后，共对 45 名事故责任人进行责任追究，其中 20 人被依法追究刑事责任，20 人给予党纪、政务处分，5 人给予组织处理。4 家火灾相关单位被予以行政处罚。

六、违反消防法律法规及相关标准的情况分析

（1）北龙汤泉酒店未定期对消防设施进行检测维护，违法停用消防设施、消防增压装置，消防水源另作他用，消防管网无水，报警系统总线故障，自动灭火系统瘫痪。事故发生时，酒店 E 区三层常闭式防火门处于开启状态，导致浓烟迅速蔓延走廊，渗入室

内。以上行为违反了《中华人民共和国消防法》第十六条及第二十八条的规定。

（2）酒店未落实消防安全主体责任，未制订消防安全管理制度、操作规程以及灭火和应急疏散预案，未开展有针对性的消防演练。消防安全责任人、管理人及酒店工作人员消防安全职责不明确，日常管理混乱。消防巡查频次达不到规定要求。消防控制室值班人员不足，有空岗现象。以上行为违反了《中华人民共和国消防法》第十六条的相关规定。

（3）消防工程不符合国家工程建设消防技术标准规范的相关规定。酒店建筑结构不符合人员密集场所的安全要求，内部格局复杂，疏散通道混乱，各功能区之间无有效防火分隔措施；使用大量易燃可燃装饰材料；电气线路敷设、电气设备选型不符合相关标准规范要求；以上行为违反了《中华人民共和国消防法》第九条的规定。

（4）2014 年 9 月，燕达宾馆在未取得规划许可和建设工程施工许可的情况下，违法进行建筑改建、扩建和装修施工，改建、扩建和装修工程消防设计未报消防机构审查（原为消防机构，现为住建部门），工程安全和质量标准未达到国家规定要求，违反了《中华人民共和国消防法》第十一条、第十二条的规定。

（5）2018 年火灾发生时，该酒店未取得公众聚集场所投入使用、营业前的消防安全检查合格证，违反了《中华人民共和国消防法》第十五条的规定。

案例 51　丙类厂房火灾案例分析

一、起火单位基本情况

起火单位胜瑞电子科技（上海）有限公司（以下简称“胜瑞公司”）注册于 2011 年 5 月 31 日，是某独资企业。该公司位于上海市金山区林盛路 171 弄 116 号，所在建筑为钢混结构，主体 4 层、局部 5 层，南北长 141m、东西宽 80m、高 23.9m，建筑面积为 41 538m^2。其中，一、二层上下贯通，主要为电镀车间，共有 7 条电镀生产线，其中一条生产线（退镀线）已废弃停用 3 年；三层为检验区、打包区、喷砂区、清洗区、物流区等；四层主要为清洗车间、喷砂车间、检验区、镭雕区等；北侧局部为食堂、厨房。胜瑞公司消防工作由环安中心负责，第三方上海金海保安服务有限公司负责消防控制室及门卫值班。

二、起火的简要经过及初起火灾的处置情况

2021 年 4 月 22 日 12 时 52 分左右，胜瑞公司员工黄某进入退镀线所在封闭区域吸烟，约 3 分 30 秒后将尚余一半的点燃香烟扔在现场后离开，30 分钟后现场出现明火。接警后，上海市消防救援总队调派 56 个消防救援站、123 辆消防车、8 台消防机器人、976 名消防指战员迅速到场开展救援。4 月 22 日晚，应急管理部专家组到达现场指导救援行动。4 月 23 日清晨失火厂房的明火被扑灭。

三、火灾伤亡及损失情况

火灾导致8人死亡，其中6人为胜瑞公司员工，2人为消防救援站指战员。

四、火灾成因分析及主要教训

（一）火灾原因

胜瑞公司员工黄某在已停用的退镀线所在区域违规吸烟，将未熄灭的烟头随意丢弃在地上，引燃周围堆放的纸壳、线手套等可燃物，并蔓延至附近生产线造成火势扩大。

（二）主要教训

1. 初起火灾扑救不力

现场监控视频显示，该企业员工发现火灾后不知道第一时间使用近在咫尺的消火栓，而仅使用手提式和推车式灭火器灭火，发现火势控制不住后逃离现场。

2. 组织疏散逃生混乱

该企业共有员工1 556人，当日火灾发生时起火建筑内有492名员工在岗，企业员工紧急逃生疏散缺乏有序组织，无人通知外来施工人员及时撤离。

3. 消控室值班员违规处置警情

企业违规将控制室值班巡查工作外包给不具备资质和能力的第三方中介公司，当天值班人员为未取得消防设施操作员证上岗。在消防主机持续报警8min内，只知道采取消声措施而未现场核查，自动消防设施未设置到自动状态，不能第一时间联动控火，错过了最佳扑救时间。

4. 企业消防安全管理严重缺位

该台资企业主要业务是为苹果公司iPad后壳进行电镀加工，工艺简单。长期以来，以技术保密为由不让监管部门进入内部检查，逃避监管。该企业未严格遵守与安全管理相关的法律法规，安全管理极其混乱，消防安全管理制度严重缺失，自身安全巡查、检查不落实，长期存在的安全隐患未能发现和有效整改。

五、火灾责任及处理情况

建议对黄某、王某、金某等11人移交司法机关处理，对李某、程某进行行政处罚，对王某、杨某、乔某等6人问责处理。

六、违反消防法律法规及相关标准的情况分析

（一）公司员工违法吸烟

《中华人民共和国消防法》第二十一条明确规定，禁止在具有火灾、爆炸危险的场所吸烟、使用明火。该企业已停用的退镀线所在区域内存放大量泡沫板、布套、瓦楞纸、棉手套等可燃物，黄某进入存在火灾危险的区域抽烟并丢弃未燃尽的烟头，直接导致该起火灾事故发生。

（二）控制室人员违规作业

企业违规将控制室值班巡查工作外包给不具备资质的第三方中介公司，该中介公司无合格的操作人员，起火当天值班人员为临时聘用人员，违反了《中华人民共和国消防法》第二十一条的规定。当日在主机持续报警 8min 内，值班人员只知道采取消音措施，没有现场核查或报警，未按照规定流程处理警情。

（三）企业消防主体责任不落实

《中华人民共和国消防法》第十六条规定，企业应当组织防火检查，及时消除火灾隐患。该企业内部安全管理极其混乱，未确定消防安全责任人、管理人，安全管理制度、防火巡查不落实，火灾发生后调查人员在起火点处勘验时发现了大量烟蒂，证明了退镀线封闭区域长期被员工作为吸烟区，而企业始终未予以及时发现和有效管理。

案例 52　生态游乐园重大火灾案例分析

一、起火单位基本情况

（一）冰雕馆基本情况

冰雕馆项目位于山西省太原市迎泽区郝庄镇小山沟村新建台骀山景区项目的西北处，于 2014 年底建成，2015 年 2 月 13 日正式对外营业。冰雕馆建筑南北两侧为山体，东西长 133.85m，东侧南北向宽 32.80m，西侧南北向宽 8.96m，游览区室内高度 8.20m，总建筑面积约为 2 258m^2，设有“四季冰灯雪雕”和“复兴民国小火车”两个项目。建筑内部空间共分为三个功能区域，一是游览服务区，位于馆内东侧；二是冰雕游览区，位于馆内北侧；三是复兴民国小火车通道（以下简称火车通道），位于馆内南侧。该建筑主体 1 层，局部 2 层，结构类型为钢结构，南北两侧外墙地面以上 4m 左右为毛石砌体的墙体，其余部分用彩钢板围护，顶部为两坡彩钢板屋面和拱形彩钢板屋面两部分。馆内共设 15 台制冷设备，北侧 12 台，南侧 3 台。

（二）冰雕馆消防设施情况

冰雕馆游览区共有安全出口 5 个，东侧一层有两樘相邻的疏散门；二层设有一樘疏散门；西侧设有一樘疏散门；南侧与火车通道隔断上设有两樘疏散门。景区有消防泵 2 台，消防水池 7 座。结合现场勘查实际情况统计：复兴民国小火车东站放置 8 具灭火器；火车通道内有 10 个应急照明灯具、5 具灭火器；冰雕馆入口处餐厅有 4 具灭火器，入口内有 23 具灭火器；冰雕游览区内有灭火器 24 具、2 个应急照明灯具。

（三）使用保温材料情况

冰雕馆内服务区一层南墙自东至西 7m 处，服务区二层南墙、北墙，火车通道北墙自东 49m 处至建筑物的西侧山墙及其顶棚，游览区东墙均使用挤塑聚苯乙烯夹芯彩钢板。冰雕馆内游览区的顶棚及室内墙面，火车通道顶棚及墙面，服务区二层顶棚及室内墙面均喷涂 150mm 厚的聚氨酯保温材料。

（四）馆内工作人员情况

当日冰雕馆服务区有韩某、郭某、李某（负责检票）、张某（负责检票）、杨某（负责一层租大衣）、蒋某（负责二层收大衣）6 名工作人员，还有 3 名勤工俭学的学生；游览区内无工作人员值守。

（五）项目建设及竣工验收情况

经调查，该景区冰雕馆建筑无相关行政许可手续。

（六）特种作业人员资质情况

景区水电总监李某有特种作业操作证，但未经年检；供电部经理卢某、供电部电工胡某、冰雕部电工段某无特种作业操作证。

二、起火的简要经过及初起火灾的处置情况

（一）火灾发生过程

2020 年 10 月 1 日 7 时 34 分 35 秒，景区 10kV 供电线路缺相，为了保证景区的正常营业，8 时 50 分左右供电部经理卢某开启了景区 4 台自备发电机。随后，水电总监李某通知郝庄供电所合同工董某维修线路。董某联系山西明业电力工程有限公司工程部牛某协助其处理故障。

11 时 40 分左右，杂工王某发现 150kW 发电机“开锅”，通过杂工郭某告知了卢某，卢某赶到后关闭了该发电机。12 时 01 分左右，李某带领焊工董某、电工胡某、焊工曹某、杂工郭某将防水电缆线从水电办公室开电瓶车拿到小吃城，然后又步行从小吃城去冰雕馆发电机房。随后，卢某、胡某、李某准备将 150kW 发电机负载端线路接到 250kW 发电机。12 时 37 分左右，李某电话联系董某后得知市电修好，相约到景区南门商讨送电事宜。12 时 49 分左右，牛某电话联系董某得知可以供电后，将市电接通。12 时 51 分 44 秒，卢某在未将低压用电设备及发电机断开的情况下，直接利用单刀双掷隔离开关将电源从自备发电机端切换至市电端。

12 时 59 分，卢某接到火山乐园项目部经理张某电话，得知冰雕馆方向冒烟，就从冰雕馆配电室附近跑到冰雕馆西口西南方向约 26m 处查看，看到火车通道内冰雕馆一侧有明火，随后跑去配电室断电。同时，儿童游乐小火车兼职司机何某在冰雕馆北侧简易棚下发现冰雕馆西侧冒烟，并于 13 时 01 分拨打“119”报警。

（二）火灾扑救过程

1. 企业处置情况

2020 年 10 月 1 日 13 时左右，韩某、卢某、郭某等人发现冰雕馆西口冒烟。13 时 05 分左右，卢某给绿化部总监郭某打电话，让其安排景区洒水车到冰雕馆西口灭火，并和焊工曹某等十多人拿着灭火器在火车通道西口开始救火。韩某通过对讲机通知景区北门保安潘某联系迎泽区林业局东山森防灭火救援大队到场参与灭火；13 时 10 分，潘某

驱车到达迎泽区林业局东山森防灭火救援大队报警。车辆管理部经理郝某通过对讲机得知冰雕馆着火后，立即驾驶厢式货车从景区消防库房拉着约 60 具干粉灭火器、10 余把铁锹于 13 时 30 分左右到达冰雕馆西侧。

2. 政府、部门应急救援处置情况

2020 年 10 月 1 日 13 时 01 分，太原市消防救援支队 119 指挥中心接警；13 时 20 分，迎泽区林业局东山森防灭火救援大队先期到达事故现场开展扑救；13 时 45 分起，太原市消防救援支队各站陆续到场开展救援。

事故发生后，应急管理部主要负责领导视频连线调度指挥，并派出督导组指导抢险救援工作。山西省委省政府主要领导带领省应急管理厅、省消防救援总队及其他有关部门，赶赴现场指挥抢险救援。太原市主要领导第一时间到场指挥，立刻启动《太原市火灾事故应急预案》，各部门协同配合，开展救援工作。

太原市消防救援支队、迎泽区林业局东山森防灭火救援大队和太原市应急救援指挥中心共计出动 19 支队伍、276 名专职救援人员及 48 辆消防救援车辆到场开展救援，先后搜救出 13 名被困人员；18 时 30 分，整个灭火救援行动结束。13 时 13 分，太原市急救中心接到报警；13 时 14 分派第一梯队共 5 辆救护车赶往现场，后又逐步增派 17 辆救护车前往救援；19 时 07 分急救任务完成，待命车辆返站。太原市急救中心共派出 22 辆救护车、2 辆指挥车，出动急救人员 73 人，接诊 23 人。此外，迎泽区中医院车辆 2 辆接诊 2 人；社会救援车辆 2 辆接诊 2 人。13 时 07 分，太原市公安局 110 指挥中心接到 119 指挥中心转警，调派警车 85 辆、警力 315 名，封闭上山道路、疏导交通，确保消防、医疗救援车辆通行顺畅；关停景区其他游乐设施，防止因停电等引发其他安全事故；维持现场秩序，禁止无关人员进入，有序疏散群众，防止发生拥挤和踩踏事故。

三、火灾伤亡及损失情况

此次事故造成 13 人死亡、15 人受伤，过火面积约为 2 258m^2，其中造成冰雕馆建筑及场馆内制冷设备、冰雕、监控设施、照明灯光设施设备、办公设施设备、棉衣等严重受损，直接财产损失折合人民币共计 151.172 7 万元，现场处置共消耗灭火剂、油料、消防器材及饮食、防疫物资等各类物资折合人民币共计 18.800 9 万元，赔偿人员死伤费、住院治疗费、丧葬费等费用共计 1 620 万元，直接经济损失共计 1 789.973 6 万元。

四、火灾成因分析及主要教训

（一）火灾成因

1. 火灾直接原因

经调查，当日景区 10kV 供电系统故障维修结束恢复供电后，景区电工在将自备发电机供电切换至市电供电时，进行了带负荷快速拉、合隔离开关的违章操作，在照明线路上形成的冲击过电压击穿装饰灯具的电子元件造成短路；通道内照明电气线路设计、安装不规范，采用的无漏电保护功能大容量空气开关无法在短路发生后及时跳闸切除故障，持续的短路电流造成电子元件装置起火，引燃线路绝缘层及聚氨酯保温材料，进而引燃聚苯乙烯泡沫夹芯板隔墙及冰雕馆内的聚氨酯保温材料。

2. 火灾间接原因

（1）低压供配电设计不符合国家标准要求。一是低压照明系统无设计图纸；二是低压供电系统采用 TN-C 供电方式，未设置接地故障保护，开关短路动作定值较大；三是彩灯电气线路采用护套线沿可燃物墙面敷设，未采用金属导管或金属槽盒布线，致使电气故障时，引燃周围可燃物。

（2）高压供配电设计不符合国家标准要求。景区 6 座 10kV 柱上变电站及供电线路均未做继电保护设计，无继电保护的调试和验收记录。

（3）10kV 高压线路检修操作严重违规。当日 10kV 线路断线检修停、送电操作过程中，冰雕馆变电站高低压开关（包括补偿电容器开关）均保持闭合状态。

（4）电气操作存在的问题。一是低压送电切换违规操作，隔离开关直接带电切换；二是作业现场基本条件部分缺失；三是景区电工未持证执业。

（5）建筑设计、施工不符合国家标准要求。一是被聚氨酯保温材料包覆的火车通道与冰雕馆的隔墙采用金属夹芯板材，夹芯材料为可燃聚苯乙烯泡沫板；二是冰雕馆内保温系统均采用可燃材料（B_2 级）作为保温材料。

（6）单位消防安全主体责任不落实。事故发生时，冰雕馆南侧、西侧的三个安全出口锁闭、堵塞。

（二）主要教训

起火单位管理混乱，未落实消防安全主体责任，聘用的无证电工违规进行电气操作，电气设计不符合相关规范，违规锁闭、封堵消防安全出口，违规使用燃烧性能为 B_2 级聚苯乙烯泡沫板作为保温材料。火灾发生后聚苯乙烯泡沫板迅速燃烧产生大量的烟气，安全疏散出口封闭是造成重大人员伤亡的主要原因。

五、火灾责任及处理情况

2020 年 10 月 2 日，山西省政府新闻办公室针对太原台骀山景区火灾事故发布通报，涉事台骀山景区被全面关停。韩某、郭某等 9 人涉嫌重大责任事故罪，韩某、贺某等 4 人涉嫌隐匿会计凭证、会计账簿、财务会计报告罪移送公安机关调查处理。

六、违反消防法律法规及相关标准的情况分析

1. 低压供配电设计不符合国家相关标准要求

（1）低压照明系统无设计图纸。《建筑照明设计标准》（GB 50034—2013）第 7.2.1 条第 3 款规定，当照明安装功率较大或有谐波含量较大时，宜采用照明专用变压器；第 7.2.3 条规定，三相配电干线的各相负荷宜平衡分配，最大相负荷不宜大于三相负荷平均值的 115%，最小相负荷不宜小于三相负荷平均值的 85%。

经现场勘验，火车通道内南北两侧多组装饰照明灯具未按三相平均分布供电，所有装饰照明灯具负荷仅分两路，集中接在一个双联开关上；所有导线连接点均采用不规范

铰接方式，会引起导线接头接触电阻过大、发热、绝缘受损。

（2）低压供电系统供电方式不符合《民用建筑电气设计标准》（GB 51348—2019）和《建筑电气照明装置施工与验收规范》（GB 50617—2010）的相关规定。《民用建筑电气设计标准》（GB 51348—2019）第 7.6.1 条规定，低压配电线路应根据不同故障类别和具体工程要求装设短路保护、过负荷保护、过电压及欠电压保护、电弧故障保护，当配电线路发生故障时，保护装置应切断供电电源或发出报警信号，或将状态及故障信息上传；第 7.7.5 条规定，故障保护的设置应防止人身间接电击以及电气火灾、线路损坏等事故。《建筑电气照明装置施工与验收规范》（GB 50617—2010）第 4.3.3 条规定，灯具及其金属构架和金属保护管与保护接地线（PE）应连接可靠，且有标识。

经现场勘验，该建筑采用 TN-C 供电方式，未设置接地故障保护，开关短路动作定值较大。

（3）彩灯电气线路采用护套线沿可燃物墙面敷设，未采用金属导管或金属槽盒布线，致使电气故障时引燃周围可燃物。不符合《民用建筑电气设计标准》（GB 51348—2019）第 8.2.3 条的规定，建筑物顶棚内、墙体及顶棚的抹灰层、保温层及装饰面板内或在易受机械损伤的场所不应采用直敷布线。

2. 高压供配电设计不符合国家标准要求

《民用建筑电气设计标准》（GB 51348—2019）第 5.2.1 条规定，电力设备和线路应装设短路故障和异常运行保护装置。电力设备和线路短路故障的保护应有主保护和后备保护，必要时可再增设辅助保护。

经调查，景区 6 座 10kV 柱上变电站及供电线路均未做继电保护设计，无继电保护的调试和验收记录。

3. 建筑设计、施工不符合国家标准要求

（1）被聚氨酯保温材料包覆的火车通道与冰雕馆的隔墙采用金属夹芯板材，夹芯材料为可燃聚苯乙烯泡沫板。不符合《建筑设计防火规范》（GB 50016—2014，2018 年版）第 5.1.1 条的规定，一、二级耐火等级的建筑物隔墙和走道两侧隔墙均应采用不燃烧体材料；更不符合《建筑设计防火规范》（GB 50016—2014，2018 年版）第 5.1.7 条规定，建筑中的非承重外墙、房间隔墙和屋面板，当确需采用金属夹芯板材时，其芯材应为不燃材料。

（2）冰雕馆内保温系统均采用可燃材料（B_2 级）作为保温材料。

虽然《建筑设计防火规范》（GB 50016—2006）未对建筑内保温材料提出相关要求，但是人员密集场采用可燃材料（B_2 级）做内保温系统是极其不合适的。《建筑设计防火规范》（GB 50016—2014，2018 年版）第 6.7.2 条第 1 款，对于人员密集场所建筑外墙采用的内保温系统做出了应采用燃烧性能为 A 级材料的规定。

4. 单位消防安全主体责任不落实

事故发生时，冰雕馆南侧、西侧的三个安全出口锁闭、堵塞。违反了《中华人民共和国消防法》第十六条的规定，即机关、团体、企业、事业等单位应当保障疏散通道、安全出口、消防车通道畅通。

案例53　大型商业综合体重大火灾案例分析

一、起火单位基本情况

起火建筑（好一新商贸城）东面长149.8m，南面长120.0m，西面长141.8m，北面长115.3m，地下1层（负一楼）、地上5层，地下一层为仓库和冷库（水果类用），地上一层为服装批发市场和小商品门市，二层为日用百货，三层为家用电器商场，四层为库房，五层为KTV，总建筑面积为91 000m^2，主体为钢混结构。四川好一新集团有限公司（以下简称好一新集团）成立于1994年11月，为民营企业，法定代表人是郝某。该集团下辖四川好一新商贸城有限公司、达州市复兴市场开发有限公司、达州市好一新电商物流园有限责任公司、四川好一新电子商务有限公司、四川普光能源投资有限责任公司5个子公司。企业经营范围：房地产开发、自有房屋出租、食用农产品销售；批发、销售日用百货、日用杂品（不含危险化学品）、服装、鞋、针织品、文化用品、工艺品、化妆品、玩具、布艺品、塑料制品、家用电器、体育用品、灯具、家具、建筑材料（不含危险化学品）、农用机械设备、机电设备、农用机具、装饰装潢材料（不含危险化学品）、五金交电、鲜花、盆景；国内户外广告策划、设计、发布，商务咨询服务；从事货物和技术进出口业务（国家法律法规规定应经审批方可经营或禁止进出口货物和技术的除外）。

四川好一新商贸城有限公司（以下简称商贸城公司）成立于2006年4月，注册资本380万元，法定代表人是李某。该公司主要负责塔沱农副产品综合批发市场（又称塔沱市场一期，以下简称塔沱农副产品综合批发市场）、好一新商贸城（由塔沱市场二期和塔沱市场一期N栋、B栋组成，因商业运营需要，改名为“好一新商贸城”，系“6·1”火灾事故发生地）的运营和管理。好一新商贸城位于达州市通川区西外镇塔石路190号，东面是通川区塔沱安置房项目建筑工地，南面是塔沱农副产品综合批发市场，西面是塔石路，北面是凤凰大道东延线大桥。

二、起火的简要经过及初起火灾的处置情况

（一）事故发生经过

2018年6月1日17时49分左右，朱某（好一新商贸城地下一层冷库3号库租户）到3号库取货，打开3号库门后，朱某看到库内有明火并有大量的烟气，于是跑到起火部位（离门口三分之二左右的位置），对该部位香蕉堆垛顶部正在燃烧的香蕉包装纸箱进行处置，先后两次在库外提水进入3号库灭火，其间，大约17时52分17秒，3号库门口开始有烟气喷出；17时52分21秒，朱某跑离3号库；17时52分28秒，3号库门口冒出大量浓烟，随后喷出火焰。现场工作人员陈某在办公室看到3号库有烟雾冒出，有火窜出，随后开始报警。

（二）救援情况

1. 自救互救情况

朱某发现库内香蕉堆垛中部有明火，于是拿起塑料桶在消火栓处接水进入库内灭火，第二次进入库内时，内部发生爆燃，朱某仓皇逃出，向外呼救；17 时 53 分左右，库管员陈某在办公室发现 3 号库有浓烟和火光冒出，立即拨打了“119”报警电话，库管员马某立即拨打电话通知冷藏部经理彭某着火情况；彭某让马某用消火栓进行灭火，但因当时浓烟较大，马某告诉彭某已无法靠近灭火。随后，彭某立即拨打冷库机房工作人员杨某电话，告知起火情况；冷库机房工作人员杨某和彭某得知火情后，随即切断了冷库制冷设备和液氨设备电源，并赶赴事发冷库进行灭火；消防控制室值班员曹某、万某、杨某通过监控发现 3 号库有浓烟冒出，立即携带灭火器材前往处置，但因火势较大，三人未能靠近起火冷库；保安陈某和蒲某在巡逻时发现火情，也试图去灭火，同样因火势发展迅猛未能靠近。

2. 应急救援情况

2018 年 6 月 1 日 17 时 53 分至 18 时 04 分，达州市“119”消防指挥中心接到报警电话，立即调派 9 个消防救援站、1 个小型消防站、1 个企业专职消防队、42 辆消防车、168 名消防官兵到场处置。同时报请达州市政府启动重大灾害事故应急处置预案，调动公安、安监、环卫、医疗及矿山、普光、达竹等救援队伍到现场协助开展灭火救援。四川省消防救援总队接报后立即启动跨区域增援机制，先后调集 17 个支队、182 辆消防车、839 名官兵赶赴现场处置，应急管理部消防救援局调集重庆市消防救援总队 29 辆消防车、254 名官兵赶赴现场支援。增援力量到场后，现场指挥部组织 80 余个灭火攻坚组深入建筑内部强攻灭火，通过强攻近战、冷却降温等战术手段阻止火势向建筑周边蔓延。此次火灾救援因好一新商贸城地下一层火灾荷载大、房间分隔不完全、用户私设夹层而为火势蔓延提供了条件。地下一层为仓库和冷库，层高约 6m，其中冷库建筑面积约为 4 200m^2，仓库和商铺建筑面积为 11 000m^2，仓库部分被 4m 高实体墙和 2m 高的铁丝网分隔为 305 个小隔间，所有隔间加装了防盗卷帘门，大部分隔间架设了木制夹层存储货物，且均是易燃、可燃的服装、纺织品等货物。冷库中每一个小库之间的隔墙与梁之间有 0.3m 的缝隙，用聚苯乙烯泡沫、聚氨酯泡沫以及丙纶等高分子易燃材料填充，同时整个商贸大厦的配电线缆架设在铁质桥架上横穿了整个冷库。大量有毒可燃的高温烟气以热传导、对流、辐射等方式，向地下一层其他区域和其他楼层蔓延。消防救援队伍采取“穿插分割、逐片消灭、上下联动、精准打击、梯次掩护、整体推进”战术，分 8 个内攻区域逐间、逐片、逐层消灭火势。6 月 4 日 11 时左右，明火被扑灭。6 月 6 日 10 时，经多批次余火清理，灭火工作彻底结束。此次灭火行动共疏散群众 1 157 人，抢救出 1 名被困人员，保护了约 11 000m^2 建筑面积、520 间商铺和毗邻批发市场，最大限度地减少了火灾损失和社会影响。

三、火灾伤亡及损失情况

此次火灾直接经济损失 9 210 余万元，过火面积约 51 000m^2。在灭火过程中魏某因吸入高温有毒烟气而窒息，经抢救无效死亡。

四、火灾成因分析及主要教训

事故调查组依法通过询问了解、资料查阅、现场勘查、视频调阅、专家论证、取样分析、技术鉴定、模拟试验等工作，查明了事故原因，认定了事故性质。

（一）火灾发生原因

好一新商贸城地下一层冷库3号库内租户朱某，自行拉接的照明电源线短路，引燃其下方的香蕉外包装纸箱，蔓延成灾。

（二）主要教训

1. 好一新集团违法建设问题突出，事故隐患长期存在，主体责任不落实，安全管理混乱

（1）好一新集团超规划红线建设。在建设过程中，未按照原达州市住房和城乡规划建设局批准的规划和相关设计文件施工。将好一新商贸城东侧向东延伸10.5m进行施工。

（2）好一新集团超规模建设。违法超建筑红线建设，增加建筑面积7 445m^2，并增加中庭面积3 177m^2（规划时未计算面积），合计增加面积10 622m^2。

（3）好一新集团随意更改设计，违法违规占用消防通道改建商铺。将地面一层部分疏散通道违规改建为商铺，共242间，面积为2 480多平方米。擅自占用消防通道，取消东侧消防车道。

（4）好一新集团违法先建后批。在没有取得相关许可的情况下开工建设，后违法补办手续。以塔沱市场二期扩建保鲜库工程（新增地下冷库）名义，向原达州市规建局申请补办有关手续，增加建筑面积10 622m^2。

（5）好一新集团违法将改建地下冷库工程的工艺设计、安装承包给无制冷工艺设计和安装资质的达州市杰欣安装有限公司实施。

（6）好一新集团在市场功能变更后（由农副产品批发变更为小商品批发市场），未对建筑设计、消防设计做相应变更。改建地下冷库工程一直未进行建筑工程防火设计审核和验收，也未办理施工图审查、工程质量安全监督备案和竣工验收。地下一层东侧原设计为水果交易区（现为冷库）的位置，新增1 489m^2，没有重新核算防火分区（原防火分区为1 953m^2和1 900m^2，均为设计上限）、疏散宽度。竣工图中在相同区域的消防防排烟图、消防报警图、消火栓布置图均为空白图纸。地下室在每个防火分区都应有直通室外的楼梯，东侧建筑沿外墙没有直通室外的疏散楼梯，消防人员难以进入东侧地下室进行灭火。防火设计的缺失成为该区域的事故隐患。

（7）好一新集团安全生产主体责任落实不到位。集团有员工400多人，外包服务人员200多人，共计超过600人，没有设立专业的安全管理机构（负责安全和保卫工作的安保部）。好一新商贸城公司（包含商贸城、塔沱市场）从业人员众多，含租户等超过3 000人，也没有设立专门的安全管理机构；无安全生产责任制度、事故隐患排查整改制度等规章制度；安全教育培训、应急演练等工作不到位；安全检查流于形式，对长期存在的事故隐患排查整治不力。

（8）好一新集团安全管理混乱，隐患排查治理不到位。该集团对省政府第 85 期工作通报中涉及的好一新商贸片区物流仓储集中区域火灾隐患置若罔闻，致使通报的隐患长期未得到整改。商贸城租户朱某安全意识淡薄，违规在冷库内私拉乱接电线，安全检查人员虽发现但没有采取有效措施制止，未从根本上彻底消除长期存在的火灾隐患。

2. 政府相关部门对违法建设、消防安全等监管责任落实不到位

（1）规划建设部门：原达州市规划建设管理局未认真履行工作职责，违规办理相关手续。好一新集团为解决好一新商贸城违法超面积建设的问题，以塔沱市场二期扩建保鲜库（新增地下冷库）工程名义，向原达州市规划建设管理局申请补办《建设工程规划许可证》和《建筑工程施工许可证》，原达州市规划建设管理局没有严格按照相关规定予以审核、没有到施工现场进行查勘便补办了《建设工程规划许可证》和《建筑工程施工许可证》；明知好一新商贸城存在违规超面积建设、虚构扩建保鲜库项目、违规改建消防（疏散）通道为商铺等违法行为，未经审核便同意并发放《竣工规划验收合格证》；对好一新商贸城进行现场综合性验收时，未认真对该商贸城建设工程现场逐项检查验收，便同意通过验收并备案。

原达州市城市规划建设管理监察支队履职尽责不到位，巡查不到位，未及时发现并纠正好一新商贸城在建设过程中的违法行为。在好一新商贸城建设过程中，原达州市城市规划建设管理监察支队未发现好一新集团违规超面积建设，违规将消防通道、疏散通道等改建为商铺，违规将地下一层改建为冷库等问题。

（2）消防部门：达州市消防支队对好一新商贸城消防安全失管失察，处罚卷宗弄虚作假，审核把关不严。在消防设计审核时对消防设计图纸等资料未认真进行资料审查，在申报资料不齐全的情况下受理了消防验收申请，验收时未发现并指出建筑申报验收面积 90 458m^2 与审核 79 352m^2 面积不一致，未对好一新商贸城申报消防设计与验收面积不一致和将部分消防通道、疏散通道违规改建为商铺等问题提出质疑并予以纠正，违规通过消防验收。没有按照有关规定对好一新商贸城进行开业前消防安全检查，经办人员未到现场检查；对好一新商贸城消防监督执法不到位，指导隐患整改不力。在消防监督检查中没有对该冷库进行认真检查，没有对违规改建冷库的问题提出质疑并纠正，没有及时发现冷库租户私拉乱接电线的重大消防安全隐患并督促整治。

通川区消防大队对好一新商贸城消防监督执法不到位，督促隐患整改不力，日常监督抽查流于形式，对该商城及冷库存在的重大消防安全隐患没有及时发现；未对消防违法行为依法予以查处，致使该商贸城消防安全隐患长期存在，未得到整改。

（3）商务部门：达州市及通川区商务部门未按照“三个必须”的原则认真履行安全生产行业监管职责，安全监管工作流于形式，发文件多、检查督查少，对辖区内商贸企业存在的火灾隐患整治工作督促指导、检查落实不力。

（4）公安部门：通川区公安分局朝阳派出所未认真履行消防安全监督管理职责，对好一新商贸城消防安全检查不到位，检查流于形式，对好一新商贸城存在的区域性火灾隐患督促整改不力。

通川区公安分局对辖区内消防安全工作领导不力，对好一新商贸城存在的区域性火灾隐患督促整改不到位。

达州市公安局对辖区内存在的区域性火灾隐患整治重视不够，督促检查不力。

（5）安全监管部门：原通川区安全监管局未严格履行属地综合监管职责，对辖区内相关部门和企业消防安全综合监管督促指导不力。

3. 属地政府监管责任落实不到位

（1）通川区朝阳街道办事处履行安全生产“属地管理”责任落实不到位，对辖区内存在的区域性火灾隐患重视不够，督促整改不力；对辖区安全网格员履职情况监督不到位，没有定期开展安全检查，安全检查流于形式，不深入、不细致。

（2）通川区政府履行安全生产领导责任和“属地管理”责任不到位，对辖区内存在的区域性火灾隐患重视不够、督促整改不力；开展消防安全宣传教育广度、深度不够，对政府相关部门消防安全工作履职情况督促不到位。

（3）达州市政府落实安全生产领导责任和属地管理责任不到位，对好一新商贸城长期存在的区域性火灾隐患整治重视不够，安排部署不及时，督促整改不力。

五、火灾责任及处理情况

达州市通川区塔沱市场“6·1”事故是一起重大火灾责任事故，对事故有关责任单位和责任人员进行了处理。好一新集团董事长郝某等7人涉嫌重大责任事故罪或失火罪，被移交司法机关依法处理；原达州市建设和规划主管部门和达州市消防支队共8名责任人涉嫌职务违法犯罪，被移交司法机关依法处理。调查组还给予达州市相关副市长、达州市通川区委书记，通川区委副书记、区长等33人党纪、政务或组织处理；对负责消防安全监管的有关责任人员移送司法机关依法处理；给予4名相关企业负责人、好一新集团及好一新商贸城公司行政处罚。针对事故暴露出的企业消防安全主体责任严重不落实、行业部门监管不到位等突出问题，调查组在事故调查报告中提出了多项防范和整改措施。

六、违反消防法律法规及相关标准的情况分析

（1）好一新集团未经审批擅自超建、改建，违反《中华人民共和国消防法》第十二条的规定。

（2）好一新集团违法违规占用消防车通道和疏散通道改建商铺，违反《中华人民共和国消防法》第十六条的规定。

（3）好一新集团将地下一层水果交易区改为冷库，防火分区设计、安全疏散设计、消防救援窗设计不符合《建筑设计防火规范》（GB 50016—2014，2018年版）的规定，遗留火灾隐患。

（4）好一新集团安全生产主体责任落实不到位，违反了《中华人民共和国安全生产法》。

（5）好一新集团消防安全管理混乱。消防组织机构不健全，缺失火灾隐患排查与整改制度，用火用电管理混乱，员工处置初期火灾能力低，违反了《机关、团体、企业、事业单位消防安全管理规定》（公安部令第61号）。

案例 54　武馆重大火灾案例分析

一、起火单位基本情况

（一）主要建筑情况

1. 建筑整体布局

震兴武馆所在建筑系房主陈某（男，柘城县远襄镇北街村村民，震兴武馆经营人）的自建房。院落坐西朝东，占地面积 737.4m^2，东部为 2 层临街门面房，西部为单层钢结构训练馆，中间为内院，院内南侧用单层铁皮搭建厨房和凉棚，东北角用单层铁皮搭建卫生间和淋浴间，训练馆北侧用单层铁皮搭建铁皮晾衣棚。院内建筑历经多次新建、改建（含装修）。

2. 临街门面房情况

此起火灾过火建筑为震兴武馆东部 2 层临街门面房。该建筑南北走向，共 5 跨间，先后进行 2 次建设和 3 次改建（含装修），南北长 17.4m，东西宽 11.9m，高 9.4m，地上 2 层，建筑面积为 403.2m^2。

3. 建造情况

南侧 3 跨间门面房于 2004 年建设，一层建筑面积为 122.0m^2，二层建筑面积为 130.7m^2。北侧 2 跨间门面房于 2012 年建设，一层建筑面积为 72.5m^2，二层建筑面积为 78.0m^2。南侧与北侧 2 栋门面房紧挨建设，在建设时未互相连通。

4. 改建（含装修）情况

2 栋门面房建成之后，2015 年、2017 年先后进行了室内装修和电气线路改造。2020 年 12 月至 2021 年 5 月，陈某及其父亲陈某某对 2 栋门面房进行改建。一层南侧第一跨间与第二跨间之间采用聚苯乙烯夹芯彩钢板（以下简称夹芯彩钢板）分隔，二层西外墙 4 个窗户上加装了防盗网。同时，改造了电气线路、监控视频、学员集体宿舍和训练室等。

5. 起火房间情况

起火房间位于一层南侧第一跨间，是余某住室。该房间使用夹芯彩钢板与第二跨间完全分隔，东西长 8.7m，南北宽 3.6m，层高 4.3m，在距西外墙 3.1m 处使用夹芯彩钢板分隔为东、西两部分，隔墙上设有门洞。东部为活动区，西部为休息区。在西部休息区上方距地面 2.1m 处搭建钢结构阁楼，将西部休息区分隔为上、下两层，楼板为钢梁承重的双层木质五合板。阁楼东北角设一单扇钢制门和一部通往活动区地面的钢楼梯。

（二）震兴武馆开办经营情况

震兴武馆是未经教育行政部门许可的从事武术培训的非法校外培训机构。陈某从 2013 年开始以震兴武馆名义招收学员，从事武术培训活动。2017 年 8 月 30 日，办理了个体工商户营业执照。震兴武馆的日常运营、管理、教学、训练工作主要由经营者陈某负责，陈某妻子安某、母亲余某协助日常管理工作。

1. 证照情况

震兴武馆作为校外培训机构，仅取得了个体工商户营业执照，未取得教育行政部门批准核发的办学许可证。

2. 震兴武馆学员培训基本情况

震兴武馆招收的寄宿学员共 38 人，其中男学员 35 人、女学员 3 人。分别为小学部 17 人、初中部 14 人和专业部 7 人。事发当晚，有 34 名学员在震兴武馆住宿，3 名学员随陈某外出参加比赛，1 名学员在外参加中考。

二、火灾的简要经过及初起火灾的处置情况

（一）事故发生经过

2021 年 6 月 24 日晚，震兴武馆内共住有 39 人，其中 34 名学员住在临街门面房二层学员集体宿舍，余某、安某及其 3 个孩子住在一层各自住室。23 时 43 分左右，余某在其住室阁楼下层点燃盘式蚊香后，到阁楼上层休息。6 月 25 日 1 时 58 分左右，余某住室东侧卷帘门上部缝隙有烟气向外飘出。3 时 4 分左右，余某被热醒，发现阁楼下层着火，到门外呼喊学员及安某。3 时 8 分左右，安某及其 3 个孩子被叫醒，随后与到场群众一起采取抛绳索、铺垫子等方式救人。先后有 16 名学员通过室内楼梯以及滑绳、跳楼等方式逃生。处置过程中，余某、安某均未拨打报警电话。

（二）灭火救援和应急处置情况

1. 灭火救援情况

6 月 25 日 3 时 13 分，柘城县消防救援大队 119 指挥中心接到报警。大队迅速调派 5 辆消防车、30 名指战员赶往现场。3 时 36 分，救援力量赶到现场（距火灾现场 14.1km），起火建筑已处于猛烈燃烧状态。现场指挥员立即成立 2 个内攻组，进入起火建筑内部强攻搜救被困人员，并同步实施灭火，先后搜救出 18 人，并交给现场医护人员。4 时 25 分左右，明火被扑灭。4 时 55 分左右，建筑内部残火清理完毕，灭火救援行动结束。河南省消防救援总队和商丘市消防救援支队接到报警后，总队、支队全勤指挥部分别出动指挥。

2. 当地政府应急处置情况

火灾发生后，市、县两级党委政府主要负责同志带领相关部门负责人赶赴现场，组织应急、消防、卫健、公安、民政等有关部门人员全力开展灭火救援和医疗救治工作。120 急救中心先后调派 16 辆救护车、155 名急救人员前往救援。110 指挥中心先后调派 45 辆警车、警力 200 余名，对现场及周边道路进行封闭管控，协助消防、卫健部门开展灭火和伤员救治工作。处置期间，共出动各类车辆 73 辆，参与人员 400 余人。

三、火灾伤亡及损失情况

火灾造成 18 人死亡、11 人受伤，直接经济损失 2 153.7 万元。

四、火灾成因分析及主要教训

（一）起火原因

综合分析现场勘验、调查询问、监控视频和调查实验情况认定：起火部位位于震兴武馆临街门面房一层余某住室阁楼下层房间北部，起火原因系余某使用蚊香不慎引燃纸箱、衣物等可燃物所致。

（二）火灾蔓延扩大的主要原因

1. 建筑内未形成有效的防火分隔

起火房间（余某住室）与训练室之间的隔墙采用易燃聚苯乙烯夹芯彩钢板，二层部分房间使用钢龙骨双面石膏板进行分隔，耐火等级不符合要求，一、二层之间的楼梯为敞开式楼梯，起不到有效的防火防烟分隔。

2. 起火房间火灾荷载较大

起火房间使用易燃聚苯乙烯夹芯彩钢板隔墙，放有家具、床上用品、衣物和大量杂物，着火后产生大量高温有毒烟气。经敞开式楼梯快速蔓延至二层学员集体宿舍，导致火势扩大。

3. 火情发现晚

6 月 25 日 1 时 58 分，余某住室东侧卷帘门上部缝隙已经有烟气向外飘出。直至 3 时 4 分，余某才发现着火。

4. 初期处置不力

余某发现火情后，没有立即进行扑救，打开房门后，新鲜空气涌入，火势迅速扩大。周围群众使用盆、桶泼水和灭火器灭火，收效甚微。

（三）造成人员伤亡的主要原因

1. 着火物产生大量高温有毒烟气

夹芯彩钢板和床上用品、衣物等着火物燃烧后产生大量高温有毒烟气，造成人员因一氧化碳中毒、呼吸道热灼伤、创伤性休克伤亡。

2. 违规集中住宿学员

震兴武馆在不具备安全条件的情况下，在临街门面房二层设置学员集体宿舍。

3. 安全疏散设施设置

安全疏散设置不符合要求。震兴武馆一、二层之间仅有一部敞开式楼梯，火灾发生后，楼梯间迅速充满高温有毒烟气，二层住宿的学员难以通过楼梯逃生。二层西侧学员集体宿舍 4 个外窗均安装有防盗网，学员无法通过西侧外窗逃生。

五、火灾责任及处理情况

（一）司法处理

陈某、安某、余某因涉嫌教育设施重大安全事故罪被柘城县公安局刑事拘留，现已移送检察机关。

（二）党政处理

依据《中国共产党纪律处分条例》《中国共产党问责条例》《中华人民共和国监察

法》《中华人民共和国公职人员政务处分法》等有关规定，建议对 31 名公职人员给予党纪政务处分和诫勉谈话、责令检讨。其中厅级干部 2 人、处级干部 7 人、科级及以下公职人员 22 人。

（三）行政处理

柘城县市场监督管理局依法吊销柘城县震兴国际搏击俱乐部营业执照。

责成远襄镇党委政府向柘城县委县政府做出深刻检查，责成柘城县委县政府向商丘市委市政府做出深刻检查，责成商丘市委市政府向省委省政府做出深刻检查。

六、违反消防法律法规及相关标准的情况分析

（一）违法经营

震兴武馆未取得办学许可证，违法经营，管理人员消防安全意识淡薄，未落实消防安全主体责任，未开展防火检查巡查、灭火和应急疏散演练，对有关部门和单位检查指出的火灾隐患没有及时整改。火灾发生后，没有及时报警，组织学员疏散和扑救火灾不力。

（二）培训场所不符合消防安全要求

建筑耐火等级和防火分隔不符合《建筑设计防火规范》(GB 50016—2014，2018 年版）要求，违规使用夹芯彩钢板、二层部分房间使用钢龙骨双面石膏板进行分隔，耐火等级不符合《建筑设计防火规范》(GB 50016—2014，2018 年版）要求，一、二层之间的楼梯为敞开式楼梯，起不到有效的防火防烟分隔。

违规设置学员集体宿舍、学员集体宿舍外窗上安装防盗网等存在严重安全隐患。

案例 55　住宅建筑火灾案例分析

一、起火单位基本情况

（一）起火小区情况

2021 年 3 月 15 日，北京市海淀区学院路街道建清园小区 9 号楼发生火灾，该小区由北京城建四建设工程有限责任公司（以下简称“北京城建四公司”）开发建设，1996 年建成，占地面积为 70 266.90m^2，总建筑面积为 91 923m^2。小区分为南、北两区，其中北区共有 7 栋建筑（7 至 13 号楼），建筑面积为 63 437m^2，共有住户 936 户，居住人数为 2 729 人，其中涉及出租房屋 473 户，居住人数为 1 792 人。该小区建成后，由北京城建四公司后勤部门负责管理，2019 年按照北京市“非经营性资产”转移政策，管理权由北京城建四公司移交给北京房修一建筑工程有限公司第二分公司（以下简称“北京房修一建二分公司”）。

（二）起火建筑和房屋情况

发生火灾的 9 号楼位于建清园小区北区，砖混结构，地上 6 层，半地下 1 层，建筑

面积为 15 133m^2，整体呈“匚”形。起火房屋为 9 号楼 10 单元 202 室，处于地上一层（半地下一层，门牌号为 101 至 103），建筑面积为 63.1m^2，原始套型为两室一厅一厨一卫，房主为宋某。

（三）房屋出租情况

2016 年 7 月，宋某与北京鹏基伟业房地产经纪有限公司（以下简称“鹏基伟业公司”）签订《北京市房屋出租委托代理合同》，委托其对外出租，并在合同附件中注明了“甲方允许乙方在该房屋内添置隔断，合同到期后由乙方负责拆除并恢复原状”的内容。2016 年 7 月期间，鹏基伟业公司在 202 房屋客厅区域添置隔断，将客厅改变为卧室，房屋卧室数量由两间增至三间。起火前，鹏基伟业公司分别与卢某、朱某、王某签订了三份房屋租赁合同。

（四）相关人员及单位情况

卢某系大连同达企业管理有限公司（以下简称“大连同达公司”）北京营运四部麦当劳外送服务营运主管，代表大连同达公司以个人名义与鹏基伟业公司签订房屋租赁合同（合同约定居住 2 人），并将房间作为员工宿舍给张某、狄某、张某、冯某 4 人居住，租金由大连同达公司向鹏基伟业公司支付。起火时，张某、冯某居住在 202 房室客厅改建成的卧室内，大连同达公司安排张某、狄某夫妇居住在与该卧室连通的阳台处。

张某、狄某、张某、冯某 4 人系大连同达公司员工，签订了劳动合同。大连同达公司与北京麦当劳食品有限公司签订了外送服务合同，张某等 4 人在麦当劳华清餐厅从事外卖送餐工作。朱某为北京飞天诚信科技股份有限公司员工，通过鹏基伟业公司房屋中介租住 202 室中部卧室。王某为北京西青能源科技有限公司员工，通过鹏基伟业公司房屋中介租住 202 室东部卧室。事故发生时，202 室实际居住 7 人，1 人自行逃出，6 人被困。

二、火灾的简要经过及初起火灾的处置情况

2021 年 3 月 15 日 2 时 35 分，北京市消防救援总队 119 作战指挥中心接到报警，立即调派八家、清河、圆明园、双榆树等 4 个救援站、18 辆消防车、126 名指战员到场处置，总队、支队两级全勤指挥部到场指挥。

消防力量到场后，按照“救人第一、灭火攻坚、同步开展”的作战原则，分别成立破拆救人组、内攻灭火组、水枪掩护组、疏散救人组、现场警戒组开展工作。202 室北侧客厅阳台护栏处有 4 人被困、卧室窗户护栏处有 2 人被困，消防救援人员通过破拆、水枪掩护实施营救，将被困 6 人救出，3 人经 120 确认死亡，1 人送医救治，2 人无碍。同时消防救援人员铺设水带干线实施内攻，扑灭 202 室内火灾。期间，消防救援人员对 10 单元实施逐层确认，共疏散出 37 名被困人员。

三、火灾伤亡及损失情况

火灾造成 3 人死亡，1 人受伤。消防救援机构委托北京市海淀区价格认证中心对起火建筑的火灾直接财产损失进行了鉴定，认定损失价格为 109 400 元。消防救援机

构依法对其他损失进行了统计，其中火灾直接财产损失为 58 975.57 元，火灾现场处置费用为 10 394.4 元，医疗费用支出为 501 453.12 元。综合统计，此起火灾的直接经济损失共计 680 223.09 元。

四、火灾成因分析及主要教训

（一）火灾原因

此起火灾符合锂电池热失控爆炸起火的特征，起火部位位于 202 室客厅改造成的卧室内南侧偏东区域，起火原因系锂电池热失控导致锂电池组爆炸起火，并引燃室内可燃物。

（二）主要教训

1. 销售、使用不符合标准要求的电池

陈某将不符合标准要求的涉事锂电池销售给外卖从业人员，用于外卖电动自行车，埋下先天火灾隐患。

2. 改变房屋结构，增加租住人员造成违法群租

宋某作为房屋所有人，鹏基伟业公司作为房地产经纪机构，违规签订房屋租赁合同，共同协商允许在房屋内添置隔断，鹏基伟业公司实施隔断施工将 202 室客厅改建为卧室，分别租住三户，增加屋内租住人员。大连同达公司作为涉事房屋的承租单位，将合同约定的“两人居住”改变为“四人居住”，安排其中两人在阳台区域住宿。未制定并落实安全管理制度，未对单位员工使用不符合标准的自备营运车辆及电池进行有效的安全监管。造成火灾发生后人员逃生困难，导致群死群伤的后果。

3. 属地政府及相关部门对涉事房屋存在的群租房现象排查整治不到位

在历年的违法群租整治中，属地政府及相关部门共摸排上账群租房 608 处，但涉事房屋未摸排上账，且摸排出的群租房未按要求彻底整治。

五、火灾责任及处理情况

（1）陈某在明知火灾当事人将蓄电池用于电动自行车使用的情况下，仍将从无锡国箭新能源科技有限公司购置的不符合标准的蓄电池售于火灾当事人，存在销售不符合标准的电动自行车蓄电池的违法事实。该行为造成人员伤亡的严重后果，移交公安机关按照生产、销售不符合安全标准的产品罪依法对陈某追究刑事责任。

（2）宋某作为房屋所有人，应遵守国家及北京市房屋租赁有关规定，对出租房屋的安全管理负责。但其在与鹏基伟业公司签订的出租委托代理合同中，允许鹏基伟业公司在房屋内添置隔断进行出租，疏于对委托代理出租房屋进行监督。宋某违反了《北京市房屋租赁管理若干规定》第二十条的规定，依据《北京市房屋租赁管理若干规定》第三十六条第二款的规定，移交建设（房屋）主管部门依法对宋某予以行政处罚。

（3）大连同达公司作为用人单位，未制定并落实安全管理制度，未遵守国家和本市关于房屋租赁的有关规定，租赁客厅隔断房用于员工居住，安排超过合同约定人数的员工居住，加重了违法群租情形；在承租违法出租房用于员工租住后，未开展安全风险排查，员工对租住场所安全风险不掌握，涉事场所安全风险长期存在。大连同达公司作为单位承租涉事房屋用于员工居住，未落实安全管理职责，违反了《北京市房屋租赁管理若干规定》第二十一条第二款的规定，依据《北京市房屋租赁管理若干规定》第三十五条第五款的规定，移交公安机关依法对大连同达公司予以行政处罚。

（4）鹏基伟业公司作为房地产经纪机构，无视国家和北京市有关法律法规规定，违反了市住建委颁布的合同范本，在与房屋所有人宋某签订的房屋租赁委托代理合同中附加“在房屋内添置隔断”的违规条款，具体实施了客厅隔断行为并将不符合出租条件的房屋用于出租牟利。该行为违反了《房地产经纪管理办法》第二十五条第六款的规定，依据《房地产经纪管理办法》第三十七条，移交建设（房屋）主管部门依法对鹏基伟业公司予以行政处罚。

（5）无锡国箭新能源科技有限公司作为蓄电池生产厂商，不能提供其生产的产品应当符合的标准技术要求，经专业检测机构对该企业生产的同类型电池进行检测，发现电池容量参数标识不规范，放电参数存在夸大成分；保护电路参数与标识的放电电流存在巨大差异；熔断器动作超过导线和接插件的承受能力，可能造成过载导致过热情况。电池存在发生故障的安全风险，移交市场监管部门依据相关法律法规对其进行处理。

六、违反消防法律法规及相关标准的情况分析

（1）房屋所有人、房屋租赁企业和房地产经纪机构对出租房屋安全负有管理的责任和义务，但在实际经营中部分单位和个人违反相关规定，擅自添置隔断将群租房作为牟利手段，租赁各方以及相关监管部门对房屋出租情况、人员情况监督检查不到位，导致违法群租整治不彻底；老旧小区由于建造时间早、产权混乱、早期规划不到位等先天性因素，基础设施薄弱、消防通道堵塞、应急处置能力弱等问题长期存在；劳务公司和使用管理单位未对网络平台注册外卖人员进行有效的管理，安全培训流于形式，导致务工人员缺乏消防安全和自救逃生意识。

（2）现场发现的锂离子蓄电池充放电座为同一品字形底座，不符合《电动自行车用锂离子蓄电池》（GB/T 36972—2018）的标准要求；根据电池铭牌显示和电芯串并联关系推断，部分锂离子蓄电池标称电压为 72V，不符合《电动自行车安全技术规范》（GB 17761—2018）中第 6.3.4.2 条的规定，电动自行车的蓄电池最大输出电压应小于或等于 60V。

案例 56　洗浴场所火灾案例分析

一、起火单位基本情况

（一）起火单位基本情况

起火建筑坐北朝南，为带天井的四合院仿古建筑，砖混框架结构，地上 1 层、局部

2层，总建筑面积约为 $880m^2$，建筑南北长 31.8m、东西长 19.8m。一层为女浴区、男浴区、足疗按摩客房、汗蒸房，面积约为 $470.52m^2$；局部 2 层位于北侧，为客房、办公和员工宿舍，面积约为 $250.36m^2$；天井部分用钢结构、玻璃搭建顶棚，为休息大厅，面积约为 $159.12m^2$。建筑正门入口位于南侧，东侧靠北设有一部疏散楼梯，楼梯下方设置 1 个出口，男浴区西侧设置 1 个出口，二层西侧外墙上设置 1 个出口，出口处设有一部室外钢梯。

（二）起火建筑建成、使用及改造情况

2014 年 6 月，刘某同黎城同元房地产开发有限公司签订合同，租赁该建筑用于饭馆经营，期间将天井用钢柱和方钢进行支撑，并覆盖钢化玻璃（原建筑面积为 $730m^2$，覆盖钢化玻璃顶后增加至 $880m^2$）。2019 年 1 月因债务关系，经协商张某从开发商手中取得该建筑房屋产权。2019 年 5 月，许某同张某口头达成租赁协议（正式合同从 2019 年 10 月起算），许某进场施工开始装修，该装修工程未进行专业设计。2019 年 10 月，玉生池洗浴整体装修完成后，因消防备案需要装修设计图纸，许某通过长治市雅浩消防设备有限公司法定代表人胡某介绍，由自由职业人王某对玉生池洗浴整体装修图纸进行设计。后经山西凯的建筑设计规划有限公司长治分公司加盖技术专用印章和设计出图专用章，随其他消防备案资料整理后交给黎城县消防救援大队。2019 年 11 月 12 日黎城县消防救援大队对其公司进行了开业前的安全检查并出具《公众聚集场所投入使用、营业前消防安全检查合格证》。

二、起火的简要经过及初起火灾的处置情况

（一）事故发生经过

经调查，火灾发生时，男浴区 12 人（2 名搓背工、10 名顾客），女浴区 3 人，休息大厅 9 人（3 名顾客、5 名工作人员及牛某之子），二楼员工宿舍 4 人（足疗技师），收银台 1 人，共计 29 人。

2021 年 2 月 19 日 12 时 8 分左右，山西玉生池洗浴有限公司收银台值班人员王某开启汗蒸房控制开关，使汗蒸房预热。13 时 42 分 54 秒，收银台值班人员常某发现汗蒸房开关处有大量烟冒出，随即让牛某通知在休息大厅的负责人许某。许某随后赶往前厅查看情况后返回休息大厅确认汗蒸房起火，同时手指着汗蒸房方向通知其他在场工作人员并步行至配电箱处打开配电箱木质装饰柜门。13 时 43 分 59 秒，清洁工马某、彭某小跑至汗蒸房门口，马某拉开汗蒸房门，试图查看情况，此时汗蒸房内有浓烟冒出。几乎同时，许某从配电箱处跑至汗蒸房查看情况，突然大量浓烟、明火涌出，其迅速跑至配电箱处关闭该配电箱总闸。6 名工作人员及 2 名客人共 8 人逃生。客人靳某从休息大厅赶往男浴区通知其同行人员王某。

在男浴区工作的 2 名搓澡工张某、韩某在断电瞬间以为是停电，出来查看情况（此时，男女浴区均无工作人员，男浴区 10 名顾客、女浴区 3 名顾客仍不知情。直至看到有浓烟，火势因轰燃迅速蔓延已经将女浴区出口封闭，男浴区正门出口也被封闭）。张某、韩某与许某共同使用灭火器参与救火。由于浓烟、明火迅速蔓延，3 人逃生，未及

时前往男浴区进行人员疏散。此时，男浴区共 11 人，其中 9 人安全逃生，2 人逃生方向错误，在休息大厅死亡。女浴区 3 人未能逃生，在女浴区内死亡。4 名足疗技师在二楼员工宿舍通过后窗搭木质爬梯逃生。

（二）救援情况

2021 年 2 月 19 日 13 时 46 分，长治市消防救援支队指挥中心接到“黎城县玉生池洗浴中心发生火灾”的报警后，迅速调集 2 个政府专职消防队、1 个消防救援站共 5 辆消防车、28 名指战员赶赴现场处置，支队全勤指挥部遂行出动。

13 时 55 分，黎城县政府专职消防队 2 车 10 人到达现场，利用 8t 泡沫水罐车单干线出两支水枪在南门、东门分别设置水枪阵地，同时组织内攻救人。搜救人员先后 2 次强攻进入男浴区均未发现被困人员，随后大队值班员带领搜救人员在水枪掩护下从南门强攻进入火场，对女浴区开展搜救，于 14 时 40 分将女浴区 2 名被困人员救出并交现场 120 进行救治。同时，潞城消防救援站 6 名指战员和 1 辆 6t 高喷水罐车到场，接替东门水枪阵地并担负供水任务。14 时 51 分，搜救人员将女浴区第 3 名被困人员救出并交现场 120 进行救治。15 时 20 分，支队全勤指挥部到场成立现场指挥部，指挥现场灭火救援工作。15 时 55 分，搜救人员在一层休息区西北角废墟下发现 2 名男性遇难者遗体。16 时 50 分现场残火被彻底扑灭。

三、火灾伤亡及损失情况

此次火灾事故造成 5 人死亡，1 人受伤，过火面积 300 余平方米，直接经济损失 5 671 964 元。

四、火灾成因分析及主要教训

（一）火灾发生原因

1. 直接原因

该起事故的直接原因是山西玉生池洗浴有限公司汗蒸房内，发热电缆电源线接线方式不规范，造成接触不良发热，引燃周围可燃物，加之外围存在大量易燃、可燃物品，火灾荷载大，造成火势迅速蔓延。由于现场工作人员处置不当，未组织人员疏散，导致人员伤亡。

2. 间接原因

山西玉生池洗浴有限公司安全生产主体责任未落实，使用虚假消防备案材料（实际建筑面积为 $880m^2$，备案材料显示建筑面积为 $491m^2$）取得了《公众聚集场所投入使用、营业前消防安全检查合格证》；消防安全管理能力弱，人员培训不落实，日常巡查不到位，管理责任不明确、各项消防安全制度形同虚设；装修施工安装不达标，先天性火灾隐患突出；相关职能部门监管不到位，未履行相关属地监督管理职责。

（二）主要教训

1. 经营主体无视相关法律法规

消防安全管理能力弱，人员培训不落实，日常巡查不到位，管理责任不明确，各项消防安全制度形同虚设。安全生产“无人管”“不会管”问题突出，没有明确消防安全管理人，也没有针对新进员工多、流动性大、安全知识和技能缺乏的实际组织开展必要的消防安全培训和应急逃生疏散演练。事发当日，现场管理人员发现火情后未及时处置并组织疏散，导致顾客丧失了逃生的最佳时机。

2. 汗蒸领域管理达不到标准规范要求

汗蒸房施工资质，用料材质、铺设工艺以及审查审批要求等方面还缺乏相应标准规定。如玉生池汗蒸房装修采用不符合阻燃要求的聚氨酯保温材料、竹帘装饰品和锗石能量靠背等易燃、可燃材料，电气线路敷设、搭接达不到国家标准等问题造成先天性火灾隐患，最终酿成事故。

3. 政府相关部门监管存在漏洞

当地消防救援部门没有严把安全准入门槛，消防安全检查过程中把关不严，检查过程中未对该公司建筑面积进行实地测量，出现重大失误，未将山西玉生池洗浴有限公司列入重点消防单位进行管理，日常监管不到位。黎城县商务中心和公安局治安管理大队未能正确履行“管行业必须管安全”的工作职责。黎城县黎侯派出所未能正确部署和全面履行派出所的消防监督职责。乡镇政府对本行政区域划分认识存在偏差，导致黎侯古城长期成为属地监管盲区。

4. 顾客和员工消防安全意识不强

火灾发生时，顾客大多处于休闲放松状态，反应迟缓，且烟雾报警系统未能正常报警，顾客和员工未在第一时间得到报警信息逃生。断电后应急照明和疏散指示标志均未正常工作，导致浴区室内照明度瞬间下降，增加了逃生的难度。工作人员处置不当，未组织人员疏散，直接影响内部顾客疏散逃生。同时，由于部分人员因缺乏基本的逃生自救常识，选择逃生路线、方法不当而遇难。

五、火灾责任及处理情况

（一）司法机关采取强制措施的情况

山西玉生池洗浴有限公司法人代表、股东、负责装修设计、装修等 6 名相关责任人因涉嫌构成重大责任事故罪，由黎城县司法机关采取强制措施。

（二）党政纪处分或组织处理情况

依据《安全生产领域违法违纪行为政纪处分暂行规定》（监察部、安监总局令第 11 号）《中华人民共和国公职人员政务处分法》《中国共产党纪律处分条例》等法律法规，对任某等 11 人给予党纪政纪处分或组织处理。

（三）事故责任单位处理情况

黎城县人民政府向长治市委、市政府做出了书面检查；黎城县公安局治安管理大队、公安局黎侯派出所向黎城县公安局党委做出了书面检查，并形成整改情况报告；黎城县商务中心、房地产服务中心、黎侯镇人民政府向黎城县委、县政府做出了书面检查，并形成整改情况报告；黎城县政府对山西玉生池洗浴有限公司责令关闭，依法吊销相关证件，黎城县应急管理局给予山西玉生池洗浴有限公司 50 万元罚款，对主要负责人处上一年收入 40% 的罚款；黎城县消防救援机构对黎城黎之乡物业服务有限公司进行责令整改。

（四）移送有关单位处理情况

将冯某等 4 人移交长治市消防救援支队处理。

六、违反消防法律法规及相关标准的情况分析

（1）山西玉生池洗浴有限公司擅自扩大建筑面积，备案材料显示建筑面积 491m^2，实际营业建筑面积 880m^2，违反《中华人民共和国消防法》第十条和《建设工程消防监督管理规定》（中华人民共和国公安部令第 106 号）第二条规定。

（2）山西玉生池洗浴有限公司消防安全管理能力弱，人员培训不落实，日常巡查不到位，管理责任不明确、各项消防安全制度形同虚设，违反了《中华人民共和国消防法》第十六条的规定。

（3）山西玉生池洗浴有限公司内部装修材料、电气线路敷设达不到国家相关标准规范的要求，违反了《中华人民共和国消防法》第二十六条、第二十七条的规定。

案例 57　村民自建房火灾案例分析

一、起火单位基本情况

起火建筑位于丽水市云和县石塘镇石塘村西滩头 A 区 16 幢 5 号，为村民自建房。自建房土地属于集体土地，用途为住宅，户主为陈春梅，未办理土地证、房产证。起火建筑为 4 层砖混结构，占地面积约为 97m^2，总建筑面积约 346m^2。起火建筑东侧为石塘镇中心卫生院，西侧为相邻建筑过道（巷），南侧为 G25 长深高速两龙段，北侧为余良勇副食品店。自建房一楼南侧为陈某副食品店，北侧自西向东分别为卫生间、卧室和厨房；二层为四间棋牌室；三层南侧为两间卧室、中间自西向东为卫生间、客厅，北侧为杂物间；四层靠北侧为 3 间杂物间，南侧为露台。建筑通过西北角一部楼梯连通一至四层。

二、起火的简要经过及初起火灾的处置情况

2021 年 2 月 13 日 0 时 0 分 56 秒左右，云和县石塘镇石塘村西滩头 A 区 16 幢 5 号陈某一层有异常闪光出现，0 时 01 分 53 秒左右出现明显闪烁光线（监控视频显示）。0 时 16 分左右，住在一层卧室的陈某被副食品店内“劈里啪啦”的声响惊醒，催促其丈夫余某到店内查看，余某走出卧室发现通往夹层的楼梯下面有火苗出现（尚未烧穿夹层楼板），余某惊呼起火，并拿起钥匙迅速打开东南角卷帘门呼叫四周邻居帮忙灭火，在

三楼休息的余某（余某孙女）于0时17分时听到余某呼救，查看确有火情后于0时19分左右拨打“110”电话报警。火势因新鲜空气对流沿夹层楼板下沿向周围迅速蔓延，余某呼喊陈某抓紧逃生，其后余某、陈某先后从厨房后门逃出。陈某0时18分22秒左右拨打了女儿赵某电话，通话持续15秒（后又于0时21分24秒左右，通话79秒；0时23分30秒左右，通话18秒；0时25分23秒左右，通话6秒），0时19分拨打报警电话“5151119”，因号码错误无法接通，后拨打110报警，并于0时24分左右打电话给其女婿黄某（共2次），黄某答复“已经出来了”。同时公安民警到场询问是否有人被困时，陈某表示人均已安全逃出。元和消防救援站到场开展灭火行动后，陈某反映其女儿一家三口可能被困，元和消防救援站立即开展救援行动。火灾发生到扑救结束，周围群众均未听到黄某一家三口呼救声。

应急处置情况：丽水市消防救援支队云和大队指挥中心接到报警，第一时间调集云和县消防救援大队元和救援站3车15人赶赴现场处置。0时27分左右，石塘镇公安派出所民警到场利用市政消火栓出一支水枪进行灭火，随后周边群众也参与火灾扑救。0时48分左右，元和消防救援站到达现场，立即开展火灾处置工作。1时35分在三层北侧杂物间陆续搜救出3名被困人员送医院抢救。1时45分，现场火势得到控制。1时53分，现场明火被扑灭。受伤人员经云和县人民医院全力抢救于13日2时43分至2时55分间相继宣告死亡。

三、火灾伤亡及损失情况

此次火灾事故造成3人死亡，过火面积约为97m^2，直接财产损失约为17万元。

四、火灾成因分析及主要教训

（一）火灾发生原因

经调查询问、现场勘验、视频分析和火灾现场实验，认定起火部位位于陈某一层副食品店通往夹层的木质楼梯四周，起火点为一层副食品店夹层楼梯下方墙插附近，起火原因为电气线路故障引燃周边可燃物引发火灾。

（二）主要教训

（1）起火区域内电气线路敷设不规范，一楼杂货铺存有烟花爆竹且夹层和楼梯间内堆放大量可燃物，增加了建筑内火灾荷载。

（2）一楼夹层吊顶使用可燃材料装修，致使火灾发生后，造成大面积火灾蔓延。

（3）起火建筑内部未进行有效的防火分隔和技术防范措施，火灾发生后产生的大量有毒有害烟气通过内部楼梯迅速向建筑上部楼层扩散，造成三楼被困人员逃生自救困难。

（4）起火建筑人员消防安全意识不强，火灾发生后，未能及时组织初期火灾扑救和逃生，也未在第一时间报警，二至三层南侧建筑窗户设置铁栅栏且未开口，阻碍了逃生和救援。

（5）事发地点位于农村，起火时间在凌晨，起火部位在居室以外的地方，难以第一时间发现火灾，导致火灾发现迟、报警迟，延误了灭火救援的最佳时机。

（6）消防安全宣传不到位。石塘镇政府及石塘村对日常消防宣传教育工作开展不实不细，群众对消防安全风险辨识能力不强，自我防范意识差，缺乏必要的火灾自救逃生技能。

五、火灾责任及处理情况

（一）对事故责任者的处理建议

（1）叶某，中共党员，云和县石塘镇党委书记，负责党委全面工作。作为石塘镇党委书记，贯彻落实县委县政府消防工作部署要求不到位，未严格落实“党政同责、一岗双责”，在消防安全工作中履职不力，对该起事故负重要领导责任。

（2）马某，中共党员，云和县石塘镇党委副书记、石塘镇人民政府镇长，主持镇政府全面工作，石塘镇消防安全第一责任人。未严格贯彻落实消防安全法律法规，未严格落实消防安全属地监管职责，未建立镇志愿消防队，对该起事故负重要领导责任。

（3）叶某，中共党员，云和县石塘镇党委委员、副镇长，兼任石塘镇消防工作站站长，实际分管消防工作，联系石塘村。落实消防安全法律法规以及上级有关消防安全的方针政策和决策部署不到位，对分管的消防工作掌握不够深入、全面，对该起事故负主要领导责任。

（4）王某，中共党员，云和县石塘镇经济商务中心副主任，主持工作，负责应急管理、安全生产、消防等工作。未认真贯彻落实消防安全法律法规，未全面落实消防检查、消防宣传等制度，未将消防网格化工作落实到位，对这起事故负管理责任。

（5）王某，中共党员，云和县石塘镇石塘村专职网格员，对自身业务不熟悉，履行专职网格员职责不到位。任职以来未有效开展消防安全宣传，消防安全检查不到位、不全面，未认真落实上级下派的排查宣传任务，对该起事故负直接管理责任。

（6）余某，中共党员，云和县石塘镇石塘村党支部书记、村委会主任，负责该村全面事务工作。自上任以来，未落实有关消防安全工作要求，组织开展群众性消防安全宣传教育不到位，未组建村志愿消防队，对该起事故负重要管理责任。

（7）叶某，中共党员，云和县应急管理局安全生产监管科副科长，主要负责云和县危险化学品安全监督管理综合工作和烟花爆竹安全生产监督管理工作。未能认真履行烟花爆竹安全生产管理职责，未能及时发现陈春梅户经营烟花爆竹的违规行为，对陈某违规经营烟花爆竹负直接管理责任。

（8）胡某，中共党员，云和县市场监督管理局城东所所长，未能认真履行管行业管安全职责。2020 年城东所开展的两次针对陈某副食品店的检查中，未能提出安全生产的问题。对该起事故负管理责任。

（二）对事故责任单位的处理建议

（1）建议责成云和县人民政府向丽水市人民政府做出深刻书面检查。

（2）建议责成云和县石塘镇党委、镇政府向云和县委、县政府做出深刻书面检查。

（3）由丽水市消防安全委员会对云和县人民政府约谈一次。

六、违反消防法律法规及相关标准的情况分析

（1）起火建筑内部未进行有效的防火分隔和技术防范措施，不符合《建筑设计防火规范》（GB 50016—2014，2018 年版）的有关规定。

（2）大量使用可燃材料装修，致使火灾迅速扩大。

（3）电气设备安装和线路敷设不符合相关标准规定，引起火灾发生。

案例 58　蛋糕房火灾案例分析

一、起火单位基本情况

富康蛋糕房位于禹城市禹王市场东牌坊西 50m 路南，由陈某某进行经营。该蛋糕房为 3 层砖混结构，建筑高度为 9.6m，建筑面积为 512.6m^2（房产证登记面积：一层为 137m^2，二、三层均为 151m^2）。于 1993 年建成，2010 年过户给陈某某、章某（陈某某妻子）、陈某（陈某某儿子），工商注册名称：禹城市陈某某蛋糕店。早期经营蛋糕房，后开分店，主要存储原材料和进行半加工，然后将加工好的产品配送到各个门店。一层主要用于制作、包装蛋糕、面包，储存食用油、黄油、面粉等原材料和包装、装饰材料，南半部分设有仓库和小型冷库各一个，内部设置大量烤箱、柜台、货架和可燃原材料。二层、三层主要用于居住生活。建筑内部无固定消防设施，一至三层仅有一部敞开式疏散楼梯，一楼北侧、南侧各有一个安全出口。建筑东邻鸿瑞熟食店，北侧为市场内部道路，西邻市场土特产门店，南侧为居民区内部道路。

二、起火的简要经过及初起火灾的处置情况

事故调查组经调阅现场视频记录等进行分析认定，2021 年 2 月 16 日 5 时 52 分 13 秒，富康蛋糕房一层北门西侧立柱上方壁挂式神龛内酥油斗烛的烛光突然增大；5 时 52 分 35 秒，神龛内出现飞絮物飘落，同时烛光下降至底部，并不断闪烁；5 时 57 分 45 秒，神龛内有明火窜出，引燃神龛及周围可燃物。可燃物引燃后形成立体中高位火灾，迅速蔓延，热烟气通过一层天花板向四周迅速扩散，与空气混合后形成轰燃，一层瞬间整体过火，燃烧物增多，温度骤增，加速火灾发展。一层发生轰燃后，大量热烟气和有毒气体沿唯一的敞开楼梯进入二层、三层，高温和毒气使被困人员无法及时通过楼梯逃生，导致一氧化碳中毒。

事故发生后，德州市立即启动应急响应，禹城市消防救援大队指挥中心接警后，立即调派 2 个消防救援站、8 辆消防车、42 名指战员赶赴现场救援，同时调集公安、交警、医疗、燃气公司等联动单位协同处置。16 日 6 时 45 分，救援人员救出二层阳台处 1 名被困人员，并送医救治；7 时 04 分、7 时 07 分、7 时 15 分相继救出三楼西北角卧室和客厅 3 名被困人员，并送医救治；7 时 13 分，打通楼梯通道后，先后救出 3 名被困

人员，并送医救治。7 时 20 分，现场明火被扑灭；8 时 20 分，火场清理完毕。7 名被救人员经抢救无效死亡。

三、火灾伤亡及损失情况

此次火灾共造成 7 人死亡，过火面积为 $148.9m^2$，烧毁蛋糕加工设备、蛋糕半成品、蛋糕原材料、包装物等物品，火灾直接财产损失约为 310 万元。

四、火灾成因分析及主要教训

（一）火灾发生原因

经对火灾现场进行全面勘查，对火场周围商铺的业主、死者的亲属等有关人员进行全面排查，对第一报警人、最先发现火灾的人、火场逃生人员等进行深入细致地调查走访，对蛋糕房及市场周围的监控摄像资料反复观看，排除人为放火及外来火源引发火灾因素、电气故障引发火灾因素、吸烟引发火灾因素、自燃引发火灾因素、雷击引发火灾因素等可能因素。经综合分析认定，火灾原因为神龛内酥油斗烛引燃神龛及周围可燃物引发。

（二）主要教训

1. 事故当事人问题

富康蛋糕房存在的乱搭乱建行为。

2. 有关部门单位主要问题

（1）禹城广厦建筑设计有限公司未按照国家工程建设消防技术标准出具设计图纸，且“审核人”一栏未签字。

（2）禹城市自然资源局出具规划证明时对提供资料审查不严格、不规范。

（3）禹城市市场监管局未按照法定程序申报审批手续，未对施工图设计文件申报合格性进行审查，在牵头改造过程中未充分考虑消防安全问题，核发营业执照程序不规范。未按照《禹城市消防安全专项整治三年行动实施方案》要求在 2020 年底前主动或配合有关部门开展一次“消防安全隐患”集中行动，未整治占用消防通道、违规搭建彩钢板房、住宿与生产储存经营合用场所（三合一）等突出问题，未采用约谈、曝光等形式，倒逼隐患整改。

（4）禹城市综合执法局指导街道开展综合行政执法工作不到位。综合行政执法局对市中街道开展乱搭乱建监管工作指导不到位。

（5）禹城市商务局配合相关部门开展消防安全工作较少，未按照《禹城市消防安全专项整治三年行动实施方案》要求采用约谈、曝光等形式，倒逼隐患整改。

（6）禹城市消防救援大队对禹城市公安局车站派出所消防监督业务指导不全面。

（7）禹城市公安局车站派出所对起火场所检查不细致。禹城市公安局车站派出所对富康蛋糕房检查时，未发现二层、三层实际有人居住的情况，存在消防检查不到位的问题。

3. 属地政府主要问题

（1）禹城市委、市政府在消防安全、市场监管、商贸流通等领域存在着督导下级党委政府和相关部门开展消防安全监管工作不细致、不全面、不严格等问题，在消防安全监管压力传导方面力度不够。

（2）禹城市市中街道办事处对上级安排部署的消防安全工作贯彻落实不到位；组织开展安全生产、消防安全工作不力。无安排部署安全生产、消防安全工作的记录；统筹协调指挥辖区内派驻和基层执法力量实行联合执法不力；消防安全网格化建设工作推进不力，存在盲区和漏管；对富康蛋糕房存在的乱搭乱建行为未排查、发现、上报。

五、火灾责任及处理情况

陈某某为事故场所负责人，对本起火灾事故负直接责任。依据《中华人民共和国刑法》《最高人民检察院　公安部关于公安机关管辖的刑事案件立案追诉标准的规定（一）》（公通字〔2008〕36号），陈某某过失引发火灾致7人死亡，涉嫌构成失火罪。因陈某某已在火灾事故中死亡，建议不再追究其过失引发火灾的责任。对禹城市有关地方、部门单位及相关责任人员同时进行了处理建议。

六、违反消防法律法规及相关标准的情况

生产、储存、经营其他物品的场所与居住场所设置在同一建筑物内，违反了《中华人民共和国消防法》和国家工程建设消防技术标准的有关规定。